高等职业教育“十二五”规划教材
中国高等职业技术教育研究会推荐

工程力学

宋本超　卞西文　主编

国防工業出版社

·北京·

内容简介

本书以教育部《关于全面提高高等职业教育教学质量的若干意见》为指导，以“必需、够用”为原则进行编写。本书共20章，由静力学、材料力学以及运动学与动力学三部分组成。静力学部分包括静力学基本概念、简单力系、平面任意力系、空间力系等内容，主要研究受力分析和刚体的平衡问题，是材料力学的基础。材料力学部分包括轴向拉伸或压缩、扭转、剪切与挤压、弯曲变形、强度理论、组合变形和压杆稳定等内容。运动学与动力学部分包括点的运动、刚体的基本运动、点的运动合成、刚体的平面运动、质点和刚体的动力学基础、动能定理以及动静法等内容。为了便于学习，每章后面均附有思考题和习题，并在附录中给出了答案。

本教材可作为高等职业院校机械类、机电类专业的教材。各院校也可以根据学时的安排和专业需要选讲部分内容。

图书在版编目(CIP)数据

工程力学/宋本超，卞西文主编. —北京：国防工业出版社，2011.8重印
高等职业教育“十二五”规划教材
ISBN 978-7-118-06395-0

Ⅰ.工... Ⅱ.①宋...②卞... Ⅲ.工程力学—高等学校—教材 Ⅳ.TB12

中国版本图书馆CIP数据核字(2009)第105446号

※

国防工业出版社出版发行
(北京市海淀区紫竹院南路23号 邮政编码100048)
腾飞印务有限公司印刷
新华书店经售

*

开本 787×1092 1/16 印张 18 字数 406千字
2011年8月第2次印刷 印数 4001—7000册 定价 29.00元

国防书店：(010)68428422 发行邮购：(010)68414474
发行传真：(010)68411535 发行业务：(010)68472764

《工程力学》编委会

主　编　宋本超　卞西文

副主编　闫　永　杜永亮　王　炜

编　委　王士柱　张　伟　韩玉勇　杨朝全

王式民　宋晓露　周　鹏　鲁大伟

高　虎　杨春河　邓祥周　薛　涛

张　莉　高魁旭　吴存德　陈广荣

主　审　刘　舟　韩亚利

前　言

本书是以教育部《关于全面提高高等职业教育教学质量的若干意见》为指导，以“必需、够用”为原则进行编写。本书在传统工程力学课程的基础上，对原有的经典内容进行了精选和重组，从工作实际出发，紧贴事物的内在联系，由浅入深地阐明基本概念、基本原理和基本方法，并配有典型例题，让学生通过思考、分析而获得多种能力。

本书在文字表述上既注意各部分内容的层次分明，又注重各部分内容的融会贯通，以便各院校依据不同专业和不同学时因材施教。为了便于学习，每章后面均附有思考题和习题，并在附录中给出了答案。

归纳起来，本教材具有以下特点：

(1) 作为专业基础学习领域课程，以“必需、够用”为度。

(2) 符合高职学生的学习特点和认知规律。

(3) 以培养学生技能为主线，进行教材结构设计、内容选择、例题讲解。

本书由宋本超、卞西文任主编，闫永、杜永亮、王炜任副主编，刘舟、韩亚利任主审。其中，第1、2、3、4、6、7、8、9、10章由宋本超编写，第11、12、13章由卞西文编写，第19、20章由闫永编写，第14、15、16章由杜永亮编写，第5、17、18章由王炜编写。参加本书编写工作的还有王士柱、张伟、韩玉勇、杨朝全、王式民、宋晓露、周鹏、鲁大伟、高虎、杨春河、邓祥周、薛涛、张莉、高魁旭、吴存德、陈广荣。全书由宋本超统稿。

本书在编写过程中得到了枣庄科技职业学院、西安航空技术高等专科学校、长沙航空职业技术学院、青岛港湾职业技术学院、中国石油勘探开发研究院的大力支持与帮助，在此表示衷心感谢！本书在编写过程中借鉴了不少同行编写的优秀教材，从中受益不浅，在此，对各位作者表示衷心的感谢！

由于编者水平有限，书中难免存在一些不足之处，希望读者批评指正。

编　者

目 录

第一篇 静力学

引言……………………………………………………………………………………… 1

第1章 静力学基本概念和物体受力分析 ……………………………………… 2

1.1 静力学的基本概念………………………………………………………… 2

1.1.1 刚体的概念 ……………………………………………………… 2

1.1.2 力的概念 ………………………………………………………… 2

1.1.3 集中力与均布载荷 ……………………………………………… 3

1.1.4 力系 ……………………………………………………………… 3

1.1.5 平衡 ……………………………………………………………… 4

1.2 静力学公理………………………………………………………………… 4

1.2.1 力的平行四边形法则(公理一) ………………………………… 4

1.2.2 二力平衡公理(公理二) ………………………………………… 4

1.2.3 加减平衡力系公理(公理三) …………………………………… 5

1.2.4 作用和反作用定律(公理四) …………………………………… 7

1.3 约束和约束反力…………………………………………………………… 7

1.3.1 约束相关概念 …………………………………………………… 7

1.3.2 常见的约束类型 ………………………………………………… 8

1.4 物体的受力分析和受力图 ……………………………………………… 11

思考题…………………………………………………………………………… 14

习题……………………………………………………………………………… 14

第2章 简单力系 ………………………………………………………………… 17

2.1 汇交力系合成与平衡的几何法 ………………………………………… 17

2.1.1 汇交力系合成的几何法 ………………………………………… 17

2.1.2 平面汇交力系平衡的几何条件 ………………………………… 18

2.2 平面汇交力系合成与平衡的解析法 …………………………………… 19

2.2.1 力在坐标轴上的投影 …………………………………………… 20

2.2.2 合力投影定理 …………………………………………………… 20

2.2.3 平面汇交力系合成的解析法 …………………………………… 21

2.2.4 平面汇交力系平衡的解析条件 ………………………………………… 22
2.3 力对点之矩与合力矩定理 ……………………………………………… 24
2.3.1 力对点之矩的概念 ………………………………………………… 24
2.3.2 合力矩定理 ………………………………………………………… 25
2.4 平面力偶理论 …………………………………………………………… 26
2.4.1 力偶的概念 ………………………………………………………… 26
2.4.2 力偶的性质 ………………………………………………………… 27
2.4.3 平面力偶系的合成 ………………………………………………… 27
2.4.4 平面力偶系的平衡条件 …………………………………………… 27
思考题……………………………………………………………………………… 28
习题………………………………………………………………………………… 29
第3章 平面任意力系………………………………………………………… 32
3.1 力的平移定理 …………………………………………………………… 32
3.2 平面任意力系向一点简化 ……………………………………………… 33
3.2.1 平面任意力系向一点简化 ………………………………………… 33
3.2.2 平面一般力系简化结果 …………………………………………… 34
3.3 平面任意力系的平衡条件 ……………………………………………… 36
3.3.1 平面一般力系的平衡条件和平衡方程 …………………………… 36
3.3.2 平面平行力系的平衡方程 ………………………………………… 37
3.4 静定与超静定问题的概念及物体系统的平衡 ………………………… 40
3.4.1 静定与超静定问题 ………………………………………………… 40
3.4.2 物体系统的平衡 …………………………………………………… 40
3.5 考虑摩擦时的平衡问题 ………………………………………………… 42
思考题……………………………………………………………………………… 45
习题………………………………………………………………………………… 45
第4章 空间力系 ……………………………………………………………… 49
4.1 力在空间直角坐标轴上的投影 ………………………………………… 50
4.1.1 力在空间直角坐标轴上的投影 …………………………………… 50
4.1.2 合力投影定理 ……………………………………………………… 51
4.2 力对轴的矩 ……………………………………………………………… 52
4.2.1 力对轴之矩 ………………………………………………………… 52
4.2.2 合力矩定理 ………………………………………………………… 53
4.3 空间力系的平衡及其应用 ……………………………………………… 53
4.3.1 空间力系的简化 …………………………………………………… 53
4.3.2 空间力系的平衡方程 ……………………………………………… 54
4.3.3 空间任意力系的平衡问题转化为平面问题的解法 ……………… 55

4.4 重心与形心 …… 56
4.4.1 物体的重心 …… 56
4.4.2 平面图形的形心 …… 57
4.4.3 用组合法确定平面组合图形的形心 …… 58
思考题 …… 59
习题 …… 59

第二篇 材料力学

引言 …… 62
第5章 轴向拉伸和压缩 …… 66
5.1 轴向拉伸与压缩的概念 …… 66
5.2 截面法、轴力、轴力图 …… 66
5.2.1 内力的概念 …… 66
5.2.2 截面法 …… 67
5.2.3 轴力与轴力图 …… 68
5.3 截面上的应力 …… 70
5.3.1 应力的概念 …… 70
5.3.2 轴向拉伸或压缩时横截面上的正应力 …… 71
5.3.3 轴向拉伸或压缩时斜截面上的正应力 …… 72
5.4 轴向拉伸或压缩时的变形及胡克定律 …… 73
5.4.1 纵向变形 …… 73
5.4.2 胡克定律 …… 73
5.4.3 横向变形 …… 74
5.5 材料在拉伸与压缩时的机械性能 …… 74
5.5.1 低碳钢在拉伸时的机械性质 …… 75
5.5.2 其他塑性材料在拉伸时的机械性质 …… 77
5.5.3 铸铁在拉伸时的机械性质 …… 77
5.5.4 常温静载下压缩时材料的力学性能 …… 77
5.6 轴向拉伸或压缩时的强度计算 …… 78
5.6.1 失效与许用应力 …… 78
5.6.2 强度条件 …… 79
5.7 简单拉(压)超静定问题 …… 81
5.7.1 简单拉压超静定问题的解法 …… 81
5.7.2 温度应力的概念 …… 83
5.7.3 装配应力的概念 …… 83

5.8 应力集中的概念 …… 84
思考题 …… 85
习题 …… 85

第6章 剪切与挤压 …… 89

6.1 剪切的概念与实用计算 …… 89
6.1.1 剪切的概念 …… 89
6.1.2 剪切的实用计算 …… 90
6.2 挤压的概念与实用计算 …… 91
6.2.1 挤压的概念 …… 91
6.2.2 挤压的实用计算 …… 92
思考题 …… 96
习题 …… 97

第7章 圆轴扭转 …… 99

7.1 圆轴扭转的概念 …… 99
7.2 扭矩与扭矩图 …… 100
7.2.1 外力偶矩的计算 …… 100
7.2.2 扭矩与扭矩图 …… 100
7.3 纯剪切及剪切胡克定律 …… 104
7.3.1 薄壁圆筒扭转试验 …… 104
7.3.2 切应力互等定理 …… 105
7.3.3 剪切胡克定律 …… 105
7.4 圆轴扭转时的应力和强度条件 …… 105
7.4.1 圆轴扭转时的应力 …… 105
7.4.2 圆轴极惯性矩 I_p 和抗扭截面模量 W_p 的计算 …… 108
7.4.3 圆轴扭转的强度条件 …… 110
7.5 圆轴扭转时的变形和刚度条件 …… 111
7.5.1 圆轴扭转时的变形 …… 111
7.5.2 圆轴扭转时的刚度条件 …… 112
思考题 …… 114
习题 …… 115

第8章 弯曲内力 …… 118

8.1 引言 …… 118
8.1.1 弯曲的概念 …… 118
8.1.2 梁的支承简化 …… 118

8.1.3 梁的分类 …… 119
8.2 剪力与弯矩 …… 120
8.2.1 剪力和弯矩的概念 …… 120
8.2.2 剪力和弯矩符号的规定 …… 121
8.3 剪力、弯矩方程与剪力、弯矩图 …… 123
8.3.1 剪力和弯矩方程 …… 123
8.3.2 剪力和弯矩图 …… 123
8.4 弯矩、剪力和载荷集度之间的关系 …… 127
思考题 …… 132
习题 …… 132
第9章 弯曲应力 …… 135
9.1 弯曲时的正应力 …… 135
9.1.1 梁的纯弯曲概念 …… 135
9.1.2 纯弯曲平面假设 …… 135
9.1.3 纯弯曲应力 …… 136
9.1.4 截面惯性矩的计算 …… 139
9.2 横力弯曲时梁横截面上的正应力 …… 141
9.2.1 横力弯曲正应力公式 …… 141
9.2.2 弯曲正应力的强度条件 …… 142
9.3 弯曲切应力简介 …… 145
9.4 提高梁弯曲强度的主要措施 …… 147
9.4.1 选择合理的截面形状 …… 147
9.4.2 合理布置载荷和支座位置 …… 149
思考题 …… 150
习题 …… 150
第10章 弯曲变形 …… 153
10.1 弯曲变形的概念 …… 153
10.2 梁的挠曲线近似微分方程 …… 154
10.3 用积分法求弯曲变形 …… 155
10.4 用叠加法求梁的变形 …… 158
10.5 简单超静定梁的解法 …… 159
10.6 梁的刚度校核和提高刚度的措施 …… 161
10.6.1 梁的刚度条件 …… 161
10.6.2 提高梁的弯曲刚度的措施 …… 162
思考题 …… 162

习题 …… 162

第11章 应力状态分析和强度理论 …… 165

11.1 应力状态的概念 …… 165
11.2 平面应力状态分析 …… 166
11.2.1 斜截面应力 …… 166
11.2.2 应力圆 …… 168
11.2.3 平面应力状态主应力 …… 169
11.2.4 最大切应力的确定 …… 170
11.3 强度理论 …… 171
11.3.1 强度理论的概念 …… 171
11.3.2 四个强度理论 …… 171
11.3.3 单向与纯剪切组合应力状态的强度条件 …… 172
思考题 …… 174
习题 …… 175

第12章 组合变形 …… 177

12.1 组合变形的概念与叠加原理 …… 177
12.2 拉伸(压缩)与弯曲的组合变形 …… 177
12.3 弯曲与扭转的组合 …… 181
思考题 …… 184
习题 …… 185

第13章 压杆稳定 …… 187

13.1 压杆稳定的概念 …… 187
13.2 细长压杆的临界载荷 …… 187
13.2.1 理想压杆的临界载荷 …… 187
13.2.2 压杆临界载荷的计算 …… 188
13.3 欧拉公式的适用范围和经验公式 …… 189
13.4 压杆稳定性校核 …… 193
13.5 提高压杆稳定性措施 …… 194
13.5.1 选择合理的截面形状 …… 194
13.5.2 减小压杆的长度 …… 194
13.5.3 改善杆端约束情况 …… 195
13.5.4 合理地选用材料 …… 195
思考题 …… 195

习题 …………………………………………………………………… 196

第三篇　运动学与动力学

第 14 章　点的运动 …………………………………………………… 198

14.1　自然法 ……………………………………………………………… 198

14.1.1　点的运动方程 …………………………………………………… 198

14.1.2　点的速度 ………………………………………………………… 198

14.1.3　点的加速度 ……………………………………………………… 199

14.2　直角坐标法 ………………………………………………………… 202

14.2.1　点的运动方程 …………………………………………………… 202

14.2.2　点的速度 ………………………………………………………… 203

14.2.3　点的加速度 ……………………………………………………… 204

思考题 …………………………………………………………………… 205

习题 ……………………………………………………………………… 206

第 15 章　刚体的基本运动 ……………………………………………… 208

15.1　刚体平动 …………………………………………………………… 208

15.1.1　刚体平动概念 …………………………………………………… 208

15.1.2　平移刚体上各点的轨迹、速度、加速度特征 …………………… 208

15.2　刚体的定轴转动 …………………………………………………… 209

15.2.1　转动方程 ………………………………………………………… 210

15.2.2　角速度 …………………………………………………………… 210

15.2.3　角加速度 ………………………………………………………… 210

15.3　定轴转动刚体上点的速度和加速度 ……………………………… 212

15.3.1　定轴转动刚体上点的运动方程 ………………………………… 212

15.3.2　定轴转动刚体上点的速度 ……………………………………… 212

15.3.3　定轴转动刚体上点的加速度 …………………………………… 212

思考题 …………………………………………………………………… 215

习题 ……………………………………………………………………… 215

第 16 章　点的合成运动 ………………………………………………… 217

16.1　点的合成运动的概念 ……………………………………………… 217

16.2　点的速度合成定理 ………………………………………………… 217

思考题 …………………………………………………………………… 219

习题 ……………………………………………………………………… 220

第 17 章　刚体的平面运动 …… 222

17.1　刚体平面运动的运动分解 …… 222
17.2　平面图形上点的速度 …… 223
思考题 …… 226
习题 …… 226

第 18 章　质点和刚体动力学基础 …… 229

18.1　动力学基本定律 …… 229
18.1.1　第一定律(惯性定律) …… 229
18.1.2　第二定律(力与加速度关系定律) …… 229
18.1.3　第三定律(作用与反作用定律) …… 230
18.2　质点运动微分方程 …… 230
18.2.1　直角坐标形式的质点运动微分方程 …… 230
18.2.2　自然坐标形式的质点运动微分方程 …… 231
18.3　刚体定轴转动微分方程和转动惯量 …… 233
18.3.1　刚体定轴转动的微分方程 …… 233
18.3.2　刚体的转动惯量 …… 234
思考题 …… 238
习题 …… 239

第 19 章　动能定理 …… 241

19.1　力的功、功率和机械效率 …… 241
19.1.1　力的功 …… 241
19.1.2　常见力的功 …… 242
19.1.3　功率和机械效率 …… 244
19.2　动能和动能定理 …… 246
19.2.1　动能 …… 246
19.2.2　动能定理 …… 249
思考题 …… 253
习题 …… 253

第 20 章　动静法 …… 256

20.1　惯性力与质点的达朗贝尔原理 …… 256
20.1.1　惯性力的概念 …… 256
20.1.2　质点的达朗贝尔原理 …… 257
20.2　刚体的惯性力简化及轴承反力 …… 258

20.2.1 刚体平动 …… 258
20.2.2 刚体绕定轴转动 …… 258
20.2.3 轴承的动反力 …… 259
思考题 …… 260
习题 …… 260

附录Ⅰ 常用图形的几何性质 …… 263
附录Ⅱ 型钢表 …… 264
附录Ⅲ 习题答案 …… 268

参考文献 …… 274

第一篇　静力学

引　言

静力学是研究物体在力系作用下的平衡规律的科学。

所谓力系，是指作用在物体上的一群力。

静力学中的"平衡"是指物体相对于地面保持静止或作匀速直线运动。如桥梁、机床的床身、作匀速直线飞行的飞机等，都是处于平衡状态。平衡是物体运动的一种特殊形式。

在静力学中，我们将研究以下3个问题。

1. 物体的受力分析

即分析某个物体共受几个力，以及每个力的作用线位置、大小和方向。

2. 力系的等效替换

即将作用在物体上的一个力系用另一个与它等效的力系来代替。这两个力系互为等效力系。如果用一个简单力系等效地替换一个复杂力系，则称为力系的简化。若一力与一力系等效，则称此力为力系的合力，而该力系中的诸力称为这个合力的分力。研究力系的简化是为了建立力系的平衡条件。

在研究力系等效替换的问题时，物体并不一定处于平衡状态，我们可以暂不考虑物体的运动，而仅研究作用力的替换。例如：飞行中的飞机，受到升力、牵引力、重力、空气阻力等作用，这群力错综复杂地分布在飞机的各部分，每个力都影响飞机的运动。要想确定飞机的运动规律，必须了解这群力总的作用效果，这就需要用一个简单的等效力系来代替这群复杂的力，然后再进行运动的分析。所以研究力系的简化是为了导出力系的平衡条件，同时也是为动力学提供基础。

3. 建立各种力系的平衡条件

即研究物体平衡时，作用在物体上的各种力系所需满足的条件。

力系的平衡条件，在工程实际中有着十分重要的意义。在设计建筑物的构件、工程结构和作匀速直线运动或等速回转的机械零件时，需要先分析物体的受力情况，再应用平衡条件计算所受的未知力，最后按照材料的性能确定几何尺寸或选择适当的材料品种。有时当机械零件的运动虽非匀速但速度较低或加速度较小时，也可近似地应用平衡条件进行计算。因此，力系的平衡条件是设计构件、结构和机械零件时进行静力计算的基础。由此可知，静力学在工程实际中有着广泛的应用。

满足平衡条件的力系称为平衡力系。

第1章　静力学基本概念和物体受力分析

本章主要介绍三部分内容:一是静力学基本概念(力、刚体、平衡和约束),二是静力学公理,三是物体的受力分析(能正确地分析受力情况,画出单个物体和物系的受力图,这是本章的重点)。它们是工程力学中重要的基本内容。

1.1　静力学的基本概念

1.1.1　刚体的概念

所谓刚体,是在力的作用下保持形状和大小不变的物体,即在力的作用下其内部任意两点之间的距离始终保持不变的物体。这是一个理想化的力学模型。实际物体在力的作用下,都会产生程度不同的变形。但是,这些微小的变形,对研究物体的平衡问题不起主要作用,可以略去不计,这样可使问题的研究大为简化。这种撇开次要矛盾,抓住主要矛盾的做法是科学的抽象。但是不应该把刚体的概念绝对化。例如,在研究飞机的平衡问题或飞行规律时,我们可以把飞机看作刚体,可是在研究飞机的颤振问题时,机翼等的变形虽然非常微小,但必须把飞机看作弹性体;又例如,在计算某些工程结构时,如果不考虑它们的变形,而仍使用刚体的概念,则问题将成为不可解的。

1.1.2　力的概念

力是物体间相互的机械作用。这种作用使物体的机械运动状态发生变化,或使物体变形。

物体受力后产生两种效应。

(1) 外效应(运动效应):使物体的运动状态发生变化。

(2) 内效应(变形效应):使物体的形状发生变化。

静力学只研究力对物体的外效应。

实践表明,力对物体的作用效果取决于3个要素:①力的大小;②力的方向;③力的作用点。只要其中的任何一个量改变,该力对物体的作用效应就要改变。

力是矢量,可记作 $\boldsymbol{F}$。如图1-1中的 $\boldsymbol{F}$ 是用一个带箭头的有向线段 AB 来同时表示力的3个要素。

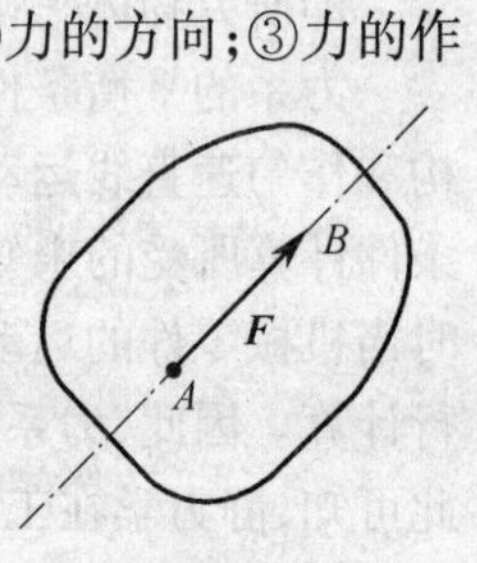

图1-1

(1) 力的大小。表示物体的机械作用的强弱。用线段 AB 的长度按一定的比例尺表示。在国际单位制中,以"牛顿"作为力的单位,记作N。有时也以"千牛顿"作为单位,记作kN,1kN=10^3N。

(2) 力的方向。表示物体的机械作用具有方向性。力的方向包括力的作用线在空间的方位和力沿作用线的指向,用箭头表示力的方向。

(3) 力的作用点。作用点是力作用在物体上的部位。

1.1.3 集中力与均布载荷

作用于物体的力又可称为载荷。无论其来源如何,按其作用方式可分为体积力和表面力。体积力是作用在物体内所有质点上的力,例如重力、惯性力等。体积力的单位是 N/m^3 或 kN/m^3。表面力是作用于物体表面的力,可分为集中力和分布力。

沿某一面积或长度连续作用于构件上的力,称为分布力或分布载荷,如图 1-2(c)所示。分布在一定面积上的分布力,单位用 N/m^2 或 kN/m^2。当分布力系在其作用面上呈均匀分布时,也称为均布力系或均布载荷。作用于油缸内壁的油压力、作用于船体上的水压力等均为沿面积的分布力。沿长度分布的分布力,单位用 N/m 或 kN/m。楼板对屋梁的作用力,就是以沿梁的轴线每单位长度内作用多少力来度量的。若作用于构件上外力分布的面积远远小于物体的整体尺寸,或沿长度的分布力,其分布长度远小于轴线的长度,则这样的外力就可以看成是作用于一点的集中力,如图 1-2(a)、(b)所示。火车轮子对钢轨的压力、轴承对轴的反力都是集中力。集中力的单位是 N 或 kN。

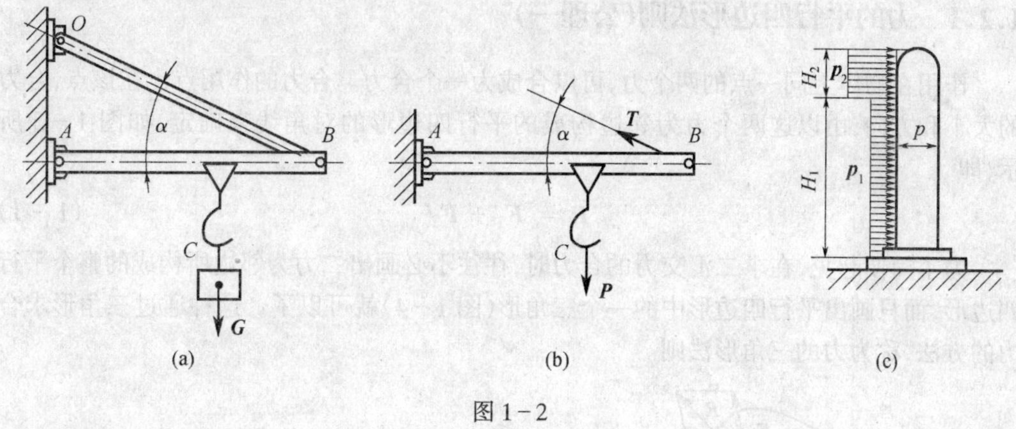

图 1-2

1.1.4 力系

作用于同一物体上的两个或两个以上的力所组成的系统,称为力系。如果作用在一物体上的力系可以用另一力系代替,而不改变对物体的作用效应,则这两个力系互为等效。如果一个力和一个力系等效,则称此力为该力系的合力,该力系中的各力为此力的分力。力系可分为平面力系和空间力系两大类。若组成力系各力的作用线都处在同一平面内,则称为平面力系;若组成力系各力的作用线不都处在同一平面内,则称为空间力系。

平面力系又分为以下几种。

平面汇交力系:所有力的作用线交于一点的平面力系。

平面平行力系:所有力的作用线都相互平行的平面力系。

平面任意力系:所有力的作用线既不相交于一点,也不完全平行的平面力系。

空间力系又分为以下几种。

空间汇交力系:所有力的作用线交于一点的空间力系。

空间平行力系:所有力的作用线都相互平行的空间力系。

空间任意力系:所有力的作用线既不相交于一点,也不相互平行的空间力系。

1.1.5 平衡

所谓平衡,是指物体相对于惯性参考系保持静止或匀速直线运动状态。在工程问题中,平衡通常是指物体相对于地球静止或做匀速直线运动,也就是将惯性参考系固连在地球上,这时作用在物体的力系称为平衡力系。实际上,物体的平衡是暂时的、相对的,永久的、绝对的平衡是不存在的。研究物体的平衡问题,就是研究物体在各力系作用下的平衡条件,并应用平衡条件解决工程实际问题。

1.2 静力学公理

所谓公理就是经过实践反复检验、证明是符合客观实际的普遍规律。常见的静力学公理有以下4个。

1.2.1 力的平行四边形法则(公理一)

作用在物体上同一点的两个力,可以合成为一个合力。合力的作用点也在该点,合力的大小和方向,由以这两个力为邻边构成的平行四边形的对角线来确定,如图1-3所示,即

$$\boldsymbol{R} = \boldsymbol{F}_1 + \boldsymbol{F}_2 \tag{1-1}$$

为了简便起见,在求二汇交力的合力时,往往不必画出二力为邻边所构成的整个平行四边形,而只画出平行四边形中的一个三角形(图1-4)就可以了。这种通过三角形求合力的方法,称为力的三角形法则。

图1-3　　图1-4

这个公理总结了最简单的力系简化的规律,它是较复杂力系简化的基础。

1.2.2 二力平衡公理(公理二)

作用在刚体上的两个力使刚体处于平衡的必要和充分条件是:这两个力的大小相等,方向相反,且作用在同一直线上,如图1-5所示,即

$$F_1 = -F_2 \tag{1-2}$$

这个公理总结了作用于刚体上的最简单的力系平衡时所必须满足的条件。对于刚体,这个条件是既必要又充分的;但对于非刚体,这个条件是不充分的。例如:软绳受两个等值反向的拉力作用可以平衡,而受两个等值反向的压力作用就不能平衡(图1-6)。

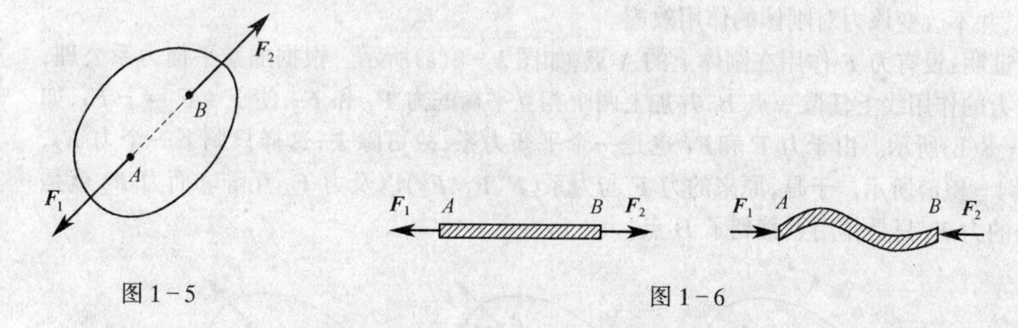

图1-5　　　　图1-6

工程上将不计自重、只受两个力作用而处于平衡的物体称为二力杆(或二力构件)。工程中的二力杆是很常见的,如图1-7(a)所示结构中的 BC 杆,不计其自重时,就可视为二力杆或二力构件。其受力如图1-7(b)所示,其中 $F_B=-F_C$。图1-7(c)中撑杆 BC,图1-7(d)三铰拱桥中的 BC 拱,若不计自重,则都是在 B、C 两点处受力,所受之力必在两力作用点的连线 BC 上。若要判断受力构件是受拉还是受压,则可假想将构件抽掉,如 B、C 两点靠拢,构件受压;如 B、C 两点分离,构件受拉。从图1-7中可知,二力杆可以是直杆,也可以是曲杆。

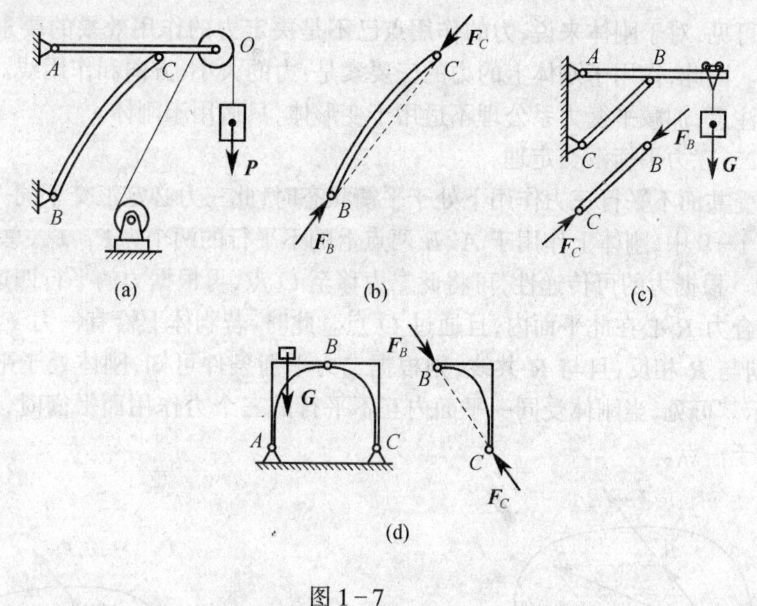

图1-7

1.2.3 加减平衡力系公理(公理三)

在作用于刚体的任意力系上加上或减去任意一个平衡力系,都不改变原力系对刚体的作用效应。就是说,如果两个力系只相差一个或几个平衡力系,则它们对刚体的作用是相同的,因此可以等效替换。

根据加减平衡力系公理可以得到以下推论。

推论一:力的可传递性原理

所谓力的可传性,就是作用于刚体上某点的力,可以沿着它的作用线移到刚体内任意一点,并不改变该力对刚体的作用效应。

证明:设有力 $\boldsymbol{F}$ 作用在刚体上的 A 点,如图 1-8(a)所示。根据加减平衡力系公理,可在力的作用线上任取一点 B,并加上两个相互平衡的力 $\boldsymbol{F}_1$ 和 $\boldsymbol{F}_2$,使 $F=F_2=-F_1$,如图 1-8(b)所示。由于力 $\boldsymbol{F}$ 和 $\boldsymbol{F}_1$ 也是一个平衡力系,故可除去;这样只剩下一个力 $\boldsymbol{F}_2$,如图 1-8(c)所示。于是,原来的力 $\boldsymbol{F}$ 与力系($\boldsymbol{F}$、$\boldsymbol{F}_1$、$\boldsymbol{F}_2$)以及力 $\boldsymbol{F}_2$ 互等。而力 $\boldsymbol{F}_2$ 就是原来的力 $\boldsymbol{F}$,只是作用点移到了 B 点。

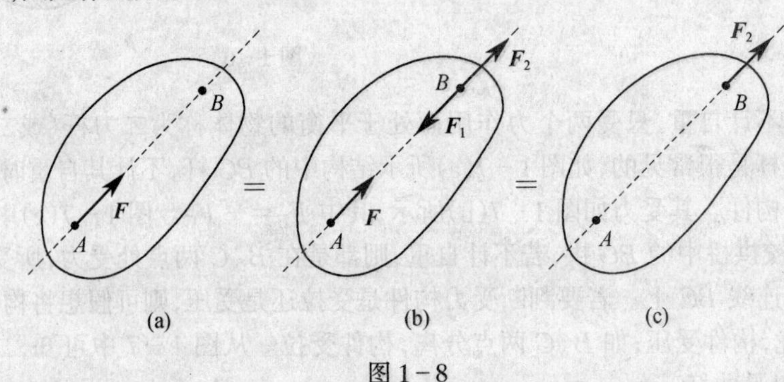

图 1-8

由此可见,对于刚体来说,力的作用点已不是决定力的作用效果的要素,它已被作用线所代替。因此,作用于刚体上的力的三要素是:力的大小、方向和作用线。

必须注意,加减平衡力系公理不适用于变形体,只适用于刚体。

推论二:三力平衡汇交定理

刚体受共面不平行三力作用下处于平衡状态时,此三力必定汇交于同一点。

在图 1-9 中,刚体上作用于 A、B 两点上的不平行的两个力 $\boldsymbol{F}_1$、$\boldsymbol{F}_2$,总会有一个作用线交点 O。根据力的可传递性,可将此二力移至 O 点,再根据力的平行四边形法则,可知此二力的合力 $\boldsymbol{R}$ 必在此平面内,且通过 O 点。此时,若刚体上恰有一力 $\boldsymbol{F}_3$,其大小与 $\boldsymbol{R}$ 相等,方向与 $\boldsymbol{R}$ 相反,且与 $\boldsymbol{R}$ 共线,则根据二力平衡条件可知,刚体处于平衡状态,如图 1-10所示。可见,当刚体受同一平面内互不平行的三个力作用而平衡时,此三力的作用线必交汇于一点。

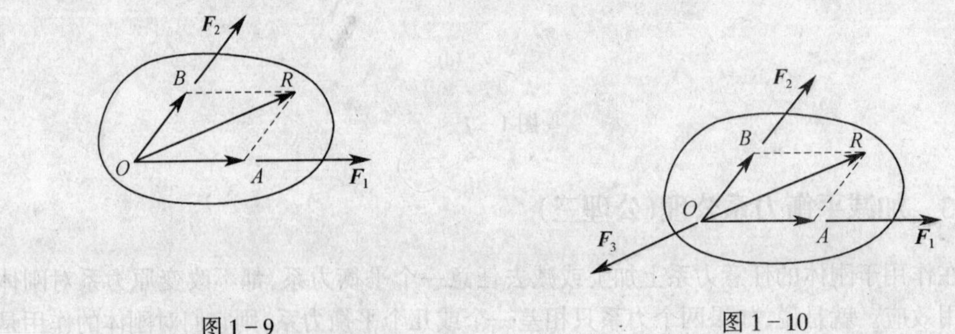

图 1-9　　图 1-10

1.2.4 作用和反作用定律(公理四)

任何两个物体间相互作用的作用力和反作用力总是大小相等、方向相反,其作用线在同一直线上,并分别作用在两个相互作用的物体上。

这个公理概括了自然界的物体相互作用的关系,表明作用力和反作用力总是成对出现的。有作用力必有反作用力。

必须强调指出,作用力和反作用力不是作用在同一物体上,而是分别作用在两个相互作用的物体上,因此,二者不能相互平衡,要把作用和反作用定律与二力平衡公理严格区别开来。读者试分析如图 1-11 所示的各力之间是什么关系。

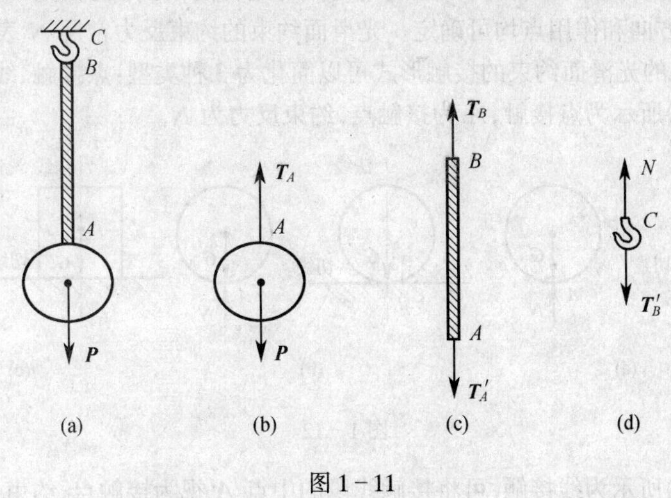

图 1-11

1.3 约束和约束反力

1.3.1 约束相关概念

各类机械和工程结构中的每个零件和构件,都是相互联系而又相互制约的,它们之间存在着相互作用的力,所以在解决工程中一般的力学问题时,都必须首先对零件、构件进行受力情况分析。

工程上所遇到的物体通常分为两类:一是不受任何限制,可以向任一方向自由运动的物体,称为自由体,例如飞行的飞机、炮弹等;二是受到其他物体的限制,沿着某些方向不能产生运动的物体,称非自由体。限制非自由体运动的其他物体称为“约束”。例如,火车必须在铁轨上行驶,铁轨就是火车的约束;悬挂重物的绳索限制了重物的下落,绳索就是重物的约束;轴承限制了轴的运动,轴承就成了轴的约束。

力学分析中又把作用在物体上的力分为两类:一类是主动力,也就是使物体产生运动或运动趋势的力,如重力、水压、油压、电磁力等;另一类是被动力,即约束作用于物体上的约束力。主动力一般是已知的,或是可以根据已有资料确定的。约束力是未知的。静力分析的重要任务之一就是确定未知的约束力。

1.3.2 常见的约束类型

约束力与约束的性质有关。下面介绍几种在工程实际中常遇到的简单的约束类型和确定约束反力的方法。

1．光滑接触表面约束

这是由光滑平面或曲面构成的约束，称为光滑面约束。这类约束可以与被约束物体之间形成点、线、面接触。这类约束无论是平面还是曲面，都只能限制沿接触面公法线方向上、向着约束体内方向的运动。因此，光滑面约束对被约束事物的约束反力的方向应沿接触面公法线且指向被约束物体。显然，当物体与这种光滑面接触且接触点位置可以确定时，约束力的方向和作用点均可确定。光滑面约束的约束反力常用 $\boldsymbol{N}$ 表示。

工程上常见的光滑面约束的接触形式可以简化为 3 种类型：点接触、线接触、面接触。图 1－12(a)所示为点接触，A 为接触点，约束反力为 $\boldsymbol{N}$。

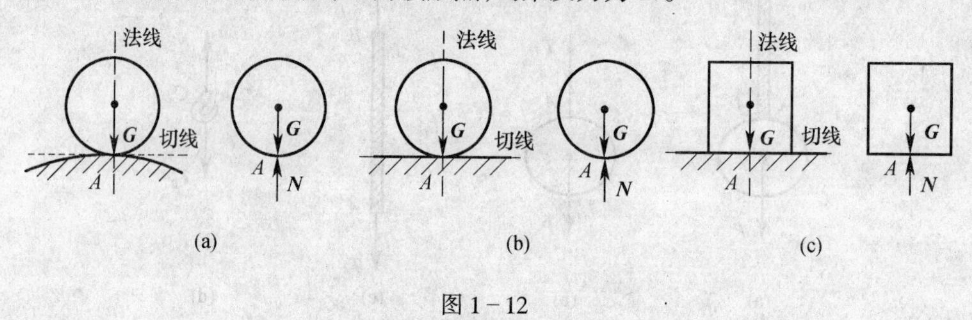

图 1－12

图 1－12(b)所示为线接触，可将接触线段的中点 A 视为接触点，约束反力 $\boldsymbol{N}$ 作用于 A 点。

图 1－12(c)所示为面接触，可将接触面的形心位置视为接触点，约束反力 $\boldsymbol{N}$ 作用于接触面形心位置 A 处。

2．柔性约束

由绳索、链条、皮带或胶带等非刚性体形成的约束，只能限制沿某一个方向的运动，而不能限制沿相反方向的运动，这一类约束称为柔性约束。这种约束的性质决定了它们提供的约束力只能是拉力。也就是说，柔性约束对被约束物体的约束反力的方向，是沿着约束的轴线背离被约束物体，柔性约束的约束反力常用 $\boldsymbol{T}$ 表示，如图 1－13(a)、(b)、(c)所示。

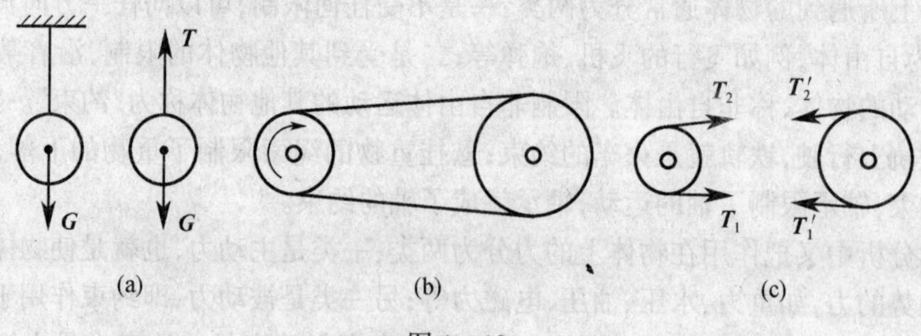

图 1－13

3. 圆柱铰链约束

这类约束的共同特点是，两个物体用光滑圆柱体（例如销钉）相连接，二者都可绕光滑圆柱体自由转动，但对所连接物体的移动形成约束。其结构为光滑圆柱体（销钉）与一个物体固连，插入另一个物体的孔内，如图 1-14 所示。

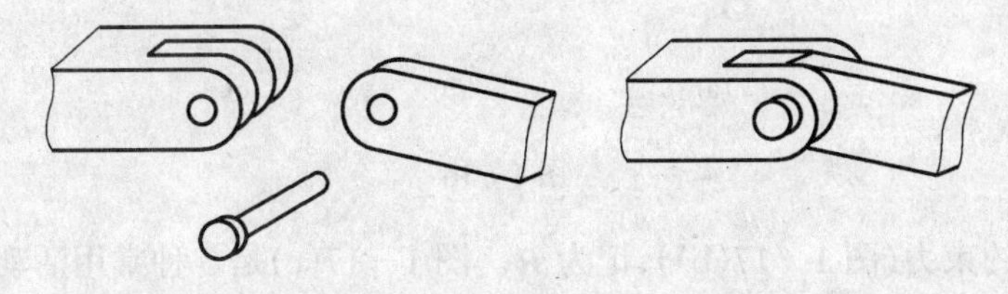

图 1-14

1）固定铰支座约束

如果圆柱铰链约束中用光滑圆柱体连接的两个物体有一个固定，称为固定铰支座约束（图 1-15(a)）。

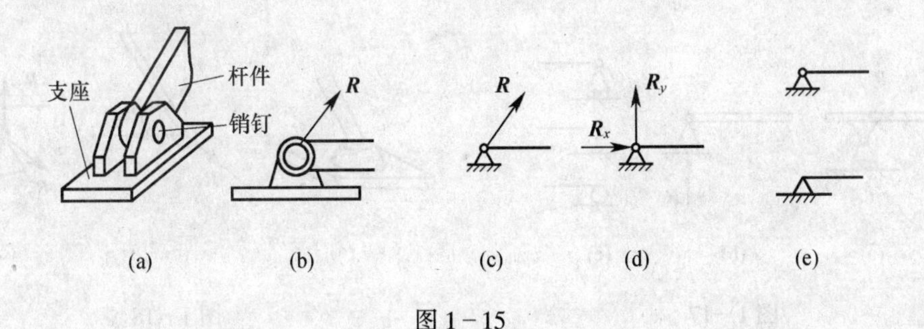

图 1-15

这类约束从本质上看仍然是光滑面约束，故其约束反力必在沿圆柱面接触点的公法线方向（图 1-15(b)）。但是，这个接触面的具体位置在哪里？约束反力的指向是什么方向？这两个判定约束力的重要问题并不是总能准确地确定出来。

事实上，在通过计算后是可以准确找到这个力的，但在外力未定、接触点位置不确定的情况下，我们只能肯定两点：一是这个约束反力一定存在，二是这个约束反力通过圆柱体（销钉）中心。对于这种约束力，通常用通过铰链中心的两个互相垂直的分力来表示，记为 $\boldsymbol{R}_x$、$\boldsymbol{R}_y$（图 1-15(d)）。图 1-15(e)所示为两种常见的固定铰支座约束的简单记法。

2）中间铰

如果圆柱铰链约束中用光滑圆柱体连接的两个物体都不是完全固定的，称为中间铰（图 1-16(a)）。中间铰与固定铰支座力约束形式很相似，也只有一个不确定方向的约束力，故也用通过铰链中心的两个垂直的分力来表示，记为 $\boldsymbol{R}_x$、$\boldsymbol{R}_y$（图 1-16(c)），图 1-16(b)所示为中间铰的两种简单记法。

3）活动铰支座约束

活动铰支座约束又称为辊轴约束或辊轴支座。其实质是光滑面与光滑圆柱约束的复合约束。我们可以形象地将这种约束理解为在固定铰链支座的座体与支承中间加装了滚轮。其简化结构如图 1-17(a)所示。

当接触光滑时，这种约束只能限制垂直于支承面的运动，因而只有垂直于支承面并通

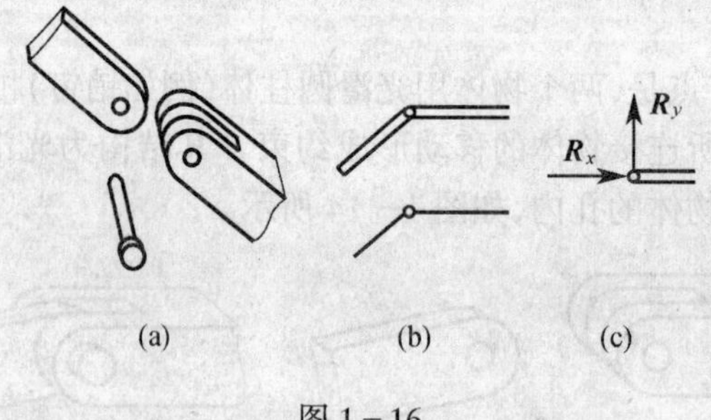

图 1－16

过铰链中心的约束力(图 1－17(b))，记为 $\boldsymbol{R}$。图 1－17(c)是 3 种常用活动铰支座的简单记法。

4) 球铰链约束

球铰链约束是一种空间约束结构，工程上称为球铰(图 1－18(a))。被约束的构件端部为球形，它被约束在固定底座的一个球窝内。球与球窝的直径近似相等，球心固定不动，球可以在球窝中自动转动，但不能作任何方向的移动。

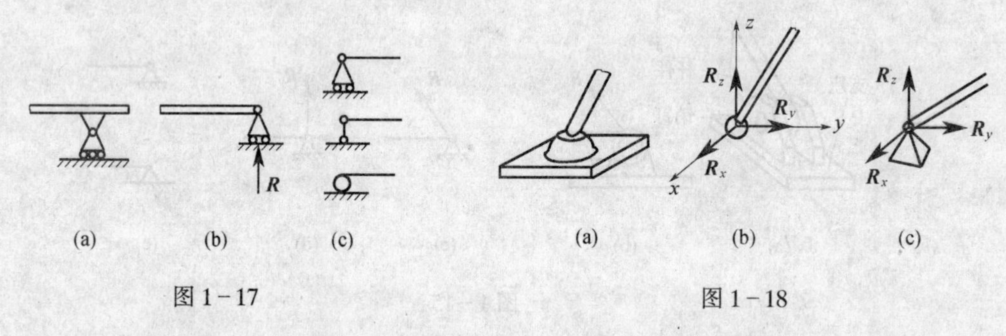

图 1－17　　　　图 1－18

与铰链约束相似，由于球与球窝的接点位置与被约束构件所受载荷有关，因而不能预先确定，故这种约束为通过球心、方向不定的力，可以用沿空间直角坐标轴 x、y、z 这 3 个方向的 3 个分力 $\boldsymbol{R}_x$、$\boldsymbol{R}_y$、$\boldsymbol{R}_z$ 表示，如图 1－18(b)所示。图 1－18(c)为球铰的简单记法。

5) 固定端约束

将构件的一端插入一固定物体(如墙)中，就构成了固定端约束。在连接处具有较大的刚性，被约束的物体在该处被完全固定，即不允许相对移动，也不可转动。固定端的约束反力一般用两个正交分力和一个约束反力偶来代替，如图 1－19 所示。

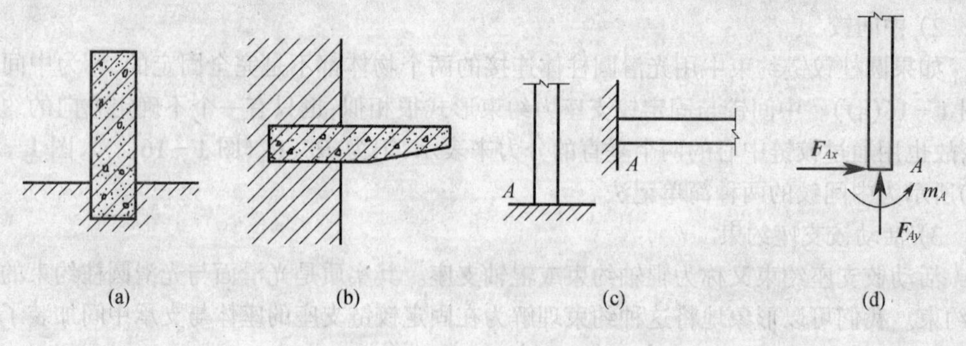

图 1－19

1.4　物体的受力分析和受力图

受力分析是指分析所研究物体的受力情况。由前面的学习可知,工程实际中的构件或零件上都会有力的作用,这些力一般可以分为两类:一是主动力,二是约束力。

我们要进行研究,首先就要搞清楚这些力。一是要知道有哪些力,以及这些力作用的位置和方向;二是要知道哪些力是已知的,哪些力是未知的,并能确定未知力的数值。受力分析要解决的正是这两个问题中的第一个问题。受力分析时所研究的物体称为研究对象。

为了正确进行受力分析,必须将研究对象的约束全部解除,并将其从周围物体中分离出来。这种解除了约束并被分离出来的研究对象,称为分离体。

将分离体所受的主动力和约束力都用力矢量标在分离体相应的位置上,就得到了分离体的受力图,简称受力图。受力图就是受力分析结果的最终体现。上述过程也就是进行受力分析的关键步骤。

画受力图的一般步骤如下:

(1) 确定研究的对象,画出分离体;

(2) 在分离体上画出全部主动力;

(3) 在分离体上画出全部的约束反力。

最后要提醒读者注意的是,在画受力图时,有时可以根据二力平衡条件和三力平衡条件,确定某些约束力的作用位置和方向。还有,所取的分离体是由几个物体组成的物体系统时,通常将系统内物体之间的相互作用力称为内力,而系统外物体对系统内每个物体作用的力称为外力。在画物体系统受力图时,则约定只画外力不画内力。但是在画物体系统内每个物体的受力图时,要注意两个物体之间的相互作用力是反向的,并使这两个力的符号彼此协调一致。

画物体受力图是解决静力学问题的一个重要步骤。下面举例说明。

例 1-1　重量为 $\boldsymbol{G}$ 的球,用绳挂在光滑的铅直墙上(图 1-20(a))。画出此球的受力图。

解　(1) 以球为研究对象并画出分离体(图1-20(b))。解除了绳和墙的约束。

(2) 画出主动力 $\boldsymbol{G}$。

(3) 画出全部约束反力:绳的约束反力 $\boldsymbol{T}$ 和光滑面约束反力 $\boldsymbol{N}_A$。

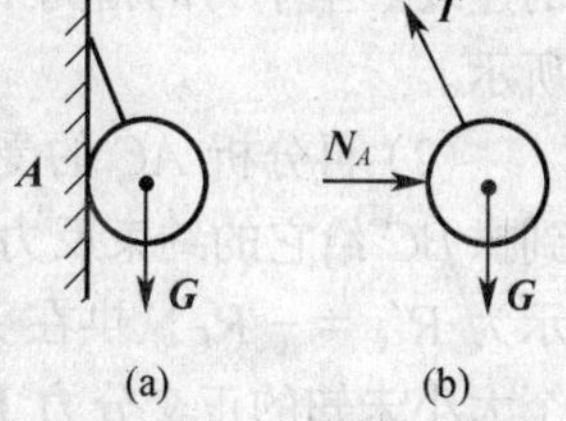

图 1-20

例 1-2　梁 AB, A 端为固定铰链支座, B 端为活动铰链支座,梁中点 C 受主动力 $\boldsymbol{F}$ 作用(图 1-21(a)),梁重不计。试分析梁的受力情况。

解　(1) 以梁 AB 为研究对象并画出分离体(图 1-21(b))。

(2) 画出主动力 $\boldsymbol{F}$。

(3) 画约束反力。活动铰链支座的约束反力 $\boldsymbol{R}_B$ 铅垂向上且通过铰链中心。固定铰链支座的约束反力方向不定,但可以用大小未知的水平分力 $\boldsymbol{R}_{Ax}$、$\boldsymbol{R}_{Ay}$ 来表示(图 1-21(b))。一般 $\boldsymbol{R}_{Ax}$ 和 $\boldsymbol{R}_{Ay}$ 的指向都假设和坐标轴的正向相同。

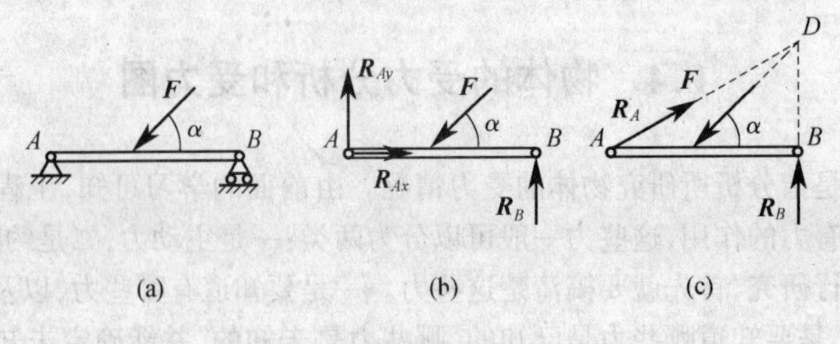

图 1-21

固定铰链支座的约束反力亦可用一个大小和方向均未知的力 $\boldsymbol{R}_A$ 表示，因梁 AB 受同平面内的三个不平行的力作用而平衡，故根据三力平衡汇交定理，$\boldsymbol{R}_A$ 的方向极易确定。延长 $\boldsymbol{R}_B$ 和 $\boldsymbol{F}$ 力的作用线交于 D 点，梁平衡时，$\boldsymbol{R}_A$ 必在 AD 连线上，如图 1-21(c)所示 。

例 1-3 如图 1-22(a)所示的三铰拱桥，由左右两拱铰接而成。设各拱自重不计，在拱 AC 上作用载荷 $\boldsymbol{P}$。试分别画出拱 AC 和 BC 以及整个三铰拱桥的受力图。

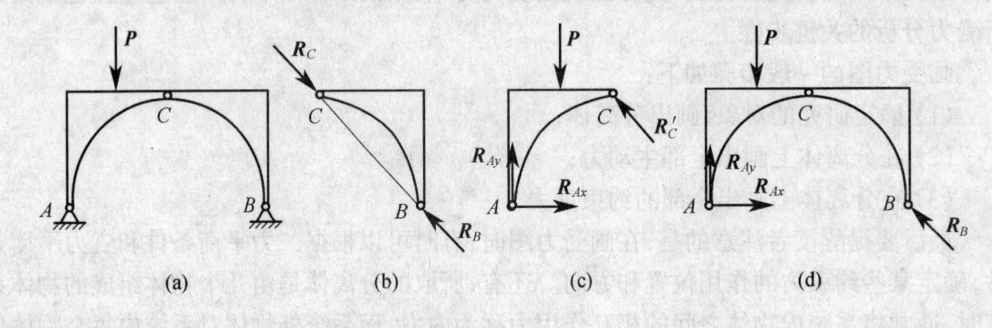

图 1-22

解 (1) 先分析 BC 拱的受力。拱 BC 受有铰链 C 和固定铰链支座 B 的约束，其约束反力在 C、B 处各有 x 和 y 轴方向的约束反力。但由于拱 BC 自重不计，也无其他主动力作用，因此在 C 和 B 处各有一个约束反力 $\boldsymbol{R}_C$ 和 $\boldsymbol{R}_B$，故 CB 杆为二力杆。根据二力平衡公理，只在两力作用下处于平衡的 BC 拱，其 $\boldsymbol{R}_C$ 和 $\boldsymbol{R}_B$ 二力的作用线应沿 C、B 两铰心的连线。至于力的指向一般由平衡条件来确定，此处可设拱 BC 受压力，如图 1-22(b)所示。

(2) 再分析 AC 的受力。由于自重不计，因此主动力只有载荷 $\boldsymbol{P}$。拱在铰链 C 处受到拱 BC 给它的约束反力 $\boldsymbol{R}'_C$，根据作用和反作用定律，$\boldsymbol{R}'_C$ 与 $\boldsymbol{R}_C$ 等值、反向、共线，可表示为 $R'_C = -R_C$。拱在 A 处受有固定铰链支座给它的约束反力，由于方向未定，可用两个大小未知的正交分力 $\boldsymbol{R}_{Ax}$ 和 $\boldsymbol{R}_{Ay}$ 来表示。此时拱 AC 的受力图如图 1-22(c)所示。

(3) 画三铰拱桥整体的受力图。单独画出整体的轮廓。先画上已知力 $\boldsymbol{P}$，再根据系统以外仅有两处受到约束的约束反力的作用，画出受力图，如图 1-22(d)所示。C 处显然也有约束反力 $\boldsymbol{R}'_C$ 与 $\boldsymbol{R}_C$ 的作用，但它们是系统内力，不必画出。

例 1-4 如图 1-23(a)所示，梯子的两部分 AB 和 AC 在点 A 处用光滑铰链(圆柱形销钉)连接，又在 D、E 两点用水平绳相连。梯子放在光滑水平面上，不计自重。在 A 点的销钉上作用一铅直载荷 $\boldsymbol{F}$。试分别画出梯子的 AB、AC 部分、销钉 A 及整个物系的受力图。

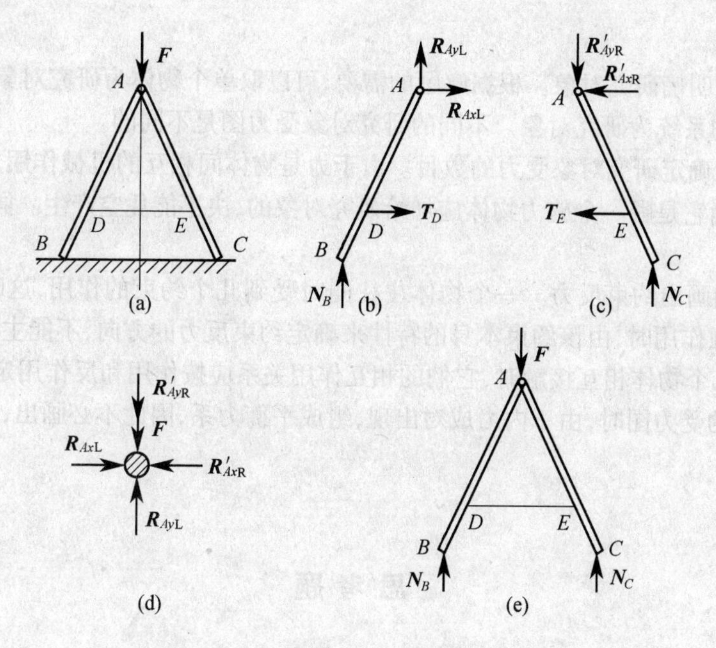

图 1-23

解 (1) 画梯子 *AB* 部分的受力图(图 1-23(b))。

① 以 *AB* 杆为研究对象画出分离体。

② *AB* 上无主动力,不能画出。

③ 因 *B* 点为光滑面约束,*D* 点为柔性约束,*A* 点为光滑铰链约束,故可相应地画出约束反力 $\boldsymbol{N}_B$、$\boldsymbol{T}_D$、$\boldsymbol{R}_{AxL}$、$\boldsymbol{R}_{AyL}$。

(2) 画梯子 *AC* 部分的受力图(图 1-23(c))。

① 以 *AC* 为研究对象画出分离体。

② *AC* 上无主动力,不能画出。

③ 因 *C* 处为光滑面约束,*E* 处为柔体约束,*A* 处为光滑铰链约束,故可相应地画出约束反力 $\boldsymbol{N}_C$、$\boldsymbol{T}_E$、$\boldsymbol{R}'_{AyR}$、$\boldsymbol{R}'_{AxR}$。

(3) 画销钉 *A* 的受力图(图 1-23(d))。

① 以销钉为研究对象画出分离体。

② 画主动力 $\boldsymbol{F}$。

③ 根据作用力与反作用力的关系,可画出左、右两侧梯子对销钉的约束反力 $\boldsymbol{R}_{AxL}$、$\boldsymbol{R}_{AyL}$、$\boldsymbol{R}'_{AxR}$、$\boldsymbol{R}'_{AyR}$。

(4) 画整个物系的受力图(1-23(e))。

① 以整个物系为研究对象画出分离体。

② 画主动力 $\boldsymbol{F}$。

③ 因 *B*、*C* 处为光滑面约束,故可画出其约束反力 $\boldsymbol{N}_B$、$\boldsymbol{N}_C$。铰链 *A* 和绳 *DE* 在物系内部,铰链 *A* 处和绳子连接的点 *D* 和 *E* 处所受的力为作用力与反作用力,这些力都成对地作用在整个物系内,故称为物系内力。内力对系统的作用效果相互抵消,因此不必画出。

正确地画出受力图,是分析、解决力学问题的基础。画受力图时必须注意的问题归纳如下：

(1) 必须明确研究对象。根据解题的需要，可以取单个物体为研究对象，也可取由几个物体组成的系统为研究对象。不同的研究对象受力图是不同的。

(2) 正确确定研究对象受力的数目。由于力是物体间相互的机械作用，因此，对每一个力都应明确它是哪一个施力物体施加给研究对象的，决不能凭空产生。同时，也不可漏掉一个力。

(3) 正确画出约束反力。一个物体往往同时受到几个约束的作用，这时应分别根据每个约束单独作用时，由该约束本身的特性来确定约束反力的方向，不能主观臆测。

(4) 当几个物体相互接触时，它们的相互作用关系应按作用和反作用定律来分析，当画整个系统的受力图时，由于内力成对出现，组成平衡力系，因此不必画出，只需画出全部外力。

思考题

1. 力的三要素是什么？两个力相等的条件是什么？

2. 说明下列式子的意义和区别。

(1) $P_1=P_2$；(2) $p_1=p_2$；(3) 力 $\boldsymbol{P}_1$ 等于力 $\boldsymbol{P}_2$。

3. 二力平衡公理和作用与反作用定律都是说二力等值、反向、共线，请问问二者有什么区别？

4. 为什么说二力平衡公理、加减平衡力系公理和力的可传性等都只能适用于刚体？

5. 试区别 $\boldsymbol{R}=\boldsymbol{F}_1+\boldsymbol{F}_2$ 和 $R=F_1+F_2$ 两个等式表示的意义。

6. 确定约束反力方向的原则是什么？光滑铰链约束有什么特点？

7. 什么叫二力构件？分析二力构件受力时与构件的形状有无关系？

习　题

1-1　试画出图 1-24 中各物体的受力图，各接触都是光滑的。

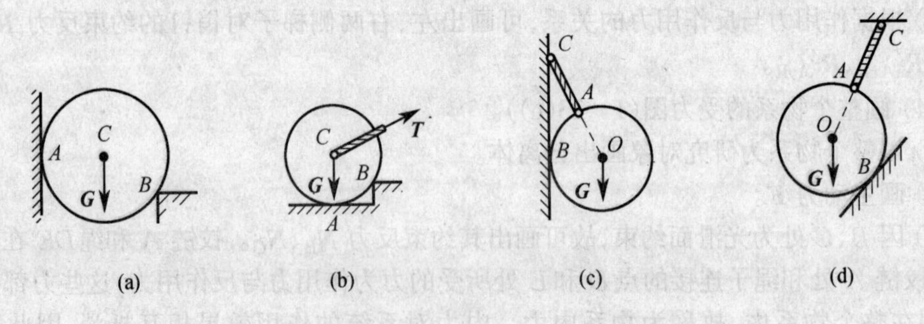

图 1-24

1-2 画出图1-25中每个标注字符的物体的受力图。设各接触面均为光滑面，未画重力的物体的重量均不计。

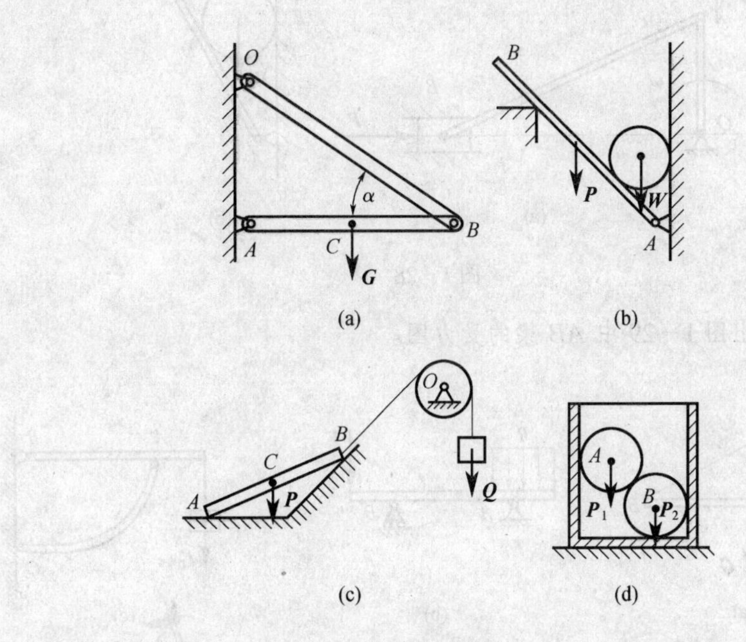

图1-25

1-3 试画出图1-26中AB杆的受力图。

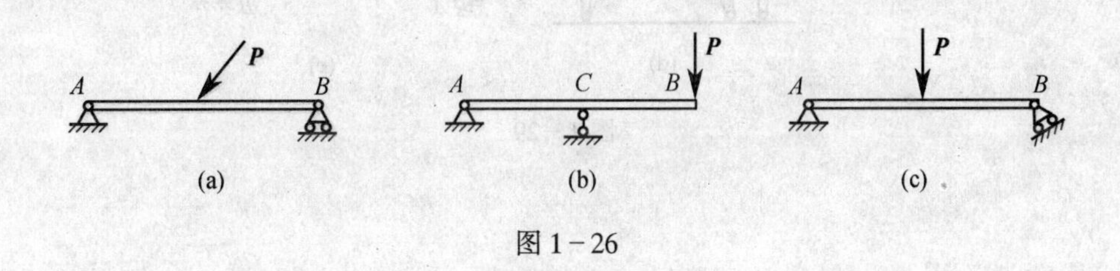

图1-26

1-4 试画出图1-27所示系统各构件的受力图。

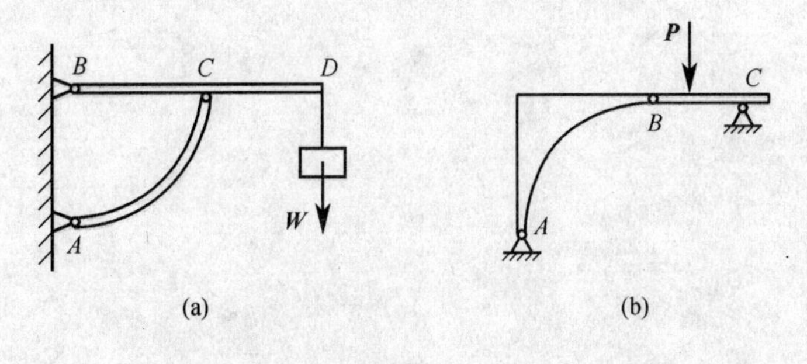

图1-27

1-5 试画出图1-28所示系统各构件的受力图。

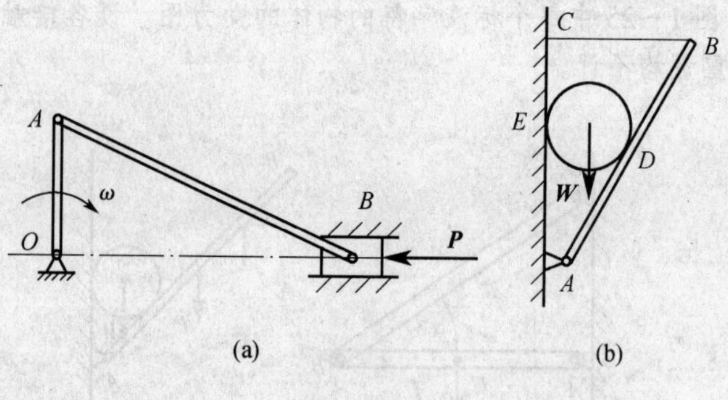

图 1-28

1-6 试画出图 1-29 中 AB 梁的受力图。

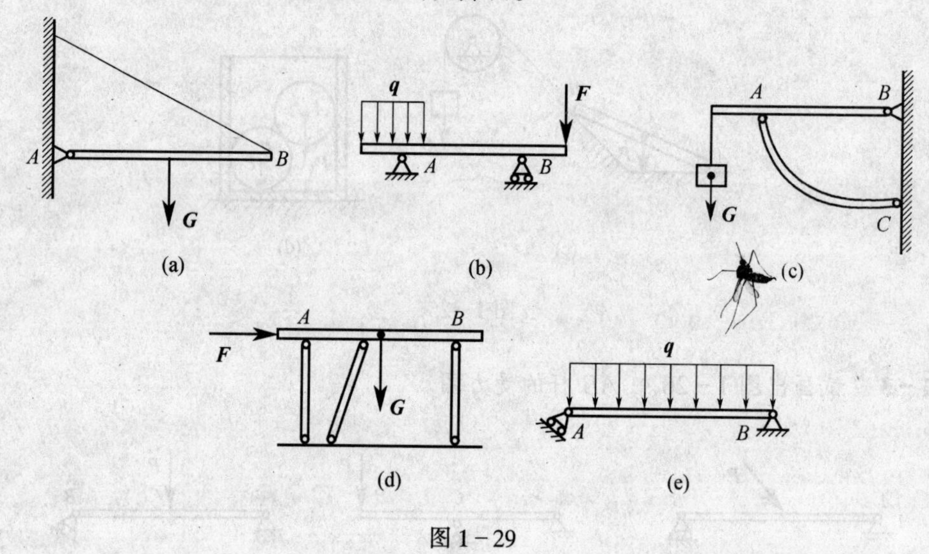

图 1-29

第2章 简单力系

本章主要研究平面汇交力系的合成和平衡条件以及简单力偶系。平面汇交力系和力偶系是最简单、最基本的力系,它为进一步研究其他力系奠定了基础。本章重点是平衡方程式的应用 。

2.1 汇交力系合成与平衡的几何法

2.1.1 汇交力系合成的几何法

1. 二力的合成

先讲二力合成的平行四边形和三角形法则。设在某刚体上作用有力 $\boldsymbol{F}_1$、$\boldsymbol{F}_2$,作力的平行四边形和三角形如图 2-1 所示。

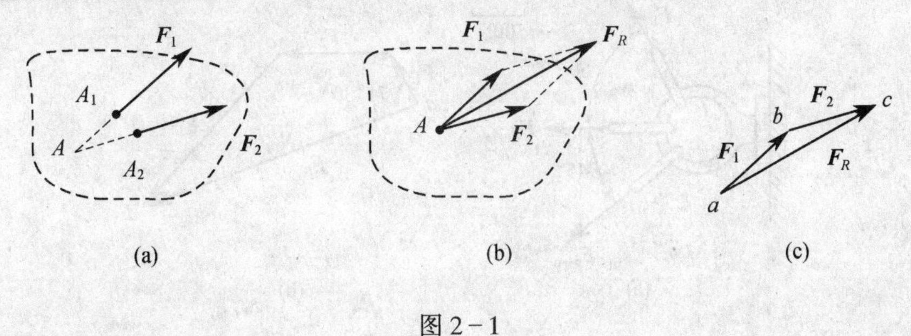

图 2-1

2. 汇交力系合成的几何法

设在某刚体上作用有由力 $\boldsymbol{F}_1$、$\boldsymbol{F}_2$、$\boldsymbol{F}_3$、$\boldsymbol{F}_4$ 组成的平面汇交力系,各力的作用线交于点 A,如图 2-2(a)所示。由力的可传性,将力的作用线移至汇交点 A;然后由力的合成三角形法则将各力依次合成,即从任意点 a 作矢量 $\boldsymbol{ab}$ 代表力矢 $\boldsymbol{F}_1$,在其末端 b 作矢量 $\boldsymbol{bc}$ 代表力矢 $\boldsymbol{F}_2$,则虚线 $\boldsymbol{ac}$ 表示力矢 $\boldsymbol{F}_1$ 和 $\boldsymbol{F}_2$ 的合力矢 $\boldsymbol{F}_{R1}$;再从点 c 作矢量 $\boldsymbol{cd}$ 代表力矢 $\boldsymbol{F}_3$,则 $\boldsymbol{ad}$ 表示 $\boldsymbol{F}_{R1}$ 和 $\boldsymbol{F}_3$ 的合力 $\boldsymbol{F}_{R2}$;最后从点 d 作 $\boldsymbol{de}$ 代表力矢 $\boldsymbol{F}_4$,则 $\boldsymbol{ae}$ 代表力矢 $\boldsymbol{F}_{R2}$ 与 $\boldsymbol{F}_4$ 的合力矢,亦即力 $\boldsymbol{F}_1$、$\boldsymbol{F}_2$、$\boldsymbol{F}_3$、$\boldsymbol{F}_4$ 的合力矢 $\boldsymbol{F}_R$,其大小和方向如图 2-2(b)所示,其作用线通过汇交点 A。作图 2-2(b)时,虚线 ac 和 ad 不必画出,只需把各力矢首尾相连,得折线 $abcd$,则第一个力矢 $\boldsymbol{F}_1$ 的起点 a 向最后一个力矢 $\boldsymbol{F}_4$ 的终点 e 作 $\boldsymbol{ae}$,即得合力矢 $\boldsymbol{F}_R$。各分力矢与合力矢构成的多边形称为力的多边形,表示合力矢的边 ae 称为力的多边形的逆封边。这种求合力的方法称为力的多边形法则。若改变各力矢的作图顺序,所得力的多边形的形状则不同,但是这并不影响最后所得的逆封边的大小和方向。

上述方法可以推广到由 n 个力 $\boldsymbol{F}_1,\boldsymbol{F}_2,\cdots,\boldsymbol{F}_n$ 组成的平面汇交力系。平面汇交力系

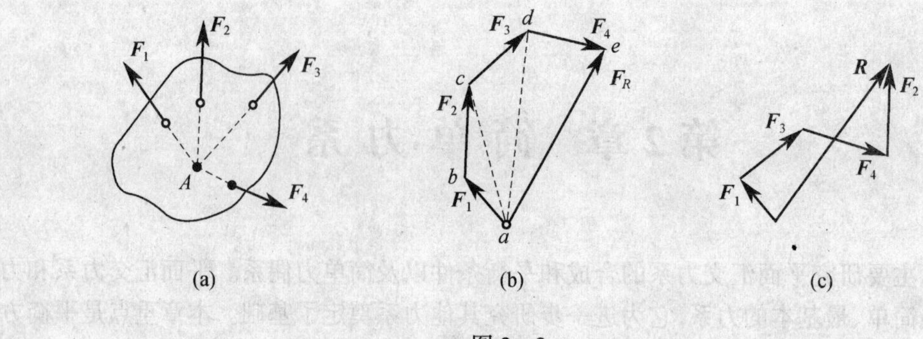

图 2-2

合成的结果是一个合力,合力的作用线过力系的汇交点,合力等于原力系中所有各力的矢量和,可用矢量式表示为

$$\boldsymbol{F}_R = \boldsymbol{F}_1 + \boldsymbol{F}_2 + \cdots + \boldsymbol{F}_n = \sum \boldsymbol{F} \tag{2-1}$$

例 2-1 同一平面的 3 根钢索边连结在一固定环上,如图 2-3 所示,已知 3 根钢索的拉力分别为 $F_1 = 500\text{N}$, $F_2 = 1000\text{N}$, $F_3 = 2000\text{N}$。试用几何作图法求 3 根钢索在环上作用的合力。

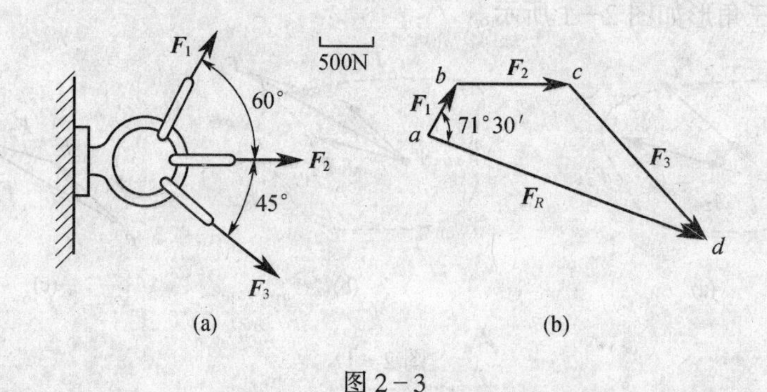

图 2-3

解 先定力的比例尺如图 2-3 所示。作力多边形先将各分力乘以比例尺得到各力的长度,然后作出力多边形图(图 2-3(b)),量得长度表示合力的大小,则 $\boldsymbol{F}_R$ 的实际值为

$$F_R = 2700\text{N}$$

$\boldsymbol{F}_R$ 的方向可由力的多边形图直接量出,$\boldsymbol{F}_R$ 与 $\boldsymbol{F}_1$ 的夹角为 71°30′。

2.1.2 平面汇交力系平衡的几何条件

在图 2-4(a)中,平面汇交力系合成为一合力,即与原力系等效。若在该力系中再加一个与该合力等值、反向、共线的力,根据二力平衡公理知,物体处于平衡状态,即为平衡力系。对该力系作力的多边形时,得出一个闭合的力的多边形,即最后一个力矢的末端与第一个力矢的始端相重合,亦即该力系的合力为零。因此,平面汇交力系平衡的必要与充分几何条件是:力的多边形自行封闭,或各力矢的矢量和等于零。用矢量表示为

$$\boldsymbol{F}_R = \sum \boldsymbol{F} = 0 \tag{2-2}$$

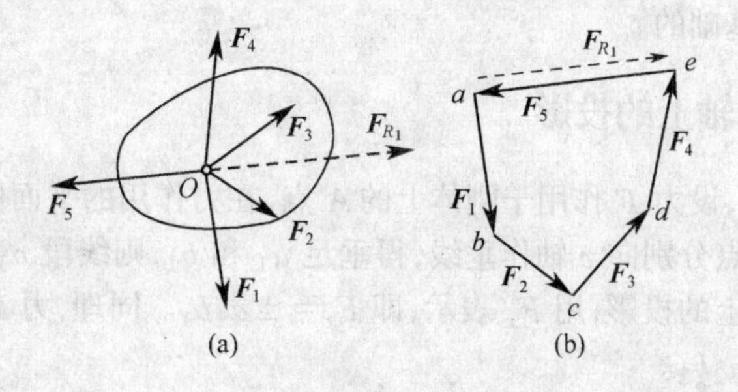

图 2-4

例 2-2 图 2-5(a)所示一支架,A、B 为铰链支座,C 为圆柱铰链。斜撑杆 BC 与水平杆 AC 的夹角为 30°。在支架的 C 处用绳子吊着 $G=20$kN 的重物。不计杆件的自重,试求各杆所受的力。

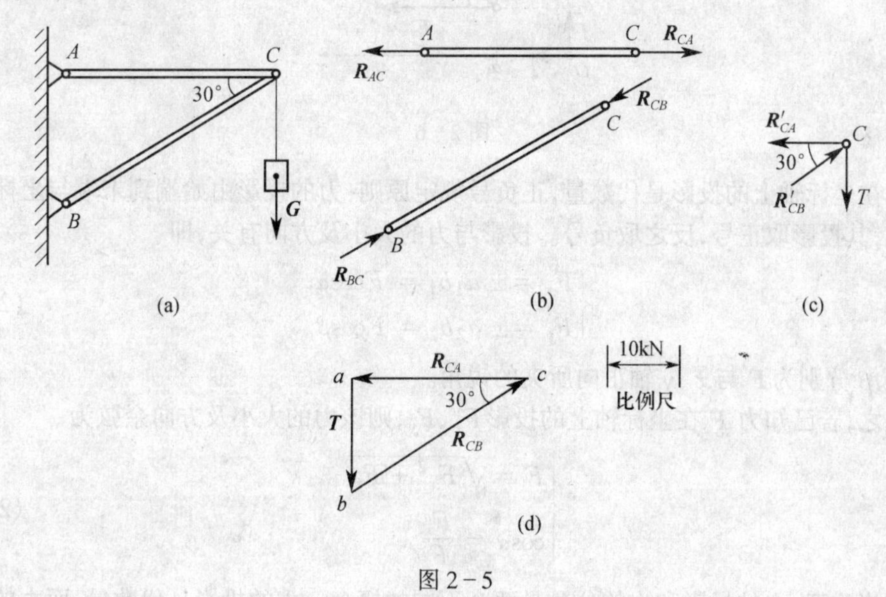

图 2-5

解 杆 AC 和 BC 均为二力杆,其受力如图 2-5(b)所示。取销钉 C 为研究对象,作用在它上面的力有:绳子的拉力 $\boldsymbol{T}$($T=G$),AC 杆和 BC 杆对销钉 C 的作用力 $\boldsymbol{R}_{CA}$ 和 $\boldsymbol{R}_{CB}$。这三个力为一平面汇交力系(销钉 C 的受力图如图 2-5(c)所示)。

根据平面汇交力系平衡的几何条件,$\boldsymbol{T}$、$\boldsymbol{R}_{CA}$ 和 $\boldsymbol{R}_{CB}$ 应组成闭合的力三角形。选取比例尺如图 2-5 所示,先画已知力 $T=ab$,过 a、b 两点分别作直线平行于 $\boldsymbol{R}_{CA}$ 和 $\boldsymbol{R}_{CB}$ 得交点 c,于是得力三角形 abc,顺着 abc 的方向标出箭头,使其首尾相连,则矢量 $\boldsymbol{ca}$ 和 $\boldsymbol{bc}$ 就分别表示力 $\boldsymbol{R}_{CA}$ 和 $\boldsymbol{R}_{CB}$ 的大小和方向。用同样的比例尺量得

$$R_{CA} = 34.6\text{kN}, R_{CB} = 40\text{kN}。$$

2.2 平面汇交力系合成与平衡的解析法

求解平面汇交力系问题的几何法,具有直观简捷的优点,但是作图时误差难以避免,精度比较低。因此,工程中多用解析法来求解力系的合成和平衡问题。解析法是以力在

坐标轴上的投影为基础的。

2.2.1 力在坐标轴上的投影

如图2－6所示，设力 $\boldsymbol{F}$ 作用于刚体上的 A 点，在力作用的平面内建立坐标系 Oxy，由力 $\boldsymbol{F}$ 的起点和终点分别向 x 轴作垂线，得垂足 a_1 和 b_1，则线段 a_1b_1 冠以相应的正负号称为力 $\boldsymbol{F}$ 在 x 轴上的投影，用 F_x 表示，即 $F_x = \pm a_1b_1$。同理，力 $\boldsymbol{F}$ 在 y 轴上的投影用 F_y 表示，即 $F_y = \pm a_2b_2$。

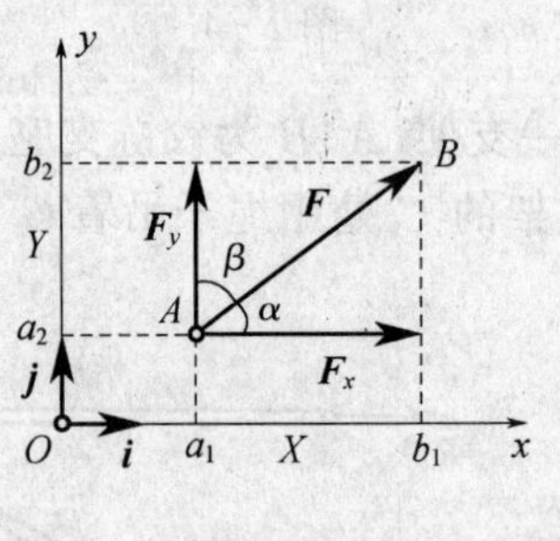

图2－6

力在坐标轴上的投影是代数量，正负号规定原则：力的投影由始端到末端与坐标轴正向一致，其投影取正号，反之取负号。投影与力的大小及方向有关，即

$$\begin{cases} F_x = \pm a_1b_1 = F\cos\alpha \\ F_y = \pm a_2b_2 = F\cos\beta \end{cases} \tag{2-3}$$

式中 α、β 分别为 $\boldsymbol{F}$ 与 x、y 轴正向所夹的锐角。

反之，若已知力 $\boldsymbol{F}$ 在坐标轴上的投影 F_x、F_y，则该力的大小及方向余弦为

$$\begin{cases} F = \sqrt{F_x{}^2 + F_y{}^2} \\ \cos\alpha = \dfrac{F_x}{F} \end{cases} \tag{2-4}$$

应当注意，力的投影和力的分量是两个不同的概念。力的投影是代数量，而力的分量是矢量；投影无所谓作用点，而分力的作用点必须作用在原力的作用点上。另外，仅在直角坐标系中，在坐标上的投影的绝对值和力沿该轴的分量的大小相等。

2.2.2 合力投影定理

设一平面汇交力系由 $\boldsymbol{F}_1$、$\boldsymbol{F}_2$、$\boldsymbol{F}_3$ 和 $\boldsymbol{F}_4$ 作用于刚体上，其力的多边形 $abcde$ 如图2－7所示，封闭边 ae 表示该力系的合力矢 $\boldsymbol{F}_R$，在力的多边形所在平面内取一坐标系 Oxy，将所有的力矢都投影到 x 轴和 y 轴上。得

$$F_x = a_1e_1, F_{x1} = a_1b_1, F_{x2} = b_1c_1, F_{x3} = c_1d_1, F_{x4} = d_1e_1$$

由图2－7可知

$$a_1e_1 = a_1b_1 + b_1c_1 + c_1d_1 + d_1e_1$$

即 $\qquad R_x = F_{x1} + F_{x2} + F_{x3} + F_{x4} = F_{1x} + F_{2x} + F_{3x} + F_{4x}$

同理 $\qquad R_y = F_{y1} + F_{y2} + F_{y3} + F_{y4} = F_{1y} + F_{2y} + F_{3y} + F_{4y}$

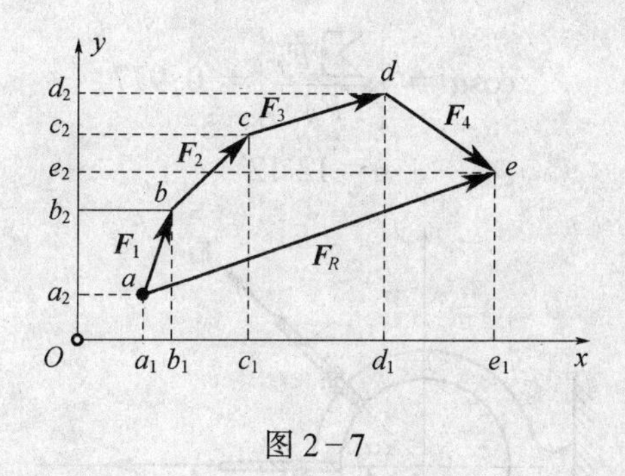

图 2-7

将上述关系式推广到任意平面汇交力系的情形，得

$$\begin{cases} R_x = F_{x1} + F_{x2} + \cdots + F_{xn} = \sum F_x \\ R_y = F_{y1} + F_{y2} + \cdots + F_{yn} = \sum F_y \end{cases} \tag{2-5}$$

即合力在任一轴上的投影，等于各分力在同一轴上投影的代数和，这就是合力投影定理。

2.2.3 平面汇交力系合成的解析法

用解析法求平面汇交力系的合成时，首先在其所在的平面内选定坐标系 Oxy。求出力系中各力在 x 轴和 y 轴上的投影，由合力投影定理得

$$\begin{cases} F_R = \sqrt{R_x^2 + R_y^2} = \sqrt{\left(\sum F_x\right)^2 + \left(\sum F_y\right)^2} \\ \cos\alpha = \left|\dfrac{R_x}{F_R}\right| = \left|\dfrac{\sum F_x}{F_R}\right| \end{cases} \tag{2-6}$$

其中 α 是合力 $\boldsymbol{F}_R$ 分别与 x、y 轴正向所夹的锐角。

例 2-3 如图 2-8 所示，固定圆环作用有 4 根绳索，其拉力分别为 $F_1=0.2\text{kN}$，$F_2=0.3\text{kN}$，$F_3=0.5\text{kN}$，$F_4=0.4\text{kN}$，它们与轴的夹角分别为 $\alpha_1=30°$，$\alpha_2=45°$，$\alpha_3=0°$，$\alpha_4=60°$。试求它们的合力大小和方向。

解 建立如图 2-8 所示的直角坐标系。根据合力投影定理，有

$$\begin{aligned} F_x &= \sum F_x = F_{x1} + F_{x2} + F_{x3} + F_{x4} \\ &= F_1\cos\alpha_1 + F_2\cos\alpha_2 + F_3\cos\alpha_3 + F_4\cos\alpha_4 = 1.085\text{kN} \\ F_y &= \sum F_y = F_{y1} + F_{y2} + F_{y3} + F_{y4} \\ &= -F_1\sin\alpha_1 + F_2\sin\alpha_2 + F_3\sin\alpha_3 - F_4\sin\alpha_4 = -0.234\text{kN} \end{aligned}$$

由 $\sum F_x$、$\sum F_y$ 的代数值可知，F_x 沿 x 轴的正向，F_y 沿 y 轴的负向。由式(2-6)得合力的大小为

$$F_R = \sqrt{\left(\sum F_x\right)^2 + \left(\sum F_y\right)^2} = 1.11\text{kN}$$

方向为

$$\cos\alpha = \left|\frac{\sum F_x}{F_R}\right| = 0.977$$

解得
$$\alpha = 12°12'$$

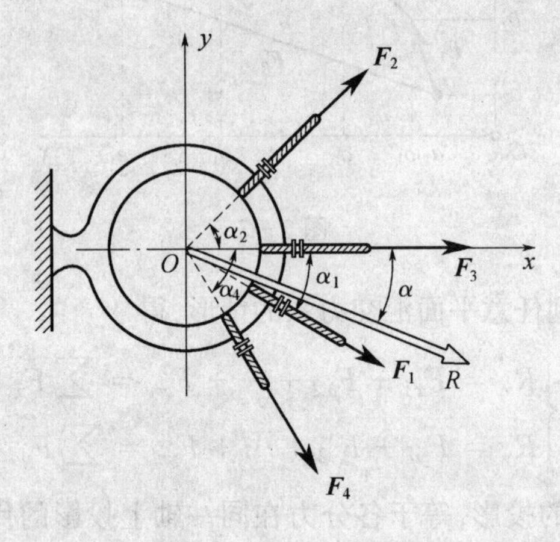

图 2-8

2.2.4 平面汇交力系平衡的解析条件

我们已经知道平面汇交力系平衡的必要与充分条件为其合力等于零，即 $F_R=0$。由式(2-6)可知，要使 $F_R=0$，须有

$$\sum F_x = 0; \sum F_y = 0 \tag{2-7}$$

上式表明，平面汇交力系平衡的必要与充分条件是：力系中各力在力系所在平面内两个相交轴上投影的代数和同时为零。式(2-7)称为平面汇交力系的平衡方程。

式(2-7)是由两个独立的平衡方程组成的，故用平面汇交力系的平衡方程只能求解两个未知量。

例 2-4 重量为 $\boldsymbol{G}$ 的重物，放置在倾角为 α 的光滑斜面上(如图 2-9 所示)，试求保持重物成平衡时需沿斜面方向所加的力 $\boldsymbol{F}$ 和重物对斜面的压力 $\boldsymbol{N}$。

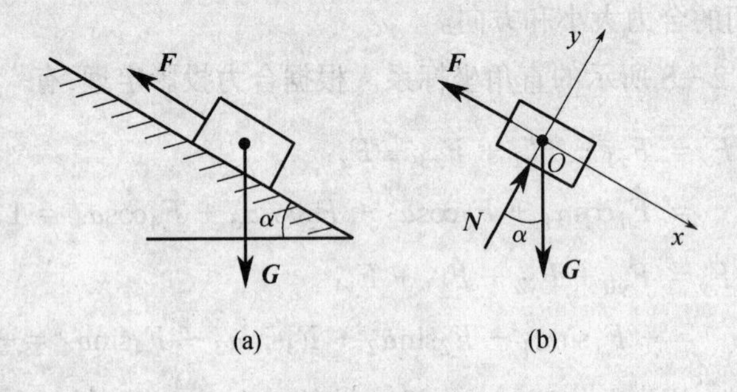

图 2-9

解 以重物为研究对象。重物受到重力 $\boldsymbol{G}$、拉力 $\boldsymbol{F}$ 和斜面对重物的作用力 $\boldsymbol{N}$，其受力图如图 2-9(b)所示。取坐标系 Oxy，列平衡方程

$$\sum F_x = 0 \quad G\sin\alpha - F = 0$$

$$\sum F_y = 0 \quad -G\cos\alpha + N = 0$$

解得
$$F = G\sin\alpha \qquad N = G\cos\alpha$$

则重物对斜面的压力 $F_N = G\cos\alpha$,指向和 $\boldsymbol{N}$ 相反。

例 2-5 重 $G = 20\text{kN}$ 的物体被绞车匀速吊起,绞车的绳子绕过光滑的定滑轮 A(图 2-10(a)),滑轮由不计重量的杆 AB、AC 支撑,A、B、C 三点均为光滑铰链。试求 AB、AC 所受的力。

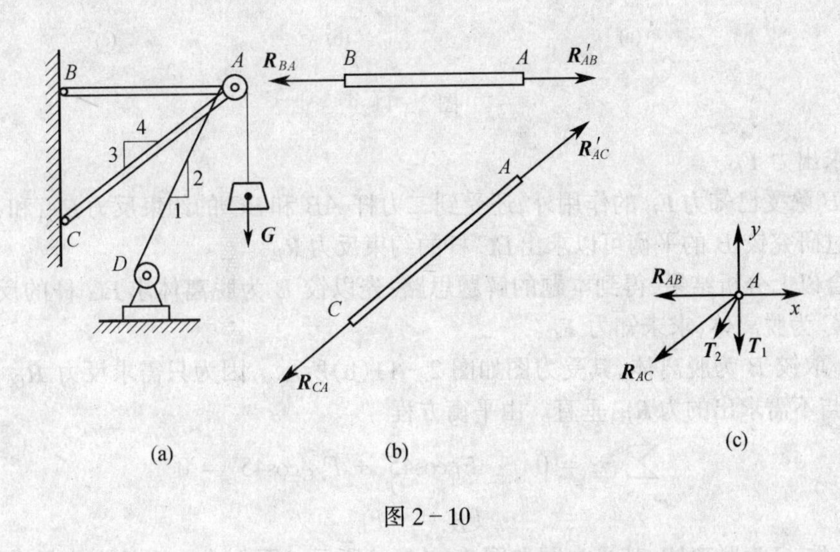

图 2-10

解 杆 AB 和 AC 都是二力杆,其受力如图 2-10(b)所示。假设两杆都受拉力。取滑轮连同销钉 A 为研究对象。重物 G 通过绳索直接加在滑轮的一边。在其匀速上升时,拉力 $T_1 = G$,而绳索又在滑轮的另一边施加同样大小的拉力,即 $T_1 = T_2$。受力图如图 2-10(c)所示,取坐标系 Axy。

列平衡方程如下:

由
$$\sum F_y = 0 \quad -R_{AC}\frac{3}{\sqrt{4^2+3^2}} - T_2\frac{2}{\sqrt{1^2+2^2}} - T_1 = 0$$

解得
$$R_{AC} = -63.2\text{kN}$$

由
$$\sum F_x = 0 \quad -R_{AB} - R_{AC}\frac{4}{\sqrt{4^2+3^2}} - T_2\frac{1}{\sqrt{1^2+2^2}} = 0$$

解得
$$R_{AB} = 41.6\text{kN}$$

力 $\boldsymbol{R}_{AC}$是负值,表示该力的假设方向与实际方向相反,因此杆 AC 是受压杆。

例 2-6 连杆机构由 3 个无重杆铰接组成(图 2-11(a)),在铰 B 处施加一已知的竖向力 $\boldsymbol{F}_B$,要使机构处于平衡状态,试问在铰 C 处施加的力 $\boldsymbol{F}_C$ 应取何值?

解 这是一个物体系统的平衡问题。从整个机构来看,它受 4 个力。$\boldsymbol{F}_B$、$\boldsymbol{F}_C$、$\boldsymbol{F}_A$、$\boldsymbol{F}_D$ 不是平面汇交力系(图 2-11(a)),所以不能取整体作为研究对象求解。要求解的未知力 $\boldsymbol{F}_C$ 作用于铰 C 上,铰 C 受平面汇交力系的作用,所以应该通过研究铰 C 的平衡来求解。

铰 C 除受未知力 $\boldsymbol{F}_C$ 外,还受到二力杆 BC 和 DC 的约束反力 $\boldsymbol{F}_{BC}$和 $\boldsymbol{F}_{DC}$的作用(图 2-11(c))。这 3 个力都是未知的,只要能求出 $\boldsymbol{F}_{BC}$和 $\boldsymbol{F}_{DC}$之中的任意一个,就能根据铰 C

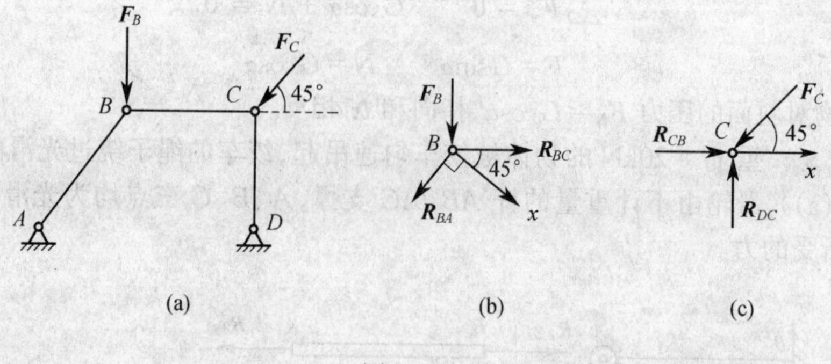

图 2-11

的平衡求出力 $\boldsymbol{F}_C$。

铰 B 除受已知力 $\boldsymbol{F}_B$ 的作用外,还受到二力杆 AB 和 BC 的约束反力 $\boldsymbol{R}_{BA}$ 和 $\boldsymbol{R}_{BC}$ 的作用。通过研究铰 B 的平衡可以求出 BC 杆的约束反力 $\boldsymbol{R}_{BC}$。

综合以上分析结果,得到本题的解题思路:先以铰 B 为脱离体求 BC 杆的反力 $\boldsymbol{R}_{BC}$;再以铰 C 为脱离体,求未知力 $\boldsymbol{F}_C$。

(1) 取铰 B 为脱离体,其受力图如图 2-11(b)所示。因为只需求反力 $\boldsymbol{R}_{BC}$,所以选取 x 轴与不需求出的力 $\boldsymbol{R}_{BA}$ 垂直。由平衡方程

$$\sum F_x = 0 \qquad F_B\cos45^\circ + F_{BC}\cos45^\circ = 0$$

解得

$$F_{BC} = -F_B$$

(2) 取 C 为脱离体,其受力图如图 2-11(c)所示。图上力 $\boldsymbol{R}_{CB}$ 的大小是已知的,即 $R_{CB} = R_{BC} = -F_B$。为求力 $\boldsymbol{F}_C$ 的大小,选取 x 轴与反力 $\boldsymbol{F}_{CD}$ 垂直,由平衡方程

$$\sum F_x = 0 \qquad -R_{CB} - F_C\cos45^\circ = 0$$

解得

$$F_C = \sqrt{2}F_B$$

通过以上分析和求解过程可以看出,在求解平衡问题时,要恰当地选取脱离体,恰当地选取坐标轴,以最简捷、合理的途径完成求解工作。尽量避免求解联立方程,以提高计算效率。这些都是求解平衡问题时要必须注意的。

2.3 力对点之矩与合力矩定理

2.3.1 力对点之矩的概念

力不仅可以改变物体的移动状态,而且还能改变物体的转动状态。用扳手拧螺母时,螺母的轴线固定不动,轴线在平面上的投影点 O 称为矩心,如图 2-12 所示。若在扳手上作用一个力 $\boldsymbol{F}$,该力在垂直于固定轴的平面内。由经验可知,拧动螺母的作用不仅与力 $\boldsymbol{F}$ 的大小有关,而且与点 O 到力的作用线的垂直距离 h(力臂)有关。因此力 $\boldsymbol{F}$ 对扳手的作用可用两者的乘积 $F\cdot h$ 来量度。显然,力 $\boldsymbol{F}$ 使扳手绕点 O 转动的方向不同,作用效果也不同。就用力和力臂的乘积并冠以适当的符号来度量,这个量称为力对点的矩,简称力矩,以符号 $M_o(F)$ 表示,记为

$$M_o(\boldsymbol{F}) = \pm Fh \tag{2-8}$$

通常规定:力使物体绕矩心逆时针方向转动时,力矩为正,反之为负,如图 2-13 所示。在国际单位制中,力矩的单位是牛顿·米(N·m)或千牛顿·米(kN·m)。

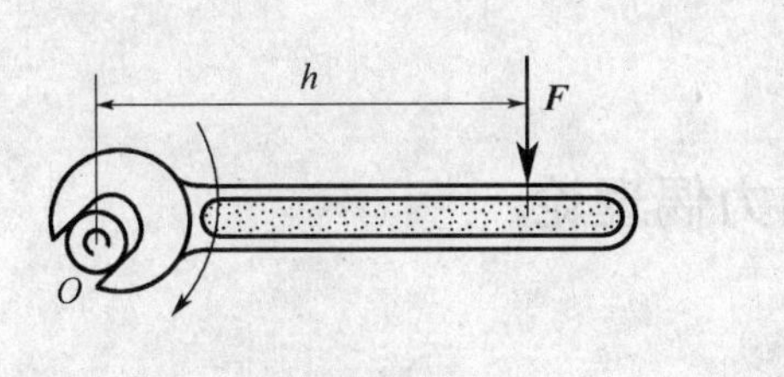

图 2-12

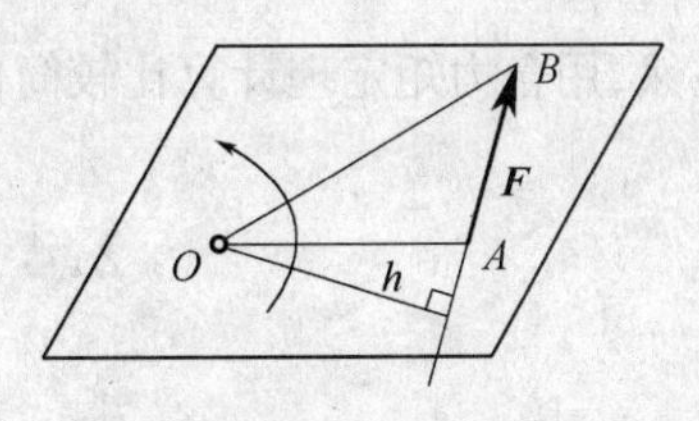

图 2-13

由上述分析可得力矩的性质如下:

(1) 力对点之矩,不仅取决于力的大小,还与矩心的位置有关。力矩随矩心的位置变化而变化。

(2) 力对任一点之矩,不因该力的作用点沿其作用线移动而改变。

(3) 力的大小等于零或其作用线通过矩心时,力矩等于零。

2.3.2 合力矩定理

平面汇交力系的合力,对于平面上任一点之矩,等于力系中所有的力对同一点之矩的代数和,这就是合力矩定理。即

$$M_o(\boldsymbol{R}) = \sum M_o(\boldsymbol{F}_1) + \sum M_o(\boldsymbol{F}_2) + \cdots + \sum M_o(\boldsymbol{F}_n) = \sum M_o(\boldsymbol{F}) \tag{2-9}$$

上述合力矩定理不仅适用于平面汇交力系,也适用于其他各类力系。合力矩定理为我们提供了求解力系合力对某点之矩的方法,同时也提供了求解一个力的合力对某点之矩的方法。在计算力矩时,有时力臂值计算较繁,可应用此定理,简化力沿已知尺寸方向作正交分解,分别计算两个分力的力矩,然后相加求得原力对同点之矩。

例 2-7 为了竖起塔架,在 O 点处以固定铰链支座与塔架相连接,如图 2-14 所示。设在图示位置钢丝绳的拉力为 $\boldsymbol{F}$,图中 a、b 和 α 均为已知量。计算力 $\boldsymbol{F}$ 对 O 点之矩。

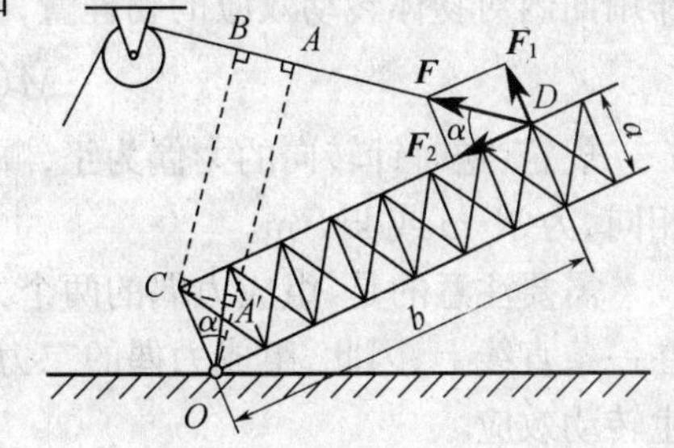

图 2-14

解 若用式(2-8)计算,必须求出力臂 OA。

$$OA = OA' + A'A$$

$$A'A = CB = b\sin\alpha$$

而 $\qquad OA' = a\cos\alpha$

所以 $\qquad OA = OA' + A'A = a\cos\alpha + b\sin\alpha$

$$M_o(\boldsymbol{F}) = F \cdot OA = F(a\cos\alpha + b\sin\alpha)$$

$$= Fa\cos\alpha + Fb\sin\alpha$$

若应用合力矩定理,则可根据已知条件直接进行计算。先把力 $\boldsymbol{F}$ 分解为与塔架两边相平行的二分力 $\boldsymbol{F}_1$ 与 $\boldsymbol{F}_2$,其大小分别为

$$F_1 = F\sin\alpha \qquad F_2 = F\cos\alpha$$

由合力矩定理得

$$M_o(\boldsymbol{F}) = M_o(\boldsymbol{F}_1) + M_o(\boldsymbol{F}_2) = F_1 b + F_2 a = Fa\cos\alpha + Fb\sin\alpha$$

显然,用合力矩定理计算比较简便。

2.4 平面力偶理论

2.4.1 力偶的概念

在日常生活和工程实际中经常见到物体受大小相等、方向相反,但不在同一直线上的两个平行力作用的情况。例如,司机驾驶汽车时两手作用在方向盘上的力(图 2-15(a));工人用丝锥攻螺纹时两手加在扳手上的力(图 2-15(b));以及用两个手指拧动水龙头所加的力(图 2-15(c))等。在力学中,把这样一对等值、反向而不共线的平行力称为力偶,用符号 (F, F') 表示。两个力作用线之间的垂直距离称为力偶臂,两个力作用线所决定的平面称为力偶的作用面。

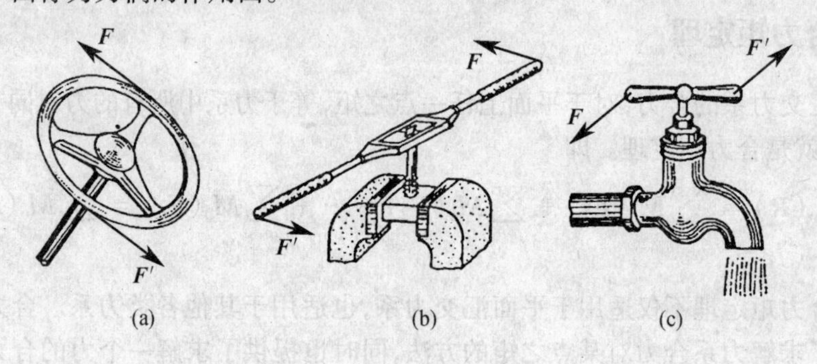

图 2-15

由实践知,在力偶的作用面内,力偶对物体的转动效应取决于组成力偶的力的大小、力偶臂的大小及力偶的转向。在力学上,以 F 与 d 的乘积及其正负号作为量度力偶在其作用面内对物体转动效应的物理量,称为力偶矩,记作 $M(\boldsymbol{F}, \boldsymbol{F}')$ 或 m。即

$$M(\boldsymbol{F}, \boldsymbol{F}') = \pm F \cdot d \tag{2-10}$$

规定:逆时针转向的力偶为正,顺时针转向的力偶为负。力偶矩的单位与力矩的单位相同,为 N·m 或 kN·m。

需要注意的是,组成力偶的两个力虽然大小相等,方向相反,但由于二力作用线并不在一条直线上,因此,组成力偶的二力不能实现二力平衡。力偶对刚体的作用是使刚体产生转动效应。

力偶和力都是工程力学中不能再简化的一个基本作用量。与力的三要素相类似,力偶对物体的转动效应,也取决于三要素:

(1) 力偶矩的大小;

(2) 力偶的转向;

(3) 力偶作用面的方位。

2.4.2 力偶的性质

力和力偶是静力学中两个基本的要素。力偶与力具有不同的性质。

(1) 力偶不能简化为一个力,即力偶不能用一个力等效替代。因此力偶不能与一个力平衡,力偶只能与力偶平衡。

(2) 力偶对其作用面内任意点的力矩值恒等于此力偶的力偶矩,与该点(即矩心)在平面内位置无关。

(3) 作用在同一平面内的两个力偶,若二者的力偶矩大小相等且转向相同,则两个力偶对刚体的作用等效。

根据力偶的等效性,可得出下面两个推论。

推论 1 力偶可在其作用面内任意移动和转动,而不会改变它对物体的效应。

推论 2 只要保持力偶矩不变,可同时改变力偶中力的大小和力偶臂的长度,而不会改变它对物体的作用效应。

2.4.3 平面力偶系的合成

若力偶系中各力偶作用面均在同一平面内,则称为平面力偶系。

我们已经知道,力偶没有合力,其作用效应完全取决于力偶矩,而力偶矩在平面上表现为代数形式,因此,平面力偶系简化(或合成)的结果,也必然是一个力偶,且合力偶的力偶矩应等于组成力偶系各个力偶的力偶矩的代数和。即

$$M = m_1 + m_2 + m_3 + \cdots + m_n = \sum m \tag{2-11}$$

2.4.4 平面力偶系的平衡条件

平面力偶系可以用它的合力偶等效代替,因此,若合力偶矩等于零,则原力系必定平衡;反之若原力偶系平衡,则合力偶矩必等于零。由此可得到平面力偶系平衡的必要与充分条件:平面力偶系中所有各力偶的力偶矩其代数和等于零。即

$$\sum m = 0 \tag{2-12}$$

平面力偶系有一个平衡方程,可以求解一个未知量。

例 2-8 用四轴钻床加工一工件上 4 个孔,如图 2-16 所示。每个钻头对工件的切削力偶 $m = 6\mathrm{N \cdot m}$,固定工件的两螺栓 A、B 与工件成光滑接触,且 $AB = 0.3\mathrm{m}$。求两螺栓所受的力。

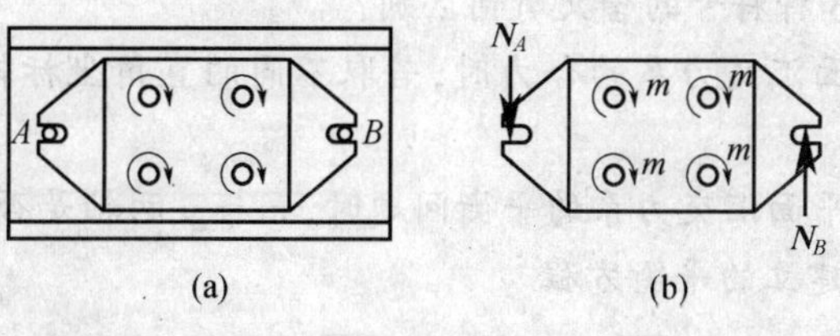

图 2-16

解 (1) 取工件为研究对象,画出其受力图如图 2-16(b)所示。

(2) 工件受 4 个力偶 m 及反向平行力 $\boldsymbol{N}_A$、$\boldsymbol{N}_B$ 的作用而处于平衡状态,故 $\boldsymbol{N}_A$、$\boldsymbol{N}_B$ 必等值、反向组成一个力偶系。工件受平面力偶系的作用,其平衡条件为

$$\sum m = 0, \quad N_A \cdot AB - 4m = 0$$

$$N_A = N_B = \frac{4m}{AB} = 80\text{N}$$

例 2-9 水平梁 AB,长 $l=5\text{m}$,受一顺时针转向的力偶作用,其力偶矩的大小 $m=100\text{kN}\cdot\text{m}$。约束情况如图 2-17(a)所示。试求支座 A、B 的反力。

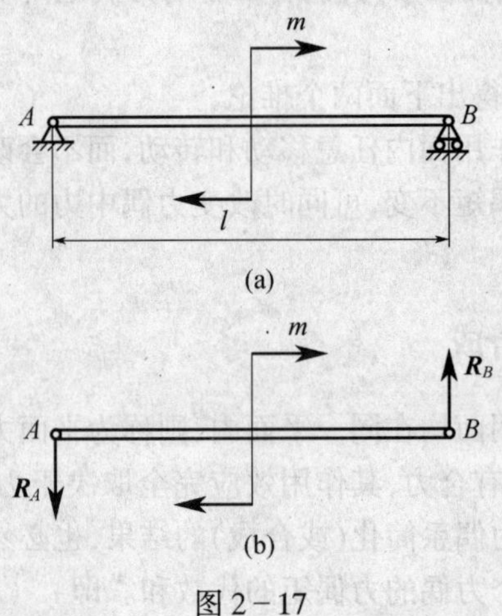

图 2-17

解 梁 AB 受有一顺时针转向的主动力偶。在活动铰支座 B 处产生支反力 $\boldsymbol{R}_B$,其作用线在铅垂方向;A 处为固定铰支座,产生支反力 $\boldsymbol{R}_A$,方向尚不确定。但是,根据力偶只能由力偶来平衡的原理,$\boldsymbol{R}_A$ 和 $\boldsymbol{R}_B$ 必组成一约束反力偶来与主动力偶平衡。因此,$\boldsymbol{R}_A$ 的作用线也在铅垂方向,它们的指向假设如图 2-17(b)所示。由平衡方程

$$\sum m = 0 \quad 5R_B - m = 0 \quad \text{解得}\ R_B = \frac{m}{5} = \frac{100}{5} = 20\text{kN}$$

因此,$R_A = R_B = 20\text{kN}$,指向与实际相符。

思考题

1. 合力一定比分力大吗?

2. $\boldsymbol{F}$、F 与 F_x 这 3 种符号的含义有何区别?

3. 用解析法求平面汇交力系的合力时,若取不同的直角坐标轴,所求得的合力是否相同? 为什么?

4. 用解析法求解平面汇交力系的平衡问题时,x 与 y 两轴是否一定要相互垂直? 当 x 与 y 两轴不垂直时,建立的平衡方程

$$\sum F_x = 0 \quad \sum F_y = 0$$

能满足力系的平衡条件吗?

习 题

2-1 求解图 2-18 中所示力系的合力。

2-2 图 2-19 所示为弯管机夹紧机构的示意图，已知：压力缸直径 $D=120\text{mm}$，压强 $p=6\text{N/mm}^2$，试求在 $\alpha=30^\circ$ 位置时所能产生的夹紧力 Q。假设各杆重量和各处摩擦不计。

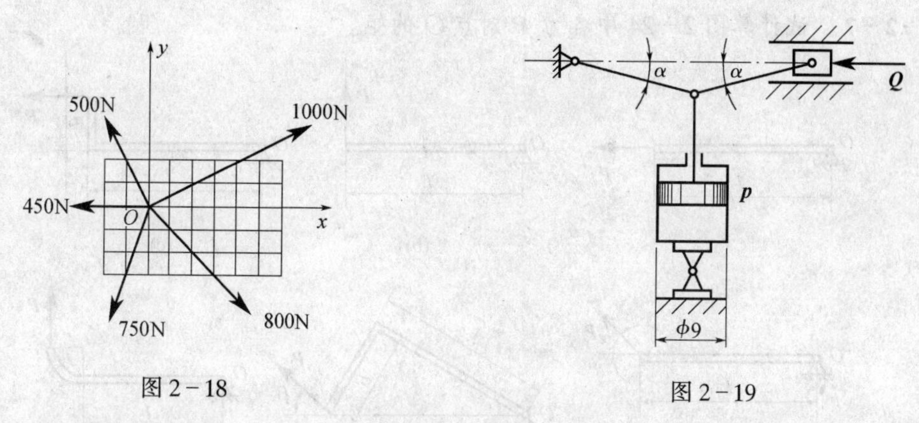

图 2-18　　图 2-19

2-3 压榨机 ABC 在铰 A 处作用水平力 $\boldsymbol{P}$，点 B 为固定铰链。由于水平力 $\boldsymbol{P}$ 的作用使 C 块压紧物块 D。如 C 块与墙壁光滑接触，压榨机尺寸如图 2-20 所示，试求物体 D 所受的压力 $\boldsymbol{R}$。

2-4 杆 AC、BC 在 C 处铰接，另一端均与墙面铰接，如图 2-21 所示，$\boldsymbol{F}_1$ 和 $\boldsymbol{F}_2$ 作用在销钉 C 上，$F_1=445\text{N}$，$F_2=535\text{N}$，不计杆重，试求两杆所受的力。

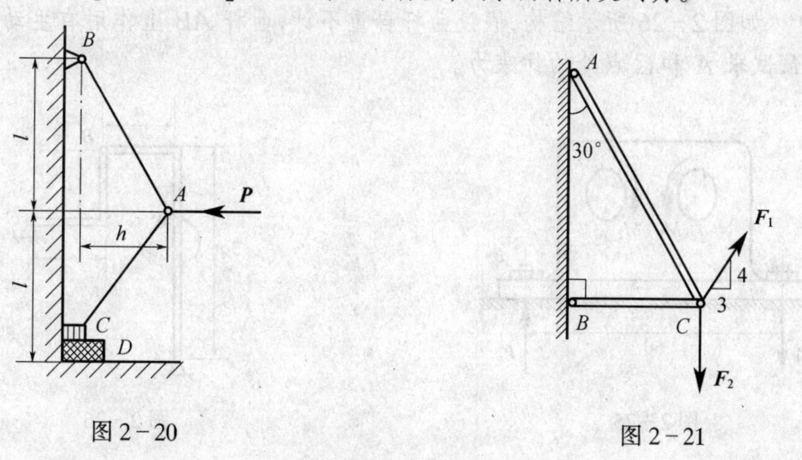

图 2-20　　图 2-21

2-5 如图 2-22 所示，铰链四杆机构 $CABD$ 的 CD 边固定。在铰链 A 上作用一力 $\boldsymbol{Q}$，$\angle BAQ=45^\circ$。在铰链 B 上作用一力 $\boldsymbol{R}$，$\angle ABR=30^\circ$，这样使四边形 $CABD$ 处于平衡。如已知 $\angle CAQ-90^\circ$，$\angle DBR=60^\circ$，求力 $\boldsymbol{Q}$ 与 $\boldsymbol{R}$ 的关系(杆重忽略不计)。

2-6 一重量未知的物块 M 悬挂如图 2-23 所示，$AOBC$ 为绳子，C 端挂一 80N 的重物，当平衡时，试确定物块 M 的重量与距离 y 之间的关系。

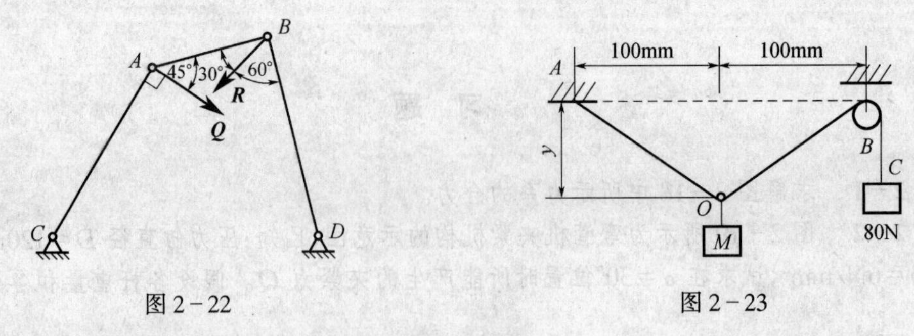

图 2－22　　　　　　　　　　　　　　　　图 2－23

2－7　试计算图 2－24 中各力 $\boldsymbol{P}$ 对点 O 的矩。

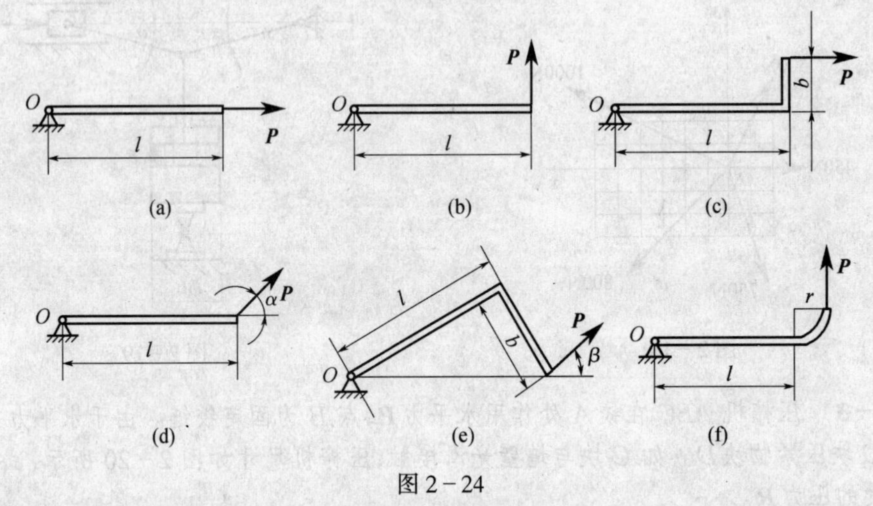

图 2－24

2－8　齿轮箱的两个轴上作用的力偶如图 2－25 所示，它们的力偶矩的大小分别为 $M_1 = 500\text{N·m}$，$M_2 = 125\text{N·m}$。求两螺栓处的铅垂约束力。图中长度单位为 cm。

2－9　如图 2－26 所示结构，假设曲杆自重不计，曲杆 AB 上作用有主动力偶，其力偶矩为 M，试求 A 和 C 点处的约束力。

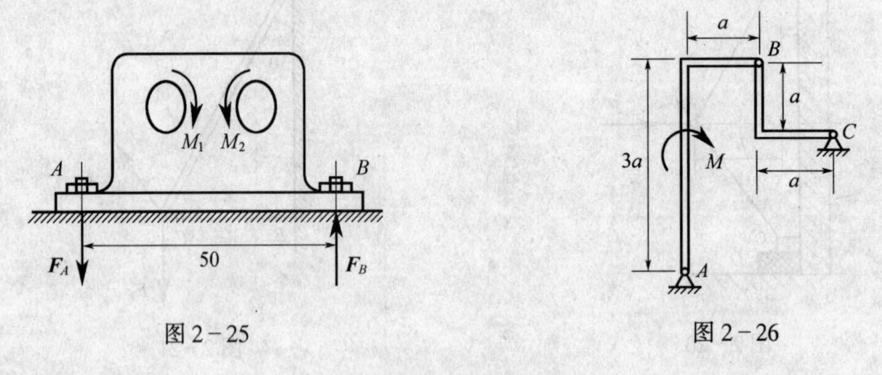

图 2－25　　　　　　　　　　　　　　　　图 2－26

2－10　如图 2－27 所示，铰链四杆机构 $OABO_1$ 在图示位置平衡，已知：$OA = 40\text{cm}$，$O_1B = 60\text{cm}$，作用在 OA 上的力偶的力偶矩 $m_1 = 1\text{N·m}$。试求力偶矩 m_2 的大小和杆 AB 所受的力 $\boldsymbol{F}$。各杆的重量不计。

2－11　在图 2－28 所示结构中，各构件自重不计，AB 上作用一力偶矩 $m = 800$ N·m，求 A 和 C 的约束反力。

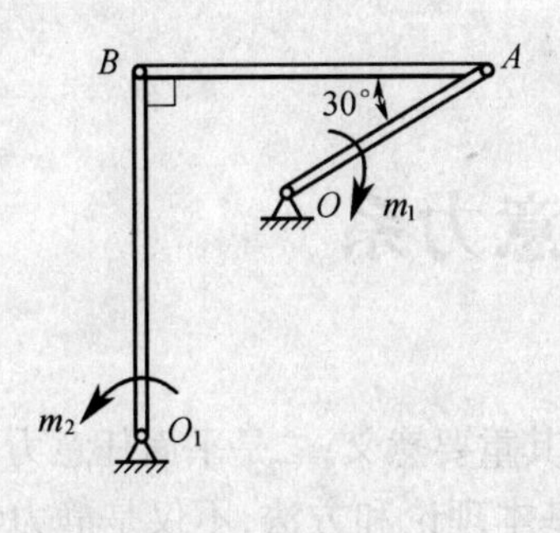

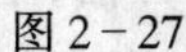

图 2－27

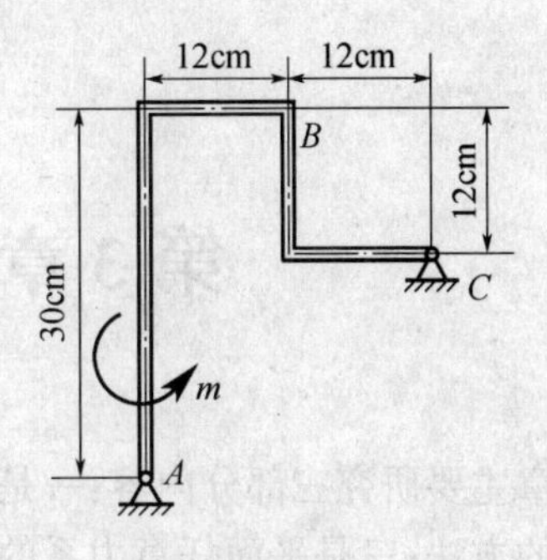

图 2－28

2－12 如图 2－29(a)所示，AB 杆上有一导槽，套在 CD 杆的销子 E 上，AB 与 CD 杆上各有一力偶作用而平衡。已知 $M_1=100\text{N}\cdot\text{m}$，求 M_2。不计杆重以及所有的摩擦力。图 2－29(b)中，导槽在 CD 杆上，销子 E 在 AB 杆上，则结果如何？

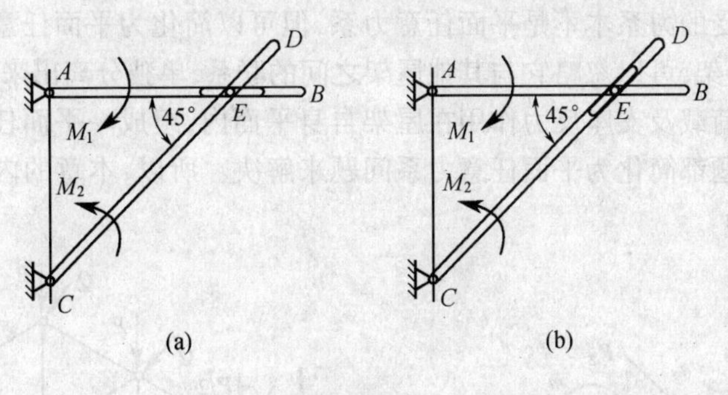

图 2－29

2－13 在图 2－30 所示结构中，各构件的自重都不计，在构件 BC 上作用一力偶矩为 M 的力偶，各尺寸如图中所示。求支座 A 的约束力。

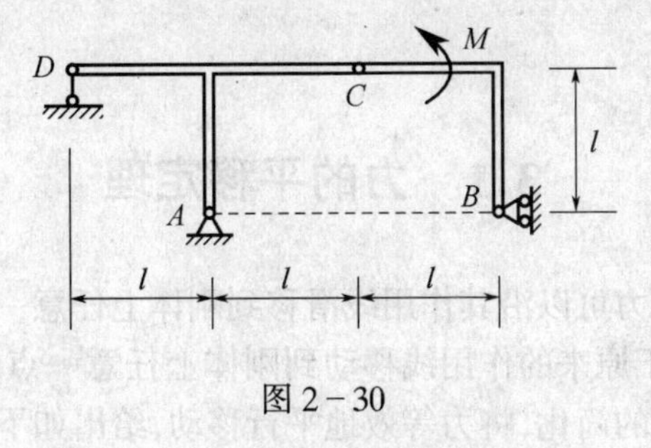

图 2－30

第3章 平面任意力系

本章主要研究三部分内容：一是力的平移定理及其重要意义；二是平面任意力系向一点简化的方法；三是平面任意力系的平衡问题，它的基本理论和方法，不仅是静力学的重点，而且在工程设计中也非常重要。

各力作用线在同一平面内且任意分布的力系称为平面任意力系。在工程实际中经常遇到平面任意力系的问题。例如图3-1所示的简支梁受到外荷载及支座反力的作用，这个力系是平面任意力系。

有些结构所受的力系本不是平面任意力系，但可以简化为平面任意力系来处理。如图3-2所示的屋架，可以忽略它与其他屋架之间的联系，单独分离出来，视为平面结构来考虑。屋架上的荷载及支座反力作用在屋架自身平面内，组成一平面任意力系。事实上工程中的多数问题都简化为平面任意力系问题来解决。所以，本章的内容在工程实践中有着重要的意义。

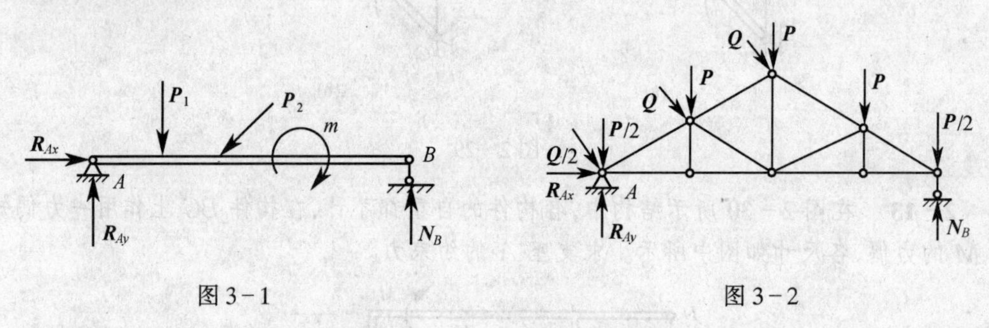

图3-1　　　　图3-2

3.1 力的平移定理

由力的可传性可知，力可以沿其作用线滑移到刚体上任意一点，而不改变力对刚体的作用效应。但当力平行于原来的作用线移动到刚体上任意一点时，力对刚体的作用效应便会改变，为了进行力系的简化，将力等效地平行移动，给出如下定理。

力的平移定理：作用于刚体上的力可以平行移动到刚体上的任意一指定点，但必须同时在该力与指定点所决定的平面内附加一力偶，其力偶矩等于原力对指定点之矩。

证明：设力 $\boldsymbol{F}$ 作用于刚体上 A 点，如图3-3所示。为将力 $\boldsymbol{F}$ 等效地平行移动到刚体上任意一点 B，根据加减平衡力系公理，在 B 点加上两个等值、反向的力 $\boldsymbol{F}'$ 和 $\boldsymbol{F}''$，并使 $|F'|=|F''|=|F|$，如图3-3(b)所示。显然，力 $\boldsymbol{F}$、$\boldsymbol{F}'$ 和 $\boldsymbol{F}''$ 组成的力系与原力 $\boldsymbol{F}$ 等效。由于在力系 $\boldsymbol{F}$、$\boldsymbol{F}'$ 和 $\boldsymbol{F}''$ 中，力 $\boldsymbol{F}$ 与力 $\boldsymbol{F}''$ 等值、反向且作用线平行，它们组成力偶($\boldsymbol{F}$、$\boldsymbol{F}''$)。于是作用在 B 点的力 $\boldsymbol{F}'$ 和力偶($\boldsymbol{F}$、$\boldsymbol{F}''$)与原力 $\boldsymbol{F}$ 等效。亦即把作用于 A 点的力 $\boldsymbol{F}$ 平行移动到任意一点 B，但同时附加了一个力偶，如图3-3(c)所示。由图可见，附加力偶的力

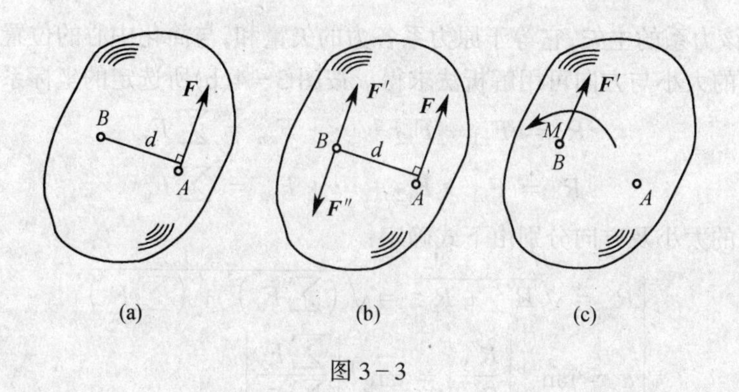

图 3-3

偶矩为

$$M = F \cdot d = M_B(\boldsymbol{F}) \tag{3-1}$$

力的平移定理表明,可以将一个力分解为一个力和一个力偶;反过来,也可以将同一平面内一个力和一个力偶合成为一个力。应该注意,力的平移定理只适用于刚体,而不适用于变形体,并且只能在同一刚体上平行移动。

3.2 平面任意力系向一点简化

3.2.1 平面任意力系向一点简化

设刚体受到平面任意力系 $\boldsymbol{F}_1,\boldsymbol{F}_2,\cdots,\boldsymbol{F}_n$ 的作用,如图 3-4(a)所示。在力系所在的平面内任取一点 O,称 O 点为简化中心。应用力的平移定理,将力系中的各力依次分别平移至 O 点,得到汇交于 O 点的平面汇交力系 $\boldsymbol{F}_1{}',\boldsymbol{F}_2{}',\cdots,\boldsymbol{F}_n{}'$,此外还应附加相应的力偶,构成附加力偶系 $M_{o1},M_{o2},\cdots,M_{on}$(图 3-4(b))。

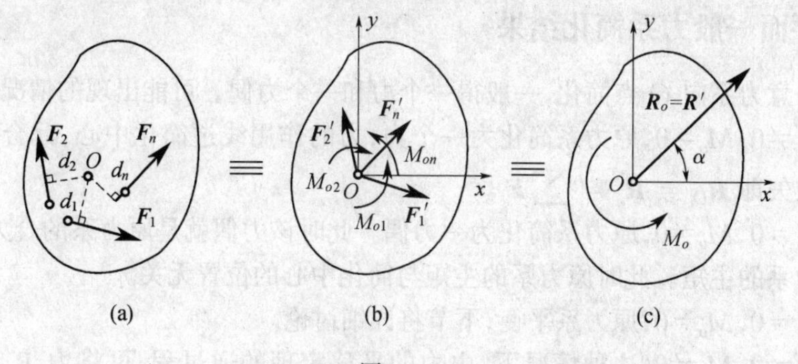

图 3-4

平面汇交力系中各力的大小和方向分别与原力系中对应的各力相同,即

$$\boldsymbol{F}_1{}' = \boldsymbol{F}_1,\boldsymbol{F}_2{}' = \boldsymbol{F}_2,\cdots,\boldsymbol{F}_n{}' = \boldsymbol{F}_n$$

所得平面汇交力系可以合成为一个力 $\boldsymbol{R}_o$,也作用于点 O,其力矢 $\boldsymbol{R}'$等于各力矢 $\boldsymbol{F}_1{}'$,$\boldsymbol{F}_2{}',\cdots,\boldsymbol{F}_n{}'$的矢量和,即

$$\boldsymbol{R}_o = \boldsymbol{F}_1{}' + \boldsymbol{F}_2{}' + \cdots + \boldsymbol{F}_n{}' = \boldsymbol{F}_1 + \boldsymbol{F}_2 + \cdots + \boldsymbol{F}_n = \sum \boldsymbol{F} = \boldsymbol{R}' \tag{3-2}$$

$\boldsymbol{R}'$称为该力系的主矢,它等于原力系各力的矢量和,与简化中心的位置无关。

主矢 $\boldsymbol{R}'$的大小与方向可用解析法求得。按图 3-4(b)所选定的坐标系 Oxy,有

$$R_x = F_{x1} + F_{x2} + \cdots + F_{xn} = \sum F_x$$

$$R_y = F_{y1} + F_{y2} + \cdots + F_{yn} = \sum F_y$$

主矢 $\boldsymbol{R}'$的大小及方向分别由下式确定:

$$\begin{cases} R' = \sqrt{R'^2_x + R'^2_y} = \sqrt{\left(\sum F_x\right)^2 + \left(\sum F_y\right)^2} \\ \alpha = \tan^{-1}\left|\dfrac{R'_y}{R'_x}\right| = \tan^{-1}\left|\dfrac{\sum F_y}{\sum F_x}\right| \end{cases} \tag{3-3}$$

其中 α 为主矢 $\boldsymbol{R}'$与 x 轴正向间所夹的锐角。

各附加力偶的力偶矩分别等于原力系中各力对简化中心 O 之矩,即

$$M_1 = M_o(\boldsymbol{F}_1), M_2 = M_o(\boldsymbol{F}_2), \cdots, M_n = M_o(\boldsymbol{F}_n)$$

所得附加力偶系可以合成为同一平面内的力偶,其力偶矩可用符号 M_o 表示,它等于各附加力偶矩 $M_{o1}, M_{o2}, \cdots, M_{on}$的代数和,即

$$M_o = M_1 + M_2 + \cdots + M_n = M_o(\boldsymbol{F}_1) + M_o(\boldsymbol{F}_2) + \cdots + M_o(\boldsymbol{F}_n) = \sum M_o(\boldsymbol{F}) \tag{3-4}$$

原力系中各力对简化中心之矩的代数和称为原力系对简化中心的主矩。

由式(3-4)可见,在选取不同的简化中心时,每个附加力偶的力偶臂一般都要发生变化,所以主矩一般都与简化中心的位置有关。

由上述分析我们得到如下结论:平面任意力系向作用面内任一点简化,可得一力和一个力偶。这个力的作用线过简化中心,其力矢被称为原力系的主矢,它等于力系诸力的矢量和;这个力偶的矩称为主矩,它等于原力系诸力对简化中心之矩的代数和。

3.2.2 平面一般力系简化结果

平面任意力系向 O 点简化,一般得一个力和一个力偶。可能出现的情况有 4 种。

(1) $\boldsymbol{R}'\neq0, M_o=0$,原力系简化为一个力,力的作用线过简化中心,此合力的矢量为原力系的主矢即 $\boldsymbol{R}_O = \boldsymbol{R}' = \sum \boldsymbol{F}$ 。

(2) $\boldsymbol{R}'=0, M_o\neq0$,原力系简化为一力偶。此时该力偶就是原力系的合力偶,其力偶矩等于原力系的主矩。此时原力系的主矩与简化中心的位置无关。

(3) $\boldsymbol{R}'=0, M_o=0$,原力系平衡,下节将详细讨论。

(4) $\boldsymbol{R}'\neq0, M_o\neq0$,这种情况下,由力的平移定理的逆过程,可将力 $\boldsymbol{R}'$和力偶矩为 M_o 的力偶进一步合成为一合力 $\boldsymbol{R}$,如图 3-5 所示。将力偶矩为 M_o 的力偶用两个力 $\boldsymbol{R}$ 与 $\boldsymbol{R}''$表示,并使 $R'=R=R''$,$\boldsymbol{R}''$作用在点 O,$\boldsymbol{R}$ 作用在点 O',如图 3-5(b)所示。$\boldsymbol{R}'$与 $\boldsymbol{R}''$组成一对平衡力,将其去掉后得到作用于 O'点的力 $\boldsymbol{R}$,与原力系等效。因此这个力 $\boldsymbol{R}$ 就是原力系的合力。显然 $R'=R$,而合力作用线到简化中心的距离为

$$d = \frac{|M_o|}{R} = \frac{|M_o|}{R'}$$

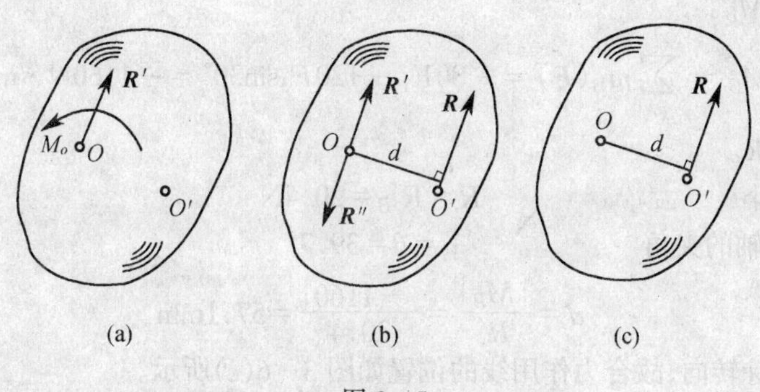

图 3-5

由上分析，我们可以导出合力矩定理。

合力对点之矩为

$$M_o(\boldsymbol{R}) = R \cdot d = M_o$$

而
$$M_o = \sum M_o(\boldsymbol{F})$$

则
$$M_o(\boldsymbol{R}) = \sum M_o(\boldsymbol{F}) \tag{3-5}$$

因为 O 点是任选的，式(3-5)有普遍意义。于是得到合力矩定理：平面任意力系的合力对其作用面内任一点之矩等于力系中各力对同一点之矩的代数和。

例 3-1 在图 3-6(a)所示的平面任意力系中，$F_1 = 7\text{N}$，$F_2 = 8\text{N}$，$F_3 = 10\text{N}$，各力的位置如图所示。试求此力系的合力。

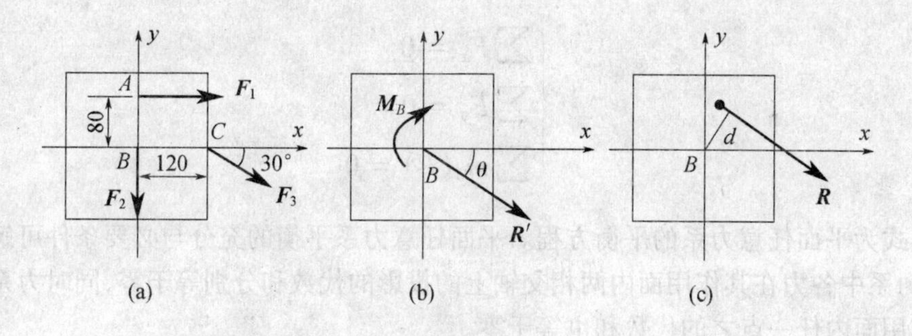

图 3-6

解 以 B 为简化中心(将力系向 B 点简化)。

(1) 主矢 $\boldsymbol{R}'_B$。

$$\sum F_x = F_1 + F_3\cos 30° = 15.7\text{N}$$

$$\sum F_y = -F_2 - F_3\sin 30° = -13\text{N}$$

主矢的大小 $R'_B = \sqrt{(15.7)^2 + (-13)^2} = 20.4\text{N}$

主矢与 x 轴的夹角 $\theta = \arctan\left|\dfrac{\sum F_x}{\sum F_y}\right| = \arctan\left|\dfrac{-13}{15.7}\right| = 39.7°$

因 $\sum F_x$ 为正，$\sum F_y$ 为负，故主矢指向右下方(如图 3-6 所示)。

(2) 主矩 M_B。

$$M_B = \sum m_B(\boldsymbol{F}) = -80F_1 - 120F_3\sin30^\circ = -1160\text{N}\cdot\text{mm}$$

(3) 合力 $\boldsymbol{R}$。

合力的大小 $R = R'_B = 20.4\text{N}$

合力与 x 轴的夹角 $\alpha = \theta = 39.7^\circ$

因 $d = \dfrac{|M_B|}{R'} = \dfrac{|-1160|}{20.4} = 57.1\text{mm}$

且主矩为顺时针转向,故合力作用线的位置如图 3-6(c)所示。

3.3 平面任意力系的平衡条件

3.3.1 平面一般力系的平衡条件和平衡方程

当平面任意力系的主矢和主矩都等于零时,作用在简化中心的汇交力系是平衡力系,附加的力偶系也是平衡力系,所以该平面任意力系一定是平衡力系。于是得到平面任意力系的充分与必要条件是:力系的主矢和主矩同时为零。即

$$R' = 0, M_o = 0 \tag{3-6}$$

用解析式表示可得

$$\begin{cases} \sum F_x = 0 \\ \sum F_y = 0 \\ \sum m_o(\boldsymbol{F}) = 0 \end{cases} \tag{3-7}$$

上式为平面任意力系的平衡方程。平面任意力系平衡的充分与必要条件可解析地表达为:力系中各力在其作用面内两相交轴上的投影的代数和分别等于零,同时力系中各力对其作用面内任一点之的代数和也等于零。

平面任意力系的平衡方程除了由简化结果直接得出的基本形式(3-7)外,还有二矩式和三矩式。

二矩式平衡方程形式:

$$\begin{cases} \sum F_x = 0 \\ \sum m_A(\boldsymbol{F}) = 0 \\ \sum m_B(\boldsymbol{F}) = 0 \end{cases} \tag{3-8}$$

其中矩心 A、B 两点的连线不能与 x 轴垂直。

因为当满足条件一时,力系不可能简化为一个力偶,或者是通过 A 点的一合力,或者平衡。如果力系同时又满足条件二,则这个力系或者有一通过 A、B 两点连线的合力,或

者平衡。如果力系又满足条件三,其中 x 轴若与 A、B 连线垂直,力系仍有可能有通过这两个矩心的合力,而不一定平衡;若 x 轴不与 A、B 连线垂直,这就排除了力系有合力的可能性。由此断定,当式(3-8)的三个方程同时满足,并附加条件矩心 A、B 两点的连线不能与 x 轴垂直时,力系一定是平衡力系。

三矩式平衡方程形式:

$$\begin{cases}\sum m_A(\boldsymbol{F}) = 0\\ \sum m_B(\boldsymbol{F}) = 0\\ \sum m_C(\boldsymbol{F}) = 0\end{cases} \tag{3-9}$$

其中 A、B、C 三点不能共线。

式(3-9)是平面任意力系平衡的必要与充分条件。读者可参照对式(3-8)的解释自行证明。

平面任意力系有三种不同形式的平衡方程组,每种形式都只含有三个独立的方程式,都只能求解三个未知量。应用时可根据问题的具体情况,选择适当形式的平衡方程。

3.3.2 平面平行力系的平衡方程

平面平行力系是平面任意力系的一种特殊情况。当力系中各力的作用线在同一平面内且相互平行,这样的力系称为平面平行力系。其平衡方程可由平面任意力系的平衡方程导出。

如图 3-7 所示,在平面平行力系的作用面内取直角坐标系 Oxy,令 y 轴与该力系各力的作用线平行,则不论力系平衡与否,各力在 x 轴上的投影恒为零,不再具有判断平衡与否的功能。于是平面任意力系的后两个方程为平面平行力系的平衡方程。由式(3-7)得

$$\begin{cases}\sum F_y = 0\\ \sum m_o(\boldsymbol{F}) = 0\end{cases} \tag{3-10}$$

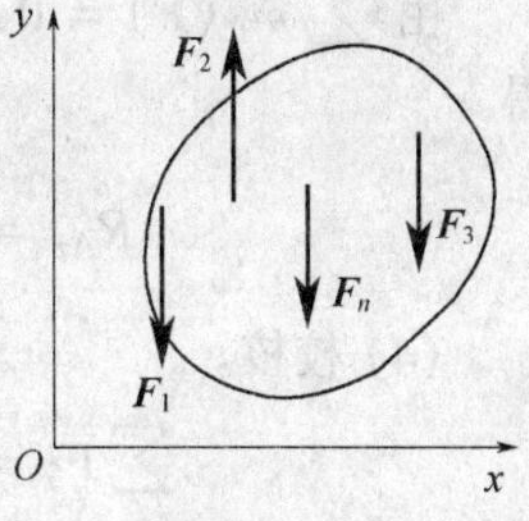

图 3-7

由式(3-8)得

$$\begin{cases}\sum m_A(\boldsymbol{F}) = 0\\ \sum m_B(\boldsymbol{F}) = 0\end{cases} \tag{3-11}$$

其中两个矩心 A、B 的连线不能与各力作用线平行。

平面平行力系有两个独立的平衡方程,可以求解两个未知量。

例 3-2 图 3-8(a)所示为一悬臂式起重机,A、B、C 都是铰链连接。梁 AB 自重 $F_G=1\text{kN}$,作用在梁的中点,提升重量 $F_P=8\text{kN}$,杆 BC 自重不计,求支座 A 的反力和杆 BC 所受的力。

解 (1) 取梁 AB 为研究对象,受力图如图 3-8(b)所示。A 处为固定铰支座,其反力用两分力表示,杆 BC 为二力杆,它的约束反力沿 BC 轴线,并假设为拉力。

(2) 取投影轴和矩心。为使每个方程中未知量尽可能少,以 A 点为矩,选取直角坐

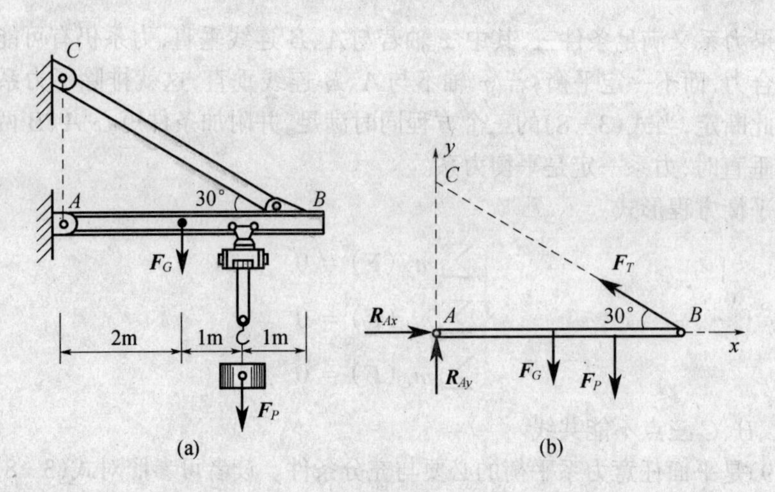

图 3-8

标系 Axy。

(3) 列平衡方程并求解。梁 AB 所受各力构成平面任意力系，用三矩式求解：

由 $\sum m_A(\boldsymbol{F}) = 0 \quad - F_G \times 2 - F_P \times 3 + F_T \sin 30^\circ \times 4 = 0$

得

$$F_T = \frac{(2F_G + 3F_P)}{4 \times \sin 30^\circ} = \frac{(2 \times 1 + 3 \times 8)}{4 \times 0.5} = 13\text{kN}$$

由 $\sum m_B(\boldsymbol{F}) = 0 \quad - R_{Ay} \times 4 + F_G \times 2 + F_P \times 1 = 0$

得 $$R_{Ay} = \frac{(2F_G + F_P)}{4} = \frac{(2 \times 1 + 8)}{4} = 2.5\text{kN}$$

由 $\sum m_C(\boldsymbol{F}) = 0 \; R_{Ax} \times 4 \times \tan 30^\circ - F_G \times 2 - F_P \times 3 = 0$

得

$$R_{Ax} = \frac{(2F_G + 3F_P)}{4 \times \tan 30^\circ} = \frac{(2 \times 1 + 3 \times 8)}{4 \times 0.577} = 11.26\text{kN}$$

(4) 校核。

$$\sum F_x = R_{Ax} - F_T \times \cos 30^\circ = 11.26 - 13 \times 0.866 = 0$$

$$\sum F_y = R_{Ay} - F_G - F_P + F_T \times \sin 30^\circ = 2.5 - 1 - 8 + 13 \times 0.5 = 0$$

可见计算无误。

例 3-3　一端固定的悬臂梁如图 3-9(a)所示。梁上作用均布荷载，荷载集度为 $\boldsymbol{q}$，在梁的自由端还受一集中力 $\boldsymbol{P}$ 和一力偶矩为M 的力偶的作用。试求固定端 A 处的约束反力。

解　取梁 AB 为研究对象。受力图及坐标系的选取如图 3-9(b)所示。列平衡方程：

由 $$\sum F_x = 0, \quad F_{Ax} = 0$$

$$\sum F_y = 0, \quad F_{Ay} - ql - P = 0$$

解得 $$F_{Ay} = ql + P$$

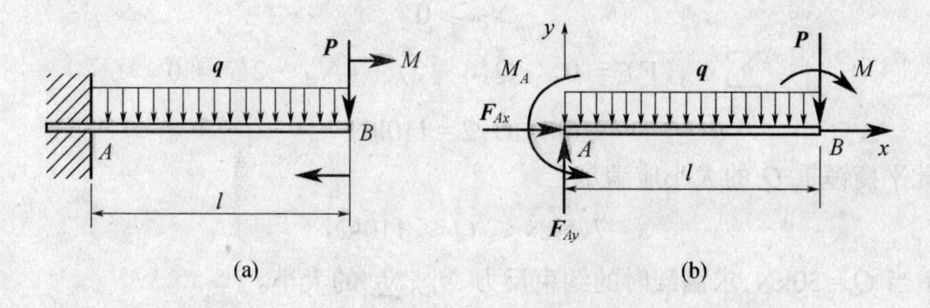

图 3-9

由 $$\sum m_A(\boldsymbol{F}) = 0,\qquad M_A - ql^2/2 - Pl - M = 0$$

解得 $$M_A = ql^2/2 + Pl + M$$

例 3-4 塔式起重机如图 3-10 所示。机身重 $G=220\text{kN}$,作用线过塔架的中心。已知最大起吊重量 $P=50\text{kN}$,起重悬臂长 12m,轨道 A、B 的间距为 4m,平衡锤至机身中心线的距离为 6m。试求:(1)确保起重机不至翻倒的平衡锤重 $\boldsymbol{Q}$ 的大小;(2)当 $Q=30\text{kN}$,而起重机满载时,轨道对 A、B 的约束反力。

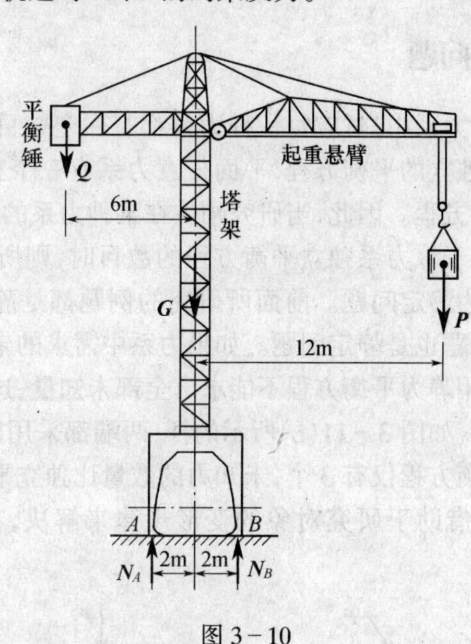

图 3-10

解 取起重机整体为研究对象。其正常工作时受力如图 3-10 所示。

(1) 求确保起重机不致翻倒的平衡锤重 $\boldsymbol{Q}$ 的大小。

起重机满载时有顺时针转向翻倒的可能,要保证机身满载时而不翻倒,则必须满足:

$$N_A \geqslant 0$$

$$\sum m_B(\boldsymbol{F}) = 0,\quad Q(6+2) + 2G - 4N_A - P(12-2) = 0$$

解得 $$Q \geqslant (5P - G)/4 = 7.5\text{kN}$$

起重机空载时有逆时针转向翻倒的可能,要保证机身空载时平衡而不翻倒,则必须满足下列条件

$$N_B \geqslant 0$$

$$\sum m_A(\boldsymbol{F}) = 0, \quad Q(6-2) + 4N_B - 2G = 0$$

解得
$$Q \leqslant G/2 = 110\text{kN}$$

因此平衡锤重 $\boldsymbol{Q}$ 的大小应满足

$$7.5\text{kN} \leqslant Q \leqslant 110\text{kN}$$

(2) 当 $Q=30\text{kN}$,求满载时的约束反力 N_A、N_B 的大小。

$$\sum m_B(\boldsymbol{F}) = 0, \quad Q(6+2) + 2G - 4N_A - P(12-2) = 0$$

解得
$$N_A = (4Q + G - 5P)/2 = 45\text{kN}$$

由
$$\sum F_Y = 0, \quad N_A + N_B - Q - G - P = 0$$

解得
$$N_B = Q + G + P - N_A = 255\text{kN}$$

3.4 静定与超静定问题的概念及物体系统的平衡

3.4.1 静定与超静定问题

在前面研究过的各种力系中,对应每一种力系都有一定数目的独立的平衡方程。例如,平面汇交力系有两个独立的平衡方程,平面任意力系有三个独立的平衡方程,平面平行力系有两个独立的平衡方程。因此,当研究刚体在某种力系的作用下处于平衡,若问题中所求的未知量的数目等于该力系独立平衡方程的数目时,则所求未知数都能由平衡方程求出,这类平衡问题称为静定问题。前面所研究的例题都是静定问题,图 3-11(a)所示的表示水平杆的平衡问题也是静定问题。如果力系中需求的未知量的数目多于该力系独立平衡方程的数目,只用静力平衡方程不能求出全部未知量,这类平衡问题称为超静定问题,或称为静不定问题。如图 3-11(b)所示的杆,两端都采用固定铰支座,则未知量的数目有 4 个,而独立的平衡方程仅有 3 个,未知力的数量比独立平衡方程多一个称为一次超静定问题,这类问题可借助于研究对象的变形规律来解决,在材料力学中将作简单介绍。

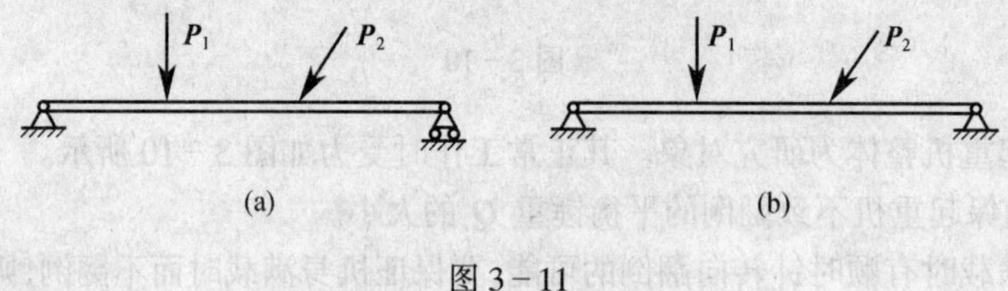

图 3-11

3.4.2 物体系统的平衡

工程结构或机械都可抽象为由许多物体用一定的方式连接起来的系统,称为物体系统。研究物体系统的平衡问题,不仅要求解整个系统所受的未知力,还需要求出系统内部物体之间的相互作用的未知力,我们把系统外的物体作用在系统上的力称为系统外力,把系统内部各部分之间的相互作用力称为系统内力。因为系统内部与外部是相对而言的，因此系统的内力和外力也是相对的，要根据所选择的研究对象来决定。

在求解静定的物体系统的平衡问题时，要根据具体问题的已知条件、待求未知量及系统结构的形式来恰当地选取两个(或多个)研究对象。一般情况下，可以先选取整体结构为研究对象；也可以先选取受力情况比较简单的某部分系统或某物体为研究对象，求出该部分或该物体所受到的未知量。然后再选取其他部分为研究对象，直至求出所有需求的未知量。总的原则是：使每一个平衡方程中未知量的数目尽量减少，最好是只含一个未知量，可避免求解联立方程。

例 3-5 已知梁 AB 和 BC 在 B 处用铰链连接，C 为固定端约束，A 为辊轴支座。在 AB 梁的 BD 段上受有集度 $q=15\text{kN/m}$ 的均布载荷。在 BC 梁上作用一力偶矩 $m=20\text{kN}\cdot\text{m}$ 的力偶，尺寸如图 3-12(a)所示。试求 A、B、C 三处的约束反力。

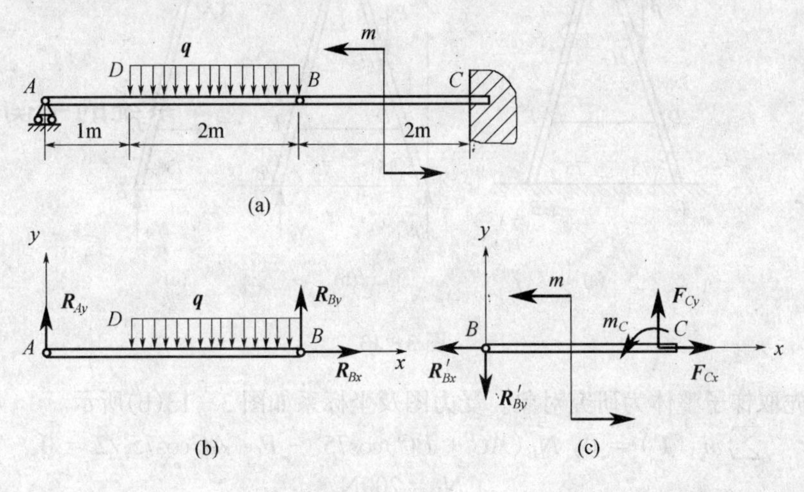

图 3-12

解 这是由两根杆件组成的物体系统的平衡问题。从整体系统来分析，固定端 C 受有一个大小和方向均未知的约束反力和一个约束反力偶，辊轴支座 A 受有一个未知的约束反力，共有 4 个未知量，而只有 3 个独立的平衡方程。因此，仅取一个研究对象，是不能求出全部未知量的。于是，经分析比较，本题选取 AB 梁和 BC 梁为研究对象，计算较方便。我们将两根梁从连接处 B 分离开，在分离后的两根梁的 B 端分别画出解除相互约束后的约束力。因为 B 为铰链连接，画出两根梁的相互约束力，如图 3-12(b)、(c)所示，它们是作用在两个物体上的作用力与反作用力。由此可见，分离后的 AB 梁只受有 3 个未知约束反力。于是 AB 梁可以首先作为研究对象，列出平衡方程求出 A 和 B 处的约束力后，再取 BC 梁分析。

$$\sum m_B(\boldsymbol{F})=0,\ 2\times q\times 1-R_{Ay}\times 3=0,\ R_{Ay}=10\text{kN}$$

$$\sum F_x=0,\ \ R_{Bx}=0$$

$$\sum F_y=0,\quad R_{Ay}+R_{By}-q\times 2=0, R_{By}=20\text{kN}$$

BC 梁的 B 端受 AB 梁的约束反力 $\boldsymbol{R}'_{Bx}$、$\boldsymbol{R}'_{By}$ 作用，固定端 C 有约束反力 F_{Cx}、F_{Cy} 和

约束反力偶m_C,如图3-12(c)所示。列出BC梁的平衡方程

$$\sum m_C(\boldsymbol{F}) = 0, m_C + m + F'_{By} \times 2 = 0, m_C = -60\text{kN}\cdot\text{m}(\text{假设反向})$$

$$\sum F_x = 0, F_{Cx} - R'_{Bx} = 0, F_{Cx} = 0$$

$$\sum F_y = 0, F_{Cy} - R'_{By} = 0, F_{Cy} = 20\text{kN}$$

例3-6 图3-13所示的人字形折梯放在光滑地面上。重$P=800\text{N}$的人站在梯子AC边的中点H,C是铰链,已知$AC=BC=2\text{m}$,$AD=EB=0.5\text{m}$,梯子的自重不计。求地面A、B两处的约束反力和绳DE的拉力。

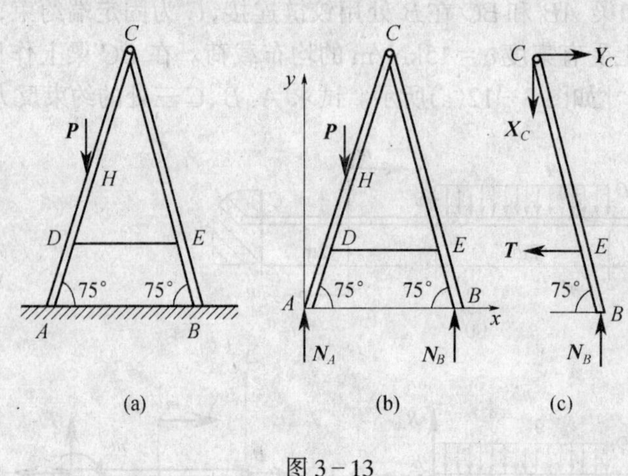

图3-13

解 先取梯子整体为研究对象。受力图及坐标系如图3-13(b)所示。

由 $$\sum m_A(\boldsymbol{F}) = 0,\ N_B(AC + BC)\cos75° - P \cdot AC\cos75°/2 = 0$$

解得 $$N_B = 200\text{N}$$

由 $$\sum F_y = 0, N_A + N_B - P = 0$$

解得 $$N_A = 600\text{N}$$

为求绳子的拉力,取其所作用的杆BC为研究对象。受力图如图3-13(c)所示。

由

$$\sum m_C(\boldsymbol{F}) = 0,\ N_B \cdot BC \cdot \cos75° - T \cdot EC \cdot \sin75° = 0$$

解得 $$T = 71.5\text{N}$$

3.5 考虑摩擦时的平衡问题

前面讲述问题均未考虑摩擦。我们知道,摩擦是无所不在的。从一般意义上说,在机械结构的力学分析时考虑摩擦,并不是十分复杂的问题。分析有摩擦时的平衡问题,与前面分析不考虑摩擦时的平衡问题有相似之处,即物体平衡时,其上所受的力应满足平衡条件。而且,考虑摩擦时的平衡问题的解题方法和过程也与前面所介绍的基本相同。

解考虑摩擦的平衡问题时,必须增加两项思考:

(1) 画受力图时,必须考虑接触面间的摩擦力,摩擦力的方向与相对滑动趋势的方向

相反这在物理学中已经学过；

(2) 求解时，必须要代入静滑动摩擦力公式 $F_{max}=fN$。这个公式在物理学中也已经学过。

但要特别注意的是，由于在静滑动摩擦中，摩擦力的数值是在一定范围内变化的，即 $0\leqslant F\leqslant F_{max}$，因此，物体也是在一定范围内保持平衡的。只有当物体处于从静止到运动的临界状态时，摩擦力才会达到最大值。

下面举两个应用实例。

例 3-7 长 4m，重 200N 的梯子，斜靠在光滑的墙面上，如图 3-14(a)所示，与地面成 $\alpha=60°$ 角，梯子与地面的静摩擦系数 $f=0.4$。有一重 600N 的人登梯而上，问他上到何处时梯子就要开始滑倒。

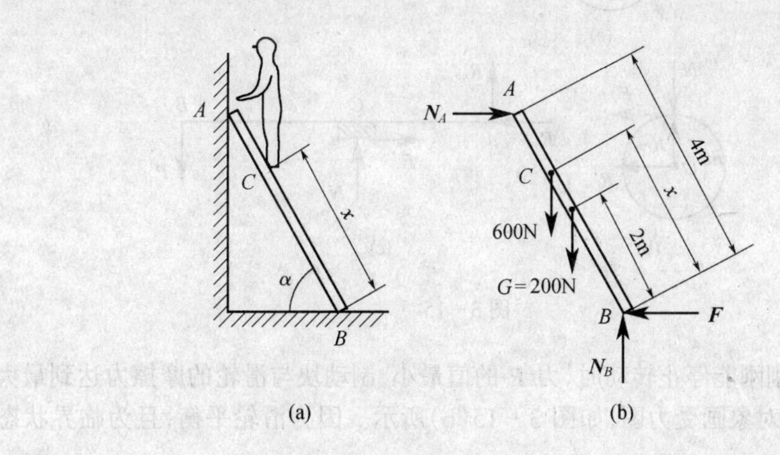

图 3-14

解 设梯子将要滑动时，人站在 C 点，令 $BC=x$。

(1) 以梯子为研究对象画受力图，如图 3-14(b)所示。因梯子与墙光滑接触，故 A 点只有水平反力 $\boldsymbol{N}_A$。B 点有垂直反力 $\boldsymbol{N}_B$、摩擦力 $\boldsymbol{F}$。

(2) 选坐标轴 x、y，列平衡方程并求解未知量。

$$\sum F_y=0,\quad N_B-600-200=0$$

所以
$$N_B=800\text{N}$$

因梯子将要滑动时处于临界状态，故摩擦力为最大静摩擦力，即

$$F=fN_B=0.4\times 800=320\text{N}$$

$$\sum F_x=0,\quad N_A-F=0$$

故
$$N_A=F=320\text{N}$$

$$\sum m_B(\boldsymbol{F})=0,\quad -4N_A\sin 60°+600x\times\cos 60°+2\times 200\times\cos 60°=0$$

即
$$-4\times 320\times\frac{\sqrt{3}}{2}+\frac{1}{2}\times 600x+2\times 200\times\frac{1}{2}=0$$

或
$$300x=640\sqrt{3}-200$$

所以 $$x=\frac{640\sqrt{3}-200}{300}=3.03\text{m}$$

例 3-8 图 3-15(a)所示为一制动器的示意图。已知制动器摩擦块与滑轮表面间的静摩擦系数为 f，作用在滑轮上的力偶的力偶矩为 m，A 和 O 都是铰链，几何尺寸如图所示。求制动滑轮所必需的最小力 $\boldsymbol{P}_{\min}$。

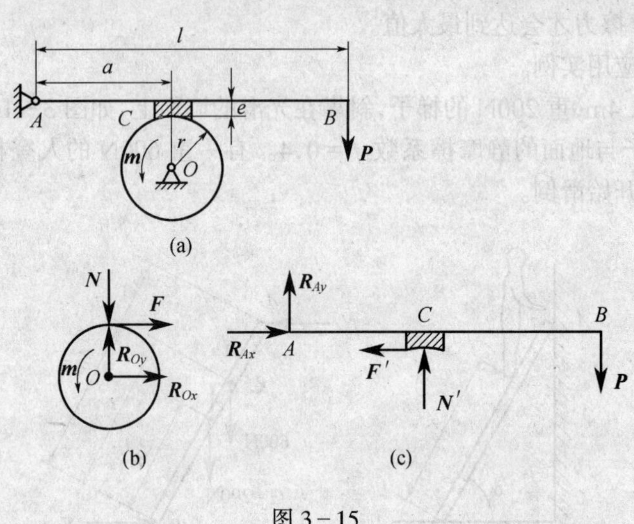

图 3-15

解 当滑轮刚刚能停止转动时，力 $\boldsymbol{P}$ 的值最小，制动块与滑轮的摩擦力达到最大值。以滑轮 O 为研究对象画受力图，如图 3-15(b)所示。因为滑轮平衡，且为临界状态，故可列出平衡方程：

$$\sum m_o(\boldsymbol{F})=0,\quad m-Fr=0$$

$$F=fN$$

由此可得 $$F=\frac{m}{r},\quad N=\frac{m}{fr}$$

其次，以制动杆 AB 为研究对象画出其受力图，如图 3-15(c)所示。制动杆也是处于临界平衡状态，故可列出平衡方程：

$$\sum m_A(\boldsymbol{F})=0,\quad N'a-F'e-Pl=0$$

$$F'=fN'$$

于是可解得

$$P=\frac{N'(a-fe)}{l}$$

将 $N'=N=\frac{m}{fr}$ 代入上式，则得制动滑轮所需的最小力

$$P_{\min}=\frac{m(a-fe)}{frl}$$

思考题

1. 平面任意力系向其作用面内任意一点简化，如果主矢和主矩都不等于零，那么能否将其简化为一个合力？

2. 力系的合力与主矢有何区别？

3. 力系平衡时合力为零，非平衡力系是否一定有合力？

4. 主矩矢与力偶矩有何不同？

5. 某平面力系向 A、B 两点简化的主矩皆为零，此力系简化的最终结果可能是一个力吗？可能是一个力偶吗？可能平衡吗？

6. 在刚体上 A、B、C 三点分别作用三个力 $\boldsymbol{F}_1$、$\boldsymbol{F}_2$、$\boldsymbol{F}_3$，各力的方向如图 3-16 所示。大小恰好与 $\triangle ABC$ 的边长成比例。问该力系是否平衡。

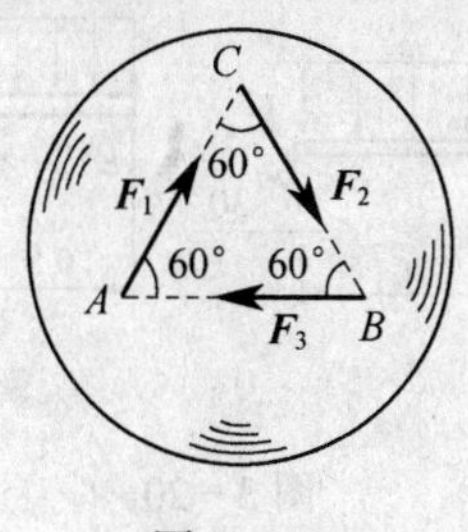

图 3-16

习 题

3-1 将图 3-17 所示平面任意力系向点 O 简化，并求力系合力的大小及其与原点 O 的距离 d。已知 $P_1=150\text{N}$，$P_2=200\text{N}$，$P_3=300\text{N}$，力偶的臂等于 8cm，力偶的力 $F=200\text{N}$。

3-2 由 AC 和 CD 构成的复合梁通过铰链 C 连接，它的支承和受力如图 3-18 所示。已知均布载荷集度 $q=10\text{kN/m}$，力偶 $M=40\text{kN·m}$，$a=2\text{m}$，不计梁重，试求支座 A、B、D 的约束力和铰链 C 所受的力。

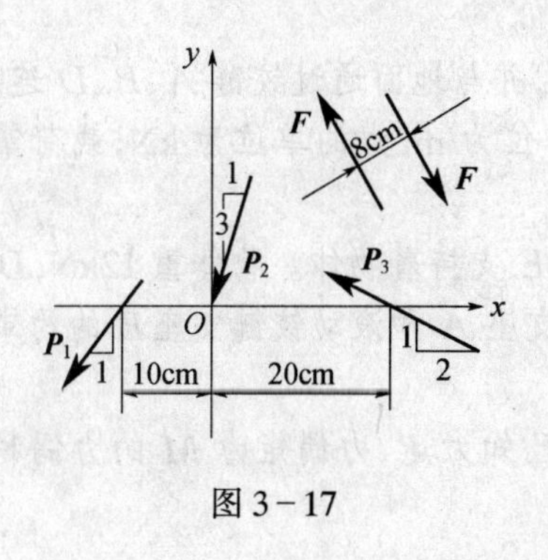

图 3-17

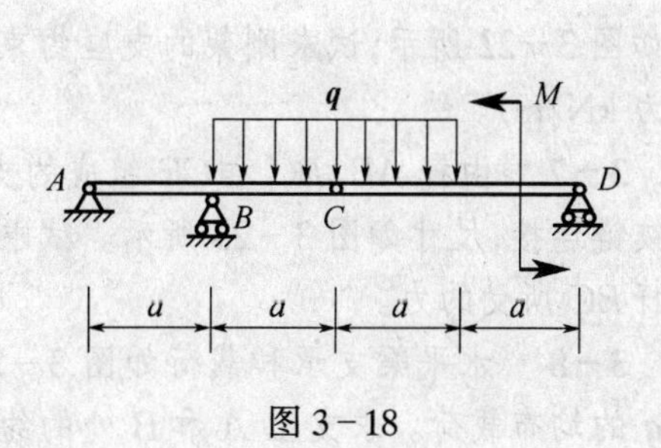

图 3-18

3-3 梁 AB 的支座如图 3-19 所示。在梁的中点作用一力 $P=20\text{kN}$,力和梁的轴线成 45°角。如梁的重量略去不计,试分别求(a)和(b)两种情形下的支座反力。

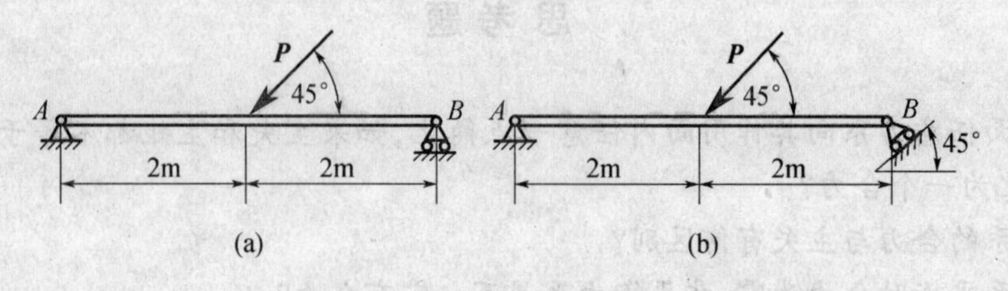

图 3-19

3-4 试求图 3-20 所示各梁支座的约束力。设力的单位为 kN,力偶矩的单位为 kN·m,长度单位为 m,分布载荷集度为 kN/m。(提示:计算非均布载荷的投影和与力矩和时需应用积分)

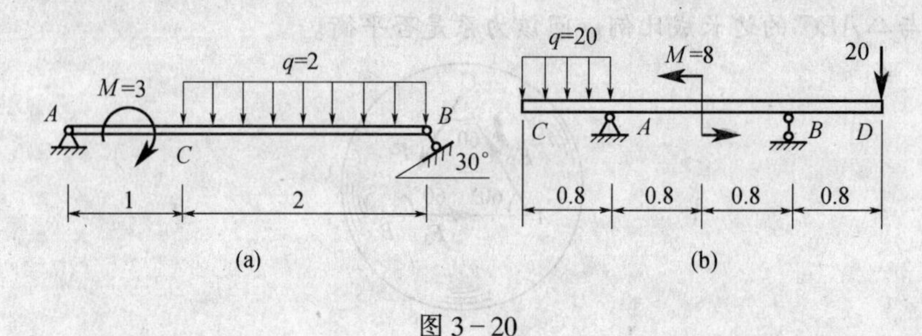

图 3-20

3-5 如图 3-21 所示 AB 梁一端砌在墙内,在自由端装有滑轮用以匀速吊起重物 D,设重物的重量为 $\boldsymbol{G}$,又 AB 长为 b,斜绳与铅垂线成 α 角,求固定端的约束力。

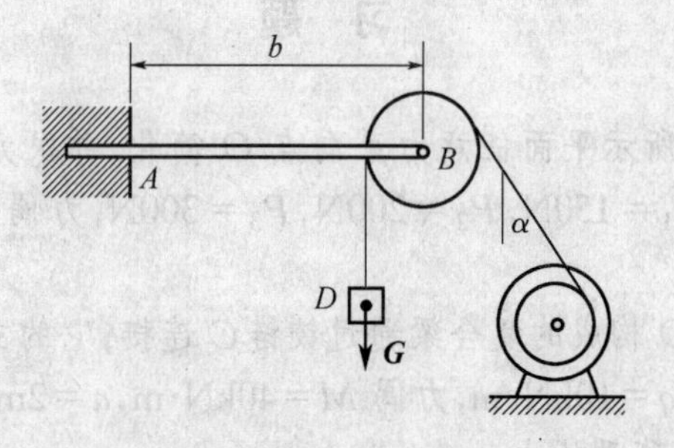

图 3-21

3-6 刚架 ABC 和刚架 CD 通过铰链 C 连接,并与地面通过铰链 A、B、D 连接,载荷如图 3-22 所示,试求刚架的支座约束力(尺寸单位为 m,力的单位为 kN,载荷集度单位为 kN/m)。

3-7 由杆 AB、BC 和 CE 组成的支架和滑轮 E 支持着物体。物体重 12kN,D 处亦为铰链连接,尺寸如图 3-23 所示。试求固定铰链支座 A 和滚动铰链支座 B 的约束力以及杆 BC 所受的力。

3-8 水平梁支承和载荷如图 3-24 所示。已知力 $\boldsymbol{F}$、力偶矩为 $\boldsymbol{M}$ 的力偶和集度为 $\boldsymbol{q}$ 的均布载荷。求支座 A 和 B 处的约束反力。

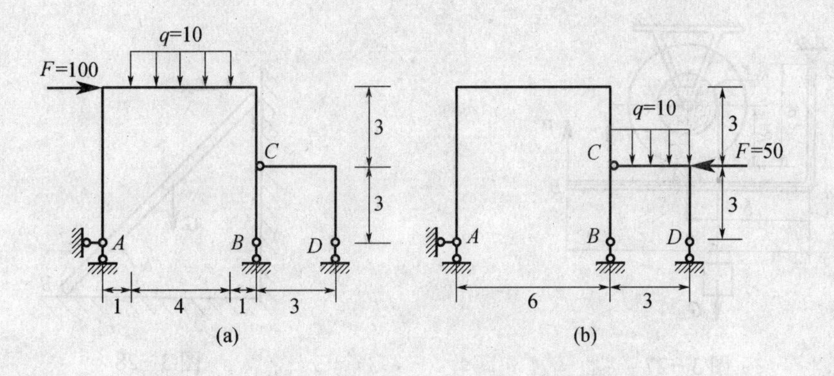

图 3-22

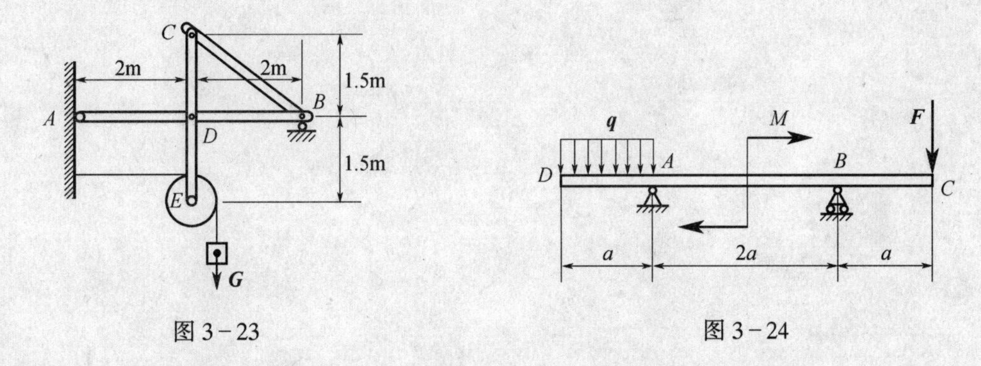

图 3-23　　　　图 3-24

3-9　组合梁 AC 及 CE 用铰链在 C 连结而成，支承情况和载荷如图 3-25 所示。已知：$l=8\text{m}$，$F=5\text{kN}$，均布载荷集度 $q=2.5\text{kN/m}$，力偶矩 $M=5\text{kN}\cdot\text{m}$。求支座 A、B 和 E 的反力。

3-10　安装设备时常用起重扒杆，其简图如图 3-26 所示。起重摆杆 AB 重 $G_1=1.8\text{kN}$，作用在 AB 中点 C 处。提升的设备重量为 $G=20\text{kN}$。试求系在起重扒杆 A 端的绳 AD 的拉力及 B 处的约束反力。

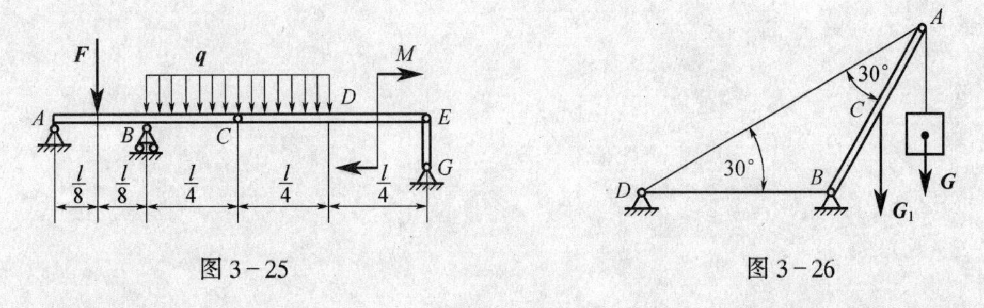

图 3-25　　　　图 3-26

3-11　如图 3-27 所示，一铰车其鼓轮半径 $r=15\text{cm}$，制动轮半径 $R=25\text{cm}$，重物 $G=1000\text{N}$，$a=100\text{cm}$，$b=50\text{cm}$，$c=50\text{cm}$，制动轮与制动块间摩擦系数 $f=0.5$。试求当铰车吊着重物时，为使重物不致下落，加在杆上的力 P 至少应为多少？

3-12　如图 3-28 所示，梯子 AB 重为 $G=200\text{N}$，靠在光滑墙上，已知梯子与地面间的摩擦系数为 0.25，今有重为 650N 的人沿梯子向上爬，试问人到达最高点 A，而梯子保持平衡的最小角度 α 应为多少？

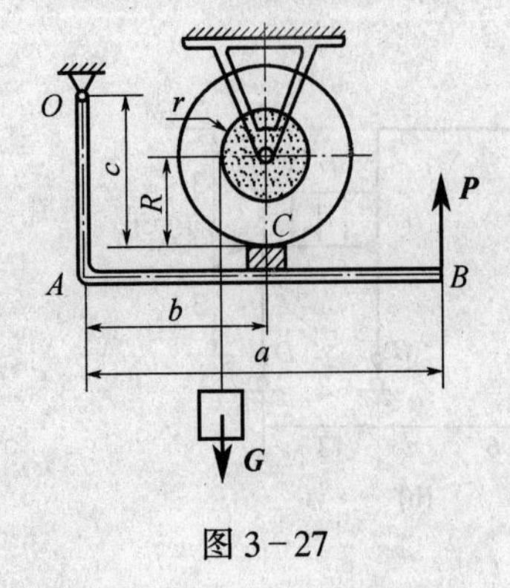

图 3－27

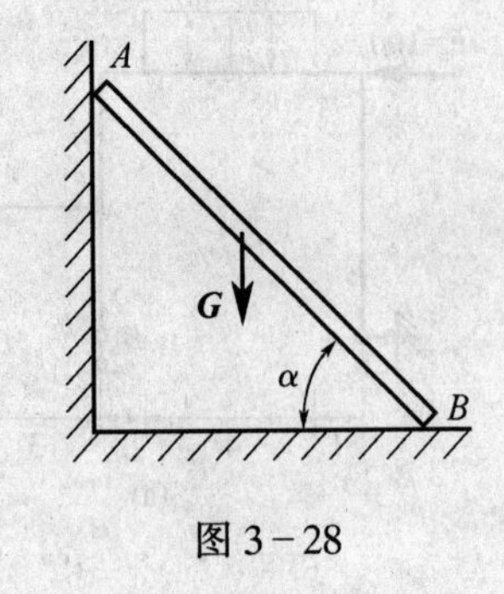

图 3－28

第4章 空间力系

本章主要研究空间任意力系在坐标轴上的投影、空间力系的简化以及力对轴的矩的概念。重点在于研究空间力系的平衡方程以及空间问题的平面化解法。

在工程中,经常遇到物体所受各力的作用线不在同一平面内的情况,这种力系称为空间力系。根据力系中各力作用线的关系,空间力系又有各种形式:各力的作用线汇交于一点的力系称为空间汇交力系,如图4-1(a)中作用于节点D上的力系;各力的作用线彼此平行的力系称为空间平行力系,如图4-1(b)所示的三轮车所受的力系;各力的作用线在空间任意分布的力系称为空间任意力系,如图4-1(c)所示的轮轴所受的力系。本章主要研究空间任意力系的平衡问题。

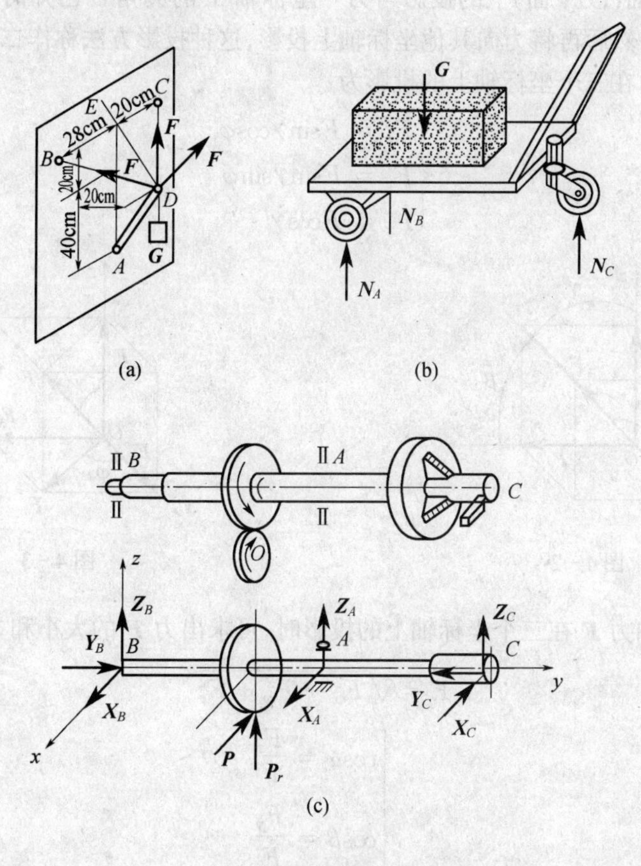

图4-1

4.1 力在空间直角坐标轴上的投影

4.1.1 力在空间直角坐标轴上的投影

根据力在坐标轴上投影的概念，可以求得一个任意力在空间直角坐标轴上的三个投影。如图4-2所示，若已知力 $\boldsymbol{F}$ 与三个坐标轴 x、y、z 的夹角分别为 α、β、γ 时，则 $\boldsymbol{F}$ 在三个坐标轴上的投影分别为

$$\begin{cases} F_x = F\cos\alpha \\ F_y = F\cos\beta \\ F_z = F\cos\gamma \end{cases} \tag{4-1}$$

以上投影方法称为直接投影方法，或一次投影法。

由图4-2可见，若以 $\boldsymbol{F}$ 为对角线，以三坐标轴为棱边作正六面体，则此正六面体的三条棱边之长正好等于力 $\boldsymbol{F}$ 在三个轴上投影 F_x，F_y，F_z 的绝对值。

也可采用二次投影法，如图4-3所示，当空间力 $\boldsymbol{F}$ 与某坐标轴（如 z 轴）的夹角 γ 及力在垂直此轴的面（Oxy 面）上的投影与另一坐标轴 x 的夹角 φ 已知时，可先将力 $\boldsymbol{F}$ 投影到该坐标面内，然后再将力向其他坐标轴上投影，这种投影方法称作二次投影法。如图4-3所示的 $\boldsymbol{F}$ 力在三个坐标轴上的投影为

$$\begin{cases} F_x = F\sin\gamma\cos\varphi \\ F_y = F\sin\gamma\sin\varphi \\ F_z = F\cos\gamma \end{cases}$$

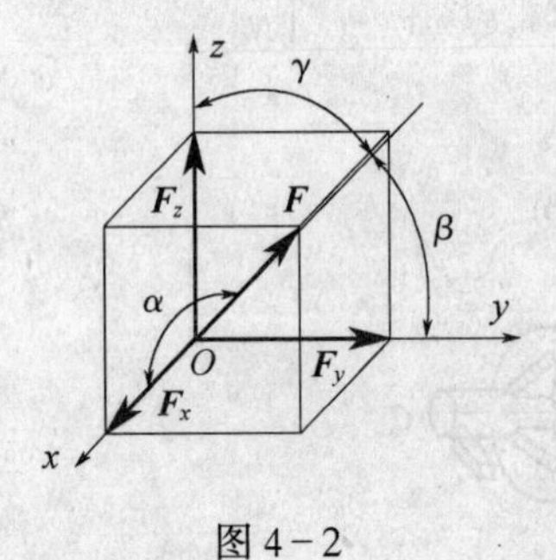

图4-2

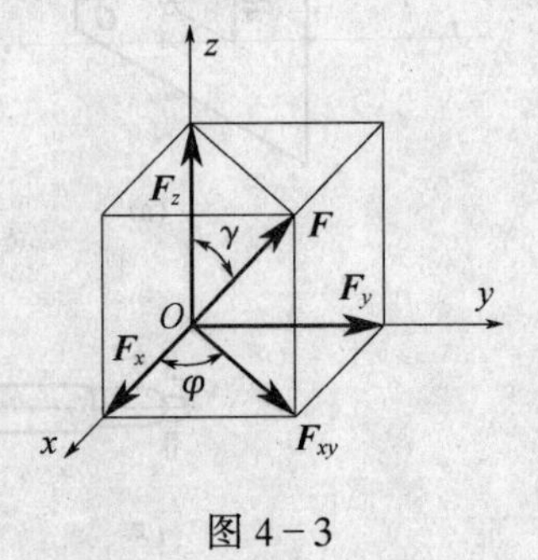

图4-3

反之，当已知力 $\boldsymbol{F}$ 在三个坐标轴上的投影时，可求出力 $\boldsymbol{F}$ 的大小和方向

$$F = \sqrt{F_x^2 + F_y^2 + F_z^2} \tag{4-2}$$

$$\begin{cases} \cos\alpha = \dfrac{F_x}{F} \\ \cos\beta = \dfrac{F_y}{F} \\ \cos\gamma = \dfrac{F_z}{F} \end{cases} \tag{4-3}$$

例 4-1 长方体上作用有三个力，$F_1=50N$，$F_2=100N$，$F_3=150N$，方向与尺寸如图 4-4 所示，求各力在三个坐标轴上的投影。

解 由于力 $\boldsymbol{F}_1$ 及 $\boldsymbol{F}_2$ 与坐标轴间的夹角都已知，可应用直接投影法，力 $\boldsymbol{F}_3$ 在 Oxy 平面上的投影与坐标轴 x 的夹角 φ 及仰角 θ 已知，可用二次投影法。由几何关系知：

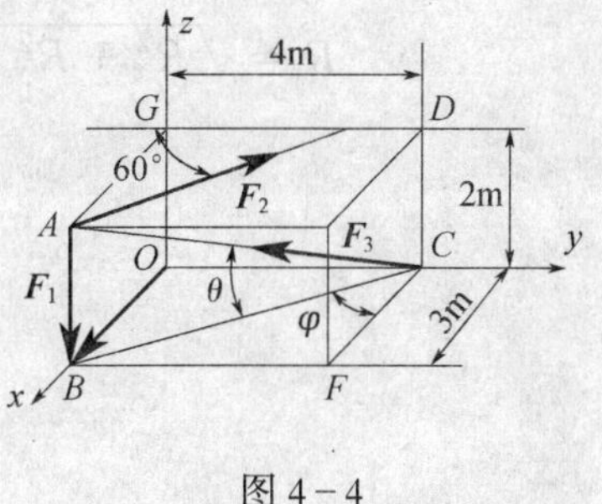

图 4-4

$$\sin\theta = \frac{AB}{AC} = \frac{2}{5.39} \quad \cos\theta = \frac{BC}{AC} = \frac{5}{5.39}$$

$$\sin\varphi = \frac{BF}{BC} = \frac{4}{5} \quad \cos\varphi = \frac{CF}{BC} = \frac{3}{5}$$

各力在坐标轴上的投影分别为

$$\begin{cases} F_{1x} = F_1\cos90^\circ = 0 \\ F_{1y} = F_1\cos90^\circ = 0 \\ F_{1z} = F_1\cos180^\circ = -50N \end{cases}$$

$$\begin{cases} F_{2x} = -F_2\sin60^\circ \approx -100\times0.866 = -86.6N \\ F_{2y} = F_2\cos60^\circ = 100\times0.5 = 50N \\ F_{2z} = F_2\cos90^\circ = 0 \end{cases}$$

$$\begin{cases} F_{3x} = F_3\cos\theta\cos\varphi = 150\times\dfrac{5}{5.39}\times\dfrac{3}{5} \approx 83.5N \\ F_{3y} = -F_3\cos\theta\sin\varphi = -150\times\dfrac{5}{5.39}\times\dfrac{4}{5} \approx -111.3N \\ F_{3z} = F_3\sin\theta = 150\times\dfrac{2}{5.39} \approx 55.7N \end{cases}$$

4.1.2 合力投影定理

空间力系也存在合力投影定理，但要有相应延伸。

按照求平面汇交力系的合成方法，也可以求得空间汇交力系的合力，即合力的大小和方向可以用力的多边形求出，合力的作用线通过汇交点。与平面汇交力系不同的是，空间汇交力系的力多边形的各边不在同一平面内，它是一个空间力多边形。

由此可见，空间汇交力系可以合成为一个合力，合力矢等于各分力矢的矢量和，其作用线通过汇交点。写成矢量表达式为

$$\boldsymbol{R} = \boldsymbol{F}_1 + \boldsymbol{F}_2 + \cdots + \boldsymbol{F}_n = \sum \boldsymbol{F} \tag{4-4}$$

在实际应用中，常以解析法求合力，它的根据是合力投影定理：合力在某一轴上的投影等于各分力在同一轴上投影的代数和。合力投影定理的数学表达式为

$$\begin{cases} R_x = \sum F_x \\ R_y = \sum F_y \\ R_z = \sum F_z \end{cases} \tag{4-5}$$

式中，R_x、R_y、R_z 表示合力在各轴上的投影。

若已知各力在坐标轴上的投影，则合力的大小和方向可按下式求得

$$R = \sqrt{R_x^2 + R_y^2 + R_z^2} = \sqrt{\left(\sum F_x\right)^2 + \left(\sum F_y\right)^2 + \left(\sum F_z\right)^2} \tag{4-6}$$

$$\begin{cases} \cos\alpha = \dfrac{\sum F_x}{R} \\ \cos\beta = \dfrac{\sum F_y}{R} \\ \cos\gamma = \dfrac{\sum F_z}{R} \end{cases} \tag{4-7}$$

式中 α、β、γ 分别表示合力与 x、y、z 轴正向的夹角。

4.2 力对轴的矩

4.2.1 力对轴之矩

在讨论平面问题时，有关力矩的概念已在前面给出，力对点的矩是该力使它所作用的刚体绕这个点转动效应的度量。在空间的情况下经常遇到刚体绕定轴转动的情形，为了度量力对绕定轴转动刚体的作用效果，我们必须了解力对轴的矩的概念。

以开门为例，在门上点 A 作用一个任意方向的力 $\boldsymbol{F}$，使其绕固定轴 z 转动。现将力 $\boldsymbol{F}$ 分解成垂直于和平行于枢轴 z 的两个分力 $\boldsymbol{F}'$ 和 $\boldsymbol{F}''$，如图 4-5 所示。由经验可知，平行于枢轴 z 的分力 $\boldsymbol{F}''$ 不产生使门绕枢轴转动的效应，而转动效应只由分力 $\boldsymbol{F}'$ 引起。用符号 $m_z(\boldsymbol{F})$ 表示力 $\boldsymbol{F}$ 对 z 轴的矩，点 O 为平面 Oxy 与 z 轴的交点，d 为点 O 到力 $\boldsymbol{F}'$ 作用线的距离。因此力 $\boldsymbol{F}$ 对 z 轴的矩就是分力 $\boldsymbol{F}'$ 对点 O 的矩，即

$$m_z(\boldsymbol{F}) = m_O(\boldsymbol{F}') = \pm F'd \tag{4-8}$$

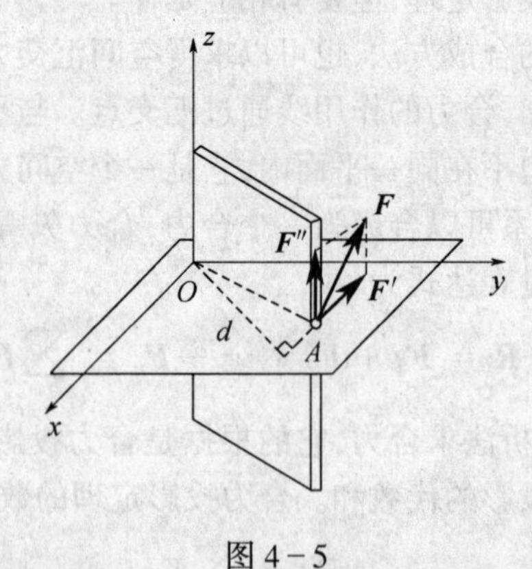

图 4-5

于是，可得力对轴的矩的定义如下：力对轴的矩是力使刚体绕该轴转动效果的度量，是一个代数量，其绝对值等于这力在垂直于该轴的平面上的投影对于这平面与该轴的交点的矩。其正负号按下述方法确定：从 z 轴正端来看，若力 $\boldsymbol{F}'$ 使物体绕轴 z 作逆时针转

向转动,则力矩 $m_z(\boldsymbol{F})$取正值;反之取负号。也可按右手螺旋法则来确定其正负号。记号$m_z(\boldsymbol{F})$常简写成 m_z。轴 z 称为矩轴。力对轴的矩的单位为牛顿·米(N·m)。

力对轴的矩等于零的情形:

(1) 当力与轴相交时(此时 $d=0$)。

(2) 当力与轴平行时(此时$|F'|=0$)。这两种情形可以合起来说:当力与轴在同一平面时,力对该轴的矩等于零。

(3) 力为零时对轴的矩为零。

4.2.2 合力矩定理

平面力系中的合力矩在空间力系中仍然适用。如图 4-6 所示,力 $\boldsymbol{F}$ 对某轴(如 z 轴)的力矩,为力 $\boldsymbol{F}$ 在 x、y、z 三个坐标方向的分力 $\boldsymbol{F}_x$、$\boldsymbol{F}_y$、$\boldsymbol{F}_z$ 对同轴(z 轴)力矩的代数和,称之为合力矩定理。

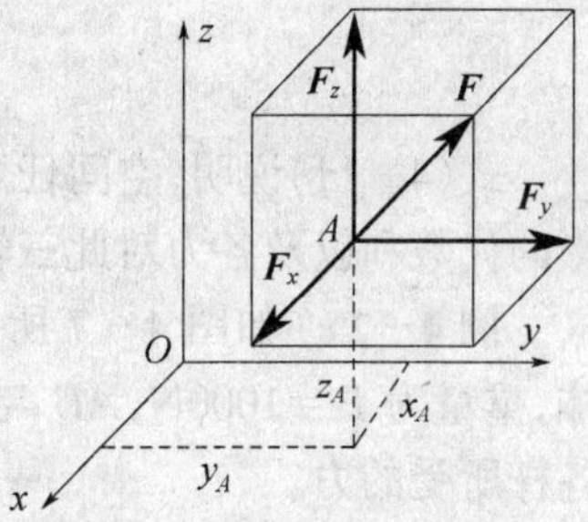

$$m_z(\boldsymbol{F}) = m_z(\boldsymbol{F}_x) + m_z(\boldsymbol{F}_y) + m_z(\boldsymbol{F}_z) \quad (4-8)$$

因分力 F_z 平行于 z 轴,故 $m_z(\boldsymbol{F}_z)=0$,于是

$$m_z(\boldsymbol{F}) = m_z(\boldsymbol{F}_x) + m_z(\boldsymbol{F}_y)$$

同理可得

$$m_x(\boldsymbol{F}) = m_x(\boldsymbol{F}_y) + m_x(\boldsymbol{F}_z)$$

$$m_y(\boldsymbol{F}) = m_y(\boldsymbol{F}_x) + m_y(\boldsymbol{F}_z)$$

图 4-6

力对轴之矩的解析表示式为

$$\begin{cases} m_x(\boldsymbol{F}) = F_z \cdot y_A - F_y \cdot z_A \\ m_y(\boldsymbol{F}) = F_x \cdot z_A - F_z \cdot x_A \\ m_z(\boldsymbol{F}) = F_y \cdot x_A - F_x \cdot y_A \end{cases} \quad (4-9)$$

应用上式时,分力 $\boldsymbol{F}_x$、$\boldsymbol{F}_y$、$\boldsymbol{F}_z$ 及坐标 x、y、z 均应考虑本身的正负号,所得力矩的正负号也将表明力矩绕轴的转向。

4.3 空间力系的平衡及其应用

4.3.1 空间力系的简化

与平面力系相似,空间力系也可以向任意一点简化,其简化结果也是一个主矢和一个主矩。

与平面力系不同的是,主矩是原来的力对简化中心之矩的矢量和。因此,空间力系简化结果是两个矢量。即

$$\begin{cases} \boldsymbol{R}' = \sum \boldsymbol{F} \\ M = \sum M_o(\boldsymbol{F}) \end{cases} \quad (4-10)$$

与平面力系一样,空间力系的主矢与简化中心位置无关,主矩与简化中心位置有关。

4.3.2 空间力系的平衡方程

当空间力系的简化结果主矢和主矩同时等于零时,该空间力系处于平衡状态。由此可推知,空间任意力系的平衡方程为

$$\begin{cases}\sum F_x = 0 \\ \sum F_y = 0 \\ \sum F_z = 0 \\ \sum m_x(\boldsymbol{F}) = 0 \\ \sum m_y(\boldsymbol{F}) = 0 \\ \sum m_z(\boldsymbol{F}) = 0\end{cases} \tag{4-11}$$

式(4-11)说明,空间任意力系平衡的必要与充分条件是:各力在三个坐标轴上的投影的代数和以及各力对此三轴之矩的代数和同时等于零。

例 4-2 如图 4-7 所示,三根无重杆 AB、AC 和 AD 铰接于 A 点,其下悬挂一物体,重量为 $P=1000\text{N}$,AB 与 AC 等长且垂直,$\angle OAD=30°$,B、C 和 D 处均为铰接。求各杆所受的力。

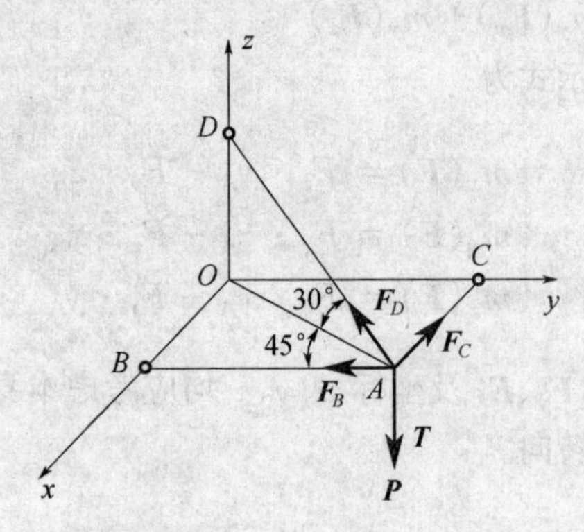

图 4-7

解 因为不计杆重,所以三杆都是二力杆。取节点 A 为研究对象,则 A 点受三杆的力 $\boldsymbol{F}_B$、$\boldsymbol{F}_C$ 和 $\boldsymbol{F}_D$,假设它们都是拉力,还有绳子的拉力 $\boldsymbol{T}(T=P)$,组成空间汇交力系。取坐标系如图所示。于是,平衡方程为

$$\sum F_x = 0 \quad -F_C - F_D \cdot \cos30° \cdot \sin45° = 0$$

$$\sum F_y = 0 \quad -F_B - F_D \cdot \cos30° \cdot \cos45° = 0$$

$$\sum F_z = 0 \quad F_D \cdot \sin30° - T = 0$$

三式联立求解得

$$F_D = \frac{T}{\sin30°} = \frac{P}{0.5} = 2000\text{N}$$

$$F_B = F_C = -1225\text{N}$$

此处 $\boldsymbol{F}_B$、$\boldsymbol{F}_C$ 为负值,说明与实际方向相反,即 AB 和 AC 两杆都受压力。

4.3.3 空间任意力系的平衡问题转化为平面问题的解法

当空间任意力系平衡时,它在任意平面上的投影组成的力系(平面任意力系)也是平衡的。因为有时将一些空间任意力系的平衡问题(例如轴类零件的平衡问题)投影在三个坐标平面上,通过三个平面力系来进行计算,即把空间问题转化为平面问题的形式来处理。一般情况下,按下列步骤进行。

(1) 确定研究对象,画受力图并选坐标轴 x、y、z。

(2) 将所有外力(包括主动力和约束反力)投影在 yOz 平面内,按平面力系的平衡问题进行计算。

(3) 将所有外力投影在 xOy 平面内,按平面力系的平衡问题进行计算。

(4) 将所有外力投影在 xOz 平面内,按平面力系的平衡问题进行计算。

下面举例说明空间任意力系的平衡问题转化为平面问题的具体解法。

例 4-3 起重机绞车如图 4-8(a)所示。已知 $\alpha = 20°$, $r = 0.1\text{m}$, $R = 0.2\text{m}$, $G = 10\text{kN}$。试求重物匀速上升时,支座 A 和 B 的反力及齿轮所受的力 $\boldsymbol{Q}$(力 $\boldsymbol{Q}$ 在垂直于轴的平面内,与水平方向的切线成 α 角)。图中尺寸单位为 mm。

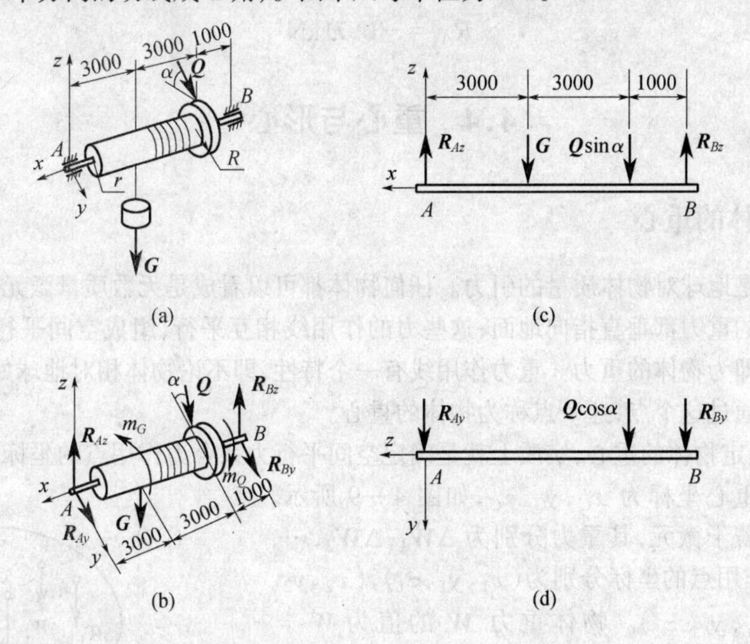

图 4-8

解 (1) 取鼓轮轴 AB 为研究对象,将 $\boldsymbol{G}$ 和 $\boldsymbol{Q}$ 力平移到轴线上得 AB 之受力图(图 4-8(b))。$\boldsymbol{R}_{Ay}$、$\boldsymbol{R}_{Az}$ 和 $\boldsymbol{R}_{By}$、$\boldsymbol{R}_{Bz}$ 分别为轴承 A、B 的约束反力,$\boldsymbol{G}$ 为平移后的已知主动力,$\boldsymbol{Q}$ 为平移后的未知主动力,m_G 和 m_Q 分别为 $\boldsymbol{G}$ 和 $\boldsymbol{Q}$ 平移时的附加力偶矩。显然,$m_G = Gr$ 而 $m_Q = QR\cos\alpha$。

(2) 由于重物匀速上升,所以鼓轮作匀速运动,由

$$\sum m_x(\boldsymbol{F}) = 0 \qquad m_G - m_Q = 0$$

$$Gr - QR\cos\alpha = 0 \tag{1}$$

得
$$Q = \frac{Gr}{R\cos\alpha} = \frac{10 \times 0.1}{0.2 \times \cos 20^\circ} = 5.32\text{kN}$$

(3) 将所有外力投影在 xAz 平面内(图 4-7(c)),这些力组成平面平行力系,列平衡方程

$$\sum m_A(\boldsymbol{F}) = 0 \qquad -3000G - 6000Q\sin 20^\circ + 7000R_{Bz} = 0 \tag{2}$$

解得
$$R_{Bz} = 5.85\text{kN}$$

$$\sum m_B(\boldsymbol{F}) = 0 \qquad -7000R_{Az} + 4000G + 1000Q\sin 20^\circ = 0 \tag{3}$$

解得
$$R_{Az} = 5.97\text{kN}$$

(4) 将所有外力投影在 yAz 平面内(图 4-7(d)),这些力组成平面平行力系,列平衡方程

$$\sum m_A(\boldsymbol{F}) = 0 \qquad -7000R_{By} - 6000Q\cos 20^\circ = 0 \tag{4}$$

解得
$$R_{By} = -4.29\text{kN}$$

$$\sum m_B(\boldsymbol{F}) = 0 \qquad 7000R_{Ay} + 1000Q\cos 20^\circ = 0 \tag{5}$$

解得
$$R_{Ay} = -0.71\text{kN}$$

4.4 重心与形心

4.4.1 物体的重心

重力就是地球对物体质量的引力。任何物体都可以看成是无数质量微元的集合。每个微元所受的重力都垂直指向地面,这些力的作用线相互平行,组成空间平行力系,这个力系的合力即为物体的重力。重力作用线有一个特性,即不论物体相对地球如何放置,重力作用线总通过这个点,这个点称为物体的重心。

因此,确定物体的重心,实质上就是确定空间平行力系合力作用点的坐标。

设物体重心坐标为 x_C、y_C、z_C,如图 4-9 所示。将物体分成若干微元,其重力分别为 $\Delta\boldsymbol{W}_1, \Delta\boldsymbol{W}_2, \cdots, \Delta\boldsymbol{W}_n$,各力作用点的坐标分别为($x_1$、$y_1$、$z_1$),($x_2$、$y_2$、$z_2$),…,($x_n$、$y_n$、$z_n$)。物体重力 $\boldsymbol{W}$ 的值为 $W = \sum \Delta W_i$。

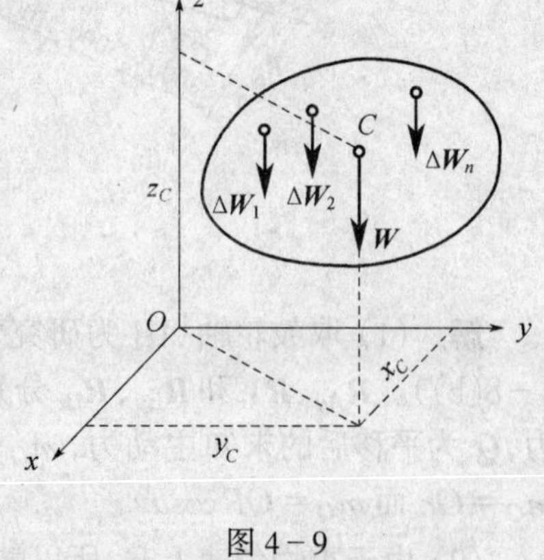

图 4-9

根据合力矩定理,有

$$m_x(\boldsymbol{F}) = \sum m_x(\Delta\boldsymbol{W}_i)$$

$$m_y(\boldsymbol{F}) = \sum m_y(\Delta\boldsymbol{W}_i)$$

$$-y_C \cdot W = -\sum y_i \cdot \Delta W_i$$

$$x_C \cdot W = \sum x_i \cdot \Delta W_i$$

根据力系中心的位置与各力的方向无关的性质，可将物体连同坐标系一起绕 x 轴顺时针转过 90°，使 y 轴朝下，这时重力 $\boldsymbol{W}$ 和各力 $\Delta \boldsymbol{W}_i$ 都与 y 轴同向平行，再对 x 轴应用合力矩定理，得

$$-z_C \cdot W = -\sum z_i \cdot \Delta W_i$$

因此得物体重心 C 的坐标公式为

$$\left\{\begin{aligned} x_C &= \frac{\sum x_i \Delta W_i}{W} \\ y_C &= \frac{\sum y_i \Delta W_i}{W} \\ z_C &= \frac{\sum z_i \Delta W_i}{W} \end{aligned}\right. \tag{4-12}$$

若物体为均质，其密度为 ρ，将 $W = \rho g V, \Delta W_i = \rho g \Delta V_i$ 代入上式，令 $\Delta V_i \to 0$ 取极限，即可得

$$\left\{\begin{aligned} x_C &= \frac{\sum x_i \Delta V_i}{V} = \frac{\int_V x \mathrm{d}V}{V} \\ y_C &= \frac{\sum y_i \Delta V_i}{V} = \frac{\int_V y \mathrm{d}V}{V} \\ z_C &= \frac{\sum z_i \Delta V_i}{V} = \frac{\int_V z \mathrm{d}V}{V} \end{aligned}\right. \tag{4-13}$$

可见，均质物体重心完全取决于物体的几何形状和尺寸。

4.4.2 平面图形的形心

若物体是等厚均质薄板，如图 4－10 所示。以 A 表示壳或板的表面面积，ΔA_i 表示微元的面积，同理可求得均质薄板的重心的位置坐标公式为

$$\begin{aligned} x_C &= \frac{\sum x_i \Delta A_i}{A} = \frac{\int_A x \mathrm{d}A}{A} \\ y_C &= \frac{\sum y_i \Delta A_i}{A} = \frac{\int_A y \mathrm{d}A}{A} \end{aligned} \tag{4-14}$$

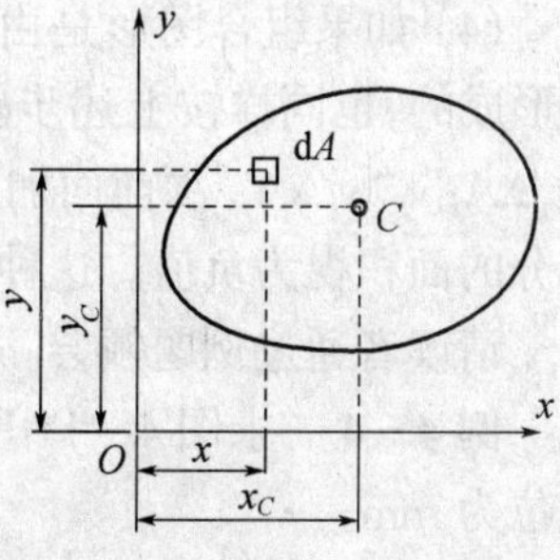

图 4－10

若令

$$\left\{\begin{aligned} S_x &= \int_A y \mathrm{d}A \\ S_y &= \int_A x \mathrm{d}A \end{aligned}\right. \tag{4-15}$$

则式(4-14)变为

$$\begin{cases} x_C = \dfrac{S_y}{A} \\ y_C = \dfrac{S_x}{A} \end{cases} \tag{4-16}$$

式中 S_x、S_y 分别称为平面图形对于 x 轴、y 轴的面积矩,简称面矩,或称静矩。单位为 mm^3 或 m^3。

由此可见,均质平板的重心仅与平板的几何形状和尺寸有关,而从几何图形看,所确定的坐标点正是平面图形的几何中心,称平面图形的形心。

此时重心与形心位置重合,因此,均质平板的重心公式,也就成了平面图形的形心求解公式。

由式(4-15)和式(4-16)可以得到两点重要结论。

(1) 由静矩的定义式(4-15)可知,同一图形对于不同坐标轴的静矩是不同的。静矩可能为正,也可能为负,也可能为零。

(2) 由式(4-16)可知,若坐标轴通过形心,即 $x_C=0$、$y_C=0$,则图形对该轴之静矩等于零;若图形对于某轴的静矩等于零,即 $S_x=0$ 或 $S_y=0$,则该轴必通过形心。

4.4.3 用组合法确定平面组合图形的形心

组合法是求平面组合图形的形心坐标的基本方法。组合图形大多数由简单几何图形组合而成,而这些简单几何图形的形心通常是我们熟知的(如圆形、矩形、三角形等),或是可以由《机械设计手册》查出的(本书不单独列出),因此,可以先将组合图形分割成若干个简单图形,然后应用公式(4-14)确定组合图形的形心坐标。

其解题步骤如下。

(1) 选任意位置建立初始直角坐标系。

(2) 将组合图形分割为若干我们熟悉的简单图形,确定这些简单图形的形心在所建初始直角坐标系中的坐标。

(3) 应用公式(4-14)即可求得组合原形的形心坐标。也可以先应用公式(4-15)求得这些简单图形对于初始坐标的静矩,再应用公式(4-16)求得组合图形的形心坐标。

(4) 如果组合图形是由规则图形中挖去一部分或几部分而形成的,也同样按上述步骤计算,只是要将挖出去的部分的"$x_i\Delta A_i$"、"$y_i\Delta A_i$"项前面加上负号即可。也就是说,是将挖去部分的面积视为负值。这种方法也称为负面积法。

请读者通过例题领会。

例 4-4 求图 4-11 所示角钢横断面之形心。图中尺寸单位为 mm。

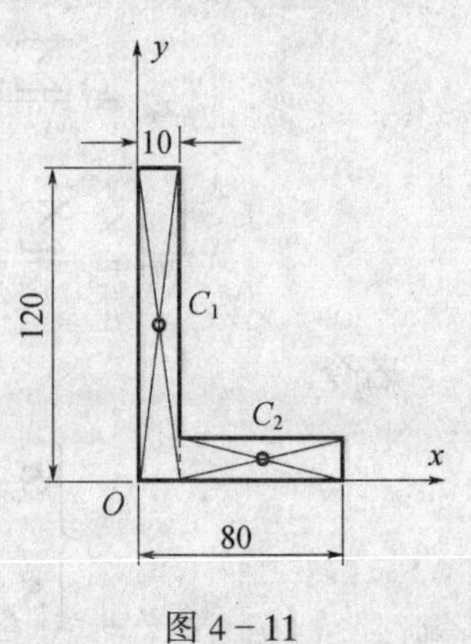

图 4-11

解 选坐标系 Oxy 如图所示。将图形分割为两个矩形,以 A_1、A_2 分别表示其面积,$C_1(x_1, y_1)$、$C_2(x_2, y_2)$分别表示其形心位置,则

$$A_1 = 120 \times 10 = 1200\text{mm}^2$$

$$x_1 = 5\text{mm}, y_1 = 60\text{mm}$$

$$A_2 = 70 \times 10 = 700\text{mm}^2$$

$$x_2 = 10 + 35 = 45\text{mm}, y_2 = 5\text{mm}$$

由公式(4-14)可求得

$$x_C = \frac{A_1x_1 + A_2x_2}{A_1 + A_2} = \frac{1200 \times 5 + 700 \times 45}{1200 + 700} = 19.7\text{mm}$$

$$y_C = \frac{A_1y_1 + A_2y_2}{A_1 + A_2} = \frac{1200 \times 60 + 700 \times 5}{1200 + 700} = 39.7\text{mm}$$

思考题

1. 力对轴的矩如何计算？怎样决定它的正负号？在什么情况下，力对轴之矩等于零？

2. 如果空间一般力系中各力作用线都平行于某一固定平面，试问这种力系有几个平衡方程？

3. 物体的重心是什么？重心是否一定在物体的内部？

4. 计算物体的重心位置时，如果选的坐标轴不同，重心坐标是否改变？重心相对物体的位置是否改变？

习　题

4-1　如图4-12所示，已知 $F_1 = 3\text{kN}, F_2 = 2\text{kN}, F_3 = 1\text{kN}$。$\boldsymbol{F}_1$ 处于轴边长为3、4、5的正六面体的前棱边，$\boldsymbol{F}_2$ 则处于正六面体的斜角线上。计算 $\boldsymbol{F}_1$、$\boldsymbol{F}_2$、$\boldsymbol{F}_3$ 三力分别在 x、y、z 上的投影。

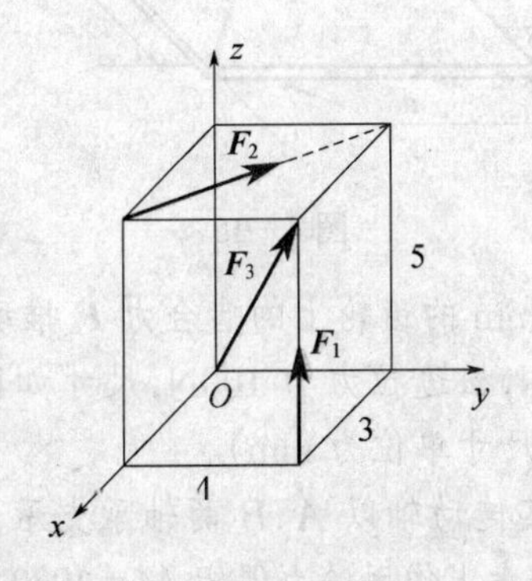

图4-12

4-2 设在图4-13中水平轮上A点作用一力$\boldsymbol{P}$,其作用线与过A点的切线成60°角,且在过A点而与z轴平行的平面内,而点A与圆心O的连线与通过O点平行于y轴的直线成45°角。设$P=1000\text{N}$,$h=r=1\text{m}$,试求力$\boldsymbol{P}$在三个坐标轴上的投影及其对三个坐标轴的力矩。

4-3 挂物架如图4-14所示,三杆的重量不计,用铰链连接于O点,平面BOC是水平的,且$BO=CO$,角度如图。若在O点挂一重物,其重力$G=1000\text{N}$,求三杆所受的力。

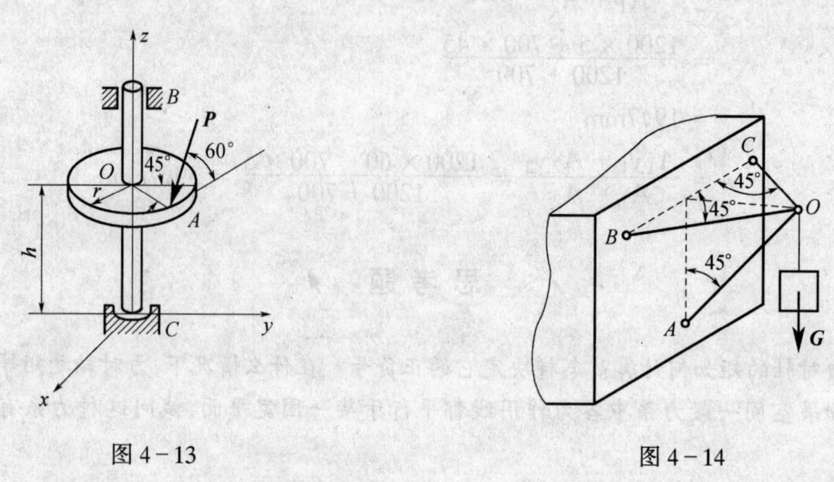

图4-13　　　　图4-14

4-4 如图4-15所示,一重量$W=1000\text{N}$的匀质薄板用止推轴承A、径向轴承B和绳索CE支持在水平面上,可以绕水平轴AB转动,今在板上作用一力偶,其力偶矩为$\boldsymbol{M}$,并设薄板平衡。已知$a=3\text{m}$,$b=4\text{m}$,$h=5\text{m}$,$M=2000\text{N·m}$,试求绳子的拉力和轴承A、B的约束力。

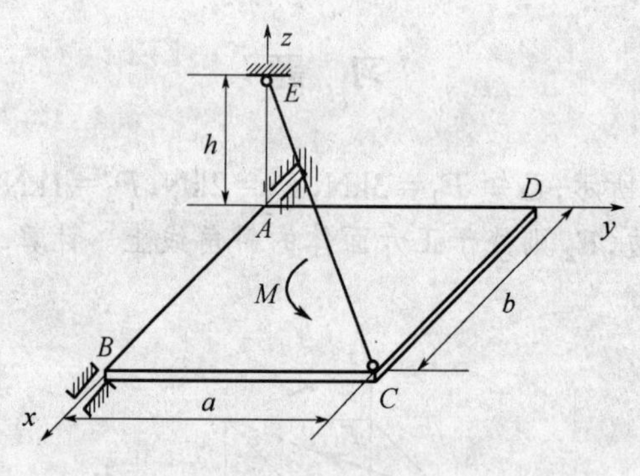

图4-15

4-5 作用于半径为120mm的齿轮上的啮合力$\boldsymbol{F}$推动皮带绕水平轴AB作匀速转动。已知皮带紧边拉力为200N,松边拉力为100N,尺寸如图4-16所示。试求力$\boldsymbol{F}$的大小以及轴承A、B的约束力(尺寸单位为mm)。

4-6 如图4-17所示,某传动轴以A、B两轴承支承,圆柱直齿轮的节圆直径$d=17.3\text{cm}$,压力角$\alpha=20°$。在法兰盘上作用一力偶矩$M=1030\text{N·m}$的力偶,如轮轴自重和摩擦不计,求传动轴匀速转动时的啮合力$\boldsymbol{F}$及A、B轴承的约束力(图中尺寸单位为cm)。

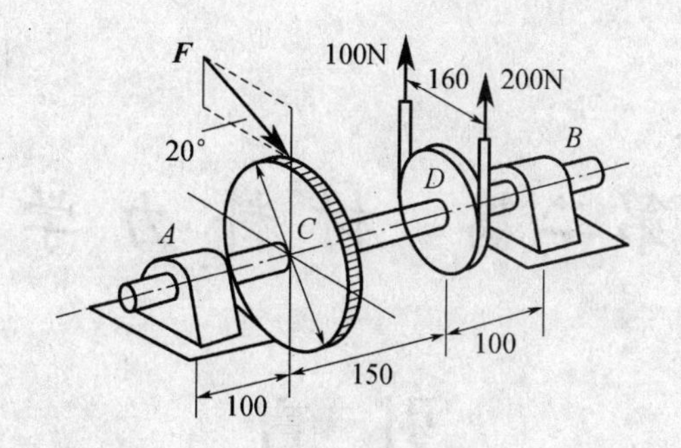

图 4－16

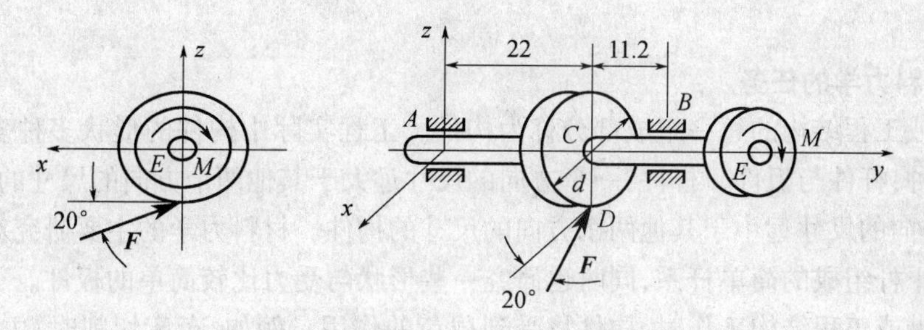

图 4－17

4－7　试求图 4－18 所示两平面图形形心 C 的位置。图中尺寸单位为 mm。

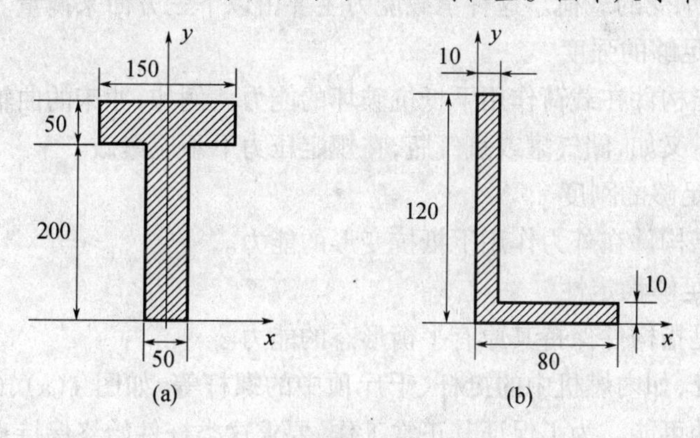

图 4－18

4－8　试求图 4－19 所示平面图形形心位置。图中尺寸单位为 mm。

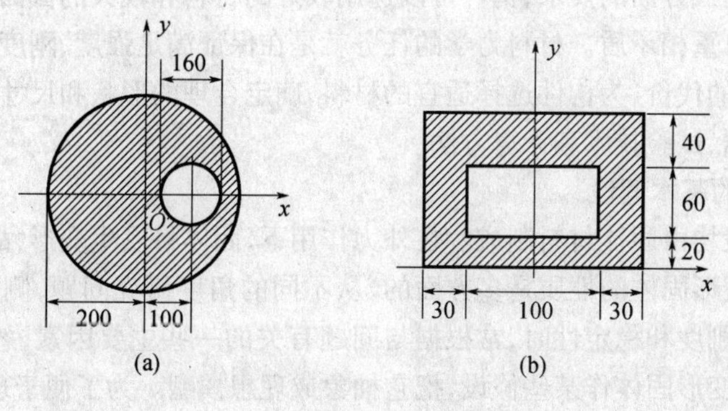

图 4－19

第二篇　材料力学

引　言

1. 材料力学的任务

机械或工程结构的每一组成部分称为构件。工程实际中构件的形状多种多样，主要可分为两种：杆件与板件。杆件：一个方向的尺寸远大于其他两个方向的尺寸的构件。板件：一个方向的尺寸远小于其他两个方向的尺寸的构件。材料力学的主要研究对象是杆，以及由若干杆组成的简单杆系，同时也研究一些形状与受力比较简单的板件。

当机械或工程结构工作时，构件将受到载荷的作用。例如，车床切削时，主轴受到齿轮啮合力、切削力等载荷的作用。为保证机械或工程结构的安全，每一构件都应有足够的能力，担负起所应承受的载荷。这种承载能力主要由以下三方面来衡量。

1）构件应有足够的强度

所谓强度是指构件在载荷作用下抵抗破坏的能力。例如，冲床的曲轴，在工作冲压力作用下不应折断。又如，储气罐或氧气瓶，在规定压力下不应爆破。

2）构件应有足够的刚度

所谓刚度是指构件在外力作用下抵抗变形的能力。

3）构件应有足够稳定性

所谓稳定性是指构件保持其原有平衡形态的能力。

有些细长直杆，如内燃机中的挺杆、千斤顶中的螺杆等，如图 1(a)、(b)所示，在压力作用下有被压弯的可能。为了保证其正常工作，要求这类杆件始终保持直线形式，亦即要求原有的直线平衡形态保持不变。

为了满足以上三方面的要求，构件可以选用较好的材料和较大的截面尺寸，但这与节约和减轻构件的自重相矛盾。材料力学的任务就是在保证满足强度、刚度、稳定性要求的前提下，以最经济的代价，为构件选择适宜的材料，确定合理的形状和尺寸，为设计构件提供必要的理论依据、试验技术和计算方法。

2. 材料力学的基本假设

各种构件一般均由固体材料制成。在外力作用下，固体将发生变形，故称为变形固体或可变形固体。变形固体的性质是多方面的，从不同的角度研究问题，侧重面也不一样。研究构件的强度、刚度和稳定性时，常根据与问题有关的一些主要因素，忽略一些关系不大的次要因素，对变形固体作某些假设，把它抽象成理想模型。为了便于理论分析和实际计算，对变形固体作以下基本假设。

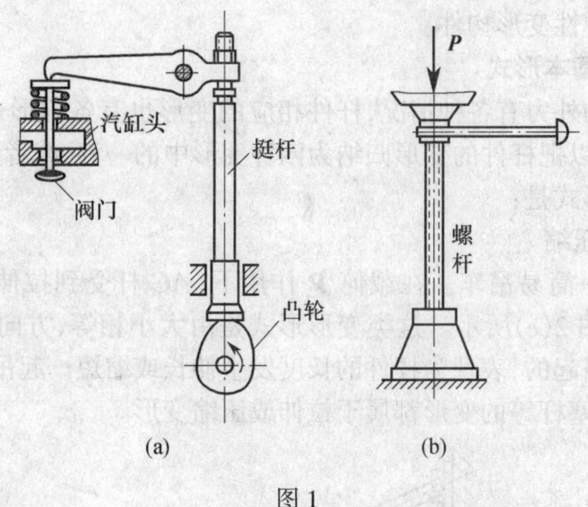

图 1

1）连续性假设

认为组成固体的物质毫无空隙地充满了固体的几何空间。从物质结构来说，组成固体的粒子之间实际上并不连续。但它们之间所存在的空隙与构件的尺寸相比，极其微小，可以忽略不计。这样可认为固体在其整个几何空间内是连续的。

2）均匀性假设

认为在固体的体积内，各处的机械性质完全相同。就工程上使用最多的金属来说，各个晶粒的机械性质，并不完全相同。但因在构件或构件的某一部分中，包含的晶粒为数极多，而且是无规则地排列的，其机械性质是所有各晶粒的性质的统计平均值，所以可以认为构件内各部分的性质是均匀的。

材料力学并不根据物质的粒子结构来研究物体内的受力和变形，因此可以把变形固体抽象为均匀连续的模型，从而得出满足工程要求的实用理论。但对发生于晶粒或分子那样大小范围内的现象，再用均匀连续假设就难以得到合理的结果。

3）各向同性假设

认为固体在各个方向上的机械性质完全相同。具备这种属性的材料称为各向同性材料。就金属的单一晶粒来说，在不同的方向上，其机械性质并不一样。但金属物体包含着数量极多的晶粒，而且晶粒又是杂乱无章地排列，这样在其各个方向上的性质就接近相同了。铸钢、铸铜和玻璃等都可认为是各向同性材料。在今后的讨论中，一般都把固体假设为各向同性的。

在各个方向上具有不同机械性质的材料，称为各向异性材料，如胶合板、纤维织品和木材等。

4）小变形条件

固体因外力作用而引起的变形，按不同情况，可能很小也可能相当大。但材料力学所研究的问题，限于变形的大小远小于构件原始尺寸的情况。这样，在研究构件的平衡和运动时，就可忽略构件的变形，而按变形前的原始尺寸进行分析计算。

5）完全弹性假设

如外力不超过一定限度，绝大多数材料在外力作用下发生变形，在外力解除后又可恢复原状，这种变形称为弹性变形。但如果外力过大，超过一定限度，则外力解除后只能部分复原，而遗留下一部分不能消失的变形，外力解除后不能消失的变形称为塑性变形。材料力学只研究完全弹性变形构件。

3. 杆件变形的基本形式

作用于杆件上的外力有各种情况，杆件相应的变形也有各种形式。如对杆件的变形进行仔细分析，就可以把杆件的变形归纳为四种变形中的一种，或者某几种基本变形的组合。四种基本变形形式是：

1) 轴向拉伸或压缩

如图 2(a)表示一简易吊车。在载何 ***P*** 作用下，*AC* 杆受到拉伸，如图 2(b)所示，而 *BC* 杆受到压缩，如图 2(c)所示。这类变形形式是由大小相等、方向相反、作用线与杆件轴线重合的一对力引起的，表现为杆件的长度发生伸长或缩短。起吊重物的钢索、桁架的杆件、液压油缸的活塞杆等的变形都属于拉伸或压缩变形。

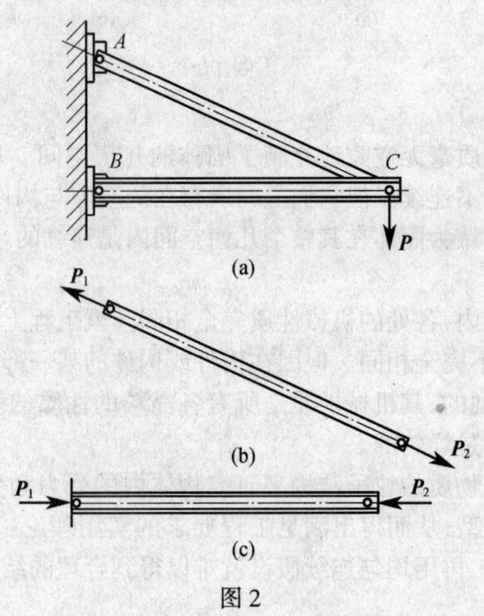

图 2

2) 剪切

如图 3(a)表示一铆钉连接，在 ***P*** 力作用下，铆钉即受到剪切。这类变形形式是由大小相等、方向相反、作用线垂直于杆轴且距离很近的一对力引起的，表现为受剪杆件的两部分沿外力作用方向发生相对的错动，如图 3(b)所示。机械中常用的连接件，如键、销钉等都产生剪切变形。

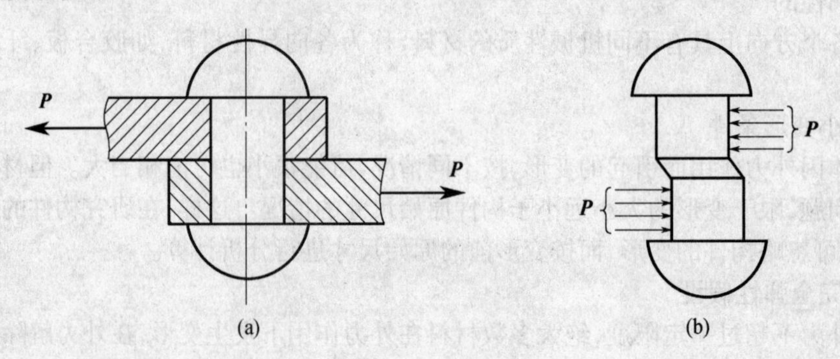

图 3

3) 扭转

扭转如图 4(a)所示,汽车转向轴 AB 在工作时发生扭转变形。这类变形形式是由大小相等、方向相反、作用面都垂直于杆轴的两个力偶矩引起的,如图 4(b)所示,表现为杆件的任意两个横截面将发生绕轴线的相对转动。汽车的传动轴、电机和水轮机的主轴等,都是受扭杆件。

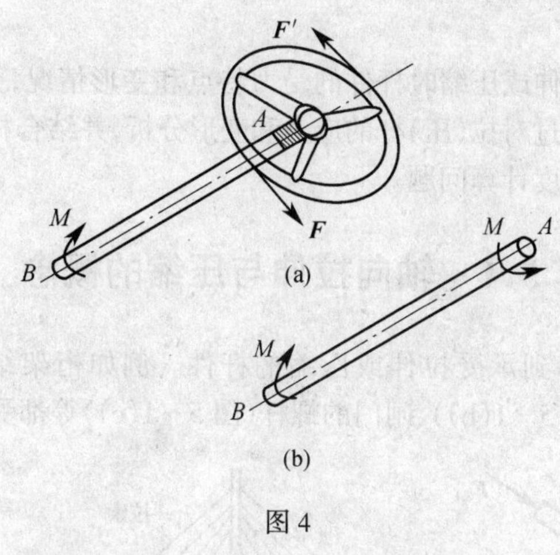

图 4

4) 弯曲

如图 5(a)所示火车轮轴的变形即为弯曲变形。这类变形形式是由垂直于杆件轴线的横向力,或由作用于包含杆轴的纵向平面内的一对大小相等、方向相反的力偶引起的,表现为杆件轴线由直线变为曲线,如图 5(b)所示。在工程中,受弯杆件是最常遇到的情况之一。桥式起重机的大梁、各种心轴以及车刀等的变形都属于弯曲变形。

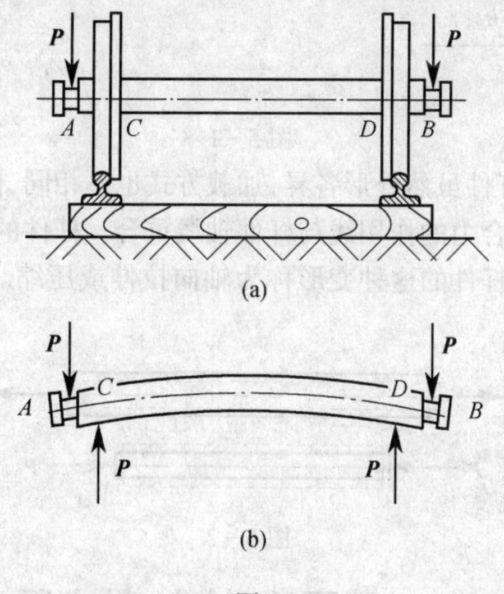

图 5

还有一些杆件同时存在几种基本变形,例如车床主轴工作时出现弯曲、扭转和压缩三种基本变形;钻床立柱同时产生拉伸和弯曲两种基本变形,这种情况称为组合变形。

在本书中,首先将依次讨论四种基本变形的强度及刚度计算,然后再讨论组合变形。

第5章　轴向拉伸和压缩

本章将分析轴向拉伸或压缩时杆件的受力特点和变形情况,介绍材料力学分析的基本方法——截面法。通过对拉(压)杆的应力和变形分析,并结合材料机械性质的研究,解决拉(压)杆的强度和刚度计算问题。

5.1　轴向拉伸与压缩的概念

生产实践中经常遇到承受拉伸或压缩的杆件。例如桁架结构中的杆件(图5-1(a))、桥梁中的拉索(图5-1(b))、闸门的螺杆(图5-1(c))等都受拉力或压力的作用。

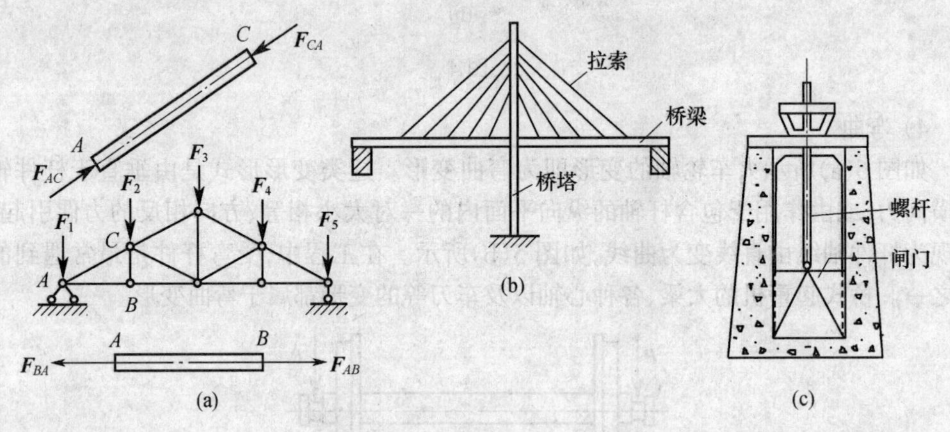

图5-1

这些受拉或受压的杆件虽然外形各异,加载方式也不相同,但是它们共同的受力特点是:作用在杆件上的外力合力的作用线与杆件轴线重合。杆件的变形特点是:杆件产生沿轴线方向的伸长或缩短,杆件的这种变形称为轴向拉伸或压缩。轴向拉伸或压缩的力学简图如图5-2所示。

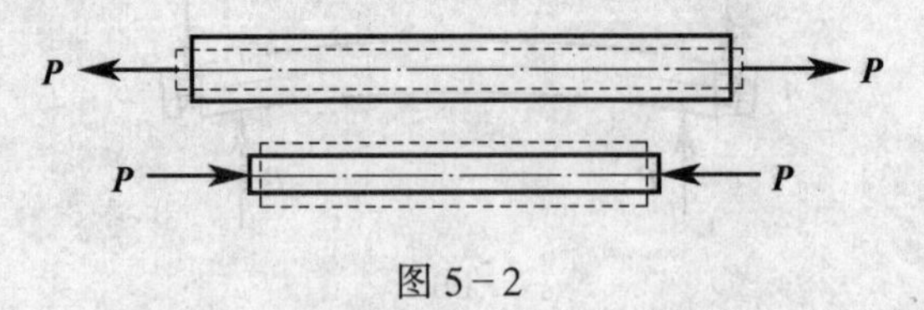

图5-2

5.2　截面法、轴力、轴力图

5.2.1　内力的概念

构件的材料是由许多质点组成的。构件不受外力作用时,材料内部质点之间保持一定的相互作用力,使构件具有固体形状。当构件受外力作用产生变形时,其内部质点之间相互位置改变,原有内力也发生变化。这种由外力作用而引起的受力构件内部质点之间相互作用力的改变量称为附加内力,简称内力。工程力学所研究的内力是由外力引起的,内力随外力的变化而变化,外力增大,内力也增大,外力撤销后,内力也随着消失。

显然,构件中的内力是与构件的变形相联系的,内力总是与变形同时产生。构件中的内力随着外力的增加而增大,但对于确定的材料,内力的增加有一定的限度,超过这一限度,构件将发生破坏。因此,内力与构件的强度和刚度都有密切的联系。在研究构件的强度、刚度等问题时,必须知道构件在外力作用下某截面上的内力值。

5.2.2 截面法

确定构件任意截面上内力值的基本方法是截面法。为了显示并计算某一截面上的内力,可在该截面处用一假想截面将构件一分为二并弃去其中一部分,将弃去部分对保留部分的作用以力的形式表示,此即该截面上的内力。

这种假想地用一截面将杆件截开,从而揭示和确定内力的方法,称为截面法。截面法是材料力学中求内力的基本方法,也适用于其他变形时的内力计算。截面法包括下述三个步骤。

(1) 假想截开。在需要求内力的截面处,假想用一平面将杆件截开成两部分。

(2) 保留代换。将两部分中的任一部分留下,而将另一部分移去,并以作用在截面上的内力代替移去部分对留下部分的作用。

(3) 平衡求解。对留下部分写出静力学平衡方程,即可确定作用在截面上的内力大小和方向。

上述三个步骤可概括为“切,代,平”。

例 5-1 已知小型压力机机架受力 $\boldsymbol{F}_P$ 的作用,如图 5-3 所示,试求立柱截面 $m-n$上的内力。

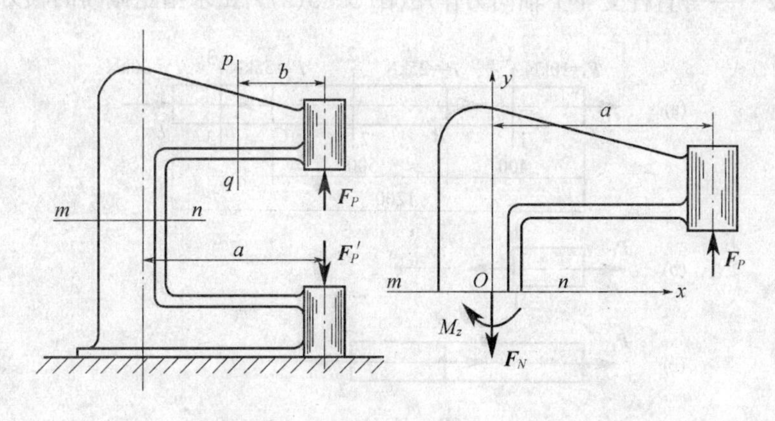

图 5-3

解 (1) 假想从 $m-n$ 面将机架截开(如图所示)。

(2) 取上部,建立如图所示坐标系,画出内力 $\boldsymbol{F}_N$, M_z(方向如图所示)。

(3) 由平衡方程得

$$\sum F_y = 0 \qquad F_P - F_N = 0 \qquad F_N = F_P$$

$$\sum M_O = 0 \qquad F_P \cdot a - M_z = 0 \qquad M_z = F_P \cdot a$$

5.2.3 轴力与轴力图

由前面的讨论,轴向拉伸或压缩时杆横截面上的内力应与轴线重合,故称为轴力,记为 $\boldsymbol{F}_N$ 或 $\boldsymbol{N}$。如图 5-4(a)所示为一受拉杆,用截面法求 $m-m$ 截面上的内力,取左段(图 5-4(b))为研究对象:

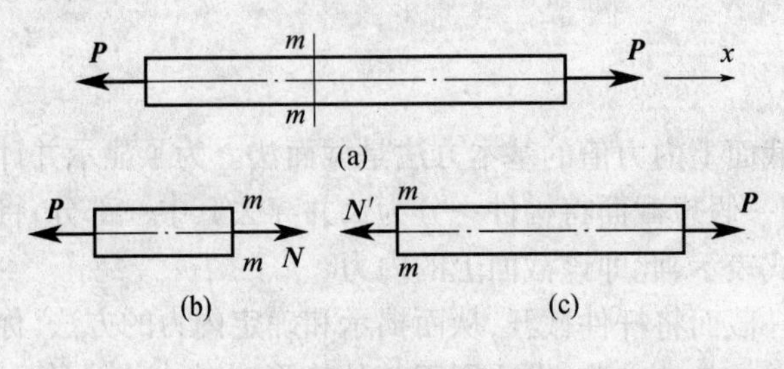

图 5-4

由 $\sum F_x = 0 \qquad N - P = 0$

解得 $$N = P$$

同样以右段(图 5-4(c))为研究对象:

由 $\sum F_x = 0 \qquad N' - P = 0$

解得 $$N' = P$$

由上可见 $\boldsymbol{N}$ 与 $\boldsymbol{N}'$ 大小相等,方向相反,符合作用与反作用定律。为了无论取哪段,均使求得的同一截面上的轴力 $\boldsymbol{N}$ 有相同的符号,规定:轴力 $\boldsymbol{N}$ 方向与截面外法线方向相同为正,即为拉力;相反为负,即为压力。

例 5-2 一等直杆受 4 个轴向力作用(图 5-5(a)),试求指定截面的轴力。

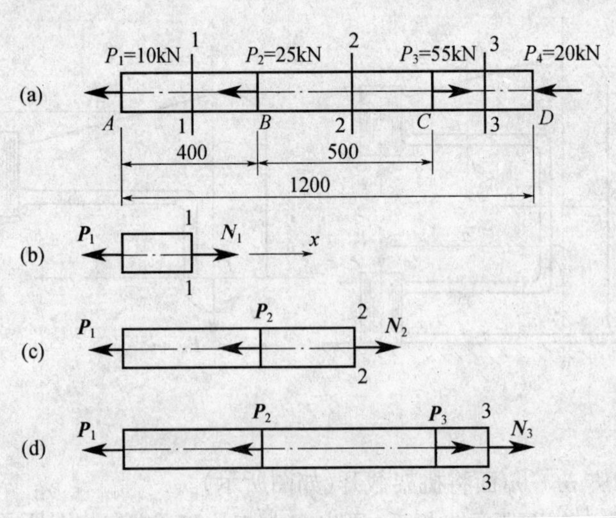

图 5-5

解　假设各截面轴力均为正,如图 5-5(b)所示。

由　　$\sum F_x = 0 \qquad N_1 - P_1 = 0$

解得　　$N_1 = P_1 = 10\text{kN}$

如图 5-5(c)所示:

由　　$\sum F_x = 0 \qquad N_2 - P_1 - P_2 = 0$

解得　　$N_2 = P_1 + P_2 = 35\text{kN}$

如图 5-5(d)所示:

由　　$\sum F_x = 0 \qquad N_3 - P_1 + P_3 - P_2 = 0$

解得　　$N_3 = P_1 - P_3 + P_2 = -20\text{kN}$

结果为负值,说明 $\boldsymbol{N}_3$ 为压力。

由上述轴力计算过程可推得:任一截面上的轴力的数值等于对应截面一侧所有外力的代数和,且当外力的方向使截面受拉时为正,受压时为负,即

$$N = \sum P \tag{5-1}$$

为了表明杆件内轴力沿轴线的变化情况,可以选定比例尺,用平行于轴线的横坐标表示横截面的位置,以垂直于杆件轴线的纵坐标表示该横截面上的轴力,这样的图称为轴力图。从轴力图中可以得到杆件各段的轴力和轴力的最大值及其所在的横截面。

例 5-3　一直杆受外力作用如图 5-6(a)所示,试求各段横截面上的轴力,并画出轴力图。

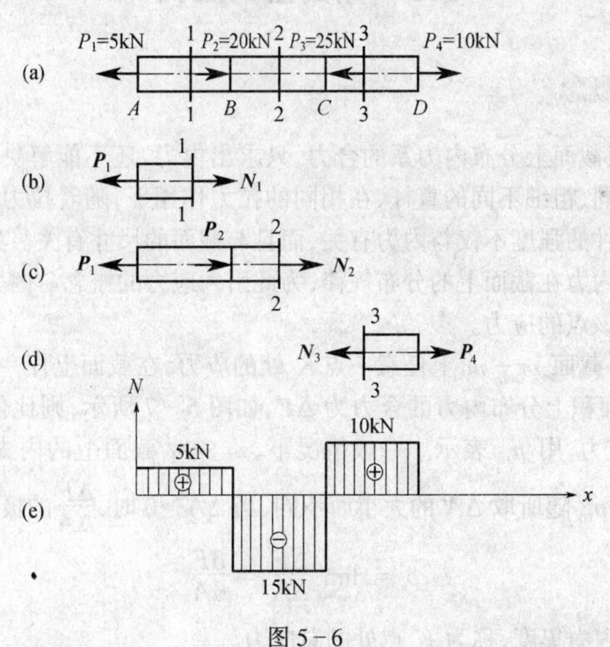

图 5-6

解　(1) 计算杆各段的轴力。首先计算 AB 段的轴力。沿截面 1-1 将杆假想地截开,取左段杆为研究对象,假设该截面的轴力 $\boldsymbol{N}_1$ 为拉力,如图 5-6(b)所示。由平衡方程

$$\sum F_x = 0 \qquad N_1 - P_1 = 0$$

得　　$N_1 = P_1 = 5\text{kN}$

结果为正值,表示假设 $\boldsymbol{N}_1$ 为拉力是正确的。

再求 BC 段的轴力。考虑截面 2-2 左段杆的平衡，假设轴力 $\boldsymbol{N}_2$ 为拉力，如图 5-6(c)所示。

由 $$\sum F_x = 0 \qquad N_2 + P_2 - P_1 = 0$$

得 $$N_2 = P_1 - P_2 = (5-20)\text{kN} = -15\text{kN}$$

结果为负值，表示所设 $\boldsymbol{N}_2$ 的方向与实际受力方向相反，即为压力。

计算 CD 段的轴力 $\boldsymbol{N}_3$ 时，取截面 3-3 右段杆为研究对象比较简单，如图 5-6(d)所示。仍假设该截面的轴力 $\boldsymbol{N}_3$ 为拉力，由 $\sum F_x = 0 \quad P_4 - N_3 = 0$

得 $$N_3 = P_4 = 10\text{kN}$$

(2) 画轴力图。取平行于杆轴线的 x 轴为横坐标轴，以坐标 x 表示横截面的位置；取垂直于 x 轴的 N 轴为纵坐标轴，以坐标 N 表示相应截面的轴力。按适当比例将正值轴力绘于 x 轴的上侧，负值轴力绘于 x 轴的下侧，可得轴力图，如图 5-6(e)所示。由图可见，绝对值最大的轴力在 BC 段内，其值为 $|N|_{\max} = 15\text{kN}$。

由此例可看出，在利用截面法求某截面的轴力或画轴力图时，我们总是在切开的截面上先假设轴力 $\boldsymbol{N}$ 是正号，称为轴力设正法，然后由 $\sum F_x = 0$ 求出轴力 $\boldsymbol{N}$，如 $\boldsymbol{N}$ 得正号，说明轴力是正的，即为拉力；如得负号，则说明轴力是负的，即为压力。计算各段杆截面上的轴力时，采用设正法一般不会出现符号上的混淆。

5.3 截面上的应力

5.3.1 应力的概念

内力是构件横截面上分布内力系的合力，只求出内力，还不能解决构件的强度问题。例如，两根材料相同、粗细不同的直杆，在相同的拉力作用下，随着拉力的增加，细杆首先被拉断，这说明杆件的强度不仅与内力有关，而且与截面的尺寸有关。为了研究构件的强度问题，必须研究内力在截面上的分布规律，为此引入应力的概念。内力在截面上某点处的分布集度，称为该点的应力。

确定杆件某一截面 $m-m$ 上任意一点 K 处的应力，在截面上任一点 K 周围取微小面积 ΔA，设 ΔA 面积上分布内力的合力为 $\Delta\boldsymbol{F}$，如图 5-7 所示，则比值 $\Delta F/\Delta A$ 称为面积 ΔA 上的平均应力，用 $\boldsymbol{p}_{\mathrm{m}}$ 表示。一般情况下，$m-m$ 截面上的内力并不是均匀分布的，因此平均应力 $\boldsymbol{p}_{\mathrm{m}}$ 随所取 ΔA 的大小而不同，当 $\Delta A \to 0$ 时，$\dfrac{\Delta F}{\Delta A}$的极限值为

$$p = \lim_{\Delta A \to 0} \frac{\Delta F}{\Delta A} = \frac{\mathrm{d}F}{\mathrm{d}A} \tag{5-2}$$

即为 K 点的分布内力集度，称为 K 点处的总应力。

$\boldsymbol{p}$ 是一个矢量，通常把应力 $\boldsymbol{p}$ 分解成垂直于截面的分量 $\boldsymbol{\sigma}$ 和相切于截面的分量 $\boldsymbol{\tau}$，即

$$\sigma = p\sin\alpha \qquad \tau = p\cos\alpha \tag{5-3}$$

α 角为截面外法线与轴线夹角。$\boldsymbol{\sigma}$ 称为正应力，$\boldsymbol{\tau}$ 称为切应力。在国际单位制中，应力的单位是帕斯卡，以 Pa(帕)表示，$1\text{Pa} = 1\text{N/m}^2$。由于帕斯卡这一单位甚小，工程上常用 kPa(千帕)、MPa(兆帕)、GPa(吉帕)作单位，$1\text{kPa} = 10^3\text{Pa}$，$1\text{MPa} = 10^6\text{Pa}$，$1\text{GPa} = 10^9\text{Pa}$。

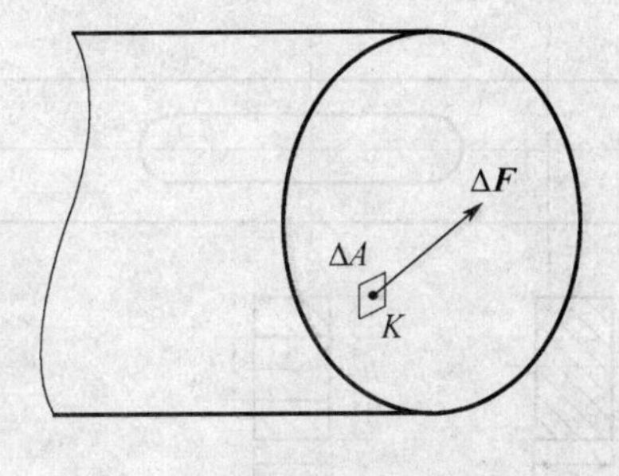

图 5-7

5.3.2 轴向拉伸或压缩时横截面上的正应力

为观察杆的拉伸变形现象,在杆表面上作出如图 5-8(a)所示的纵、横线。当杆端加上一对轴向拉力后,由图 5-8(a)可见:杆上所有纵向线伸长相等,横线与纵线保持垂直且仍为直线。由此作出变形的平面假设:杆件的横截面,变形后仍为垂直于杆轴的平面。于是杆件任意两个横截面间的所有纤维,变形后的伸长相等。又因材料为连续均匀的,所以杆件横截面上内力均布,且其方向垂直于横截面(图 5-8(b)),即横截面上只有正应力 $\boldsymbol{\sigma}$。于是横截面上的正应力为

$$\sigma = N/A \tag{5-4}$$

式中,A 为横截面面积,$\boldsymbol{\sigma}$ 的符号规定与轴力的符号一致,即拉应力为正,压应力为负。

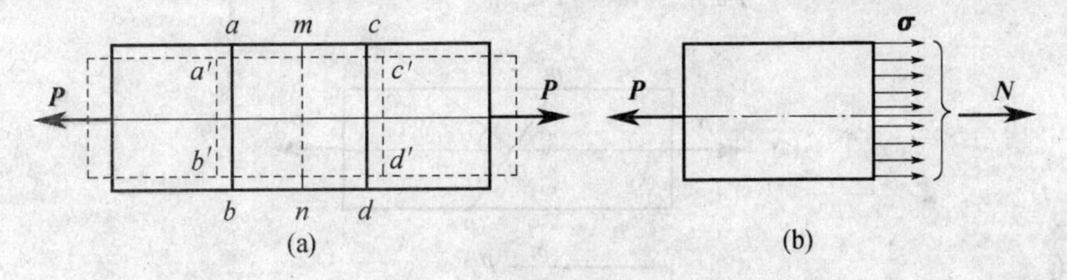

图 5-8

例 5-4 如图 5-9 所示,一中段正中开槽的直杆,承受轴向载荷 $F=20\text{kN}$ 的作用。已知 $h=25\text{mm}$, $h_0=10\text{mm}$, $b=20\text{mm}$,求杆内最大正应力。

解 (1) 求轴力 **N**。

$$N = -F = -20\text{kN}$$

(2) 求横截面面积。

$$A_1 = bh = 20 \times 25 = 500\text{mm}^2$$

$$A_2 = b(h-h_0) = 20 \times (25-10) = 300\text{mm}^2$$

(3) 求应力。由于 1-1,2-2 截面轴力相同,所以最大应力应该在面积小的 2-2 截面上,即

$$\sigma = N/A_2 = -20 \times 10^3/(300 \times 10^{-6}) = -66.7\text{MPa}$$

负号表示最大应力为压应力。

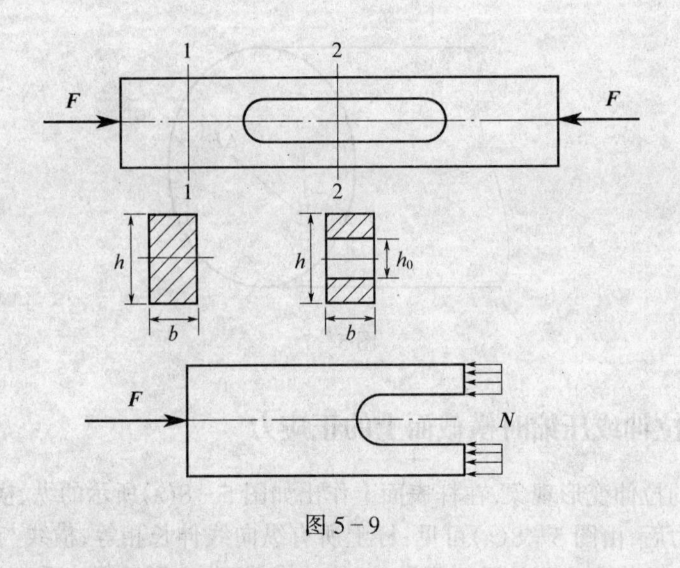

图 5-9

5.3.3 轴向拉伸或压缩时斜截面上的正应力

如图 5-10(a)所示为一轴向拉杆,取左段(图 5-10(b)),斜截面上的应力 $\boldsymbol{p}_\alpha$ 也是均布的,由平衡条件知,斜截面上内力的合力 $N_\alpha = P = N$。设与横截面成 α 角的斜截面的面积为 A_α,横截面面积为 A,则 $A_\alpha = A\sec\alpha$,于是

$$p_\alpha = N_\alpha / A_\alpha = N/(A\sec\alpha)$$

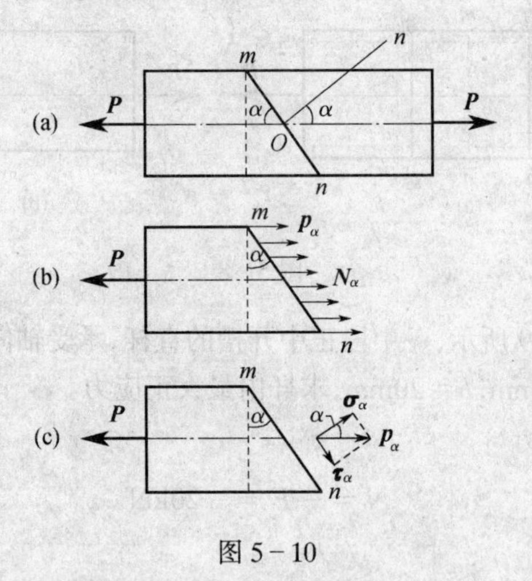

图 5-10

令 $\boldsymbol{p}_\alpha = \boldsymbol{\tau}_\alpha + \boldsymbol{\sigma}_\alpha$(图 5-10(c)),于是

$$\sigma_\alpha = p_\alpha\cos\alpha = \sigma\cos^2\alpha, \qquad \tau_\alpha = p_\alpha\sin\alpha = \frac{\sigma\sin2\alpha}{2} \tag{5-5}$$

其中角 α 及切应力 τ_α 符号规定:自轴 x 转向斜截面外法线 n 为逆时针方向时,α 角为正,反之为负。切应力 τ_α 对所取杆段上任一点的矩顺时针转向时,切应力为正,反之为负。

由式(5-5)可知,σ_α 及 τ_α 均是 α 角的函数,当 $\alpha = 0$ 时,即为横截面,$\sigma_{max} = \sigma$,$\tau_\alpha = 0$;

当 $\alpha = 45°$时，$\sigma_\alpha = \sigma/2$，$\tau_{max} = \sigma/2$；当 $\alpha = 90°$时，即在平行于杆轴的纵向截面上无任何应力。

5.4 轴向拉伸或压缩时的变形及胡克定律

杆件在轴向拉伸或压缩时，所产生的变形是沿轴向的伸长或缩短；与此同时，杆的横向尺寸还会有缩小或增大，前者称为纵向变形，后者称为横向变形。

5.4.1 纵向变形

设一等直杆的原长度为 l，如图 5-11 所示，受轴向拉力作用，横截面面积为 A。在轴向拉力 $\boldsymbol{P}$ 的作用下，长度由 l 变为 l_1，杆件在轴线方向的伸长为

$$\Delta l = l_1 - l \tag{5-6}$$

Δl 称为杆件的绝对变形。在轴向拉伸中，Δl 称为绝对伸长，并为正值；在轴向压缩中，Δl 称为绝对缩短，并为负值。

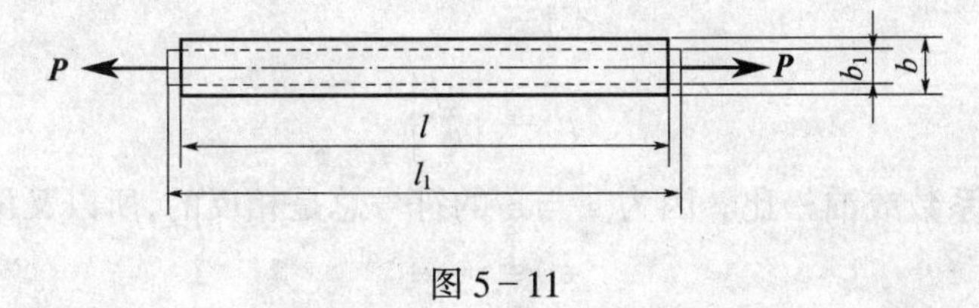

图 5-11

杆件的绝对变形与杆的原长 l 有关，杆件原长 l 愈大，则其绝对变形 Δl 也愈大。因此，Δl 还不能确切地说明杆件的变形程度。为此，需引入相对变形的概念，将 Δl 除以杆件的原长 l，以消除原始长度的影响，可得

$$\varepsilon = \frac{\Delta l}{l} \tag{5-7}$$

式中，ε 表示单位杆长的变形，称为纵向线应变（简称线应变或应变），它是一个无量纲的量。ε 的符号规定与 Δl 一致，即伸长时取正值，称为拉应变；缩短时取负值，称为压应变。

5.4.2 胡克定律

实验研究表明，在轴向拉伸（压缩）中，杆件横截面上的正应力不超过某一限度时，则杆件的绝对伸长（缩短）Δl 与轴力 N 及杆长 l 成正比，而与横截面面积 A 成反比，即

$$\Delta l \propto \frac{Nl}{A}$$

引进比例常数 E，可得

$$\Delta l = \frac{Nl}{EA} \tag{5-8}$$

上式称为胡克定律。

将式（5-4）及式（5-7）代入式（5-8），就可得到

$$\sigma = E\varepsilon \tag{5-9}$$

这是胡克定律的另一形式。由此,胡克定律可简述为:若应力未超过材料的某一限度时,线应变与正应力成正比。

比例常数 E 称为拉伸或压缩时材料的弹性模量,它表示构件在受到拉、压时材料抵抗弹性变形的能力;若其他条件相同,则 E 值越大,杆件的伸长或缩短就越小。式(5-8)中分母 EA 越大,则杆件在纵向的绝对变形 Δl 就越小,故 EA 称为杆件的抗拉刚度或抗压刚度。

5.4.3 横向变形

拉、压杆在纵向发生伸长(或缩短)变形的同时,横向发生缩短(或伸长)变形。如图5-11所示的受拉杆,变形前和变形后的横向尺寸分别用 b 和 b_1 表示,则其横向缩短为

$$\Delta b = b_1 - b$$

与其相应的应变

$$\varepsilon' = \frac{\Delta b}{b} \tag{5-10}$$

实验指出,当应力不超过比例极限时,横向线应变与纵向线应变之比的绝对值为一常数,即

$$\mu = \left|\frac{\varepsilon'}{\varepsilon}\right| \tag{5-11}$$

μ 称为横向变形系数或泊松比。因为 ε 与 ε' 的符号总是相反的,所以又可写为

$$\varepsilon' = -\mu\varepsilon \tag{5-12}$$

比值 μ 是无量纲量,它和弹性模量 E 一样,都是表示材料力学性质的弹性常数,其数值可由实验求出。

例 5-5 M12 的螺栓如图 5-12 所示,内径 $d_1 = 10.1\text{mm}$,拧紧时在计算长度 $l = 80\text{mm}$ 上产生的总伸长为 $\Delta l = 0.03\text{mm}$。钢的弹性模量 $E = 210\times10^9\text{N/m}^2$,试计算螺栓内的应力和螺栓的预紧力。

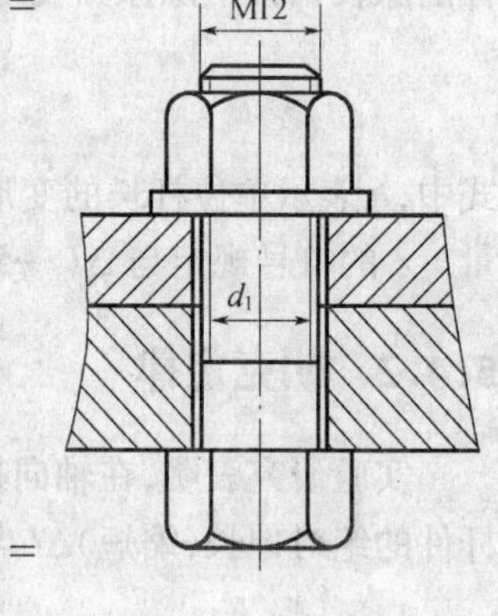

图 5-12

解 拧紧后螺栓的应变为 $\varepsilon = \frac{\Delta l}{l} = \frac{0.03}{80} = 0.000375$

由胡克定律求出螺栓的拉应力为

$$\sigma = E\varepsilon = 210\times10^9\times0.000375 = 78.8\times10^6\text{N/m}^2$$

螺栓的预紧力为

$$P = \sigma A = 78.8\times10^6\times\frac{\pi}{4}\times(10.1\times10^{-3})^2 = 6.3\text{kN}$$

以上问题求解时,也可先由胡克定律的另一表达式 $\Delta l = \frac{Pl}{EA}$,求出预紧力 P,然后再由 P 计算应力 σ。

5.5 材料在拉伸与压缩时的机械性能

材料的机械性能是指材料在外力作用下其强度和变形方面所表现出的性能,它是强度计算和选用材料的重要依据。在不同的温度和加载速度下,材料的机械性质将发生变

化。本节介绍常用材料在常温、静载情况下，拉伸和压缩时的机械性能。

材料的拉伸和压缩试验是测定材料机械性质的基本试验，试验中试样按国家标准设计，常用的拉伸试样如图 5-13 所示。在试件等直部分的中段划取一段 l_0 作为标距长度。标距长度有两种，分别为 $l_0=10d_0$，$l_0=5d_0$。d_0 为试件的直径。

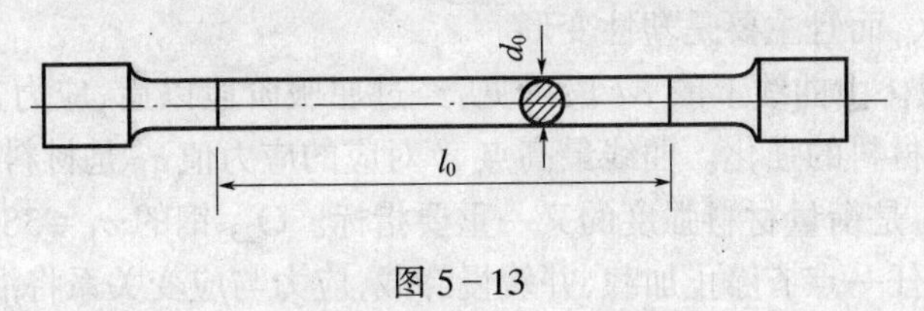

图 5-13

5.5.1 低碳钢在拉伸时的机械性质

低碳钢是一种典型的塑性材料，它不仅在工程实际中广泛使用，而且其在拉伸试验中所表现出的力学性能比较全面。将试件装夹在万能试验机上，随着拉力 P 的缓慢增加，标距段的伸长 Δl 作有规律的变化。若取一直角坐标系，横坐标表示变形 Δl，纵坐标表示拉力 P，则在试验机的自动绘图仪上便可绘出 $P-\Delta l$ 曲线，称为拉伸图。图 5-14(a)所示为低碳钢的拉伸图。

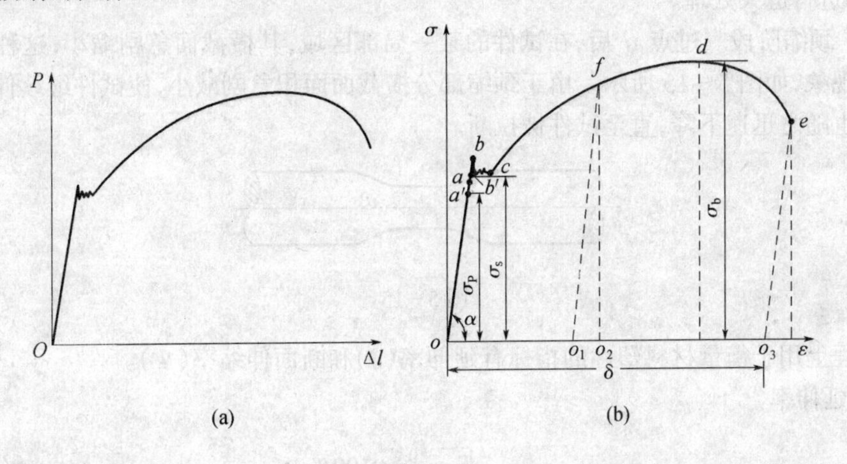

图 5-14

由于 $P-\Delta l$ 曲线受试件的几何尺寸影响，所以它还不能直接反映材料的力学性能。为此，用应力 $\sigma=P/A_0$(A_0 为试件标距段原横截面面积)来反映试件的受力情况；用 $\varepsilon=\Delta l/l_0$ 来反映标距段的变形情况。于是便得图 5-14(b)所示的 $\sigma-\varepsilon$ 曲线，称为应力应变图。

(1) 弹性阶段。曲线上 oa 段，此段内材料只产生弹性变形，若缓慢卸去载荷，变形完全消失。点 a 对应的应力值σ_e 称为材料的弹性极限。虽然 $a'a$ 微段是弹性阶段的一部分，但其不是直线段。oa'是斜直线，$\sigma\propto\varepsilon$，而 $\tan\alpha=\sigma/\varepsilon$，令 $E=\tan\alpha$，则有 $\sigma=E\varepsilon$(拉、压胡克定律的数学表达式)，式中 E 称为材料的弹性模量。点 a'对应的应力值σ_P 称为材料的比例极限。由于大部分材料的 $\sigma_P\approx\sigma_e$，所以将 σ_s 和 σ_e 统称为弹性极限。Q_{235}钢的 $\sigma_P\approx200\text{MPa}$。

(2) 屈服阶段。曲线上 bc 段为近于水平的锯齿形状线。这种应力变化很小、应变显著增大的现象称为材料的屈服或流动。bc 段最低点 b' 对应的应力值 σ_s 称为材料的屈服极限,是衡量材料强度的重要指标。若试件表面抛光,此时可观察到试件表面有许多与其轴线约成 45°角的条纹,称为滑移线(金属晶粒沿最大切应力面发生滑移而产生的)。屈服阶段不仅变形大,而且主要是塑性变形。

(3) 强化阶段。由曲线上的 cd 段可见,经过屈服阶段以后,应力又随应变增大而增加,这种现象称为材料的强化。曲线最高点 d 对应的应力值 σ_b 是材料所能承受的最大应力,称为强度极限,是衡量材料强度的又一重要指标。Q_{235} 钢的 $\sigma_b = 380 \sim 470\text{MPa}$。

若在 cd 段内任一点 f 停止加载,并缓慢卸载,应力与应变关系将沿着与 oa 近乎平行的直线 fo_1 回到点 o_1(图 5-14(b)),o_1o_2 为卸载后消失的应变,即弹性应变;oo_1 为卸载后未消失的应变,即塑性应变。若卸载后立即加载,应力与应变关系基本上是沿着 o_1f 上升至点 f 后,再沿 fde 曲线变化。可见在重新加载时,点 f 以前材料的变形是弹性的,过点 f 后才开始出现塑性变形。这种在常温下,将材料预拉到强化阶段后卸载,然后立即再加载时,材料的比例极限提高而塑性降低的现象,称为冷作硬化。冷作硬化提高了材料在弹性阶段内的承载能力,但同时降低了材料的塑性。例如冷轧钢板或冷拔钢丝,由于冷作硬化,提高其强度的同时降低了材料的塑性,使继续轧制和拉拔困难,若要恢复其塑性,则要进行退火处理。

(4) 颈缩阶段。过点 d 后,在试件的某一局部区域,其横截面急剧缩小,这种现象称为颈缩现象,如图 5-15 所示。由于颈缩部分横截面面积急剧减小,使试件继续伸长所需的拉力也随之迅速下降,直至试件被拉断。

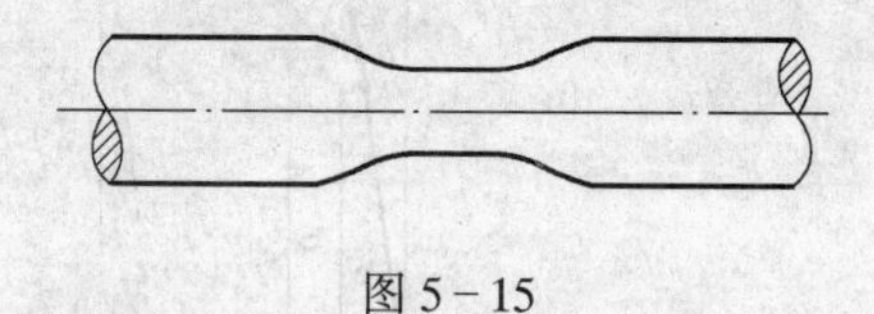

图 5-15

工程上用于衡量材料塑性的指标有延伸率(δ)和断面伸缩率(Ψ)。

1) 延伸率

$$\delta = \frac{l_1 - l_0}{l_0} \times 100\% \tag{5-13}$$

式中 l_1——试件拉断后标距的长度;

l_0——原标距长度。

2) 断面收缩率

$$\Psi = \frac{A_0 - A_1}{A_0} \times 100\% \tag{5-14}$$

式中 A_0——试件原横截面面积;

A_1——试件断裂处的横截面面积。

δ 和 Ψ 的数值越高,材料的塑性越大。一般 $\delta \geqslant 5\%$ 的材料称为塑性材料,如合金钢、铝合金、碳素钢和青铜等;$\delta < 5\%$ 的材料称为脆性材料,如灰铸铁、玻璃、陶瓷、混凝土和石料等。

5.5.2 其他塑性材料在拉伸时的机械性质

图 5-16 所示为锰钢、退火球墨铸铁、低碳钢和青铜拉伸试验的 $\sigma-\varepsilon$ 曲线。这些材料的最大特点是,在弹性阶段后,没有明显的屈服阶段,而是由直线部分直接过渡到曲线部分。对于这类能发生很大塑性变形而又没有明显屈服阶段的材料,通常规定取试件产生 0.2%塑性应变所对应的应力作为屈服强度,用 $\sigma_{0.2}$ 表示,如图 5-17 所示。

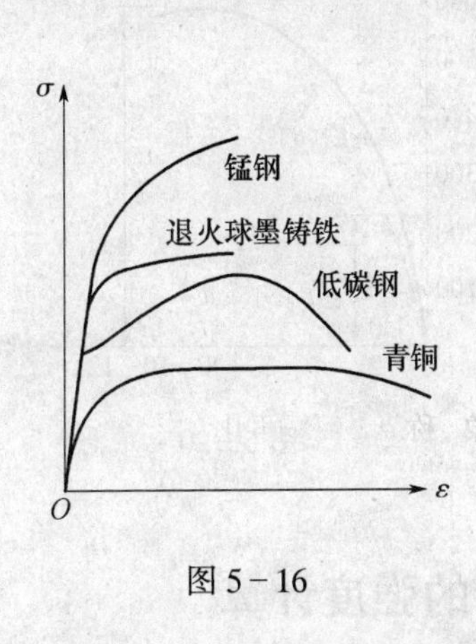

图 5-16

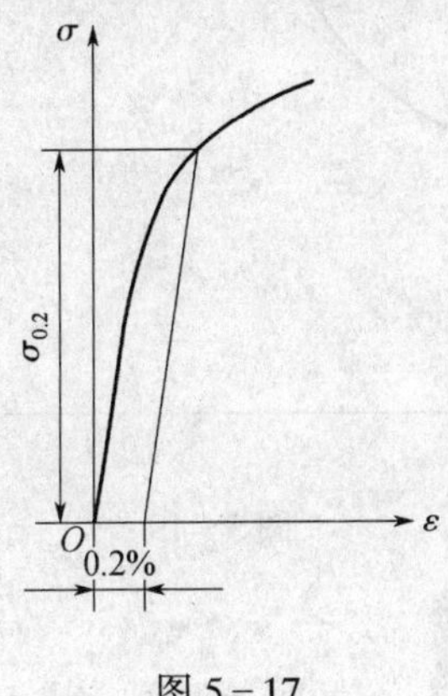

图 5-17

5.5.3 铸铁在拉伸时的机械性质

灰铸铁是典型的脆性材料,其 $\sigma-\varepsilon$ 曲线是一段微弯曲线,如图 5-18 所示,没有明显的直线部分,没有屈服和颈缩现象,拉断前的应变很小,延伸率也很小。抗拉强度 σ_b 是其唯一的强度指标。

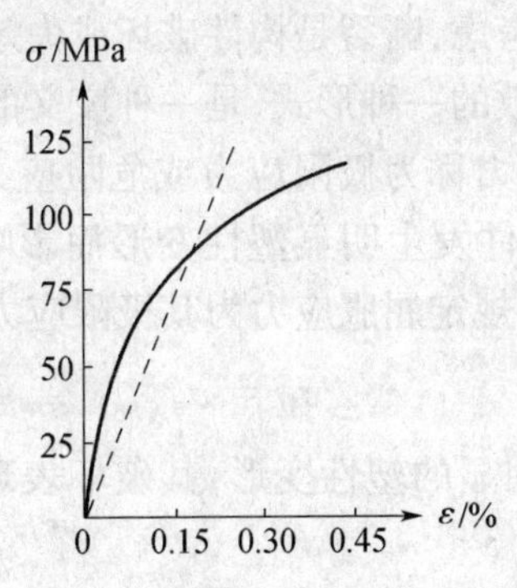

图 5-18

铸铁等脆性材料的抗拉强度很低,所以不宜作为受拉零件的材料。

在低应力下,铸铁可近似看作服从胡克定律。通常取 $\sigma-\varepsilon$ 曲线的割线代替开始部分的曲线,如图 5-18 中的虚线所示,并以割线的斜率作为弹性模量。

5.5.4 常温静载下压缩时材料的力学性能

图 5-19 中的虚线和实线分别为低碳钢拉伸和压缩时的 $\sigma-\varepsilon$ 曲线,由图可知,在屈服阶段以前,此二曲线基本重合,所以低碳钢拉伸和压缩时的 E 值和 σ_s 值基本相同。过

屈服阶段后，若继续增大载荷，试件将越压越扁，测不出其抗压强度。

图5-20所示为铸铁压缩时的 $\sigma-\varepsilon$ 曲线，没有屈服现象，试件在较小变形下突然沿与试件轴线约成45°角的斜面上发生剪断破坏。铸铁的抗压强度极限 σ_c 比其抗拉强度极限 σ_b 高4~5倍。混凝土、石料等脆性材料的抗压强度也远远高于其抗拉强度。

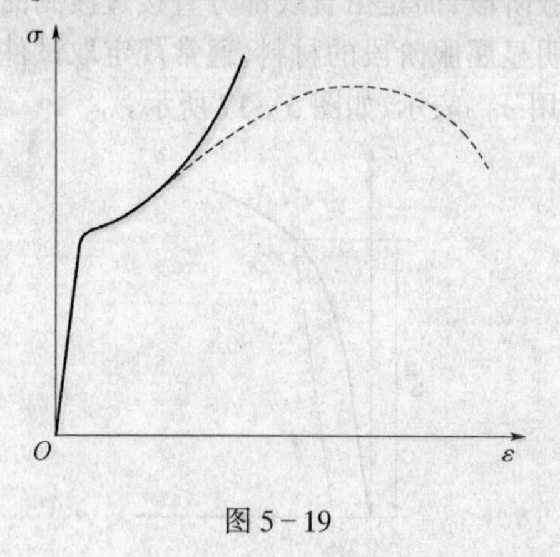

图5-19

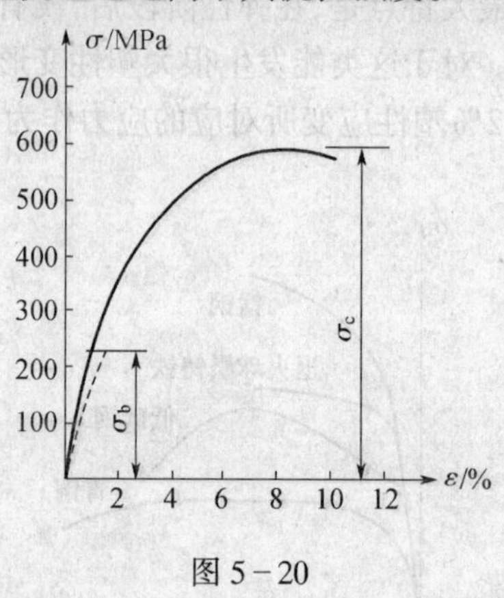

图5-20

5.6 轴向拉伸或压缩时的强度计算

5.6.1 失效与许用应力

前面的试验表明，当正应力达到强度极限 σ_b 时，会引起断裂；当正应力达到屈服应力 σ_s 时，将产生屈服或明显的塑性变形。构件工作时发生断裂或显著塑性变形，一般都是不允许的。所以，从强度方面考虑，断裂是构件破坏或失效的一种形式，同样，屈服或出现明显的塑性变形，也是构件失效的一种形式，是一种广义的破坏。

工程上将材料破坏时的应力称为极限应力或危险应力，用 σ_u 表示。对于塑性材料，当应力达到屈服应力 σ_s 时，构件发生明显塑性变形而影响正常的工作。此时，一般认为材料已经破坏。故对塑性材料规定屈服应力为其极限应力，即

$$\sigma_0 = \sigma_s \tag{5-15}$$

脆性材料在破坏前没有明显的塑性变形，其破坏表现为断裂，故用材料的强度极限 σ_b 作为极限应力，即

$$\sigma_0 = \sigma_b \tag{5-16}$$

根据分析计算得到的构件的应力，称为工作应力。在理想情况下，为了充分利用材料的强度，是可以使构件的工作应力接近于材料的极限应力的，但实际上是不可能的，原因是：作用在构件上的外力常常计算不准确；实际材料的组成和品质有差别，不能保证构件所用材料与标准试样所用材料具有完全相同的力学性能，更何况由标准试样测得的力学性能，本身具有分散性，这种差别在脆性材料中尤为显著；等等。所有这些因素，都有可能使构件实际工作条件比设想的要偏于不安全的一面。除了上述原因外，为了确保安全，构件还应具有适当的储备强度，特别是对于因破坏将带来严重后果的构件，应给予较大的储

备强度。

由此可见，构件的工作应力的最大允许值，必须低于材料的极限应力。对于由一定材料制成的具体构件，工作应力的最大允许值，称为材料的许用应力，用[σ]表示。许用应力与极限应力之间的关系为

$$[\sigma]=\frac{\sigma_0}{n} \tag{5-17}$$

安全系数 n 的选取是个较复杂的问题，要考虑多个方面的因素。各种材料在不同工作条件的安全系数或许用应力，可从有关规范或设计手册中查到。在一般情况下，对于塑性材料，按屈服应力规定安全系数，通常取为 1.5～2.2；对于脆性材料，按强度极限规定安全系数，通常取为 3.0～5.0，甚至更大。脆性材料的安全系数一般取得比塑性材料要大一些，这是由于脆性材料的失效表现为脆性断裂，而塑性材料的失效表现为塑性屈服，两者的危险性显然不同，因此对脆性材料有必要多一些储备强度。

5.6.2 强度条件

根据以上分析，为了保证拉压杆件在工作时不因强度不够而破坏，杆件的最大工作应力 $\sigma_{\max}$不得超过材料的许用应力[σ]，即要求

$$\sigma_{\max}=\frac{N}{A}\leqslant[\sigma] \tag{5-18}$$

上述判据称为拉压杆件的强度条件。

根据式(5-18)，可以解决强度校核、截面设计、确定许用载荷等三类工程中的强度计算问题。

(1) 强度校核。若已知载荷、杆件的截面尺寸和材料(即已知 N、A 和[σ])，就可用式(5-18)来判断杆件的强度是否满足要求。这点常用于分析现场故障。若 $\sigma_{\max}\leqslant[\sigma]$，则杆件安全可靠，具有足够的强度；若 $\sigma_{\max}>[\sigma]$，则杆件的强度不够。

(2) 截面设计。若已知载荷，同时又选定了杆件的材料(即已知 N 和[σ])，就可用下式算出杆件所需的横截面面积：

$$A\geqslant\frac{N}{[\sigma]} \tag{5-19}$$

(3) 确定许用载荷。若已知杆件的截面尺寸及材料(即已知 A 和[σ])，就可用下式算出杆件所能承受的轴力：

$$N\leqslant[\sigma]A \tag{5-20}$$

然后根据杆件的受力情况，确定相应的许用载荷。

下面举例说明上述三种类型的强度计算问题。

例 5-6 如图 5-21(a)所示托架，AB 为圆钢杆，$d=3.2$cm，BC 为正方形木杆，$a=14$cm。杆端均用铰链连接。在节点 B 作用一载荷 $P=60$kN。已知钢的许用应力[σ]=140MPa，木材的许用压应力为[σ_y]=3.5MPa，试求：

(1) 校核托架能否正常工作；

(2) 为保证托架安全工作，最大许可载荷为多大；

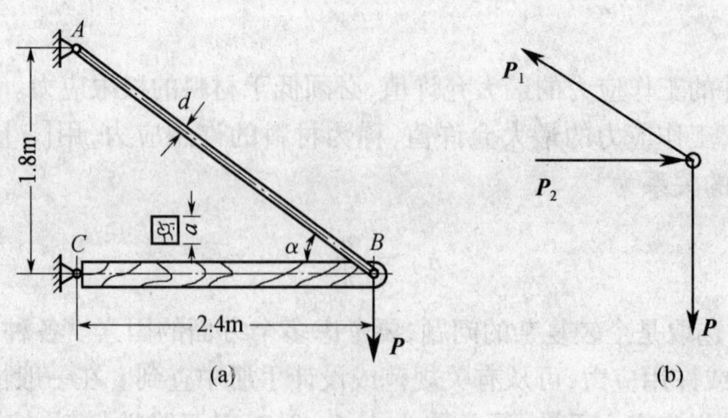

图 5-21

(3) 如果要求载荷 $P=60\text{kN}$ 不变,应如何修改钢杆和木杆的截面尺寸。

解 (1) 校核托架强度。受力分析如图 5-21(b)所示。

由
$$\sum F_y = 0,\quad P_1\sin\alpha - P = 0$$
解得
$$P_1 = P\csc\alpha = 100\text{kN}$$
由
$$\sum F_x = 0,\quad -P_1\cos\alpha + P_2 = 0$$
解得
$$P_2 = P_1\cos\alpha = 80\text{kN}$$

杆 AB、BC 的轴力分别为 $N_1 = P_1 = 100\text{kN}$, $N_2 = -P_2 = -80\text{kN}$,即杆 BC 受压,轴力负号不参与运算。

钢杆
$$\sigma_1 = \frac{N_1}{A_1} = \frac{4N_1}{\pi d^2} = 124\text{MPa} < 140\text{MPa} = [\sigma_1]$$
木杆
$$\sigma_2 = \frac{N_2}{A_2} = \frac{N_2}{a^2} = 4.08\text{MPa} > 3.5\text{MPa} = [\sigma_y]$$

故木杆强度不够,托架不能安全承担所加载荷。

(2) 求最大许可载荷。由上述分析可知,托架不能安全工作的原因是木杆强度不足。则最大许可载荷$[P]$应根据木杆强度来确定。由强度条件有
$$N_2 \leqslant A_2[\sigma_y] = a^2[\sigma_y] = 68.6\text{kN}$$
而 $N_2 = P_2 = P\cot\alpha$,则有
$$P\cot\alpha \leqslant 68.6\text{kN}$$
故托架的最大许可载荷为$[P] = 68.6\tan\alpha = 51.45\text{kN}$。

(3) 若 $P=60\text{kN}$ 不变,求钢杆与木杆截面尺寸。

由强度条件有
$$A \geqslant \frac{N}{[\sigma]}$$
钢杆
$$\frac{\pi}{4}d^2 \geqslant \frac{N_1}{[\sigma_1]} = 7.14\text{cm}^2$$
解得
$$d \geqslant 3.02\text{cm}$$
木杆
$$a^2 \geqslant \frac{N_2}{[\sigma_y]} = 228.6\text{cm}^2$$
解得
$$a \geqslant 15.1\text{cm}$$

若取钢杆直径 $d=3\text{cm}$,木杆边长 $a=15\text{cm}$,此时钢杆与木杆的工作应力将比其许用应力分别大1%和1.6%。通常在工程上规定不超过5%是允许的。

5.7 简单拉(压)超静定问题

在前面研究的杆件或杆系问题中,杆件或杆系的约束反力以及杆件的内力都能用静力平衡方程求得,这类问题称为静定问题。例如图5-22(a)所示的构架,由 AB 和 AC 两杆组成,在节点 A 受到载荷 $\boldsymbol{P}$ 作用,求 AB 和 AC 两杆的未知内力 $\boldsymbol{N}_1$ 和 $\boldsymbol{N}_2$ 时,可以选节点 A 为研究对象,画出受力图,按汇交力系的两个静力平衡方程得以解决,所以是静定问题。

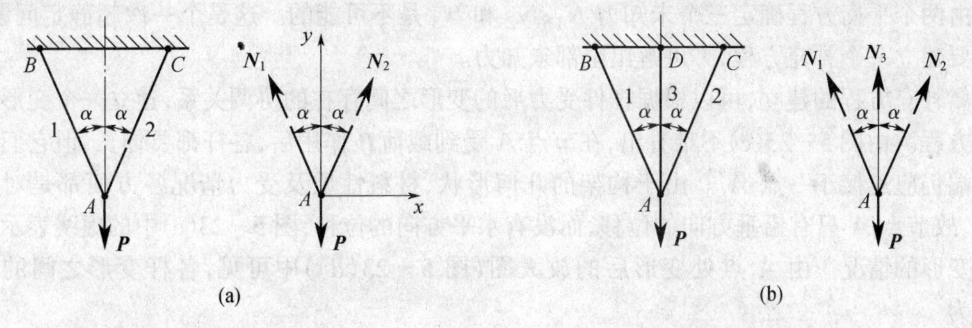

图5-22

有时为了提高结构的强度和刚度,往往需要增加一些约束或杆件。例如图5-22(b)所示的构架,由于增加了一根杆3,使整个系统得到加强。然而这时仅由节点 A 的两个平衡方程就不能求出三根杆件中的未知轴力 $\boldsymbol{N}_1$、$\boldsymbol{N}_2$ 和 $\boldsymbol{N}_3$。对于这类未知轴力数目超过独立的静力平衡方程数目,仅用平衡方程不能求解的问题,称为拉、压超静定问题或静不定问题。由此可见,在超静定问题中,存在着多于维持静力平衡所必需的支座或杆件,习惯上称之为"多余"约束,相应的支座反力或轴力,就称之为多余未知力。由于多余约束的存在,未知力的数目必然多于根据静力平衡条件所能建立的独立平衡方程的数目,这个差数就称为超静定次数。显然,图5-22(b)所示的杆件系统为一次拉、压超静定问题。

5.7.1 简单拉压超静定问题的解法

为了求出超静定问题的全部未知力,除应用静力平衡方程外,还需要建立补充方程,而且要使补充方程的数目等于超静定次数。例如求解图5-23(a)所示的一次超静定问题,就需要建立一个补充方程。

由于在各杆件的两端点都为铰接,所以三杆都是二力构件,即只受轴力作用。设以 $\boldsymbol{N}_1$、$\boldsymbol{N}_2$ 和 $\boldsymbol{N}_3$ 分别表示1、2及3的轴力,并假设它们都是拉力,来研究节点 A 的平衡,如图5-23(b)所示。由静力平衡方程得

$$\sum F_x = 0 \qquad N_2\sin a - N_1\sin a = 0 \tag{a}$$

$$\sum F_y = 0 \qquad N_1\cos a + N_2\cos a + N_3 - P = 0 \tag{b}$$

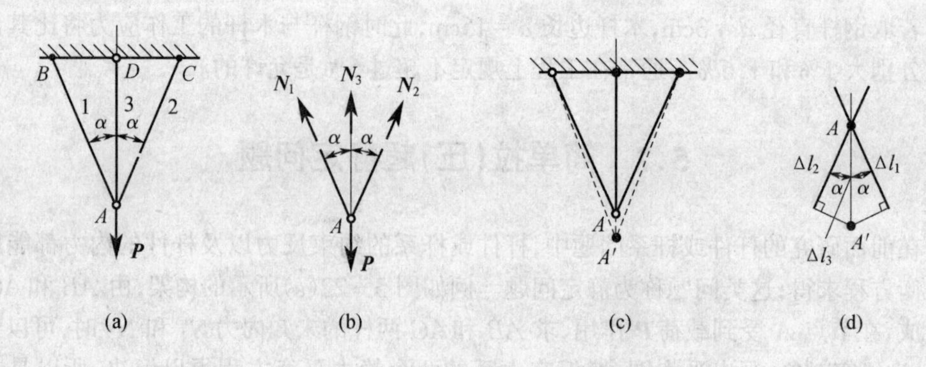

图 5-23

欲由两个平衡方程确定三个未知力 $\boldsymbol{N}_1$、$\boldsymbol{N}_2$ 和 $\boldsymbol{N}_3$ 是不可能的。这是个一次超静定问题，需要建立一个补充方程，方可解出全部未知力。

补充方程的建立，可以根据杆件受力后的变形之间存在的协调关系，建立一个变形几何方程。由图 5-23(c)不难看出，在节点 A 受到载荷 $\boldsymbol{P}$ 作用后，各杆都要伸长，但它们的下端仍应连接于一点 A'。由于构架的几何形状、材料性质及受力情况各方面都是对称的，故节点 A 只有铅垂方向的位移，而没有水平方向的位移，图 5-23(c)中的虚线表示构架变形的情况。由 A 点处变形后的放大图(图 5-23(d))中可见，各杆变形之间的关系为

$$\Delta l_1 = \Delta l_3 \cos a \tag{c}$$

式(c)就是构架的变形几何方程。另一方面，各杆的长度与轴力之间存在一定的物理关系，即应用胡克定律，可将式(c)写为

$$\left\{\begin{aligned} \Delta l_1 &= \frac{N_1 l_1}{E_1 A_1} \\ \Delta l_3 &= \frac{N_3 l_3}{E_3 A_3} \end{aligned}\right. \tag{d}$$

今将式(d)代入式(c)，并注意到

$$l_3 = l_1 \cos\alpha$$

于是可得

$$N_1 = N_3 \frac{E_1 A_1}{E_3 A_3} \cos^2\alpha \tag{e}$$

即解联立方程组(a)、(b)及(e)，得到

$$N_1 = N_2 = \frac{P}{2\cos\alpha + \dfrac{E_3 A_3}{E_1 A_1 \cos^2\alpha}} \tag{5-21}$$

$$N_3 = \frac{P}{1 + 2\dfrac{E_1 A_1}{E_3 A_3}\cos^3\alpha} \tag{5-22}$$

上述结果表明，各杆的轴力不仅与外加载荷有关，而且还与各杆的抗拉(压)刚度之比

有关,这是静不定结构的重要特性之一。而静定结构的轴力与其刚度无关。

例 5-7 如图 5-23 所示,已知悬挂重物 $P=10\mathrm{kN}$,杆 1 和杆 2 是铜制的,而杆 3 是钢制的。横截面面积分别为:$A_1=A_2=200\mathrm{mm}^2$,$A_3=100\mathrm{mm}^2$。铜与钢的弹性模量 E_1 和 E_3 分别为 $E_1=100\mathrm{GPa}$,$E_3=200\mathrm{GPa}$。若相邻杆件之间的夹角 $\alpha=45°$,试求各杆的应力。

解 借助上面对静不定结构的分析,利用式(5-21)、式(5-22),得:$N_1=N_2=2.93\mathrm{kN}$,$N_3=5.86\mathrm{kN}$。所以三杆内的应力分别为

$$\sigma_1=\sigma_2=N_1/A_1=14.7\mathrm{MPa}$$

$$\sigma_3=N_3/A_3=58.6\mathrm{MPa}$$

上述的求解方法步骤,对一般超静定问题都是适用的,可总结如下。

(1) 根据静力学平衡条件列出平衡方程。

(2) 根据变形的协调关系列出变形几何方程。

(3) 根据力与变形的物理关系建立物理方程(一般是胡克定律)。将几何方程和物理方程相结合,得所需的补充方程。

(4) 补充方程与平衡方程联立求解,即可得全部解。

5.7.2 温度应力的概念

温度变化将引起物体的膨胀或收缩,构件尺寸发生微小改变。静定结构可以自由变形,所以温度变化时,在杆内不会产生内力。但在静不定结构中,由于存在“多余”约束,构件不能自由变形,由温度引起的变形在杆内就会引起内力。例如在图 5-24 中,AB 杆代表蒸汽锅炉与原动机间的管道,两端可简化为固定端。当管道中通过高温高压蒸汽时,就相当于两端固定杆的温度发生了变化。因为固定端杆件的膨胀或收缩受到限制,势必有约束反力 $\boldsymbol{R}_A$ 和 $\boldsymbol{R}_B$ 作用于两端。这将引起杆内的应力,这种应力称为热应力或温度应力。温度应力与材料的拉压弹性模量 E、热膨胀率 α、温度变化量 Δt 等成正比,其计算公式为

$$\sigma=\alpha E\Delta t \tag{5-23}$$

如某管道是钢制的,其 $\alpha=12.5\times10^{-6}{}^\circ\mathrm{C}^{-1}$,$E=200\mathrm{GPa}$,当温度升高 $\Delta t=40℃$ 时,求得杆内的温度应力为

$$\begin{aligned}\sigma&=\alpha E\Delta t=(12.5\times10^{-6}\times200\times10^9\times40)\mathrm{Pa}\\&=100\times10^6\mathrm{Pa}=100\mathrm{MPa}(压应力)\end{aligned}$$

由此可见,构件中的温度应力有时可达较大的数值,这时不能忽略其影响。在热电厂中,高温管道通常与膨胀节相接,如图 5-25 所示,使管道有部分自由伸缩的可能,以减小温度应力。

5.7.3 装配应力的概念

加工构件时,尺寸上的一些微小误差是难以避免的。对静定结构,这种加工误差只不过是造成结构几何形状的轻微变化,不会引起内力。但对静不定结构,加工误差却往往要

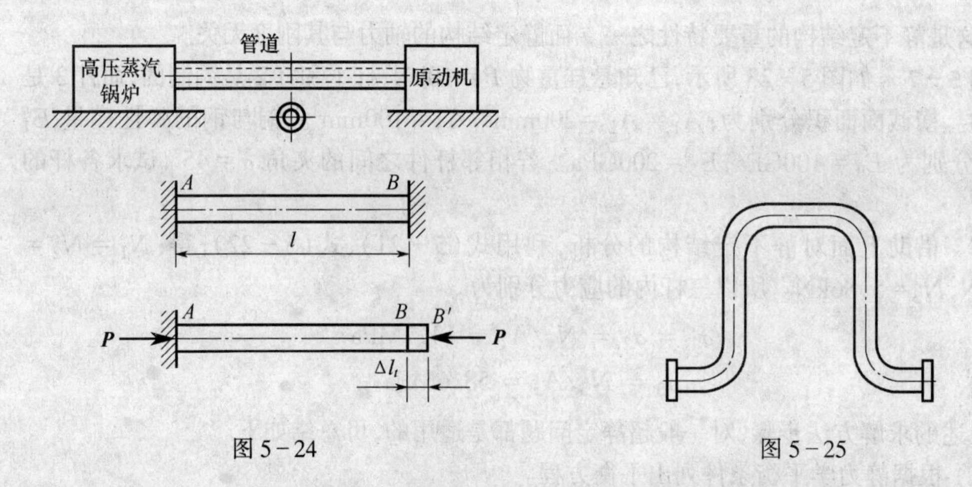

图 5-24

图 5-25

引起内力。这与上述温度应力的形成是非常相似的。就以两端固定的杆件为例,若杆件的名义长度为 l,加工误差为 δ,结果杆件的实际长度为 $l+\delta$。把长度为 $l+\delta$ 的杆装进距离为 l 的固定支座之间,必然引起杆件内的压应力,这种应力称为装配应力。装配应力是构件在承受载荷以前就有的,因而是一种初应力。

5.8 应力集中的概念

在工程上,由于实际需要,常在一些构件上钻孔、开槽(如退刀槽、键槽等)及车削螺纹等,还有些构件需要做成阶梯形杆,以致在这些部位上截面尺寸发生急剧变化。根据试验研究可知,杆件在截面突变处附近的小范围内,应力的数值急剧增加,而离开这个区域较远处,应力就大为降低,并趋于均匀分布,这种现象称为应力集中。例如,当拉伸具有小圆孔的杆件时,如图 5-26(a)所示,在离孔较远处的截面 $B-B$ 上,应力是均匀分布的,如图 5-26(b)所示。但在通过小孔中心线 $A-A$ 截面上,靠近孔边缘的小范围内,应力就很大,而离孔稍远处的应力就小得多,其分布情况如图 5-26(c)所示。

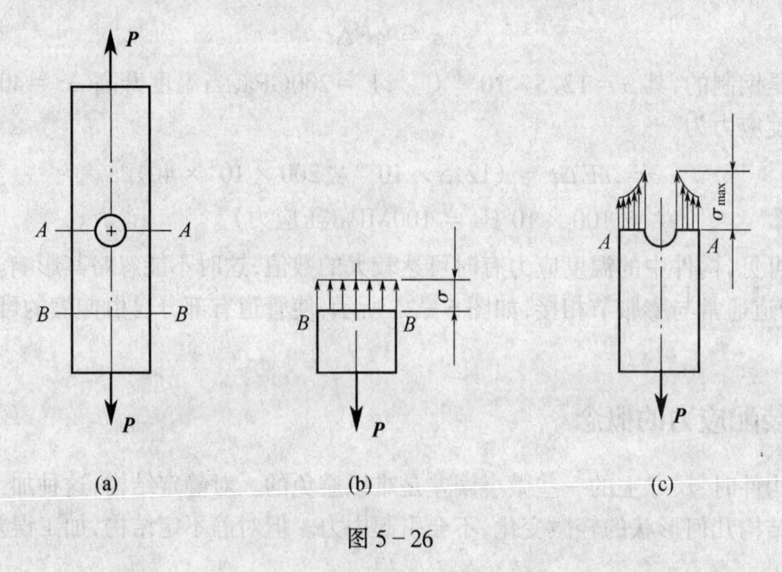

图 5-26

发生应力集中的截面上的最大应力 σ_{max} 与同一截面上的平均应力 σ_m 之比,称为理论应力集中系数,常用 a 表示,即

$$a = \frac{\sigma_{max}}{\sigma_m} \tag{5-24}$$

它反映了应力集中的程度,是一个大于 1 的系数。分析指出,截面尺寸的改变越急剧,应力集中的现象就越明显,最大的局部应力 σ_{max} 就越大。所以,零件上要尽量避免开孔或开槽;在截面尺寸改变处,如阶梯杆或凸肩,要用圆弧过渡。

各种材料对应力集中的敏感程度并不相同。塑性材料有屈服阶段,当局部的最大应力 σ_{max} 到达屈服极限 σ_s 时,该处材料的变形可以继续增长,而应力却不再加大。如外力继续增加,增加的力就由截面上尚未屈服的材料来承担,使截面上其他点的应力继续增大到屈服极限,如图 5-26(c)所示。这就使截面上的应力逐渐趋于平均,降低了应力不均程度,也限制了最大应力 σ_{max} 的数值。因此,用塑性材料制成的零件在静载荷作用下,可以不考虑应力集中的影响。脆性材料没有屈服阶段,当载荷增加时,应力集中处的最大应力 σ_{max} 一直领先,不断增长,首先达到强度极限 σ_b,该处将首先产生裂纹。所以对于脆性材料制成的零件,应力集中的危害性显得严重。这样,即使在静载荷下,也应考虑应力集中对零件承载能力的削弱。但是像灰铸铁这类材料,其内部的不均匀性和缺陷往往是产生应力集中的主要因素,而零件外形改变所引起的应力集中就可能成为次要因素,对零件的承载能力不一定造成明显的影响。

当零件受周期性变化的应力或受冲击载荷作用时,不论是塑性材料还是脆性材料,应力集中对零件的强度都有严重的影响,往往是零件破坏的根源。

思考题

1. 为什么材料力学中不再将构件看作是刚体?

2. 对变形固体作出“均质性、连续性和各向同性假设”的依据是什么?对于工程实践有什么意义?

3. 提出“构件小变形假设”的依据是什么?有什么实际意义?

4. 在静力学中介绍的力的可传性原理,在材料力学中是否仍适用?

5. 内力与应力之间有什么区别?又有什么联系?

6. 设两根材料不同、截面面积不同的拉杆,受相同的轴向拉力,它们的内力是否相同?

7. 轴力和截面面积相等而截面形状和材料不同的拉杆,它们的应力是否相同?

8. 轴向拉伸(压缩)时杆件横截面上的应力计算公式是如何得出的?

9. 在低碳钢的应力应变图上,为什么试件断裂时的应力反而比颈缩时的应力低?

习 题

5-1 试求图 5-27 所示各杆 1-1、2-2、3-3 截面上的轴力,并作轴力图。

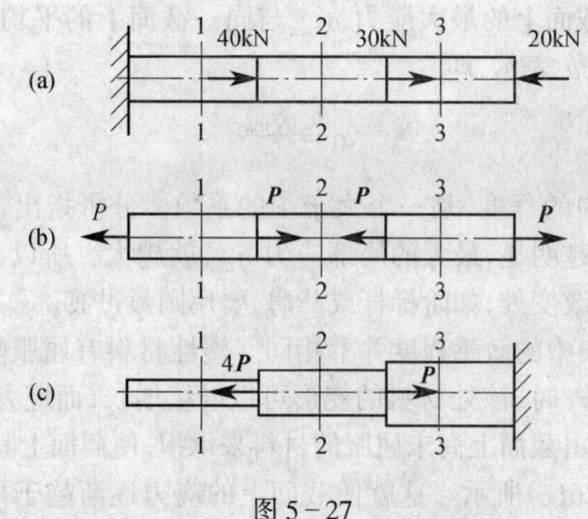

图 5-27

5-2 试求图 5-28 所示各杆的轴力,并指出轴力的最大值。

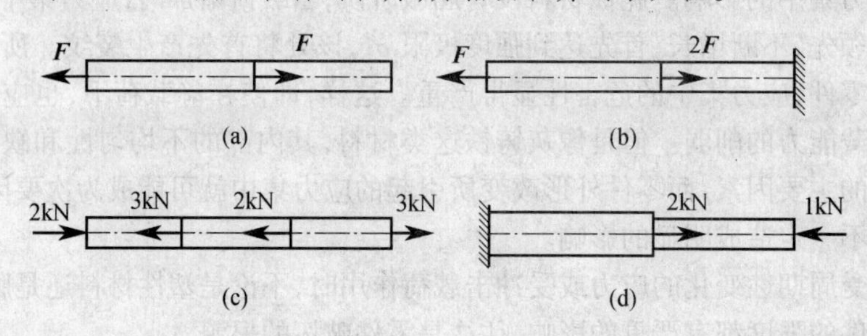

图 5-28

5-3 试求图 5-29 所示钢杆各段内横截面上的应力和杆的总变形,设杆的横截面面积等于 $1\mathrm{cm}^2$,钢的弹性模量 $E=200\mathrm{GN/m}^2$。

5-4 阶梯形杆所受载荷如图 5-30 所示。杆左段及中段是铜的,横截面面积 $A_1=20\mathrm{cm}^2$,$E_1=100\mathrm{GN/m}^2$;右段是钢的,横截面面积 $A_2=10\mathrm{cm}^2$,$E_2=200\mathrm{GN/m}^2$。试求各段内任意横截面上的轴力及应力,绘出轴力图,并计算杆长的改变。

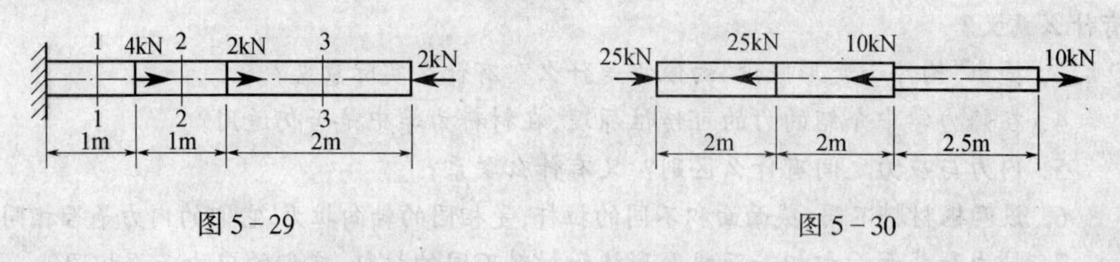

图 5-29　　　　图 5-30

5-5 图 5-31 所示阶梯形圆截面杆,承受轴向载荷 $F_1=50\mathrm{kN}$ 与 $\boldsymbol{F}_2$ 作用,AB 与 BC 段的直径分别为 $d_1=20\mathrm{mm}$ 和 $d_2=30\mathrm{mm}$,如欲使 AB 与 BC 段横截面上的正应力相同,试求载荷 $\boldsymbol{F}_2$ 之值。

5-6 图 5-31 所示圆截面杆,已知载荷 $F_1=200\mathrm{kN}$,$F_2=100\mathrm{kN}$,AB 段的直径 $d_1=40\mathrm{mm}$,如欲使 AB 与 BC 段横截面上的正应力相同,试求 BC 段的直径。

5-7 图 5-32 所示桁架,杆 1 与杆 2 的横截面均为圆形,直径分别为 $d_1=30\mathrm{mm}$ 与 $d_2=20\mathrm{mm}$,两杆材料相同,许用应力 $[\sigma]=160\mathrm{MPa}$。该桁架在节点 A 处承受铅直方

向的载荷 $F=80\text{kN}$ 作用，试校核桁架的强度。

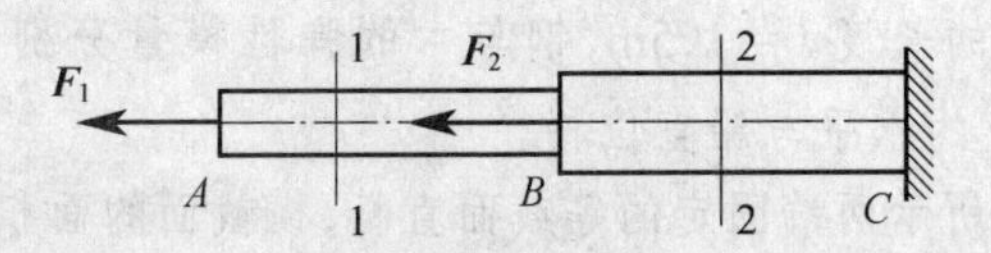

图 5-31

5-8 图 5-33 所示桁架，杆 1 为圆截面钢杆，杆 2 为方截面木杆，在节点 A 处承受铅直方向的载荷 F 作用，试确定钢杆的直径 d 与木杆截面的边宽 b。已知载荷 $F=50\text{kN}$，钢的许用应力 $[\sigma_S]=160\text{MPa}$，木的许用应力 $[\sigma_W]=10\text{MPa}$。

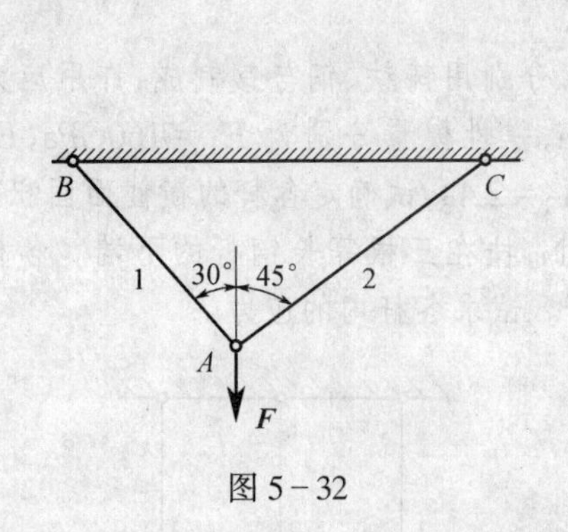

图 5-32

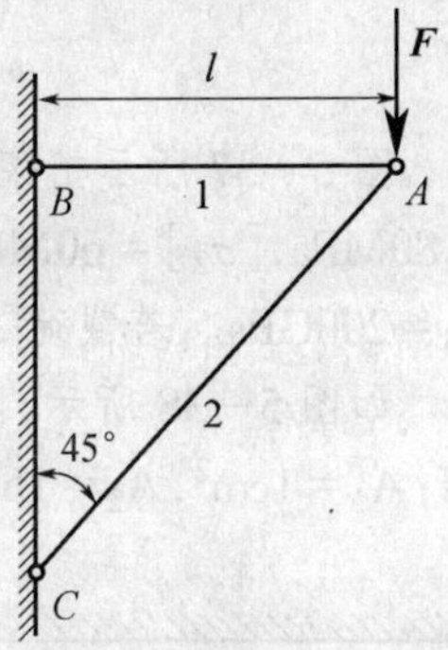

图 5-33

5-9 图 5-32 所示桁架，试定载荷 $\boldsymbol{F}$ 的许用值 $[F]$。

5-10 图 5-34 所示阶梯形杆 AC，$F=10\text{kN}$，$l_1=l_2=400\text{mm}$，$A_1=2A_2=100\text{mm}^2$，$E=200\text{GPa}$，试计算杆 AC 的轴向变形 Δl。

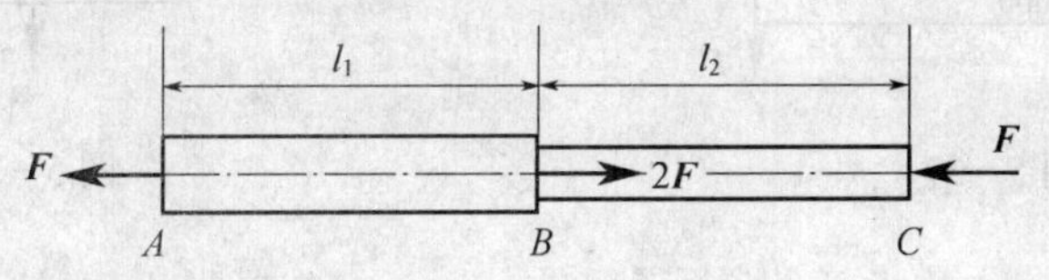

图 5-34

5-11 图 5-35 所示桁架，杆 1 与杆 2 的横截面面积与材料均相同，在节点 A 处承受载荷 $\boldsymbol{F}$ 作用。从试验中测得杆 1 与杆 2 的纵向正应变分别为 $\varepsilon_1=4.0\times10^{-4}$ 与 $\varepsilon_2=2.0\times10^{-4}$，试确定载荷 $\boldsymbol{F}$ 及其方位角 θ 之值。已知：$A_1=A_2=200\text{mm}^2$，$E_1=E_2=200\text{GPa}$。

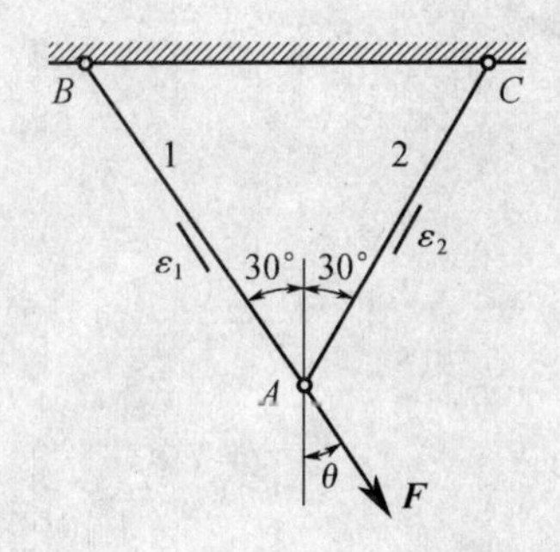

图 5-35

5-12　图5-33所示桁架，若杆 AB 与 AC 的横截面面积分别为 $A_1 = 400\text{mm}^2$ 与 $A_2 = 8000\text{mm}^2$，杆 AB 的长度 $l = 1.5\text{m}$，钢与木的弹性模量分别为 $E_S = 200\text{GPa}$、$E_W = 10\text{GPa}$。试计算节点 A 的水平与铅直位移。

5-13　图5-36所示两端固定的等截面直杆，横截面的面积为 A，承受轴向载荷 $\boldsymbol{F}$ 作用，试计算杆内横截面上的最大拉应力与最大压应力。

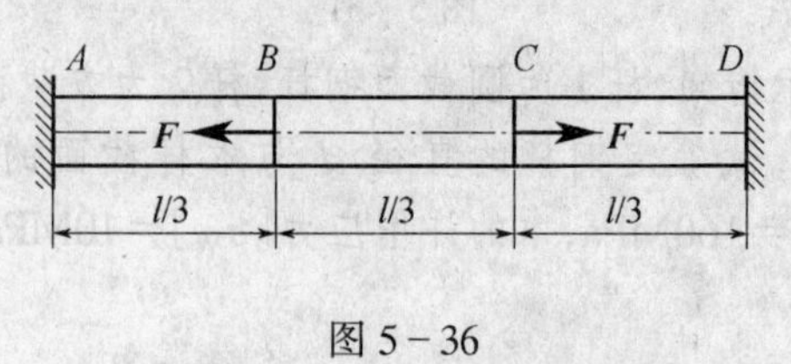

图5-36

5-14　图5-37所示桁架，杆1、杆2与杆3分别用铸铁、铜与钢制成，许用应力分别为 $[\sigma_1] = 80\text{MPa}$，$[\sigma_2] = 60\text{MPa}$，$[\sigma_3] = 120\text{MPa}$，弹性模量分别为 $E_1 = 160\text{GPa}$，$E_2 = 100\text{GPa}$，$E_3 = 200\text{GPa}$。若载荷 $F = 160\text{kN}$，$A_1 = A_2 = 2A_3$，试确定各杆的横截面面积。

5-15　如图5-38所示，刚性杆 AB 重35kN，挂在三根等长钢杆的下端。各杆的横截面面积：$A_1 = 1\text{cm}^2$，$A_2 = 15\text{cm}^2$，$A_3 = 2.25\text{cm}^2$。试求各杆内的应力。

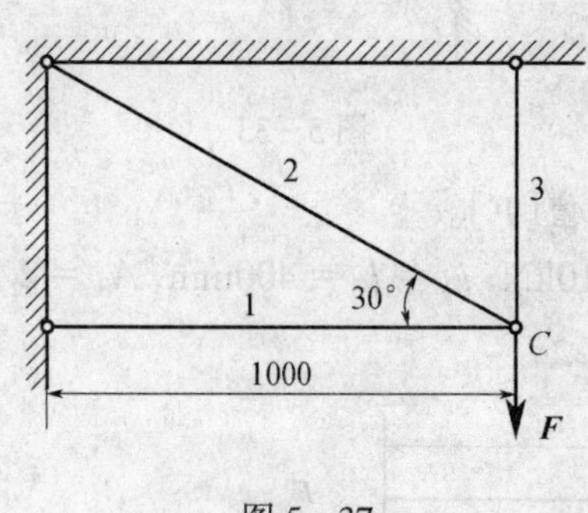

图5-37

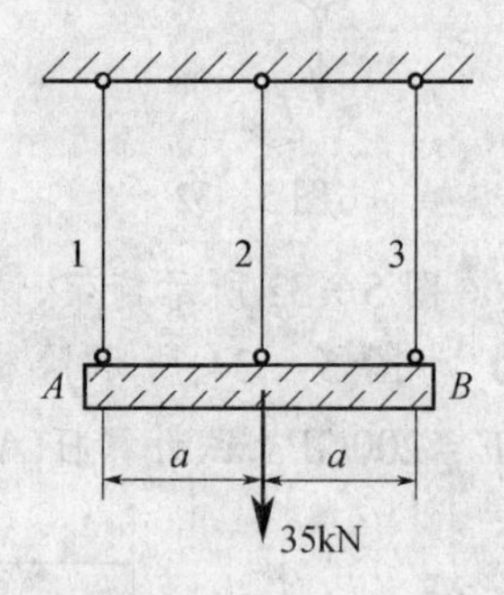

图5-38

第6章　剪切与挤压

本章介绍剪切与挤压的概念及其实用计算。

6.1　剪切的概念与实用计算

6.1.1　剪切的概念

工程结构中的许多连接件,如铆钉、螺栓、键、销等产生的变形主要是剪切变形,剪切是杆件变形的一种基本变形形式。

图 6-1 所示为铆钉连接图。当被连接件上受到力 **F** 的作用后,力由两块钢板传到铆钉与钢板的接触面上,铆钉受到大小相等、方向相反的两组分布力的合力 **F** 作用,使铆钉上下两部分沿截面 $m-m$ 发生相对错动的变形。图 6-2 所示为螺栓连接图,其中的螺柱也发生剪切变形。

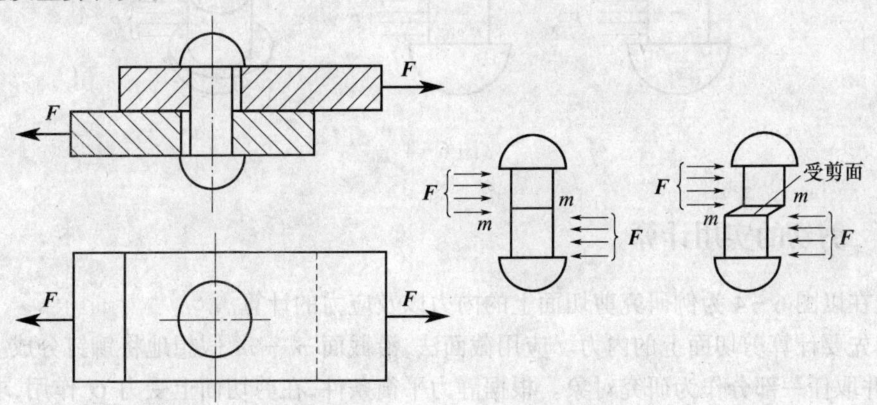

图 6-1

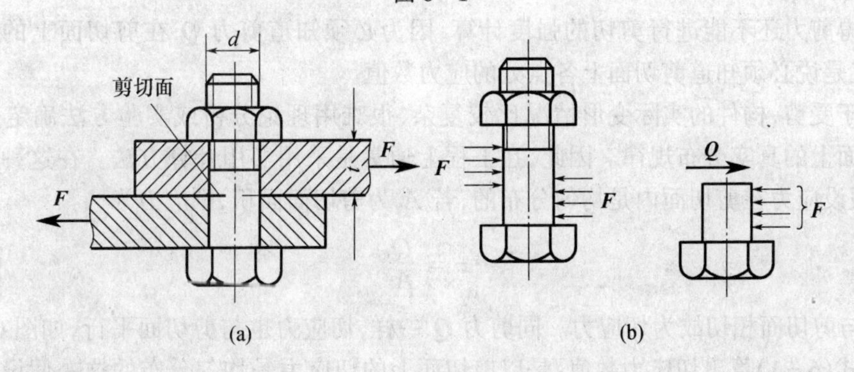

图 6-2

由上述两例可见，剪切的受力特点是：作用在构件上的外力垂直于轴线，两侧外力的合力大小相等、方向相反、作用线平行但相距很近。其变形特点是：反向外力之间的截面有发生相对错动的趋势。发生剪切变形的连接构件中，发生相对错动的截面称为剪切面。只有一个剪切面的剪切称为单剪，如上述两例。有两个剪切面的剪切称为双剪，如图 6－3 所示。

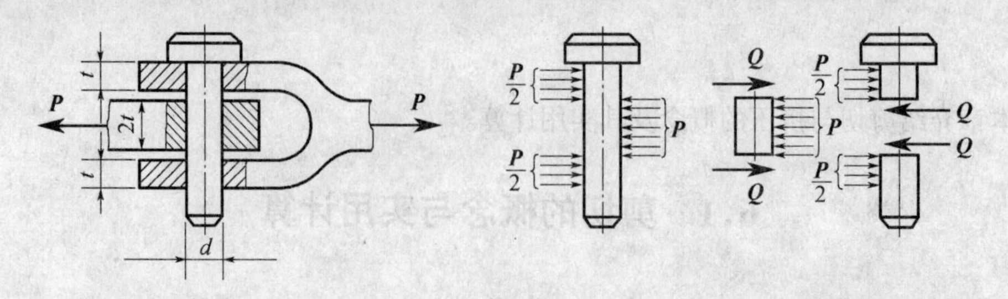

图 6－3

由截面法可得剪切面上的内力，它也是分布内力的合力，即为剪力，用 Q 或 F_S 表示（图 6－4）。剪切面上分布内力的集度即为切应力 τ（图 6－4）。

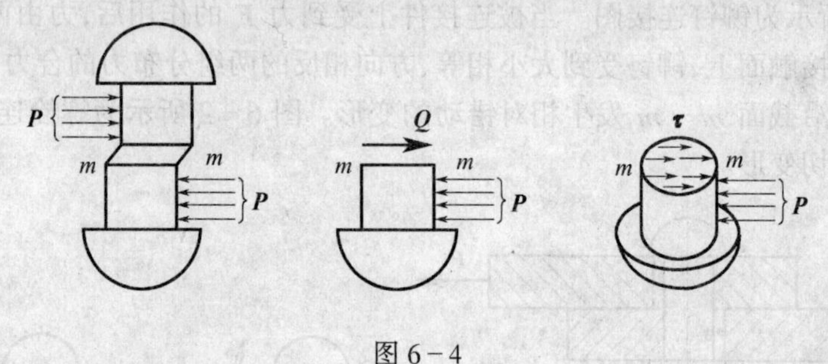

图 6－4

6.1.2　剪切的实用计算

现在以图 6－4 为例研究剪切面上的内力以及应力的计算。

首先要计算剪切面上的内力。应用截面法，沿截面 $m-m$ 假想地将铆钉分成上下两部分，并取任一部分作为研究对象。根据静力平衡条件，在剪切面上受力 Q 作用，求得

$$Q = P$$

求得剪力还不能进行剪切的强度计算，因为必须知道剪力 Q 在剪切面上的分布规律，也就是说必须知道剪切面上各点处的应力数值。

由于受剪，构件的实际变形情况比较复杂，很难用理论分析或实验方法确定剪力 Q 在剪切面上的真实分布规律。因此，在工程上通常是采用实用计算方法。在这种计算方法中，假设应力在剪切面内是均匀分布的，若 A 为剪切面面积，则应力为

$$\tau = \frac{Q}{A} \tag{6-1}$$

τ 与剪切面相切故为切应力。同剪力 Q 一样，切应力也与剪切面平行，如图 6－4 所示。用式(6－1)算出切应力数值，是以剪切面上的切应力是均匀分布的这一假设为前提的。它与该面上各点的实际应力是有出入的，故称为名义切应力，实际上就是剪切面上的

平均切应力。

为了保证连接件安全可靠地工作，要求工作时的切应力不得超过规定的许用值。因此得到连接件的剪切强度条件为

$$\tau=\frac{Q}{A}\leqslant[\tau] \tag{6-2}$$

式中，$[\tau]$为材料的许用切应力。

材料的许用切应力$[\tau]$，可采用下述方法确定：首先在与构件的实际受力相似的条件下，由材料的剪切试验测得试件破坏时的剪力 Q_b，然后按切应力在剪切面上是均匀分布的，根据式(6-1)求得名义剪切强度极限 τ_b(就是剪切时材料的危险应力)。即

$$\tau_b=\frac{Q_b}{A} \tag{6-3}$$

再将 τ_b 除以适当选择的安全系数，即可得到$[\tau]$。在设计规范中，对一些构件材料的许用应力作了规定。

剪切强度条件同样可以解决三类强度问题：强度校核问题、设计截面尺寸问题和确定许用载荷问题。

6.2 挤压的概念与实用计算

6.2.1 挤压的概念

螺栓、销钉、键、铆钉等连接件，除了承受剪切外，在连接件和被连接件的接触面上还将相互压紧，这种现象称为挤压。连接件除了可能以剪切的形式破坏外，也可能因挤压而破坏。例如铆钉连接中，因铆钉孔与铆钉之间相互挤压，就可能使钢板的铆钉孔或铆钉产生显著的局部塑性变形或压溃。图 6-5 所示就表示了钢板上铆钉孔被挤压成长圆孔的情况。所以，对上述那些连接件还需进行挤压的强度计算。

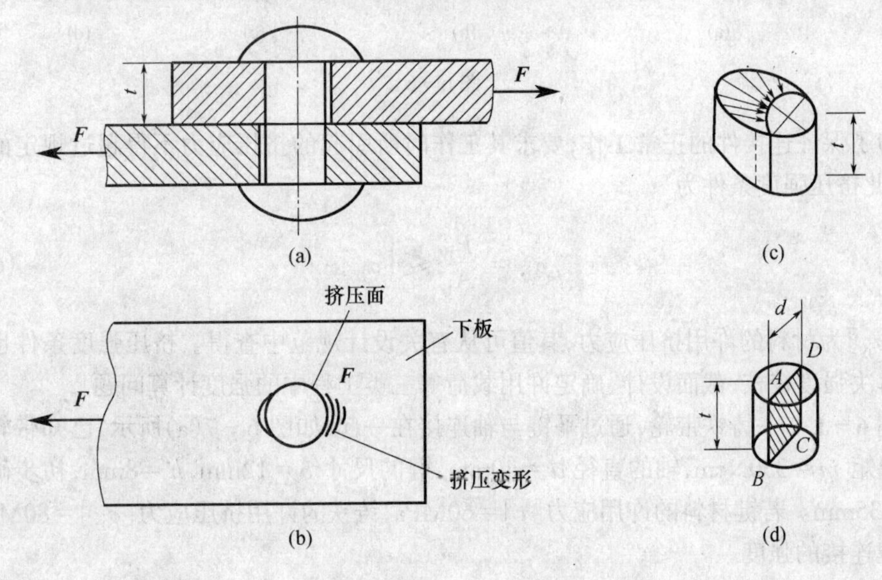

图 6-5

6.2.2 挤压的实用计算

作用于接触面上的压力,称为挤压力,以 $\boldsymbol{P}_{jy}$表示。挤压面上的压强习惯上称为挤压应力,用符号 σ_{jy}表示。挤压应力与直杆压缩时的压应力不同,压应力在横截面上是均匀分布的;而挤压应力则只限于接触面附近的局部区域,在接触面上的分布规律也比较复杂。同剪切的实用计算一样,在工程上也采用挤压的实用计算方法,即计算时假定挤压面上的应力是均匀分布的。如以 P_{jy}表示挤压面上的作用力,A_{jy}表示挤压面上受挤压的面积,则

$$\sigma_{jy} = \frac{P_{jy}}{A_{jy}} \tag{6-4}$$

关于挤压面面积 A_{jy}的计算,要根据接触面的情况而定。其接触面是平面,就以接触面面积为挤压面面积,如图 6-6(a)中阴影线的面积 $A_{jy}=\frac{h}{2}l$。螺栓、铆钉、销钉等与它所连接的零件的接触面是圆柱面的一部分,理论分析的结果表明,在接触面上,板与钉之间挤压应力的分布情况如图 6-6(b)、(c)所示。最大挤压应力发生于半圆柱形接触面的中点。为了使求得的挤压应力与理论分析所得的最大应力大致相等,计算挤压面积时,以圆孔或圆钉的直径平面面积(如图 6-6(d)中画阴影线的面积 $A_{jy=}dh$)作为挤压面的计算面积。

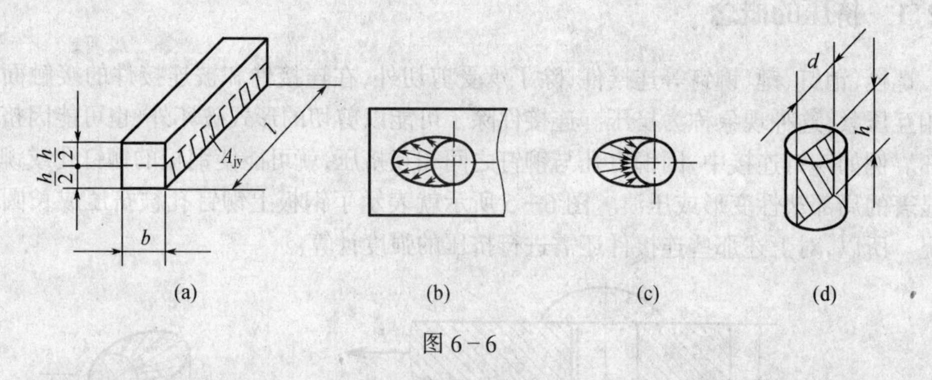

图 6-6

为了保证连接件的正常工作,要求其工作时所引起的挤压应力不得超过规定的许用值,因此挤压强度条件为

$$\sigma_{jy} = \frac{P_{jy}}{A_{jy}} \leqslant [\sigma_{jy}] \tag{6-5}$$

式中$[\sigma_{jy}]$为材料的许用挤压应力,其值可从有关设计规范中查得。挤压强度条件也分别可以解决强度校核、截面设计、确定许用载荷等三类工程中的强度计算问题。

例 6-1 一铸铁带轮,通过平键与轴连接在一起,如图 6-7(a)所示,已知带轮传递的力偶矩 $m=350\text{N}\cdot\text{m}$,轴的直径 $d=40\text{mm}$,键的尺寸 $b=12\text{mm}$,$h=8\text{mm}$,初步确定键长 $l=35\text{mm}$。若键材料的许用应力$[\tau]=60\text{MPa}$,铸铁的许用挤压应力$[\sigma_{jy}]=80\text{MPa}$,试校核键连接的强度。

解 由于力偶矩 $\boldsymbol{m}$ 作用,使键上受到的力为 $\boldsymbol{P}$,如图 6-7(b)所示。

$$P = \frac{m}{\frac{d}{2}} = \frac{2m}{d}$$

(1) 校核键的剪切强度。

根据式(6-2) $\tau = \frac{Q}{A} \leqslant [\tau]$

进行计算,所受剪力 $Q = P = \frac{m}{\frac{d}{2}} = \frac{2m}{d}$,如图 6-7(d)所示。剪切面面积为 $A = bl$,代入式(6-1),得剪切面上的切应力为

$$\tau = \frac{Q}{A} = \frac{2m}{bld} = \left(\frac{2 \times 350}{12 \times 35 \times 40 \times 10^{-9}}\right)\text{Pa} = 41.7\text{MPa}$$

可见 $\tau < [\tau]$,说明是安全的。

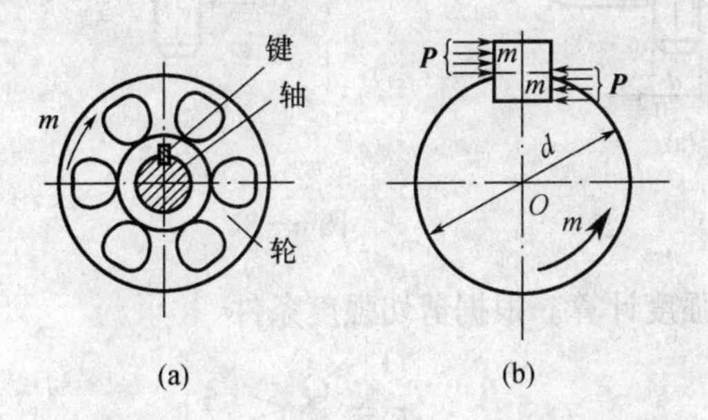

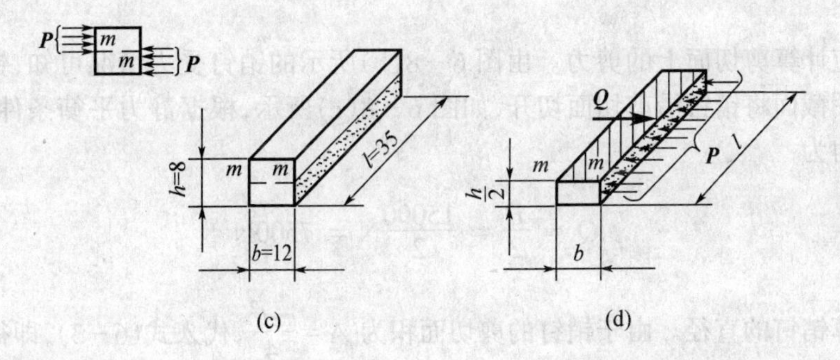

图 6-7

(2) 校核挤压强度。挤压发生在键与轴及键与带轮之间,如图 6-7(a)、(b)所示。由于键和轴为钢制,而带轮为铸铁,带轮抗挤压能力较差,故应校核带轮的挤压强度。根据式(6-5)

$$\sigma_{jy} = \frac{P_{jy}}{A_{jy}} \leqslant [\sigma_{jy}]$$

进行计算,挤压力为 $P_{jy} = P = 2m/d$,挤压面积为 $A_{jy} = hl/2$,代入式(6-4),得作用于带轮上的挤压应力

$$\sigma_{jy} = \frac{P_{jy}}{A_{jy}} = \frac{4m}{dhl} = \left(\frac{4 \times 350}{40 \times 8 \times 35 \times 10^{-9}}\right)\text{Pa} = 125\text{MPa}$$

可见 $\sigma_{jy} > [\sigma_{jy}]$,说明挤压强度不够。为此,应根据挤压强度重新计算键的长度,如图6-7(d)所示。

由以上所述可知，欲保证挤压强度，应使 $\sigma_{jy}=\frac{4m}{dhl}\leqslant[\sigma_{jy}]$。于是，得键的长度

$$l \geqslant \frac{4m}{dh[\sigma_{jy}]} = \left(\frac{4\times350}{40\times8\times10^{-6}\times80\times10^{6}}\right)\text{m} = 0.055\text{m}$$

最后查标准，选取 $l=55\text{mm}$。

例 6-2 拖车挂钩用销钉来连接，如图 6-8(a)所示。已知挂钩部分的钢板厚度 $t=8\text{mm}$，销钉的材料为 20 钢，其许用切应力 $[\tau]=60\text{MPa}$，许用挤压应力 $[\sigma_{jy}]=100\text{MPa}$。若拖车的拖力 $P=15\text{kN}$，试设计销钉的直径 d。

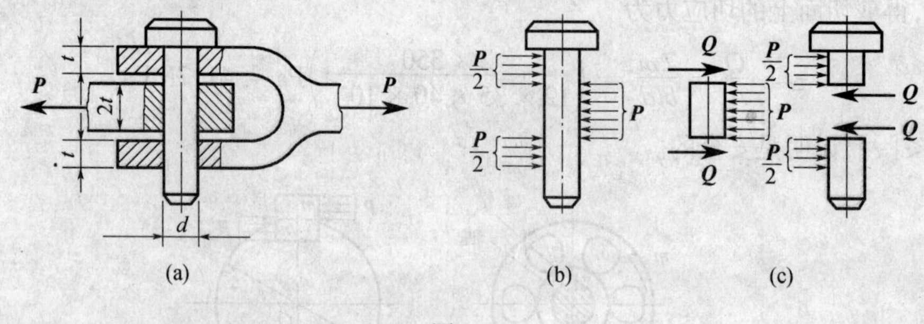

图 6-8

解 (1) 剪切强度计算。根据剪切强度条件

$$\tau = \frac{Q}{A} \leqslant [\tau]$$

首先应计算剪切面上的剪力。由图 6-8(b)所示的销钉受力情况可知，销钉有两个剪切面。用截面将销钉沿剪切面切开，如图 6-8(c)所示，根据静力平衡条件，可得剪切面上的剪力为

$$Q = \frac{P}{2} = \frac{15000}{2}\text{N} = 7500\text{N}$$

再计算销钉的直径。由于销钉的剪切面积为 $A=\frac{\pi d^2}{4}$，代入式(6-3)，即得

$$\tau = \frac{Q}{A} = \frac{4Q}{\pi d^2} \leqslant [\tau]$$

所以
$$d \geqslant \sqrt{\frac{4Q}{\pi[\tau]}} = \sqrt{\frac{4\times7500}{\pi\times60\times10^{6}}}\text{m} = 0.013\text{m}$$

(2) 挤压强度计算。根据挤压强度条件，即式(6-5)

$$\sigma_{jy} = \frac{P_{jy}}{A_{jy}} \leqslant [\sigma_{jy}]$$

首先计算挤压力 $P_{jy}=\frac{P}{2}$，挤压面面积 $A_{jy}=dt$，代入上式得

$$\sigma_{jy} = \frac{P}{2td} \leqslant [\sigma_{jy}]$$

所以

$$d \geqslant \frac{P}{2t[\sigma_{jy}]} = \frac{15000}{2 \times 8 \times 100 \times 10^6}\text{mm} = 0.009\text{m}$$

综合考虑剪切和挤压强度，并根据标准直径，决定选取销钉直径为 14mm。

例 6-3 两块厚度 $t = 10\text{mm}$、宽度 $b = 60\text{mm}$ 的钢板，用两个直径 $d = 17\text{mm}$ 的铆钉搭接在一起，钢板受拉力 $P = 60\text{kN}$，如图 6-9(a)所示。已知钢板和铆钉为同一材料，其许用应力分别为：$[\tau] = 140\text{MPa}$，$[\sigma_{jy}] = 280\text{MPa}$，$[\sigma] = 160\text{MPa}$，试校核铆钉和钢板的强度。

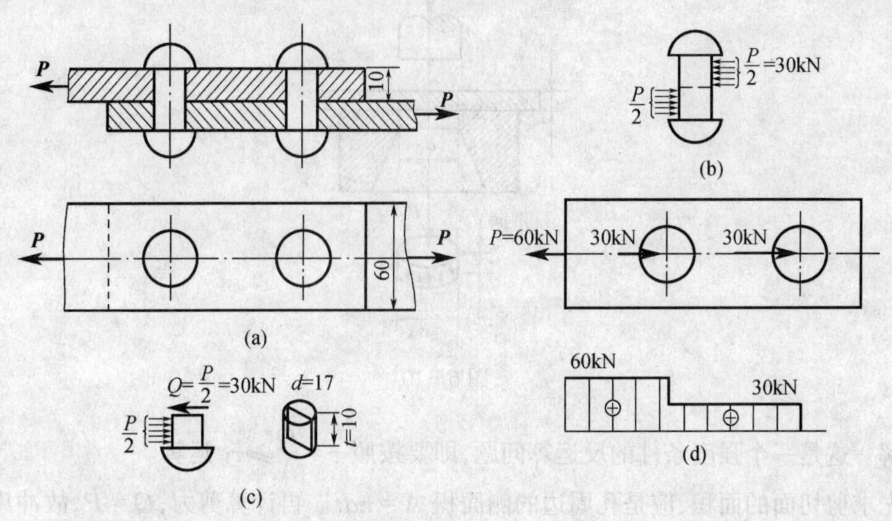

图 6-9

解 (1) 绘铆钉的受力图，校核铆钉的剪切强度。假设每个铆钉的受力相等，则每个铆钉承受$\frac{P}{2} = \frac{60\text{kN}}{2} = 30\text{kN}$ 的作用力，其受力如图 6-9(b)所示。铆钉剪切面上的剪力

$$Q = \frac{P}{2} = 30\text{kN}$$

因为

$$\tau = \frac{Q}{A} = \frac{30 \times 10^3}{\frac{\pi \times 17^2 \times 10^{-6}}{4}}\text{N/m}^2 = 132\text{MN/m}^2 < [\tau] = 140\text{MN/m}^2$$

所以，铆钉的剪切强度足够。

(2) 校核铆钉的挤压强度，如图 6-9(c)所示。挤压力 $P_{jy} = P/2 = 30\text{kN}$，挤压面积 $A_{jy} = dt = 17 \times 10 \times 10^{-6}\text{m}^2 = 170 \times 10^{-6}\text{m}^2$。挤压应力为

$$\sigma_{jy} = \frac{P_{jy}}{A_{jy}} = \left(\frac{30 \times 10^3}{170 \times 10^{-6}}\right)\text{N/m}^2 = 176\text{MPa} < [\sigma_{jy}] = 280\text{MPa}$$

所以，铆钉的挤压强度足够。

(3) 校核钢板的拉伸强度。上钢板的受力图如图 6-9(d)所示。对于危险截面，其轴力

$$N = P = 60\text{kN}$$

净面积：$A = (b - d)t = [(60 - 17) \times 10 \times 10^{-6}]\text{m}^2 = 430 \times 10^{-6}\text{m}^2$

拉应力：$\sigma=\dfrac{N}{A}=\dfrac{60\times10^3}{430\times10^{-6}}=140\text{MPa}<[\sigma]=160\text{MPa}$

所以，钢板的拉伸强度也足够。

结论：该结构的强度是足够的。

例 6-4 已知钢板的厚度 $t=10\text{mm}$，钢板的剪切强度极限 $\tau_b=320\text{MPa}$。若用直径 $d=20\text{mm}$ 的冲头在钢板上冲孔，如图 6-10 所示，求冲床所需的冲压力 $\boldsymbol{P}$ 的值。

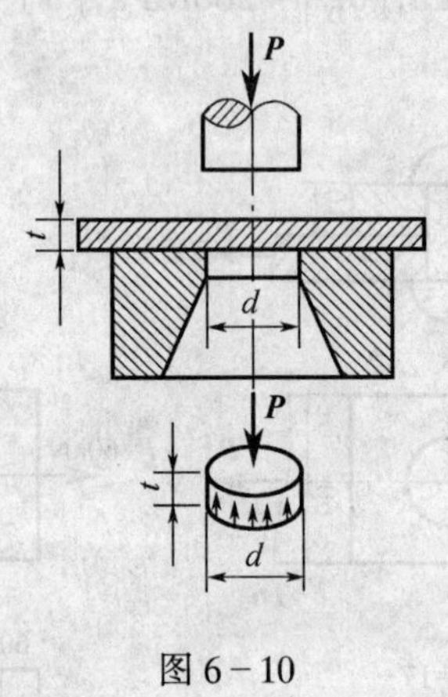

图 6-10

解 这是一个强度条件的反运算问题，即要按照 $\tau=\dfrac{Q}{A}\geqslant\tau_b$ 运算。

先求剪切面的面积，应是孔周边的侧面积 $A=\pi dt$。再计算剪力，$Q=P$，故冲床所需的冲压力为

$$P=Q\geqslant A\tau_b=\pi dt\tau_b=3.14\times20\times10\times10^{-6}\times320\times10^6\text{N}=201\text{kN}$$

思考题

1. 何谓挤压应力？它与一般的轴向压缩应力有何区别？

2. 单剪切与双剪切，实际剪切应力与名义剪切应力之间有什么区别？

3. 如图 6-11 所示，铜板和钢柱均受压力作用，试指出何处应考虑压缩强度？何处应考虑挤压强度？应对哪个构件进行挤压强度计算？并说明原因。

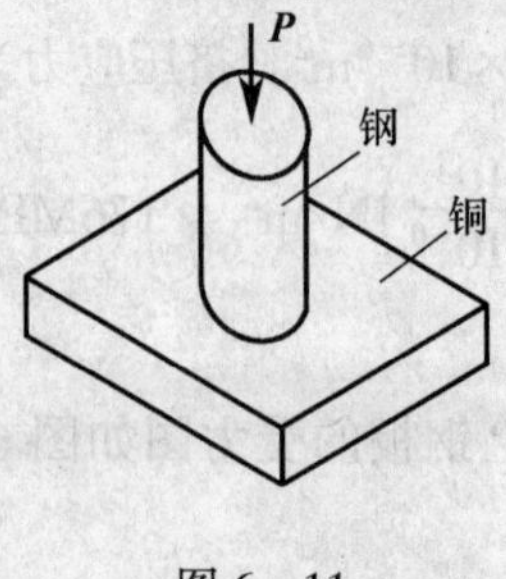

图 6-11

4. 如何建立连接件的剪切强度计算和挤压强度计算？

习　题

6－1　一个直径 $d=40\text{mm}$，端头直径 $D=60\text{mm}$ 的螺栓受拉力 $P=100\text{kN}$。如图6－12所示，已知材料的许用应力$[\tau]=60\text{MN/m}^2$，$[\sigma_{jy}]=100\text{MN/m}^2$。求螺栓端头所需的高度 h 并校核挤压强度。

6－2　图6－13所示木榫接头，$F=50\text{kN}$，试求接头的剪切与挤压应力。

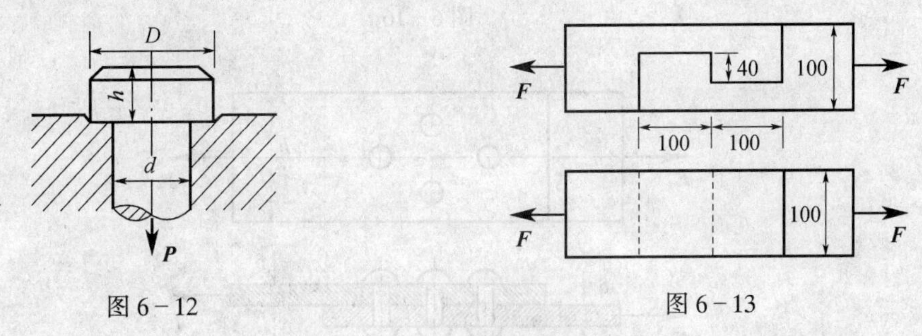

图6－12　　　　图6－13

6－3　图6－14所示为两块钢板，用3个铆钉连接。已知 $P=50\text{kN}$，板厚 $t=6\text{mm}$，材料的许用应力$[\tau]=100\text{MN/m}^2$，$[\sigma_{jy}]=280\text{MN/m}^2$。试求铆钉直径 d。若用现有的直径 $d=12\text{mm}$ 的铆钉，则铆钉数 n 应该是多少？

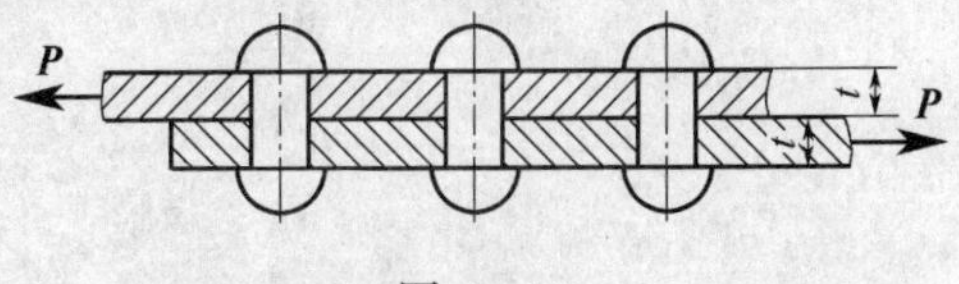

图6－14

6－4　如图6－15所示，齿轮与键用平键连接。已知轴的直径 $d=70\text{mm}$，所用平键尺寸为：$b=20\text{mm}$，$h=12\text{mm}$，$l=100\text{mm}$。传递的力偶矩 $M_e=2\text{kN}\cdot\text{m}$。键材料的许用应力$[\tau]=80\text{MN/m}^2$，$[\sigma_{jy}]=220\text{MN/m}^2$。试校核平键的强度。

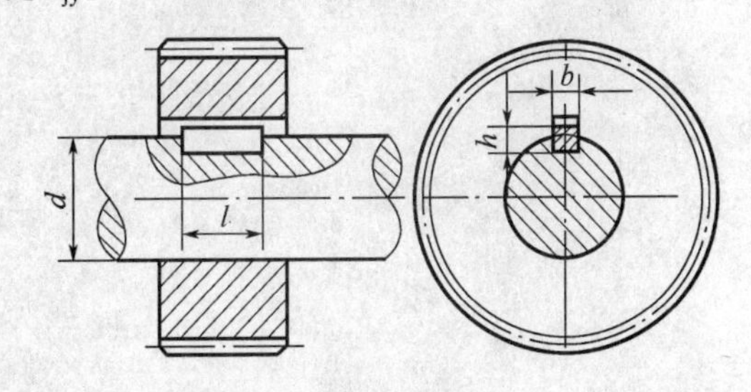

图6－15

6－5　图6－16所示摇臂，承受载荷 $\boldsymbol{F}_1$ 与 $\boldsymbol{F}_2$ 作用，试确定轴销 B 的直径d。已知载荷 $F_1=50\text{kN}$，$F_2=35.4\text{kN}$，许用切应力$[\tau]=100\text{MPa}$，许用挤压应力$[\sigma_{jy}]=240\text{MPa}$。

6－6　图6－17所示接头，承受轴向载荷 $\boldsymbol{F}$ 作用，试校核接头的强度。已知：载荷 $F=80\text{kN}$，板宽 $b=80\text{mm}$，板厚 $\delta=10\text{mm}$，铆钉直径 $d=16\text{mm}$，许用应力$[\sigma]=160\text{MPa}$，许用切应力$[\tau]=120\text{MPa}$，许用挤压应力$[\sigma_{jy}]=340\text{MPa}$。板件与铆钉的材料相同。

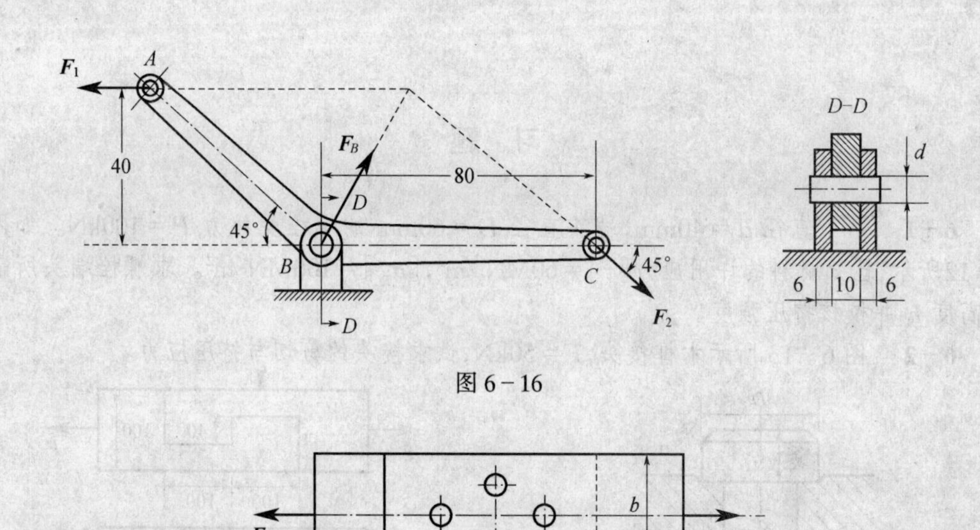

图 6－16

图 6－17

第7章　圆轴扭转

7.1　圆轴扭转的概念

驾驶汽车时，司机加在方向盘上两个大小相等、方向相反的切向力，它们在垂直于操纵杆轴线的平面内组成一力偶。同时，操纵杆下端则受到一转向相反的阻力偶的作用，如图7-1所示。在这两个力偶的作用下，操纵杆产生扭转变形。

图7-2所示搅拌机中的搅拌轴也产生扭转变形。以横截面绕轴线作相对旋转为主要特征的变形形式，称为扭转。工程实际中，还有很多零件，如车床的光杠、汽车的传动轴等，都是受扭零件。以扭转为主要变形的杆件称为轴。

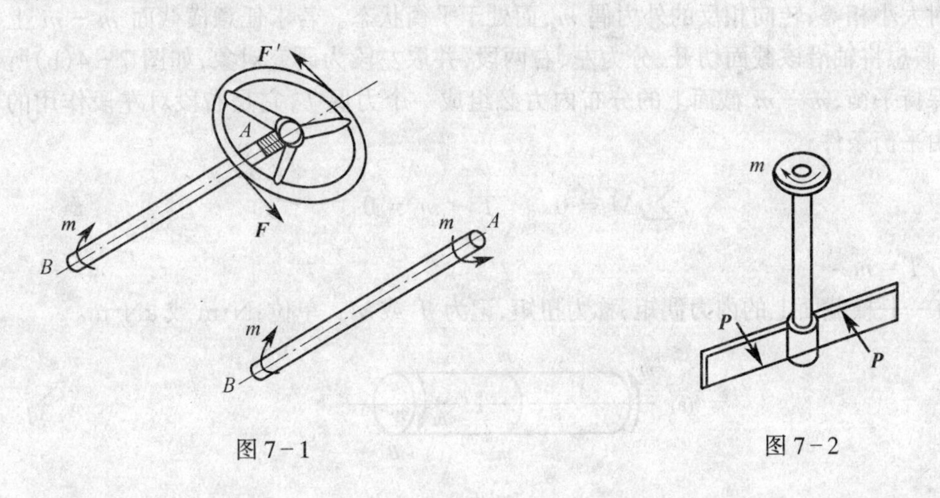

图7-1　　　　图7-2

扭转的受力特点为：杆件两端受到一对大小相等、方向相反、作用面垂直于轴线的力偶作用。扭转变形特点：反向力偶间各横截面绕轴线发生相对转动。轴任意两横截面间相对转过的角度，叫作扭转角，用符号 φ 来表示（图7-3）。同时，杆的纵向线发生微小倾斜，变成螺旋线。

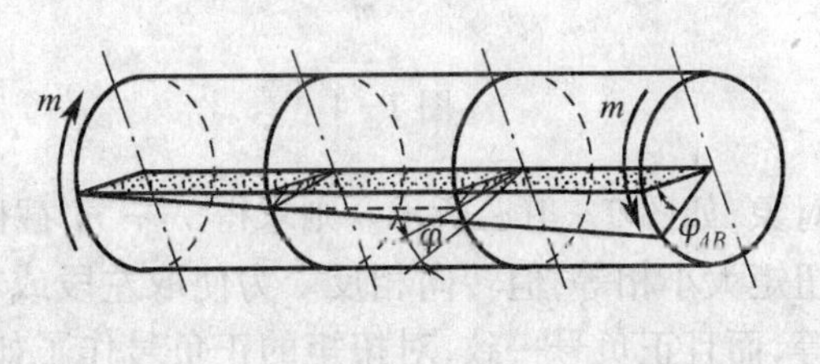

图7-3

7.2 扭矩与扭矩图

7.2.1 外力偶矩的计算

工程实际中,常常不是直接给出作用于轴上的外力偶矩 m 的数值,而是知道轴的转速和轴所传递的功率。它们的换算关系为

$$m = 9550\,\frac{P}{n}(\mathrm{N \cdot m}) \tag{7-1}$$

式中 P——轴传递的功率,其单位为 kW;

n——轴每分钟的转数(r/min);

m——外力偶,其单位为 N·m。

7.2.2 扭矩与扭矩图

为了确定扭转时横截面上的内力,仍采用截面法。图 7-4(a)所示的 AB 轴,两端作用着一对大小相等、转向相反的外力偶 m,而处于平衡状态。若求任意横截面 $m-m$ 上的内力,假想将轴沿该截面切开,分为左、右两段,并取左段为研究对象,如图 7-4(b)所示。为保持平衡,$m-m$ 截面上的分布内力必组成一个力偶 T,它是右段对左段作用的力偶。由平衡条件

$$\sum M = 0 \qquad T - m = 0$$

所以 $T = m$

式中 T——横截面上的内力偶矩,称为扭矩,记为 T 或 M_T,单位:N·m 或 kN·m。

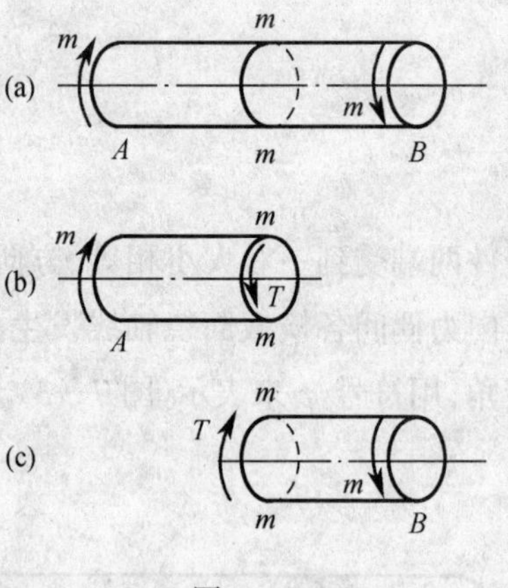

图 7-4

如取右段为研究对象,如图 7-4(c)所示。则求得 $m-m$ 截面上的扭矩 T 将与上述取左段求同一截面的扭矩大小相等,但转向相反。为使取左段或右段所求出的同一截面上的扭矩不仅数值相等,而且正负号一致,对扭矩的正负号作了如下的规定:采用右手螺旋法则,若以右手的四指沿着扭矩的旋转方向卷曲,当大拇指的指向与该扭矩所作用的横

截面的外法线方向一致时，则扭矩为正，反之为负，如图 7－5 所示。按照上述规定，图 7－4(b)和(c)所示的 $m-m$ 横截面上的扭矩 T 均为正号。与求轴力的方法相类似，用截面法计算扭矩时，可将扭矩设为正，计算结果为负则说明该扭矩方向与所设方向相反。

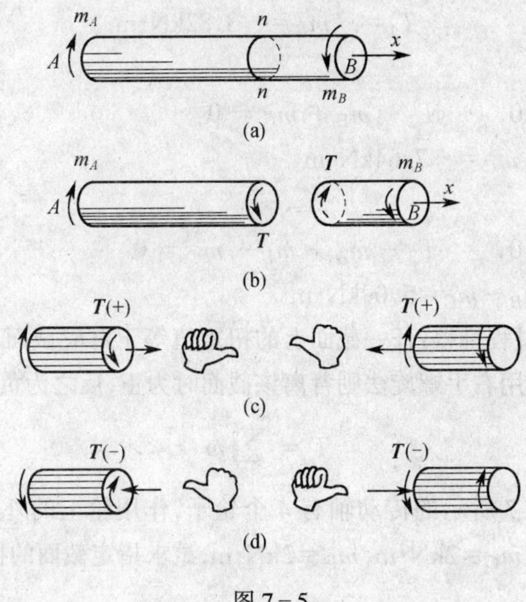

图 7－5

例 7－1　图 7－6(a)所示的传动轴的转速 $n=300\text{r/min}$，主动轮 A 的功率 $N_A=400\text{kW}$，3 个从动轮输出功率分别为 $N_C=120\text{kW}$，$N_B=120\text{kW}$，$N_D=160\text{kW}$，试求指定截面的扭矩。

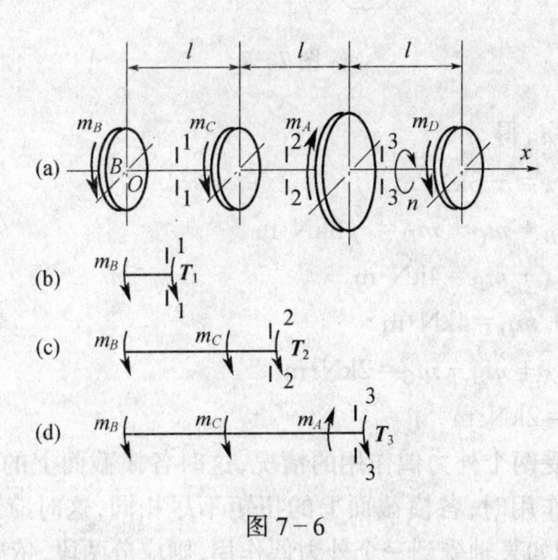

图 7－6

解　由 $m=9550\dfrac{N}{n}$，得

$$m_A = 9550\frac{N_A}{n} = 12.73\text{kN}\cdot\text{m}$$

$$m_B = m_C = 9550\frac{N_B}{n} = 3.82\text{kN}\cdot\text{m}$$

$$m_D = m_A - (m_B + m_C) = 5.09\text{kN}\cdot\text{m}$$

如图 7-6(b):

由 $\sum m_x = 0$, $T_1 + m_B = 0$

解得 $$T_1 = -m_B = -3.82\text{kN}\cdot\text{m}$$

如图 7-6(c):

由 $\sum m_x = 0$, $T_2 + m_B + m_C = 0$

解得 $T_2 = -m_B - m_C = -7.64\text{kN}\cdot\text{m}$

如图 7-6(d):

由 $\sum m_x = 0$, $T_3 - m_A + m_B + m_C = 0$

解得 $T_3 = m_A - m_B - m_C = 5.09\text{kN}\cdot\text{m}$

由上述扭矩计算过程推得:任一截面上的扭矩值等于对应截面一侧所有外力偶矩的代数和,且外力偶矩应用右手螺旋法则背离该截面时为正,反之为负。即

$$T = \sum m \tag{7-2}$$

例 7-2 图 7-7 所示的传动轴有 4 个轮子,作用轮上的外力偶矩分别为 $m_A = 3\text{kN}\cdot\text{m}$, $m_B = 7\text{kN}\cdot\text{m}$, $m_C = 2\text{kN}\cdot\text{m}$, $m_D = 2\text{kN}\cdot\text{m}$,试求指定截面的扭矩。

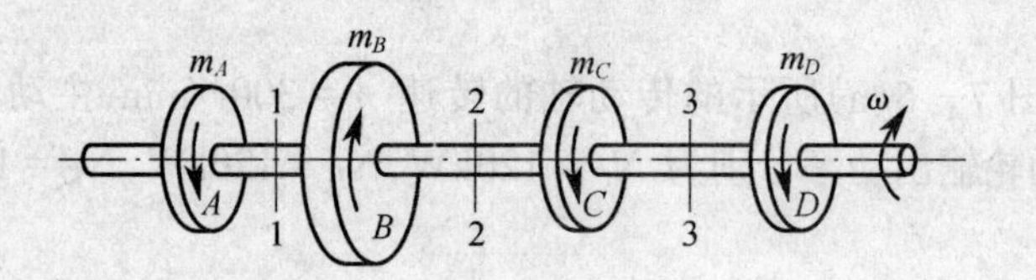

图 7-7

解 由 $T = \sum m$,得

取左段 $T_1 = -m_A = -3\text{kN}\cdot\text{m}$

取右段 $T_1 = -m_B + m_C + m_D = -3\text{kN}\cdot\text{m}$

取左段 $T_2 = -m_A + m_B = 4\text{kN}\cdot\text{m}$

取右段 $T_2 = m_C + m_D = 4\text{kN}\cdot\text{m}$

取左段 $T_3 = -m_A + m_B - m_C = 2\text{kN}\cdot\text{m}$

取右段 $T_3 = m_D = 2\text{kN}\cdot\text{m}$

以上研究了轴上受两个外力偶作用的情况,这时各横截面上的扭矩是相同的。若轴上有多于两个外力偶作用时,各横截面上的扭矩不尽相同,这时应以外力偶作用平面为界,分段计算扭矩。例如某轴受到三个外力偶作用,则应分两段,依次类推,同一段内扭矩相同。为了清晰地表示扭矩沿轴线的变化,可依照画轴力图的方法绘制扭矩图。作图时,以平行于杆轴线的坐标 x 表示横截面的位置,以垂直于杆轴线的坐标 T 表示扭矩的数值,这样绘制得到的图形称为扭矩图。从扭矩图上可以反映出最大扭矩值及其所在的位置。

例 7-3 如图 7-8(a)所示为一传动轴,带轮 A 用带直接与原动机连接,带轮 B 和

C 与工作机连接。已知带轮传递功率为 44kW,带轮 B 传递给工作机的功率为 25kW。轴的转速为 $n = 150\text{r/min}$。若略去轴承的摩擦力,试计算轴横截面 1-1 和 2-2 上的扭矩,并画出扭矩图。

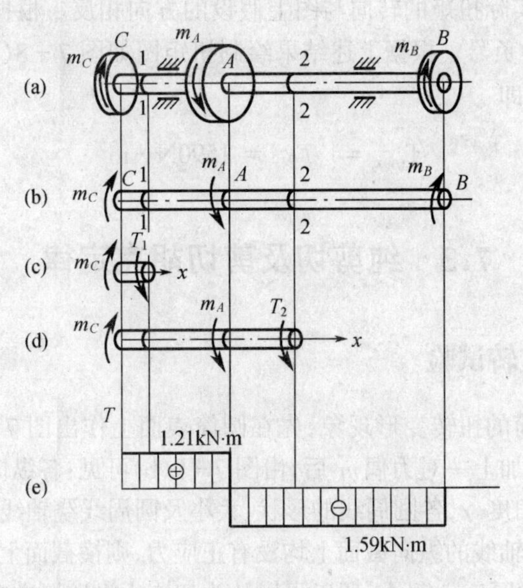

图 7-8

解 因带轮 A 与原动机连接,故它是主动轮,轴的旋转方向应与轮 A 的外力偶 m_A 转动方向一致。带轮 B 及 C 通过轴而获得功率,它们是从动轮。作用在轮 B 及 C 上的外力偶 m_B 及 m_C 的转向则与轴的旋转方向相反,各外力偶转向如图 7-8(a)所示。轴的受力图则如图 7-8(b)所示。

因为轴以等速转动,原动机给予带轮 A 的功率应等于带轮 B 及 C 传给工作机的功率之和。由此可知,带轮 C 应传递功率为 $(44-25)\text{kW} = 19\text{kW}$。

按式(7-1),计算作用在带轮 A、B 及 C 上的外力偶矩分别为

$$m_A = 9550 \times \frac{44}{150}\text{N} \cdot \text{m} = 2800\text{N} \cdot \text{m}$$

$$m_B = 9550 \times \frac{25}{150}\text{N} \cdot \text{m} = 1590\text{N} \cdot \text{m}$$

$$m_C = 9550 \times \frac{19}{150}\text{N} \cdot \text{m} = 1210\text{N} \cdot \text{m}$$

应用截面法,在带轮 A、C 之间假想将轴沿 1-1 截面切开,取左段为研究对象,如图 7-8(c)所示,假设横截面上作用着正扭矩 T_1,由平衡方程

$$\sum M = 0 \qquad -m_C + T_1 = 0$$

得到

$$T_1 = m_C = 1210\text{N} \cdot \text{m}$$

在带轮 A、B 之间假想将轴沿 2-2 横截面切开,取左段为研究对象,如图 7-8(d)所示,仍设横截面上作用着正扭矩 T_2,由平衡方程

$$\sum M = 0 \quad m_A - m_C + T_2 = 0$$

得到 $$T_2 = -m_A + m_C = -2800 + 1210 = -1590\text{N}\cdot\text{m}$$

这里的负号说明实际扭矩的转向与图上假设的方向相反。根据右手螺旋法则，扭矩 T_1 为正号；扭矩 T_2 为负号。根据上述结果绘制扭矩图如图 7－8(e)所示，由图可见，最大扭矩在轴 AB 段内，即

$$T_{max} = |T_2| = 1590\text{N}\cdot\text{m}$$

7.3 纯剪切及剪切胡克定律

7.3.1 薄壁圆筒扭转试验

为了观察薄壁圆筒的扭转变形现象，先在圆筒表面上作出图 7－9(a)所示的纵向线及圆周线，当圆筒两端加上一对力偶 m 后，由图 7－9(b)可见：各纵向线仍近似为直线，且其均倾斜了同一微小角度 γ，各圆周线的形状、大小及圆周线绕轴线转了不同角度。由此说明，圆筒横截面及含轴线的纵向截面上均没有正应力，则横截面上只有垂直半径方向的切应力 $\boldsymbol{\tau}$。因为薄壁的厚度 δ 很小，所以可以认为切应力沿壁厚方向均匀分布，如图7－9(e)所示。

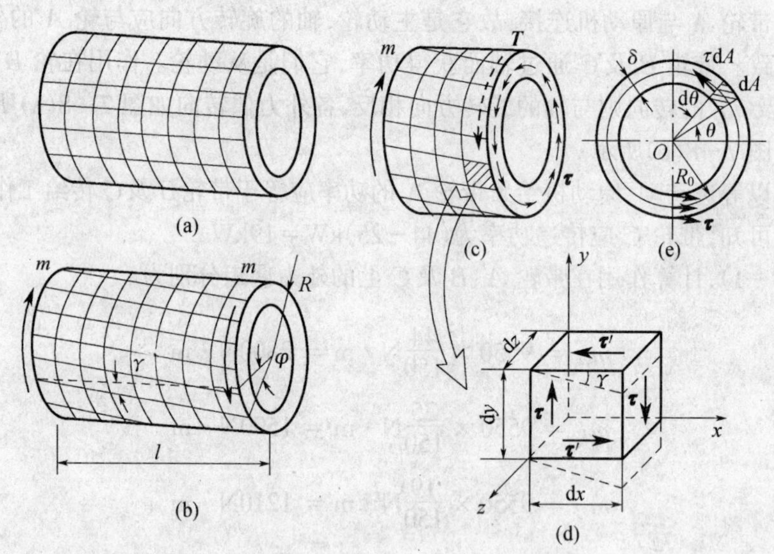

图 7－9

由 $$\sum m = 0, \quad \int_0^{2\pi} \tau R_0^2 \delta \, d\theta - m = 0$$

解得 $$\tau = \frac{m}{2\pi R_0^2 \delta} \tag{7-3}$$

式中 R_0 为圆筒的平均半径。

扭转角 φ 与切应变 γ 的关系，由图 7－9(b)有

$$R\varphi \approx l\gamma$$

即
$$\gamma = R\frac{\varphi}{l} \tag{7-4}$$

7.3.2 切应力互等定理

用相邻的两个横截面、两个径向截面及两个圆柱面,从圆筒中取出边长分别为 $\mathrm{d}x$、$\mathrm{d}y$、$\mathrm{d}z$ 的单元体(图 7-9(d)),单元体左、右两侧面是横截面的一部分,则其上作用有等值、反向的切应力 $\boldsymbol{\tau}$,其组成一个力偶矩为$(\tau\mathrm{d}z\mathrm{d}y)\mathrm{d}x$ 的力偶。则单元体上、下面上的切应力 $\boldsymbol{\tau}'$,必组成一等值、反向的力偶与其平衡。

由
$$\sum m = 0, (\tau\mathrm{d}z\mathrm{d}x)\mathrm{d}y - (\tau\mathrm{d}z\mathrm{d}y)\mathrm{d}x = 0$$

解得
$$\tau = \tau' \tag{7-5}$$

上式表明:在互相垂直的两个平面上,切应力总是成对存在,且数值相等;两者均垂直两个平面交线,方向则同时指向或同时背离这一交线。如图 7-9(d)所示的单元体的四个侧面上,只有切应力而没有正应力作用,这种情况称为纯剪切。

7.3.3 剪切胡克定律

通过薄壁圆筒扭转试验可得逐渐增加的外力偶矩 m 与扭转角 φ 的对应关系,然后由式(7-3)和式(7-4)得一系列的 τ 与 γ 的对应值,便可作出图 7-10 所示的 $\tau-\gamma$曲线(由低碳钢材料得出的),与 $\sigma-\varepsilon$ 曲线相似。在$\tau-\gamma$曲线中OA 为一直线,表明 $\tau \leqslant \tau_{\mathrm{P}}$ 时,$\tau \propto \gamma$,这就是剪切胡克定律,即

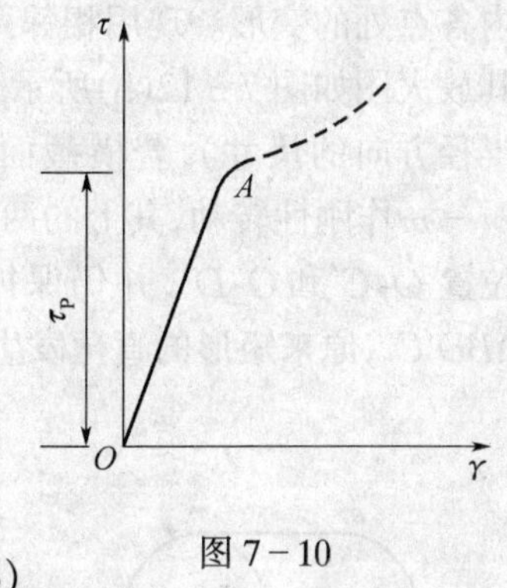

图 7-10

$$\tau = G\gamma \tag{7-6}$$

式中 G 为比例系数,称为剪切弹性模量。

7.4 圆轴扭转时的应力和强度条件

7.4.1 圆轴扭转时的应力

圆轴扭转时,求得已知截面上的扭矩后,还应进一步研究横截面上的应力分布规律,以便求出最大应力。解决这一问题,要从三方面考虑。首先,由杆件的变形找出应变的变化规律,也就是圆轴扭转时的变形几何关系。其次,由应变规律找出应力的分布规律,也就是建立应力和应变间的物理关系。最后,根据扭矩和应力之间的静力平衡关系,求出应力的计算公式。

1. 几何关系

为了观察圆轴的扭转变形,和薄壁圆筒的扭转相似,在圆轴表面上作圆周线和纵向线,如图 7-11 所示。在两端扭转力偶 $\boldsymbol{m}$ 的作用下,可以发现各圆周线绕轴线相对地旋转了一个角度,但形状和大小不变,两相邻圆周线之间的距离不变。此外,在小变形的情

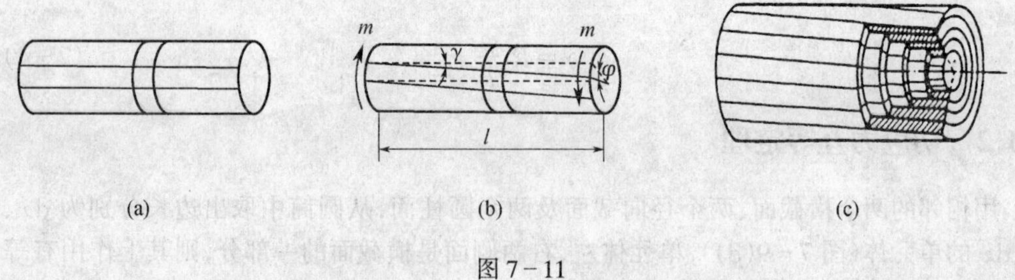

图 7-11

况下，纵向线仍近似为直线，只是倾斜了一个微小的角度 γ，圆轴表面上的方格变成菱形。

由图 7-11 可知，圆轴与薄壁圆筒的扭转变形相同。由此作出圆轴扭转变形的平面假设：圆轴变形后其横截面仍保持为平面，其大小及相邻两横截面间的距离不变，且半径仍为直线。按照该假设，圆轴扭转变形时，其横截面就像刚性平面一样，绕轴线转了一个角度。

上述假设说明了圆轴变形的总体情况。为了确定横截面上各点的应力，需要了解轴内各点处的变形。现用相邻两截面 $n-n$ 和 $m-m$，从圆轴中截取一个长为 $\mathrm{d}x$ 的微段，其放大图如图 7-12(b)所示。在上述微段上取单元体 $ABDC$(图中未画单元体 $ABDC$ 沿半径方向的尺寸)，若横截面 $n-n$ 对 $m-m$ 的相对转角为 $\mathrm{d}\varphi$，根据平面假设，截面 $m-m$作刚性转动，其上的两个半径 O_2C 和 O_2D 分别转过了同一个角度 $\mathrm{d}\varphi$，到达新的位置 O_2C'和 O_2D'，并仍保持为直线。于是，圆轴表面的矩形 $ABDC$ 变为平行四边行 $ABD'C'$，原来矩形的直角发生微小的改变 γ，这个 γ 角就是剪应变。

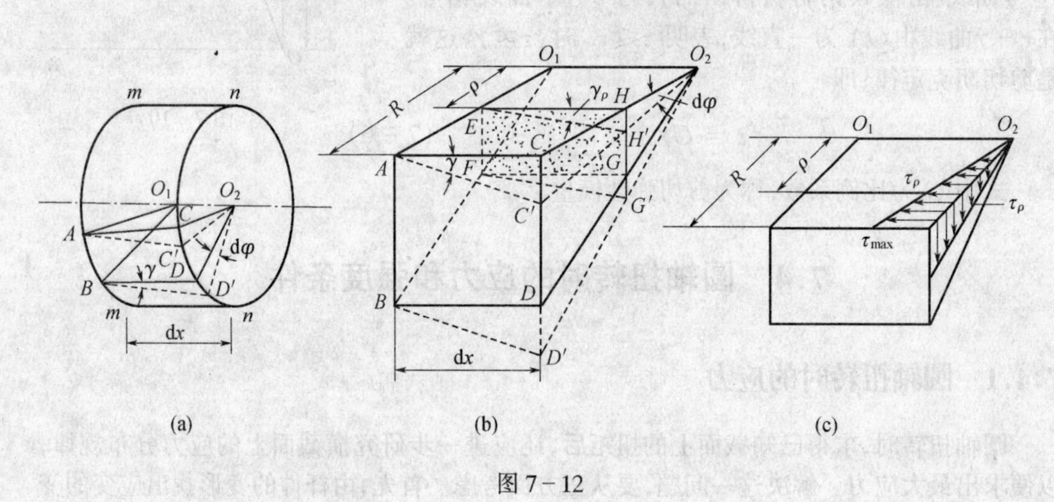

图 7-12

在小变形下，从图示几何关系可知

$$DD' = R\mathrm{d}\varphi$$

$$\gamma = \tan\gamma = \frac{DD'}{BD} = \frac{R\mathrm{d}\varphi}{\mathrm{d}x} = R\,\frac{\mathrm{d}\varphi}{\mathrm{d}x} \tag{a}$$

这就是圆截面边缘上 D 点处的剪应变，显然，γ 发生在垂直于半径 O_2D 的平面内。

同样，在轴的内部半径为 ρ 的圆周面上的矩形 $EFGH$ 的剪应变为

$$\gamma_\rho = \frac{GG'}{FG} = \rho \frac{\mathrm{d}\varphi}{\mathrm{d}x} \tag{b}$$

式中 γ_ρ 是离轴线为 ρ 处的剪应变。对于给定的横截面，$\frac{\mathrm{d}\varphi}{\mathrm{d}x}$ 为一常数，不随 ρ 而变化，因此式(b)表明，剪应变 γ_ρ 与该处到轴线的距离 ρ 成正比。

2. 物理关系

当切应力不超过材料的剪切比例极限时，切应力与剪应变服从剪切胡克定律，即

$$\tau = G\gamma \tag{c}$$

将式(b)代入式(c)，可得到距轴线为 ρ 处的切应力为

$$\tau_\rho = G\gamma_\rho = G\rho\frac{\mathrm{d}\varphi}{\mathrm{d}x} \tag{7-7}$$

式(7-7)表明，横截面上任一点处的切应力大小与该点到圆心的距离 ρ 成正比，在横截面外表面处切应力最大，在圆心处切应力为零，在半径为 ρ 的圆周上，各点的切应力 τ_ρ 均相同。切应力的方向垂直于半径。最大切应力发生在圆轴表面，如图 7-13 所示。

3. 静力学关系

由于$\frac{\mathrm{d}\varphi}{\mathrm{d}x}$还是未知量，由公式(7-7)还不能确定切应力的大小。为了计算切应力的数值，还要考虑静力学关系。

在圆轴横截面上，设距圆心为 ρ 的微面积 $\mathrm{d}A$ 处，作用有微剪切力为 $\tau_\rho \mathrm{d}A$，如图 7-14所示。整个横截面上各微剪力对圆心 O 点的力矩之和应等于该截面上的扭矩，即

$$T = \int_A \rho\tau_\rho \mathrm{d}A \tag{d}$$

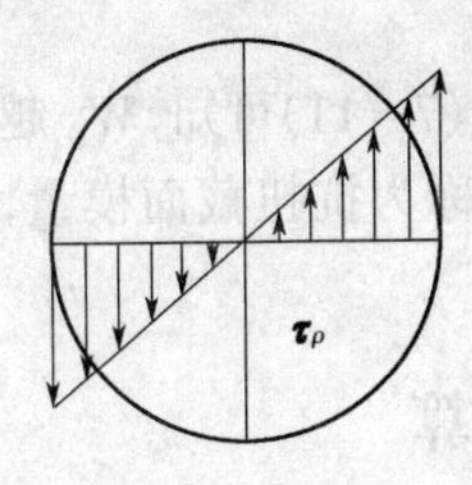

图 7-13

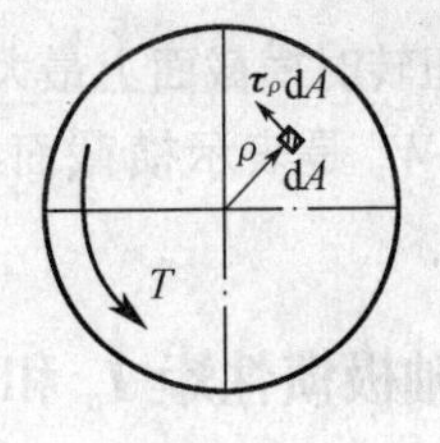

图 7-14

将式(7-7)代入式(d)，得

$$T = \int_A G\rho^2 \frac{\mathrm{d}\varphi}{\mathrm{d}x}\mathrm{d}A$$

式中 G 和$\frac{\mathrm{d}\varphi}{\mathrm{d}x}$是常数，二者均可以提到积分号外，有

$$T = G\frac{\mathrm{d}\varphi}{\mathrm{d}x}\int_A \rho^2 \mathrm{d}A \tag{e}$$

记

$$I_p = \int_A \rho^2 \mathrm{d}A \tag{7-8}$$

式中积分$\int_A \rho^2 \mathrm{d}A$是一个取决于横截面形状和大小的几何量，$I_p$称为横截面对圆心的极惯性矩。这样式(e)可写作

$$\frac{\mathrm{d}\varphi}{\mathrm{d}x} = \frac{T}{GI_p} \tag{7-9}$$

将上式代入式(7-7)，得

$$\tau_\rho = \frac{T\rho}{I_p} \tag{7-10}$$

这就是圆轴扭转时横截面上任一点处的切应力计算公式。

由上述可知，应用圆轴扭转时变形的几何关系、应力应变的物理关系和静力学关系推导出的式(7-10)，可求出任意横截面上任一点的切应力τ_ρ。式中的T是该截面上的扭矩；ρ是任一点到横截面中心O的距离；I_p是该横截面的极惯性矩，它是仅与截面形状和尺寸有关的量。

当横截面一定时，该截面的扭矩T和极惯性矩I_p就是不变的量，所以切应力τ_ρ的分布是ρ的函数，即$\tau_\rho = f(\rho)$，横截面上各点的切应力呈线性分布，距离中心越近的点，切应力越小，反之切应力越大。显然，中心点处切应力等于零，而最外边缘处有该横截面上的最大扭转切应力。即当$\rho = \rho_{\max}$时

$$\tau_{\max} = \frac{T\rho_{\max}}{I_p}$$

为了应用方便，将$\rho_{\max}$和I_p两个几何量合并成一个量，即$\tau_{\max} = \dfrac{T}{\dfrac{I_p}{\rho_{\max}}}$。令$W_p = \dfrac{I_p}{\rho_{\max}}$，于是

$$\tau_{\max} = \frac{T}{W_p} \tag{7-11}$$

这就是圆轴扭转时横截面上最大切应力的计算公式。由式(7-11)可知，W_p越大，$\tau_{\max}$就越小。因此，W_p是表示横截面抵抗扭转能力的几何量，称为抗扭截面模量，其单位是mm^3或cm^3。

7.4.2　圆轴极惯性矩I_p和抗扭截面模量W_p的计算

轴的横截面通常采用实心圆和空心圆两种形状，它们的极惯性矩I_p和抗扭截面模量W_p都是反映圆轴横截面几何性质的量。计算公式如下：

实心圆截面如图7-15(a)所示，若取微面积为一圆环，$\mathrm{d}A = 2\pi\rho\mathrm{d}\rho$，则由积分得

$$I_p = \int_A \rho^2 \mathrm{d}A = \int_0^{\frac{D}{2}} 2\pi\rho^3 \mathrm{d}\rho = \frac{\pi D^4}{32} \tag{7-12}$$

式中，D为圆截面的直径。

由此求得

$$W_p = \frac{I_p}{R} = \frac{I_p}{D/2} = \frac{\pi D^3}{16} \tag{7-13}$$

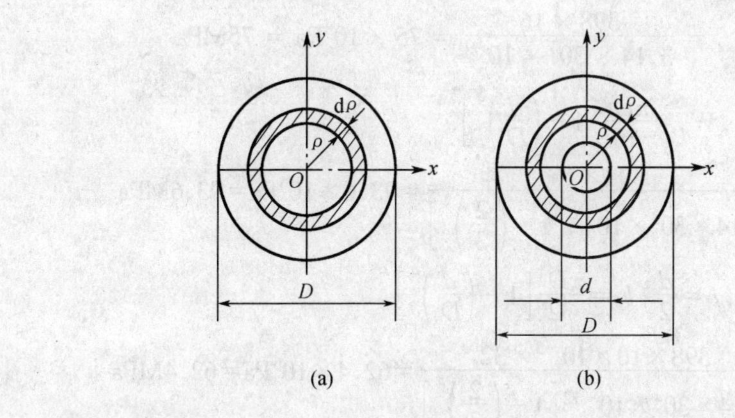

图 7-15

空心圆截面如图 7-15(b)所示,同样可积分得

$$I_p = \int_A \rho^2 \mathrm{d}A = 2\pi\int_{\frac{d}{2}}^{\frac{D}{2}} \rho^3 \mathrm{d}\rho = \frac{\pi}{32}(D^4 - d^4) = \frac{\pi D^4}{32}(1 - a^4) \quad (7-14)$$

$$W_p = \frac{I_p}{R} = \frac{\pi}{16D}(D^4 - d^4) = \frac{\pi D^3}{16}(1 - a^4) \quad (7-15)$$

式中,$a = d/D$,D 和 d 分别为空心圆截面的外径和内径;R 为外半径。

例 7-4 如图 7-16 所示,传动轴的转速 $n = 360\mathrm{r/min}$,其传递的功率 $N = 15\mathrm{kW}$。已知 $D = 30\mathrm{mm}$,$d = 20\mathrm{mm}$。试计算 AC 段横截面上的最大切应力,CB 段横截面上的最大和最小切应力。

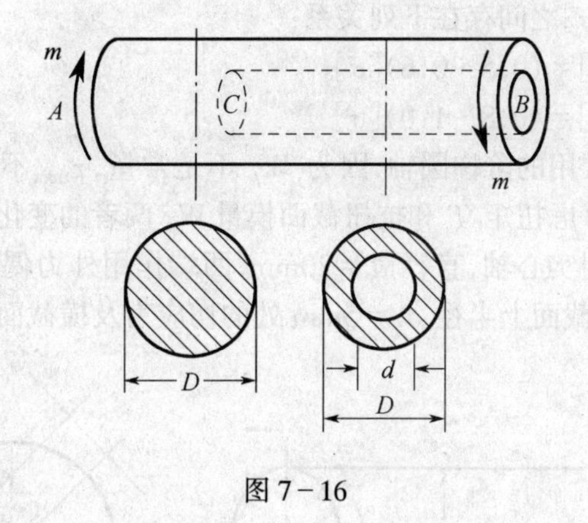

图 7-16

解 由 $m = 9550\dfrac{N}{n}$计算外力偶矩

$$m = 9550 \times \frac{15}{360} = 398\mathrm{N \cdot m}$$

由截面法计算扭矩得

$$T = m = 398\mathrm{N \cdot m}$$

AC 段:$\tau_{\max} = \dfrac{T}{W_n}$,$W_n = \dfrac{\pi}{16}D^3$

$$\tau_{max} = \frac{398 \times 16}{3.14 \times 30^3 \times 10^{-9}} = 75 \times 10^6 \text{Pa} = 75\text{MPa}$$

CB 段：$\tau_{max} = \dfrac{T}{W_n}, W_n = \dfrac{\pi D^3}{16}\left[1 - \left(\dfrac{d}{D}\right)^4\right]$

$$\tau_{max} = \frac{398 \times 16}{3.14 \times 30^3 \times 10^{-9}\left[1 - \left(\frac{2}{3}\right)^4\right]} = 93.6 \times 10^6 \text{Pa} = 93.6\text{MPa}$$

$$\tau_{min} = \frac{T\rho}{I_p}, \rho = \frac{d}{2}, I_p = \frac{\pi D^4}{32}\left[1 - \left(\frac{d}{D}\right)^4\right]$$

$$\tau_{min} = \frac{398 \times 10 \times 10^{-3} \times 32}{3.14 \times 30^4 \times 10^{-12}\left[1 - \left(\frac{2}{3}\right)^4\right]} = 62.4 \times 10^6 \text{Pa} = 62.4\text{MPa}$$

7.4.3 圆轴扭转的强度条件

为了保证圆轴工作时安全可靠，要求轴内的最大工作应力 τ_{max} 不超过材料的许用切应力$[\tau]$，故强度条件为

$$\tau_{max} \leqslant [\tau] \tag{7-16}$$

对于等截面直轴，最大工作应力 τ_{max} 发生在最大扭矩 M_{Tmax} 所在截面的边缘上。最大扭矩 M_{Tmax} 可由轴的受力情况用截面法或在扭矩图上确定。可以把强度条件写成

$$\tau_{max} = \frac{T_{max}}{W_p} \leqslant [\tau] \tag{7-17}$$

式中的扭转许用切应力$[\tau]$是根据扭转试验并考虑适当的安全系数确定的。在静载荷作用下，它与许用拉应力$[\sigma]$之间存在下列关系：

对于塑性材料　$[\tau] = (0.5 \sim 0.6)[\sigma]$

对于脆性材料　$[\tau] = (0.8 \sim 1.0)[\sigma]$

需要指出：对于工程中常用的阶梯圆轴，因为 W_p 不是常量，τ_{max} 不一定发生于 T_{max} 所在的截面上，这就要综合考虑扭矩 T 和抗扭截面模量 W_p 两者的变化情况来确定 τ_{max}。

例 7-5　有一钢制实心轴，直径 $d = 20$mm，两端作用外力偶，其矩 $m = 60$N·m，如图 7-17 所示。试求横截面上半径 $\rho_A = 5$mm 处的切应力及横截面上的最大切应力。

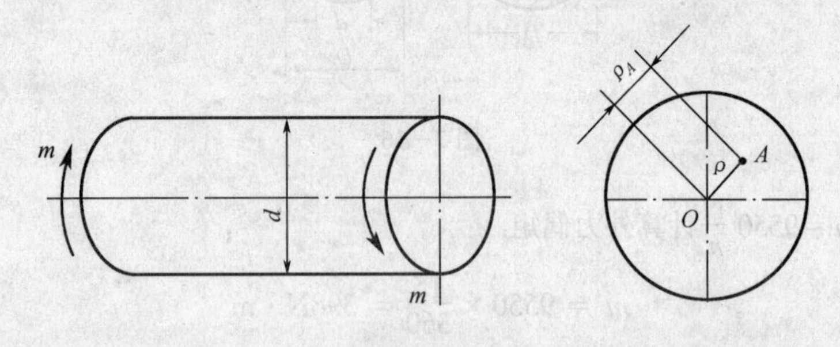

图 7-17

解　(1) $\rho_A = 5$mm 处的切应力。

根据式(7-10)，可以求得

$$\tau_\rho = \frac{T\rho}{I_p} = \frac{60 \times 5 \times 10^{-3}}{\frac{\pi}{32} \times 20^4 \times 10^{-12}} = 19.1 \times 10^6 \mathrm{N/m^2} = 19.1\mathrm{MPa}$$

(2) 最大切应力 $\tau_{\max}$。

由公式(7-11),可得

$$\tau_{\max} = \frac{T_{\max}}{W_p} = \frac{60}{\frac{\pi}{16} \times 20^3 \times 10^{-9}} = 38.2 \times 10^6 \mathrm{N/m^2} = 38.2\mathrm{MPa}$$

例 7-6 材料相同的实心轴与空心轴,通过牙嵌离合器相连,传递外力偶矩为 $m = 0.7\mathrm{kN \cdot m}$。设空心轴的内外径比 $\alpha = 0.5$,许用切应力 $[\tau] = 20\mathrm{MPa}$。试计算实心轴直径 d_1 与空心轴外径 D_2,并比较两轴的截面面积。

解 扭矩为 $T = m = 0.7\mathrm{kN \cdot m}$,由式(7-17)有

$$W_p \geqslant \frac{T}{[\tau]} = 35\mathrm{cm^3} \tag{a}$$

对实心轴:$W_p = \pi d_1^3/16$,代入式(a),解得

$$d_1 \geqslant 5.6\mathrm{cm}$$

取 $d_1 = 5.6\mathrm{cm}$。

对空心轴:$W_p = \frac{\pi D_2^3}{16}(1 - \alpha^4)$,代入式(a),解得

$$D_2 \geqslant 5.75\mathrm{cm}$$

取 $D_2 = 5.75\mathrm{cm}$,则内径 $d_2 = 2.875\mathrm{cm}$。

实心轴与空心轴的截面积比为

$$\frac{A_1}{A_2} = \frac{\pi d_1^2}{4} \Big/ \left[\frac{\pi D_2^2}{4}(1 - \alpha^2)\right] = 1.265$$

可见,在传递同样的力偶矩时,空心轴所耗材料比实心轴少,所以采用空心轴较实心轴合理。这是由于空心轴横截面面积分布比实心轴横截面更远离轴线,故材料得到了充分的利用,而实心轴横截面面积分布靠近轴线,在中心附近各点的切应力远小于材料的许用应力,材料没有得到充分利用。可见,空心轴壁厚越小,材料的利用率越高。当然,空心轴的制造工艺要比实心轴的工艺复杂。而空心轴的壁厚不能太薄,太薄会增加制造难度,进而加大工艺成本;另外,太薄还容易产生局部皱褶,从而使轴的承载能力下降。

7.5 圆轴扭转时的变形和刚度条件

7.5.1 圆轴扭转时的变形

圆轴扭转变形可用两个横截面间相对转动的角 φ 来表示,如图 7-18 所示,称之为相对扭转角。由公式(7-9)可得,相距 $\mathrm{d}x$ 的两横截面间的扭转角为

$$\mathrm{d}\varphi = \frac{T}{GI_p}\mathrm{d}x$$

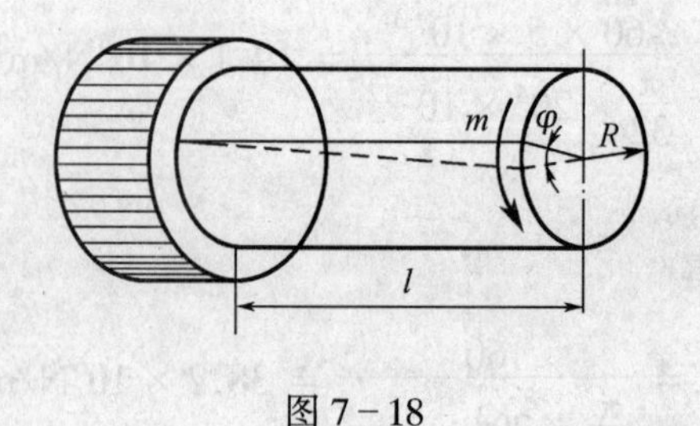

图 7-18

沿轴线 x 积分,即可求得相距为 l 的两横截面间的相对扭转角为

$$\varphi = \int_l \mathrm{d}\varphi = \int_0^l \frac{T}{GI_p}\mathrm{d}x \tag{7-18}$$

若在长度为 l 的一段轴内,各横截面上的扭矩 T 数值不变,则对同一种材料的等直圆轴来讲,数值 GI_p 为常数,可得两横截面间的扭转角为

$$\varphi = \frac{Tl}{GI_p} \tag{7-19}$$

这就是等直圆轴扭转变形计算公式。φ 的单位为弧度(rad),其转向与扭矩的转向相同,所以扭转角 φ 的正负号随扭矩正负号而定。

公式(7-19)表明:扭转角 φ 与扭矩 T、轴长 l 成正比,而与 GI_p 成反比。当扭矩 M_T 和轴长 l 为一定值时,GI_p 越大,φ 越小。GI_p 反映了圆轴抵抗扭转变形的能力,称为圆轴的抗扭刚度。

由公式(7-19)算出的扭转角 φ 与轴长度 l 有关。为消除长度影响,工程上常用单位长度扭转角 θ 来表示扭转变形的程度。即

$$\theta = \frac{\varphi}{l} = \frac{T}{GI_p} \tag{7-20}$$

式中 θ 的单位为弧度/米(rad/m)。

7.5.2 圆轴扭转时的刚度条件

许多受扭圆轴,除了必须满足强度条件外,还必须保证其扭转变形不能过大。例如桥式起重机的传动轴,若变形过大,运转时易发生振动,不能正常运转。又如机械钟表里一系列的轴,若扭转变形过大,会影响钟表的精度。因此,对受扭圆轴的扭转变形必须加以限制,也就是说要满足刚度条件。

为了保证轴的刚度,通常规定轴的最大单位长度扭转角 θ_{max} 不得超过规定的允许值 $[\theta]$。因此,等直圆轴扭转时刚度条件为

$$\theta_{max} = \frac{T_{max}}{GI_p} \leqslant [\theta] \tag{7-21}$$

在工程中,$[\theta]$的单位常用度/米(°/m),故式(7-21)也应将 θ_{max} 的单位变换成°/m,可改写为

$$\theta_{max} = \frac{T_{max}}{GI_p}\frac{180°}{\pi} \leqslant [\theta] \tag{7-22}$$

$[\theta]$的数值,可根据轴的工作条件和机器的精度要求,按实际情况从有关手册中查得。这里列举常用的一般数据:

精密机械的轴　　　　$[\theta]=0.25\sim0.5°/m$

一般传动轴　　　　　$[\theta]=0.5\sim1.0°/m$

精密较低传动轴　　　$[\theta]=2\sim4°/m$

仍需指出,式(7-22)是等截面轴刚度条件。对于阶梯轴,其 θ_{max} 值还可能发生在较细的轴段上,要加以比较判断。

例 7-7　有一闸门启闭机的传动轴,已知:材料为 45 号钢,剪切弹性模量 $G=79GPa$,许用切应力 $[\tau]=88.2MPa$,许用单位扭转角 $[\theta]=0.5°/m$,使原轴转动的电动机功率为 16kW,转速为 3.86r/min。试根据强度条件和刚度条件选择圆轴的直径。

解　(1) 计算传动轴传递的扭矩。

$$T = m = 9550\frac{N}{n} = 9550\times\frac{16}{3.86} = 39.59\text{kN}\cdot\text{m}$$

(2) 由强度条件确定圆轴的直径。

$$W_p \geqslant \frac{T}{[\tau]} = 0.4488\times10^{-3}\text{m}^3$$

而 $W_p=\frac{\pi d^3}{16}$,则

$$d \geqslant \sqrt[3]{\frac{16W_p}{\pi}} = 131\text{mm}$$

(3) 由刚度条件确定圆轴的直径。

$$I_p \geqslant \frac{T}{G[\theta]}\times\frac{180}{\pi}$$

而 $I_p=\frac{\pi d^4}{32}$,则

$$d \geqslant \sqrt[4]{\frac{32T}{\pi G[\theta]}\times\frac{180}{\pi}} = 155\text{mm}$$

选择圆轴的直径 $d=160mm$,既满足强度条件,又满足刚度条件。

例 7-8　一电机的传动轴传递的功率为 30kW,转速为 1400r/min,直径为 40mm,轴材料的许用切应力 $[\tau]=40MPa$,剪切弹性模量 $G=80GPa$,许用单位扭转角 $[\theta]=1°/m$,试校核该轴的强度和刚度。

解　(1) 计算扭矩。

$$T = m = 9550\frac{N}{n} = 9550\times\frac{30}{1400} = 204.6\text{N}\cdot\text{m}$$

(2) 强度校核。

$$\tau_{\max} = \frac{T}{W_n} = \frac{16 \times 204.6}{\pi \times (40 \times 10^{-3})^3} = 16.3\text{MPa} < 40\text{MPa} = [\tau]$$

(3) 刚度校核。

$$\theta = \frac{T}{GI_p} \times \frac{180}{\pi} = \frac{32 \times 204.6}{80 \times 10^9 \times \pi \times (40 \times 10^{-3})^4} \times \frac{180}{\pi} = 0.58°/\text{m} < 1°/\text{m} = [\theta]$$

该传动轴既满足强度条件，又满足刚度条件。

思考题

1. 说明扭转应力变形公式 $\tau_\rho = \frac{T\rho}{I_\rho}$，$\varphi = \int_o^l \frac{T}{GI_p}\mathrm{d}x$ 的应用条件。应用拉、压应力变形公式时是否也有这些条件限制？

2. 扭转切应力在圆轴横截面上是怎样分布的？指出应力分布图 7－19 中哪些是正确的？

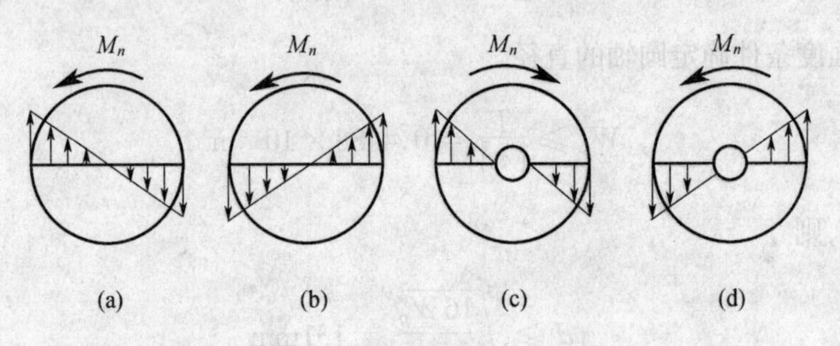

图 7－19

3. 一空心轴的截面尺寸如图 7－20 所示。它的极惯性矩 I_p 和抗扭截面模量 W_n 是否可按下式计算？为什么？

$$I_p = \frac{\pi D^4}{32}(1 - \alpha^4) \qquad W_n = \frac{\pi D^3}{16}(1 - \alpha^4) \qquad \left(\alpha = \frac{d}{D}\right)$$

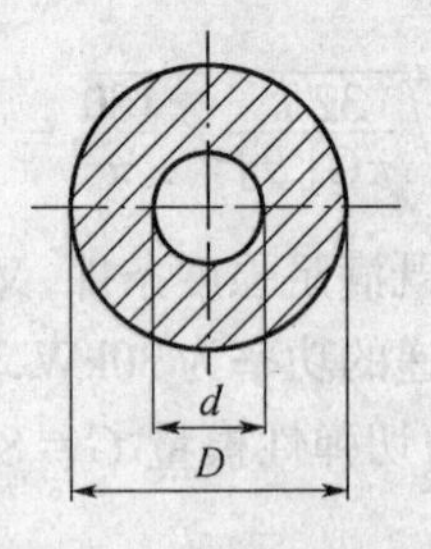

图 7－20

4. 若将实心轴直径增大一倍，而其他条件不变，问最大切应力、轴的扭转角将如何变化？

5. 直径相同而材料不同的两根等长实心轴，在相同的扭矩作用下，最大切应力 $\tau_{\max}$、扭转角 φ 和极惯性矩 I_p 是否相同？

习 题

7-1 试求图 7-21 所示各轴的扭矩，并指出最大扭矩值。

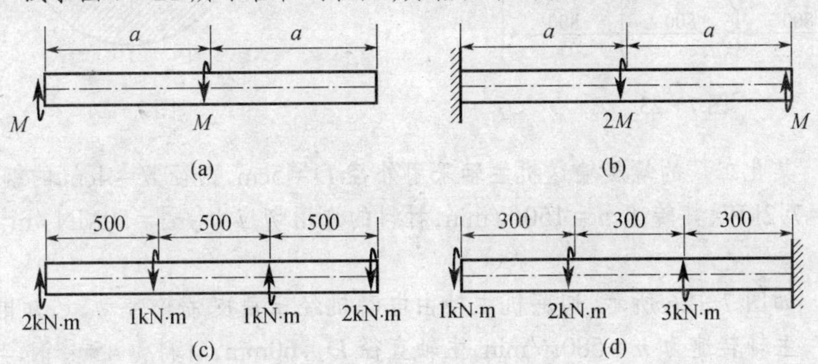

图 7-21

7-2 绘制图 7-22 所示各杆的扭矩图。

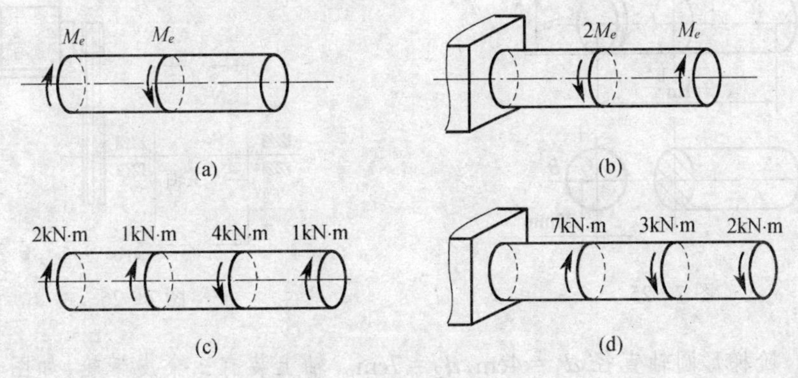

图 7-22

7-3 图 7-23 所示某传动轴，转速 $n=300\text{r/min}$，轮 1 为主动轮，输入的功率 $P_1=50\text{kW}$，轮 2、轮 3 与轮 4 为从动轮，输出功率分别为 $P_2=10\text{kW}$，$P_3=P_4=20\text{kW}$。

(1) 试画轴的扭矩图，并求轴的最大扭矩。

(2) 若将轮 1 与轮 3 的位置对调，轴的最大扭矩变为何值，对轴的受力是否有利?

7-4 图 7-24 所示空心圆截面轴，外径 $D=40\text{mm}$，内径 $d=20\text{mm}$，扭矩 $T=1\text{kN·m}$，试计算 A 点处($\rho_A=15\text{mm}$)的扭转切应力 τ_A，以及横截面上的最大与最小扭转切应力。

7-5 如图 7-25 所示，实心圆轴的直径 $d=100\text{mm}$，长 $l=1\text{m}$，两端受力偶矩 $m=14\text{kN·m}$ 作用，设材料的弹性模量 $G=80\text{GN/m}^2$，求：

(1) 最大切应力 τ_{max}及两端截面间的相对扭转角 φ。

(2) 图示截面上 A、B、C 三点切应力的数值及方向。

7-6 一直径为 20mm 的钢轴，若$[\tau]=100\text{MN/m}^2$，求此轴能传递的扭矩。如转速为 100r/min，求此轴能传递的功率。

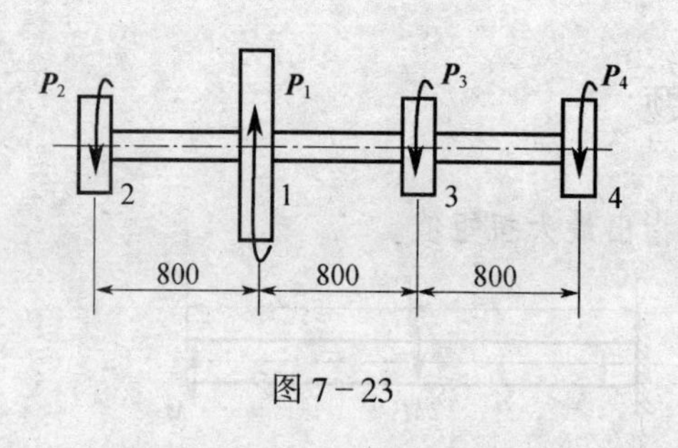

图 7－23

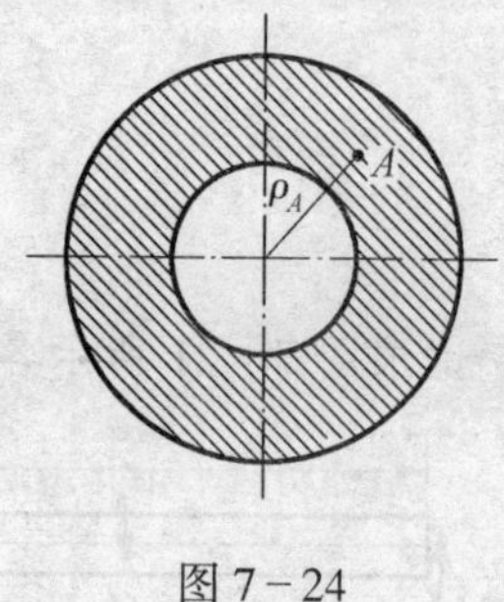

图 7－24

7－7 某化工厂的螺旋输送机主轴采用外径 $D=5\text{cm}$，内径 $d=4\text{cm}$ 的钢管制成，输入功率 $P=7.2\text{kW}$，其转速 $n=150\text{r/min}$，材料的许用切应力 $[\tau]=50\text{MN/m}^2$，问强度是否足够？

7－8 如图 7－26 所示，切蔗机主轴由电动机经三角皮带轮带动，已知电动机的功率为 55kW，主轴转速为 $n=580\text{r/min}$，主轴直径 $D=60\text{mm}$，材料为 45 号钢，其许用切应力 $[\tau]=40\text{MN/m}^2$。若不考虑传动中的功率损耗，试验算主轴的扭转强度。

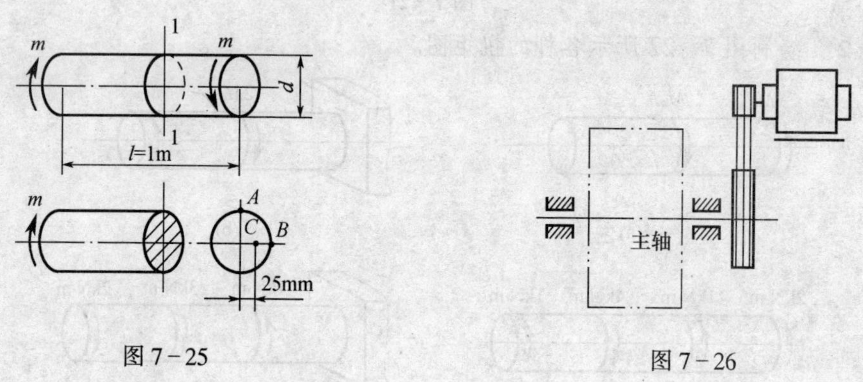

图 7－25

图 7－26

7－9 阶梯形圆轴直径 $d_1=4\text{cm}$，$d_2=7\text{cm}$。轴上装有三个皮带轮，如图 7－27 所示。已知由轮 3 输入的功率为 $P_3=30\text{kW}$，轮 1 输出的功率为 $P_1=13\text{kW}$，轴作匀速转动，转速 $n=200\text{r/min}$，材料的许用切应力 $[\tau]=60\text{MN/m}^2$，$G=80\times10^9\text{N/m}^2$，许用单位扭转角 $[\theta]=2°/\text{m}$。试校核轴的强度和刚度。

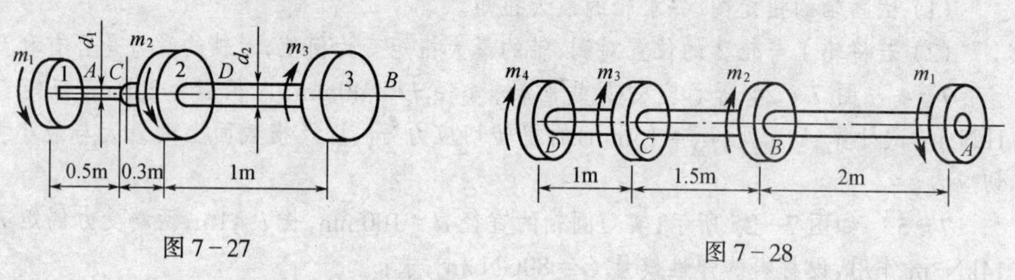

图 7－27

图 7－28

7－10 一圆轴以 300r/min 的转速传递 33.1kW 的功率。如 $[\tau]=40\text{MN/m}^2$，$[\theta]=0.5°/\text{m}$，$G=80\times10^9\text{N/m}^2$，求轴的直径。

7－11 如图 7－28 所示，在一直径为 75mm 的等截面圆轴上，作用着外力偶矩：$m_1=1\text{kN·m}$，$m_2=0.6\text{kN·m}$，$m_3=0.2\text{kN·m}$，$m_4=0.2\text{kN·m}$。

(1) 作轴的扭矩图;

(2) 求出每段内的最大切应力;

(3) 求出轴两端截面的相对扭转角,设材料的剪切弹性模量 $G=80\times10^9\text{N/m}^2$;

(4) 若 m_1 和 m_2 的位置互换,试问最大切应力将怎样变化?

7-12 图 7-29 所示两端固定的圆截面轴,直径为 d,材料的切变模量为 G,截面 B 的转角为 φ_B,试求所加扭力偶矩 M 之值。

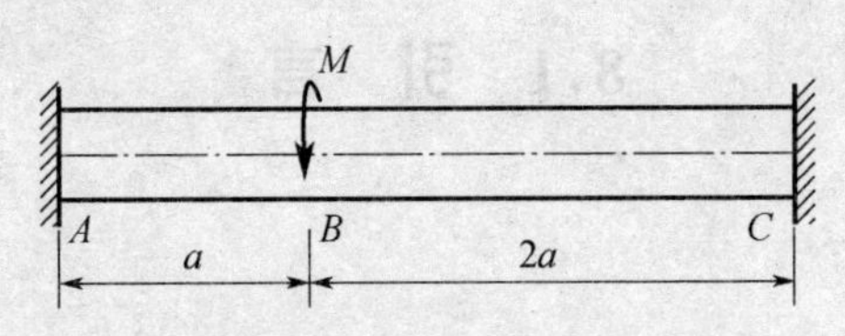

图 7-29

第8章 弯曲内力

8.1 引 言

8.1.1 弯曲的概念

在工程实际中,常常会遇到发生弯曲的杆件,如桥式起重机的大梁(图 8-1)、火车轮轴(图 8-2)等。这些杆件受到与杆轴线相垂直的外力(横向力)或外力偶的作用,杆的轴线由直线变成曲线,这种变形称为弯曲变形。以弯曲为主要变形的杆件称为梁。

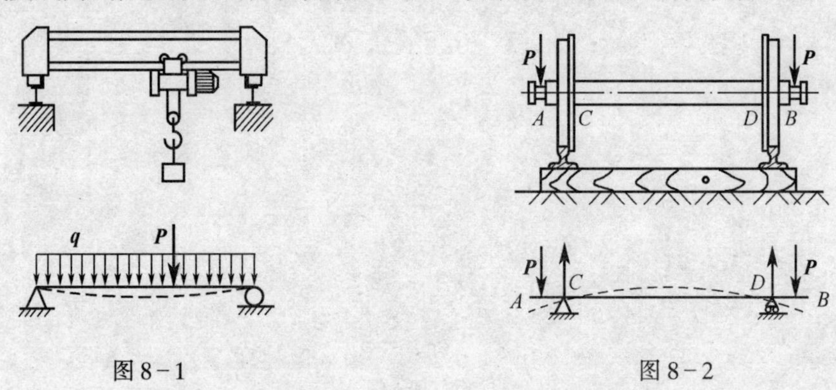

图 8-1　　　　图 8-2

工程中常见的梁,其横截面通常有一纵向对称轴。该对称轴与梁的轴线组成梁的纵向对称面(图 8-3)。外力、外力偶作用在梁的纵向对称面内,则梁的轴线在此平面内弯曲成一平面曲线,这种弯曲称为对称弯曲。

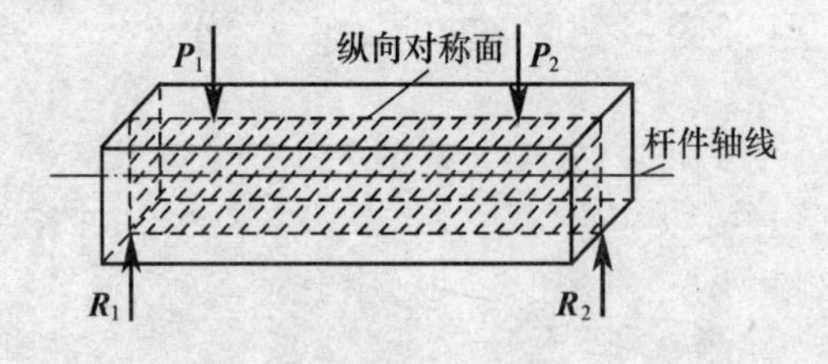

图 8-3

对称弯曲是弯曲问题中最基本和最常见的情况。上述起重机的大梁和火车轮轴的弯曲即为对称弯曲。本书中主要研究对称弯曲。

8.1.2 梁的支承简化

工程中弯曲变形杆件的支承情况复杂多样。为便于分析和计算,对于梁所受载荷和支承情况,必须进行合理的简化,并作出梁的计算简图。

梁的支座按其对梁的约束情况,可以简化为以下3种基本形式。

1. 固定铰支座

这种支座可阻止梁在支承处沿水平和垂直方向的移动,但不能阻止梁绕铰链中心的转动,故有两个支反力,即水平反力 $\boldsymbol{H}$ 和垂直反力 $\boldsymbol{V}$,如图8-4(a)所示。

2. 活动铰链支座(辊轴支座)

这种支座能阻止梁沿垂直于支承面方向的移动,但不能阻止梁沿支承面的移动,也不能阻止梁绕铰链中心的转动。故只有一个支反力,即通过铰链中心并垂直于支承面的反力 $\boldsymbol{V}$,如图8-4(b)所示。

3. 固定端

这种支座使梁的端截面既不能沿水平方向和垂直方向移动,也不能绕某一点转动,故相应的支座反力有3个,即水平反力 $\boldsymbol{H}$、垂直反力 $\boldsymbol{V}$ 和力偶矩为 m 的反力偶,如图8-4(c)所示。在图8-5中,车床刀架上的割刀,其支座就可以简化为固定端。

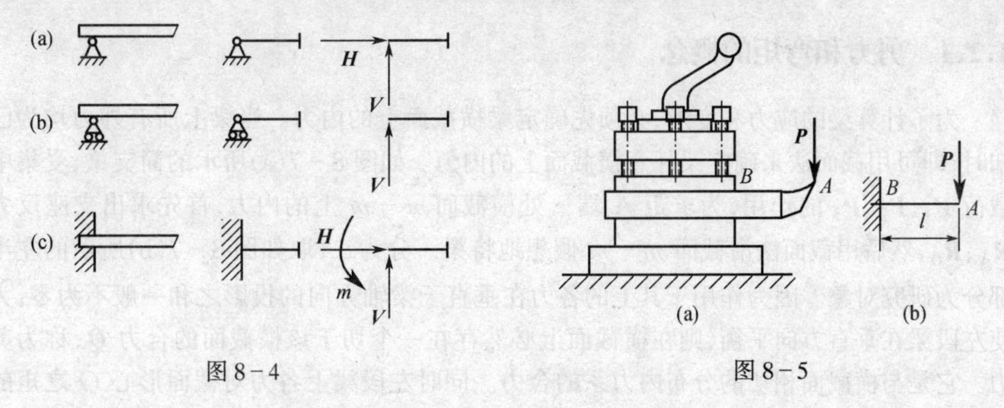

图8-4　　　　图8-5

以上所述是3种常见的理想支承情况。实际的支座应该简化成为哪一种基本形式,还要根据具体情况而定。

8.1.3　梁的分类

根据梁的支承简化情况,在实际工程中常见的梁分为3种。

1. 简支梁

梁的一端为固定铰支座,另一端为活动铰支座,如图8-6(a)所示。

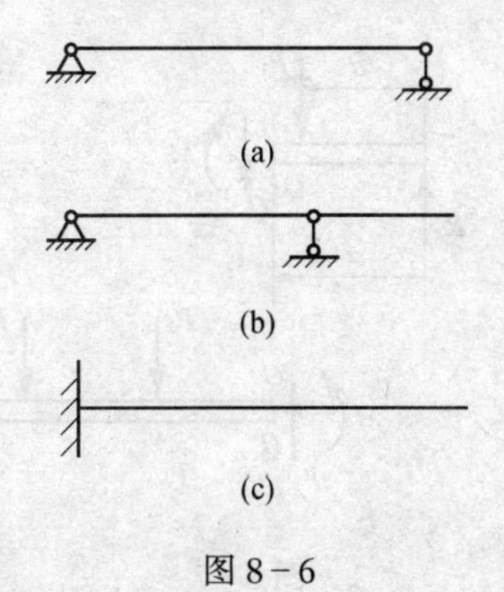

图8-6

2．外伸梁

梁有一个固定铰支座和一个活动铰支座，而梁的一端或两端伸出支座之外，如图8－6(b)所示。

3．悬臂梁

梁的一端固定，另一端自由，如图 8－6(c)所示。

在对称弯曲情况下，梁的主动力与约束力构成平面力系。上述的简支梁、外伸梁、悬臂梁的约束力，都能由静力学平衡方程确定，因此，又统称为静定梁。

在工程实际中，有时为了提高梁的强度和刚度，采取增加梁的支承的办法，此时静力学平衡方程就不足以确定梁的全部约束反力，这种梁称为静不定梁或超静定梁。

8.2 剪力与弯矩

8.2.1 剪力和弯矩的概念

为了计算梁的应力和变形，必须先确定梁横截面上的内力。当梁上所有外力均为已知时，即可用截面法来确定梁任意横截面上的内力。如图 8－7(a)所示的简支梁，受集中载荷 $\boldsymbol{P}_1$、$\boldsymbol{P}_2$、$\boldsymbol{P}_3$ 的作用，为求距 A 端 x 处横截面 $m-m$ 上的内力，首先求出支座反力 $\boldsymbol{R}_A$、$\boldsymbol{R}_B$，然后用截面法沿截面 $m-m$ 假想地将梁一分为二，取如图 8－7(b)所示的左半部分为研究对象。因为作用于其上的各力在垂直于梁轴方向的投影之和一般不为零，为使左段梁在垂直方向平衡，则在横截面上必然存在一个切于该横截面的合力 $\boldsymbol{Q}$，称为剪力。它是与横截面相切的分布内力系的合力。同时左段梁上各力对截面形心 O 之矩的代数和一般不为零，为使该段梁不发生转动，在横截面上一定存在一个位于荷载平面内的内力偶，其力偶矩用 M 表示，称为弯矩。它是与横截面垂直的分布内力偶系的合力偶的力偶矩。由此可知，梁弯曲时横截面上一般存在两种内力。如图 8－7(b)，横截面上的剪

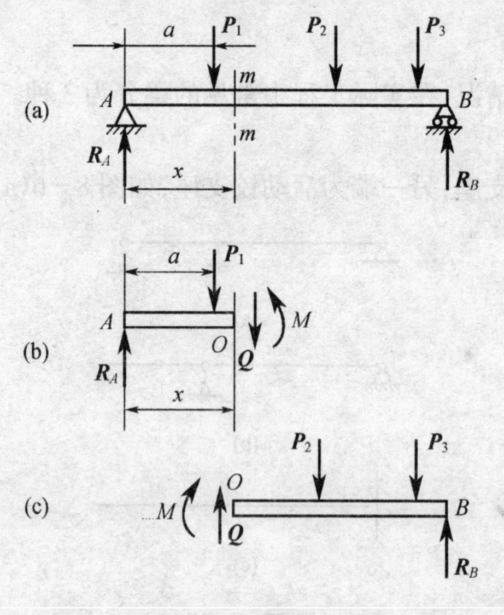

图 8－7

力 Q 和弯矩 M 的大小和方向,可以根据左段梁的平衡方程来确定。

由 $$\sum F_y = 0 \qquad R_A - P_1 - Q = 0$$

解得 $Q = R_A - P_1$

即剪力等于左段梁上所有外力的代数和。

由 $$\sum M_o(\boldsymbol{F}) = 0 \qquad -R_A x + P_1(x-a) + M = 0$$

解得 $$M = R_A x - P_1(x-a)$$

矩心 O 为截面的形心,于是弯矩 M 等于左段梁上所有外力对截面形心 O 的力矩的代数和。

如果取右段梁为研究对象,用同样的方法也可得到截面 $m-m$ 上的剪力 Q 和弯矩 M。但是必须注意,分别以左段或右段为研究对象求出的 Q 和 M 数值相同,但方向和转向则是相反的,因为它们是作用力与反作用力的关系。

8.2.2 剪力和弯矩符号的规定

为使上述两种算法得到的同一截面上的剪力和弯矩,非但数值相同而且符号也一致,在材料力学的研究中,把剪力和弯矩的符号作了人为规定。

剪力 Q 的符号规定:若被保留的梁段截面上的剪力 Q 对该截面作"顺时针转",Q 为正,反之为负,如图 8-8 所示。

弯矩 M 的符号规定:在图 8-9 所示的变形情况下,即在横截面 $m-m$ 处弯曲变形凹向下时,这一横截面上的弯矩 M 规定为正,反之为负。

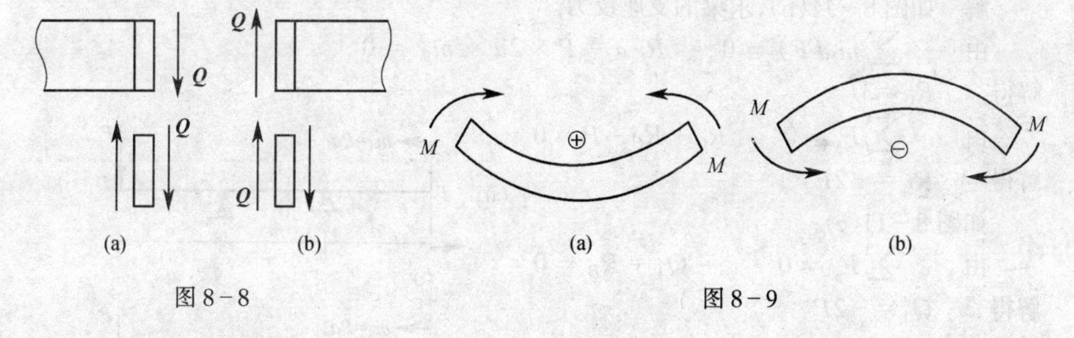

图 8-8　　　　图 8-9

综上所述,可得到如下结论:

弯曲时梁横截面上的剪力在数值上等于该截面一侧外力的代数和;

$$Q = \sum F$$

横截面上的弯矩在数值上等于该截面一侧外力对该截面形心的力矩的代数和。

$$M = \sum M_o(\boldsymbol{F})$$

当由外力直接计算截面上的内力时,按照以上的正负号规定,对于剪力,截面左侧向上的外力或截面右侧向下的外力产生正剪力,反之为负。可以概括为"左上右下为正"。至于弯矩,向上的外力(不论截面的左侧或右侧)产生正的弯矩,反之为负;或截面左侧的顺时针力偶及截面右侧逆时针力偶产生正的弯矩,反之为负。可以概括为"左顺右逆"为正。

例 8-1 一简支梁 AB 如图 8-10 所示，在点 C 处作用一集中力 $P=10\text{kN}$，求距 A 端 0.8m 处截面 $n-n$ 上的剪力和弯矩。

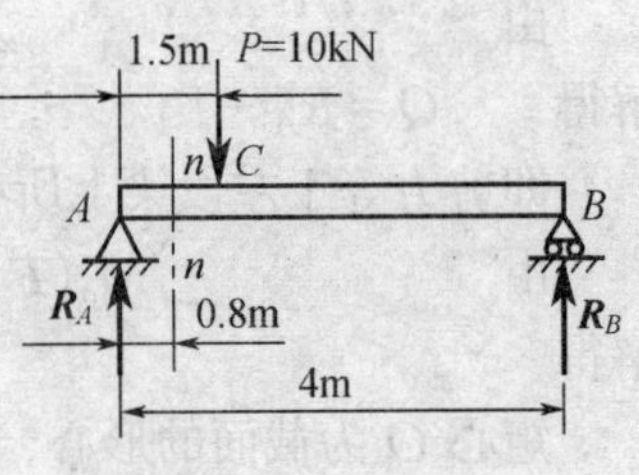

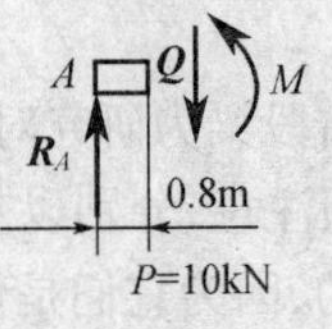

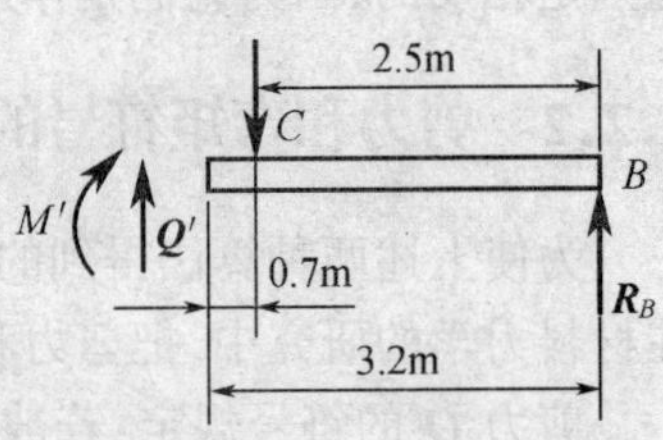

图 8-10

解 (1) 求支座反力。由静力平衡方程

$$\sum M_A(\boldsymbol{F}) = 0$$

$$R_B \times 4 - P \times 1.5 = 0$$

得 $R_B = 3.75\text{kN}$

$$\sum F_y = 0$$

$$R_A + R_B - P = 0$$

得 $R_A = 6.25\text{kN}$

(2) 求截面 $n-n$ 上的剪力 $\boldsymbol{Q}$ 和弯矩 $\boldsymbol{M}$。考虑 $n-n$ 以左部分为研究对象，在截面上先假设 $+Q$ 和 $+M$，根据这段梁的平衡，则有

$$\sum F_y = 0 \qquad Q = R_A = 6.25\text{kN}$$

$$\sum M_O(P) = 0$$

$$M = R_A \times 0.8 = 6.25 \times 0.8\text{kN} = 5\text{kN} \cdot \text{m}$$

如果考虑截面以右部分，结果相同，读者可以自己验证。

例 8-2 试求图 8-11(a)所示外伸梁指定截面的剪力和弯矩。

解 如图 8-11(b)，求梁的支座反力。

由 $\sum m_B(\boldsymbol{F}) = 0 \qquad R_C a - P \times 2a - m_A = 0$

解得 $R_C = 3P$

由 $\sum F_y = 0 \qquad R_C + R_B - P = 0$

解得 $R_B = -2P$

如图 8-11(c)：

由 $\sum F_y = 0 \qquad -Q_1 + R_B = 0$

解得 $Q_1 = -2P$

由 $\sum M_2(\boldsymbol{F}) = 0$

$$M_1 - R_B(1.3a - a) - m_A = 0$$

解得 $M_1 = R_B(1.3a - a) + m_A$

$= 0.4Pa$

如图 8-11(d)：

由 $\sum F_y = 0 \qquad R_C - Q_2 + R_B = 0$

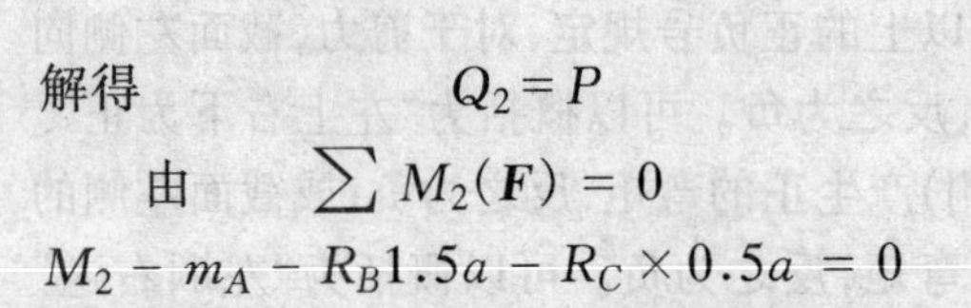

解得 $Q_2 = P$

由 $\sum M_2(\boldsymbol{F}) = 0$

$$M_2 - m_A - R_B 1.5a - R_C \times 0.5a = 0$$

解得 $M_2 = m_A + R_B 1.5a + R_C \times$

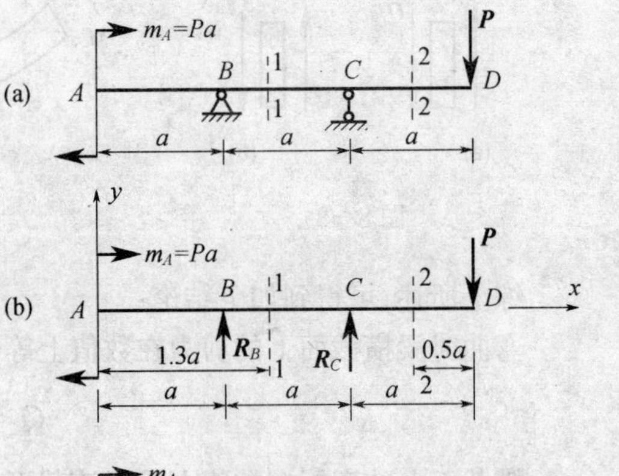

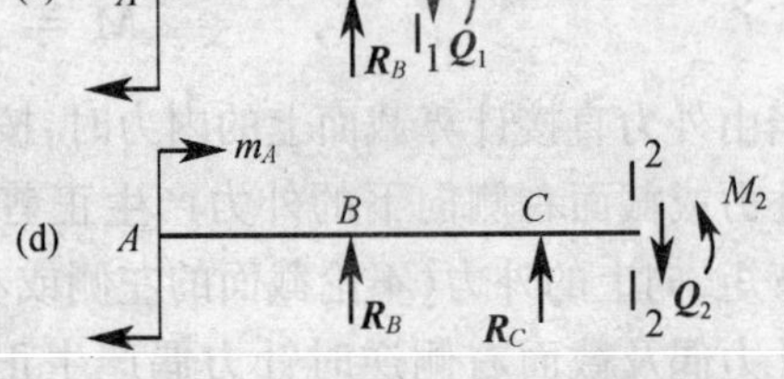

图 8-11

$0.5a = -0.5Pa$

8.3 剪力、弯矩方程与剪力、弯矩图

8.3.1 剪力和弯矩方程

一般情况下，横截面上的剪力和弯矩随截面位置的变化而变化。如果以横坐标 x 表示横截面在梁轴线上的位置，则各横截面上的剪力和弯矩可以表示为 x 的函数，即

$$Q = Q(x)$$

$$M = M(x)$$

以上函数式称为梁的剪力方程和弯矩方程。

在列方程时，一般将坐标 x 的原点取在梁的左端，x 向右为正方向。也可将坐标 x 的原点取在梁的右端，x 向左为正方向。

8.3.2 剪力和弯矩图

为了显示剪力和弯矩沿梁轴线的变化情况，可根据剪力方程和弯矩方程用图线把它们表示出来。作图时，要选择一个适当的比例尺，以横截面位置 x 为横坐标，剪力和弯矩为纵坐标，并将正剪力和正弯矩画在 x 轴以上，负的画在 x 轴以下，这样所得的图线，称为剪力图和弯矩图。

根据剪力图和弯矩图，既可了解全梁中弯矩变化情况，而且很容易找到梁内最大剪力和弯矩所在的横截面及数值，知道了这些数据之后，才能进行梁的强度计算和刚度计算。

画剪力图和弯矩图的基本方法是列出剪力方程和弯矩方程，然后根据方程作图。下面用例题来具体说明这种方法。

例 8-3 一悬臂梁 AB，在自由端受集中力 $\boldsymbol{P}$ 作用，如图 8-12 所示，试作此梁的剪力图和弯矩图。

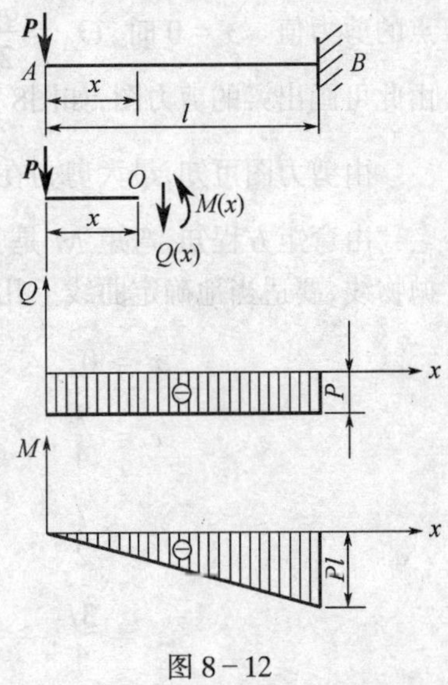

图 8-12

解 (1) 列剪力方程和弯矩方程。将梁左端 A 点取作坐标原点。在求此梁距离左端为 x 的任意横截面上的剪力和弯矩时，不必先求出梁支座反力，而可根据截面左侧梁的平衡求得，如图 8-12 所示。

$$\sum F_y = 0 \quad Q(x) = -P \quad (0 < x < l) \qquad \text{(a)}$$

$$\sum M_o(\boldsymbol{P}) = 0 \quad M(x) = -Px \quad (0 \leqslant x < l) \qquad \text{(b)}$$

式(a)和式(b)就是此梁的剪力方程和弯矩方程，在式后的括号内，写出方程的适用范围。

(2) 画剪力图和弯矩图。式(a)表明，剪力 Q 与 x 无关，故剪力图是位于 x 轴下方的水平线；式(b)表明，弯矩 M 是 x 的一次函数，故弯矩图是一条斜直线，需要

由图线的两个点来确定这条直线。

当 $x=0$ 时，　　$M=0$

当 $x=l$ 时，　　$M=-Pl$

由此可画出梁的剪力图、弯矩图，如图 8－12 所示。由图可见，此悬臂梁的绝对值最大的弯矩出现在固定端 B 处，其值分别为

$$|Q|_{\max}=P$$

$$|M|_{\max}=Pl$$

显然，此弯矩在数值上等于梁固定端的约束反力偶矩。

例 8－4　如图 8－13(a)所示为一简支梁 AB，受均布载荷 $\boldsymbol{q}$ 的作用，试作此梁的剪力图和弯矩图。

解　(1) 求支座反力。由载荷及支座反力的对称性可知，两个支座反力相等，故

$$R_A=R_B=\frac{ql}{2}$$

(2) 列剪力方程和弯矩方程。以梁左端 A 点为坐标原点，在距左端为 x 的任意横截面上的剪力方程和弯矩方程为

$$Q(x)=R_A-qx=\frac{ql}{2}-qx\quad(0<x<l)\quad\text{(a)}$$

$$M(x)=R_Ax-qx\times\frac{x}{2}=\frac{qlx}{2}-\frac{qx^2}{2}$$

$$(0\leqslant x<l)\quad\text{(b)}$$

式(a)和式(b)即为梁的剪力方程和弯矩方程。

(3) 画剪力图和弯矩图。由剪力方程知，剪力 Q 是 x 的一次函数，故剪力图是一条斜直线，只需确定两点的剪力值。$x=0$ 时，$Q_A=\dfrac{ql}{2}$；$x=l$ 时，$Q_B=-\dfrac{ql}{2}$。由此可画出梁的剪力图，如图8－13所示。

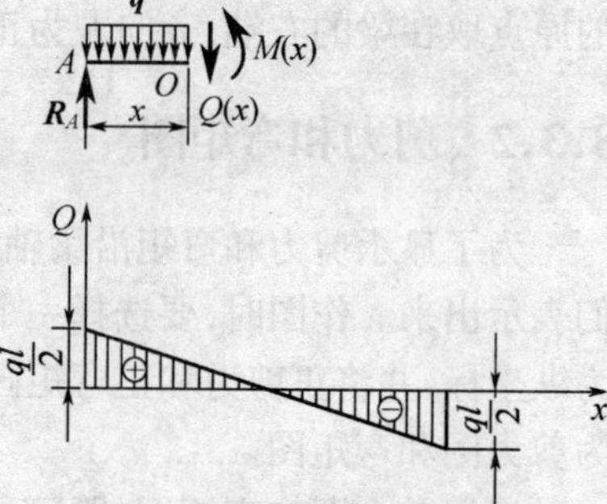

图 8－13

由剪力图可知，最大剪力在 A、B 两截面处，$|Q|_{\max}=\dfrac{ql}{2}$。

由弯矩方程知，弯矩 M 是 x 的二次函数，故弯矩图是一条二次抛物线，为了画出此抛物线，要适当地确定曲线上几个点的弯矩值，如

$$x=0,\qquad M=0$$

$$x=\frac{l}{4},\qquad M=\frac{ql}{2}\times\frac{l}{4}-\frac{q}{2}\left(\frac{l}{4}\right)^2=\frac{3}{32}ql^2$$

$$x=\frac{l}{2},\qquad M=\frac{ql}{2}\times\frac{l}{2}-\frac{q}{2}\left(\frac{l}{2}\right)^2=\frac{1}{8}ql^2$$

$$x=\frac{3l}{4},\qquad M=\frac{ql}{2}\times\frac{3l}{4}-\frac{q}{2}\left(\frac{3l}{4}\right)^2=\frac{3}{32}ql^2$$

$$x = l, \qquad M = \frac{ql}{2}l - \frac{1}{2}ql^2 = 0$$

通过这几个点,就可较准确地画出梁的弯矩图,如图 8-13 所示。

由弯矩图可以看出,在跨度中点横截面上的弯矩最大,其值集中作用,力为 $M_{max} = \frac{ql^2}{8}$,而在此截面上其剪力 $Q=0$。

例 8-5 如图 8-14 所示简支梁 AB,在 C 点处受力偶矩为 m。试作此梁的剪力图和弯矩图。

解 (1) 求支座反力。由平衡方程

$$\sum M_B(\boldsymbol{P}) = 0$$

$$m - R_A l = 0$$

得 $R_A = \frac{m}{l}(\uparrow)$

$$\sum F_y = 0$$

$$R_A - R_B = 0$$

得 $R_B = \frac{m}{l}(\downarrow)$

(2) 列剪力方程和弯矩方程。因有集中力偶作用,应将梁分为 AC 和 CB 两段,与前两例题相同的方法,分段列出剪力方程和弯矩方程为

AC 段:

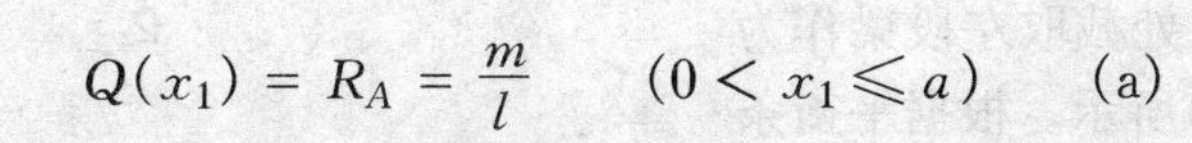

$$Q(x_1) = R_A = \frac{m}{l} \qquad (0 < x_1 \leqslant a) \qquad \text{(a)}$$

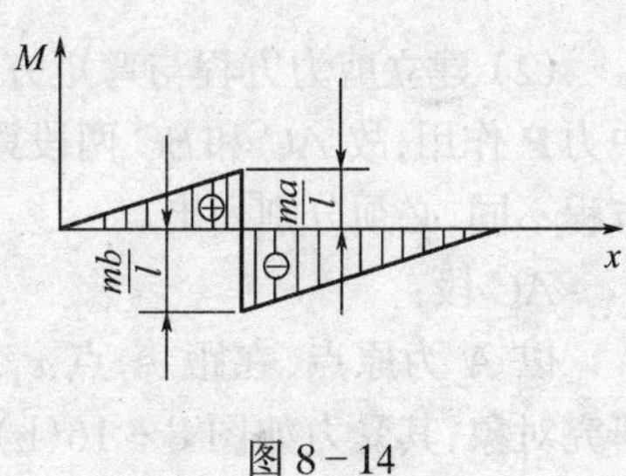

图 8-14

$$M(x_1) = R_A x_1 = \frac{m}{l}x_1 \qquad (0 \leqslant x_1 < a) \qquad \text{(b)}$$

CB 段:

$$Q(x_2) = R_B = \frac{m}{l} \qquad (a \leqslant x_2 < l) \qquad \text{(c)}$$

$$M(x_2) = R_A x_2 - m = \frac{m}{l}x_2 - m \qquad (a < x_2 \leqslant l) \qquad \text{(d)}$$

(3) 画剪力图和弯矩图。由式(a)、(c)可知,两段梁的剪力方程均为同一常数,故剪力图为同一水平直线,如图 8-14 所示。它表明全梁各横截面上有相同的剪力,其值为 $Q=\frac{m}{l}$。

由式(b)、(d)可知,两段梁的弯矩图为倾斜直线,如图 8-14 所示。在 $a<b$ 的情况下,绝对值最大的弯矩在 C 点稍右的截面上,其值为

$$|M|_{max} = \frac{mb}{l}$$

从以上例题看出,集中力作用处的剪力值及集中力偶作用处的弯矩值,似乎没有确定

的数值。事实上，如前所述，所谓集中力并非真正“集中”作用于一点，而是作用在一微段 Δx 内的分布力，经简化后得出的结果，如图 8-15 所示。若在 Δx 范围内把载荷看成是均布的，则剪力将连续地从 Q_1 变化到 Q_2，如图 8-15 所示。因此，突变处的两个剪力值实际是分别表示集中力作用处左侧与右侧的剪力值。同样，在集中力偶作用处，弯矩图也有一突然变化，也可作类似的解释。

从剪力图与弯矩图可以看出，在集中力作用处，其左、右两侧横截面上的弯矩相同，而剪力则发生突变，突变量等于该集中力之值。

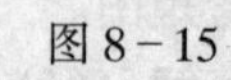

图 8-15

例 8-6 如图 8-16 所示简支梁，在截面 C 处受集中力 $\boldsymbol{P}$ 作用，试作梁的剪力图与弯矩图。

解

(1) 计算支反力。由平衡方程

$$\sum m_A(\boldsymbol{F}) = 0 \text{ 和} \sum m_B(\boldsymbol{F}) = 0$$

分别求得：

$$R_A = \frac{bP}{l}, R_B = \frac{aP}{l}$$

(2) 建立剪力方程与弯矩方程。由于 C 处有集中力 $\boldsymbol{P}$ 作用，故 AC 和 BC 两段梁的剪力方程和弯矩方程不同，必须分别列出。

AC 段：

以 A 为原点，在距 A 点 x_1 处截取左段梁作为研究对象，其受力如图 8-16(b)所示。根据平衡条件分别得：

$$Q_1 = R_A = \frac{bP}{l}(0 < x_1 < a)$$

$$M_1 = R_A x_1 = \frac{bP}{l} x_1 (0 \leqslant x_1 \leqslant a)$$

BC 段：

为计算简便，以 B 为原点，在距 B 点 x_2 处截取梁的右段作为研究对象，其受力如图8-16(c)所示。根据平衡条件分别得

$$Q_2 = -R_B = -\frac{aP}{l}, \qquad (0 < x_2 < b)$$

$$M_2 = R_B x_2 = \frac{aP}{l} x_2, \qquad (0 \leqslant x_2 \leqslant b)$$

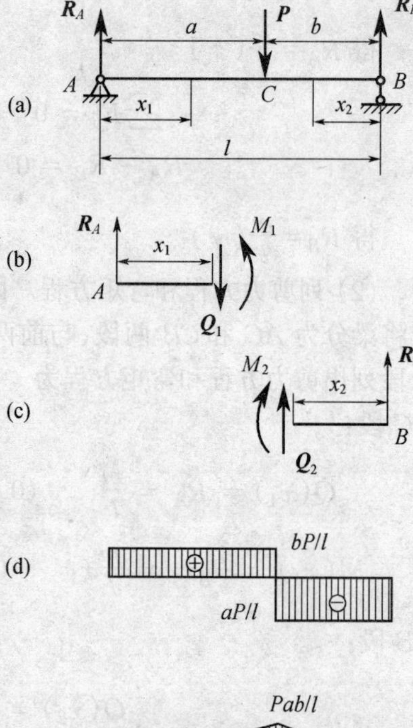

图 8-16

(3) 画剪力图与弯矩图。根据 AC、BC 两段各自的剪力方程与弯矩方程，分别画出 AC、BC 两段梁的剪力图与弯矩图。

可以看出，截面 C 的弯矩最大。如果 $a>b$，则 BC 段的剪力的绝对值最大。

从以上绘制剪力图及弯矩图的过程中，可归纳出绘制剪力图和弯矩图的步骤。

(1) 建立直角坐标系。沿平行于梁轴线方向，以各横截面的所在位置为横坐标 x，以对应各横截面上的剪力值或弯矩值为纵坐标，建立直角坐标系。

(2) 寻找分段点。一般以载荷变化点为分界点，确定剪力方程和弯矩方程的适用区间，即划定剪力图和弯矩图各自的分段连续区间。

(3) 计算控制点的内力值。

(4) 确定每段内力图的形状。

(5) 连线作图。

(6) 注明数据和符号。

(7) 确定最大剪力和最大弯矩。

8.4 弯矩、剪力和载荷集度之间的关系

$Q(x)$、$M(x)$和 $q(x)$间的微分关系，将进一步揭示载荷、剪力图和弯矩图三者间存在的某些规律，在不列内力方程的情况下，能够快速准确地画出内力图。

如图 8-17 所示的梁上作用的分布载荷集度 $q(x)$是 x 的连续函数。设分布载荷向上为正，反之为负，并以 A 为原点，取 x 轴向右为正。用坐标分别为 x 和$(x+\mathrm{d}x)$的两个横截面从梁上截出长为 $\mathrm{d}x$ 的微段，其受力图如图 8-17 所示。

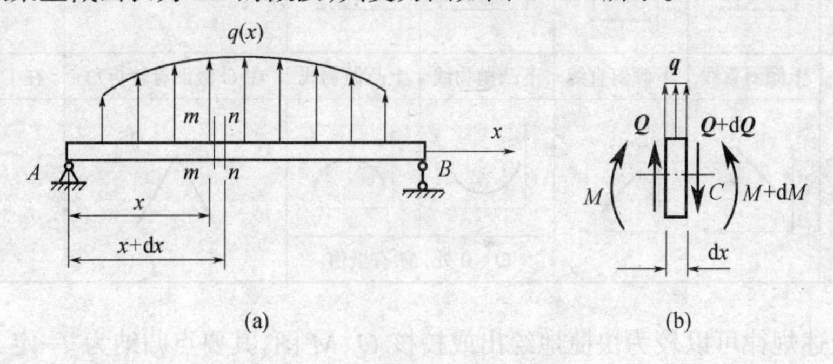

图 8-17

由 $$\sum F_y = 0 \quad Q(x) + q(x)\mathrm{d}x - [Q(x) + \mathrm{d}Q(x)] = 0$$

解得 $$q(x) = \frac{\mathrm{d}Q(x)}{\mathrm{d}x}$$

由 $$\sum m_C = 0 \qquad -M(x) - Q(x)\mathrm{d}x - \frac{1}{2}q(x)(\mathrm{d}x)^2 + [M(x) + \mathrm{d}M(x)] = 0$$

略去二阶微量$\frac{1}{2}q(x)(\mathrm{d}x)^2$ 解得 $$Q(x) = \frac{\mathrm{d}M(x)}{\mathrm{d}x}$$

将上式整理得 $$q(x) = \frac{\mathrm{d}^2M(x)}{\mathrm{d}x^2}$$

上面三式就是荷载集度、剪力和弯矩间的微分关系。由此可知 $q(x)$和 $Q(x)$分别是剪力图和弯矩图的斜率。

根据上述各关系式及其几何意义,可得出画内力图的一些规律如下。

(1) $q=0$:剪力图为一水平直线,弯矩图为一斜直线。

(2) $q=$常数:剪力图为一斜直线,弯矩图为一抛物线。

(3) 集中力 $\boldsymbol{P}$ 作用处:剪力图在 $\boldsymbol{P}$ 作用处有突变,突变值等于 P。弯矩图为一折线,$\boldsymbol{P}$ 作用处有转折。

(4) 集中力偶作用处:剪力图在力偶作用处无变化。弯矩图在力偶作用处有突变,突变值等于集中力偶。

掌握上述载荷与内力图之间的规律,将有助于绘制和校核梁的剪力图和弯矩图。这些规律列于表 8-1。

表 8-1　在几种载荷下 Q 图与 M 图的特征

梁上载荷情况	无载荷 q=0		均布载荷 q		集中力 P C	集中力偶 m C
Q 图特征	水平直线		上倾斜直线	下倾斜直线	在 C 截面有突变	在 C 截面无变化
	$Q>0$ ⊕	$Q<0$ ⊖	$q>0$	$q<0$	C P	C
M 图特征	上倾斜直线	下倾斜直线	下凸抛物线	上凸抛物线	在 C 截面有转折角	在 C 截面有突变
			$Q=0$ 处,M 有极值		C	C m

利用上述规律可以较为快捷地绘出或校核 Q、M 图,其要点归纳为“一定二连”。

(1) 一定,即确定控制面的 Q 或 M 值。

(2) 二连,即连线作图。

例 8-7　图 8-18 所示外伸梁,集中力 $F=10\text{kN}$,均布载荷集度 $q=10\text{N/cm}$,试利用剪力、弯矩与载荷集度的微分关系绘制出梁的剪力图、弯矩图。

分析:

(1) 对此外伸梁,在求内力前,只需求出 A 点支反力。

(2) 梁上 A、C、D 三点处作用着集中力(A、D 两点处作用着支座约束力),故剪力在该三点处发生突变,而该处的弯矩无突变。

(3) AC、CD 两段上没有均布载荷作用($q=0$),故该两段梁的剪力图为水平直线,所以,只需用截面法分别求出 AC、CD 段上某一个截面的剪力即可画出两段梁的剪力图。而 AC、CD 两段梁的弯矩图为斜直线,欲确定一斜直线,则需确定两个点,所以,需用截面法分别求出两段梁上某两个截面的弯矩。

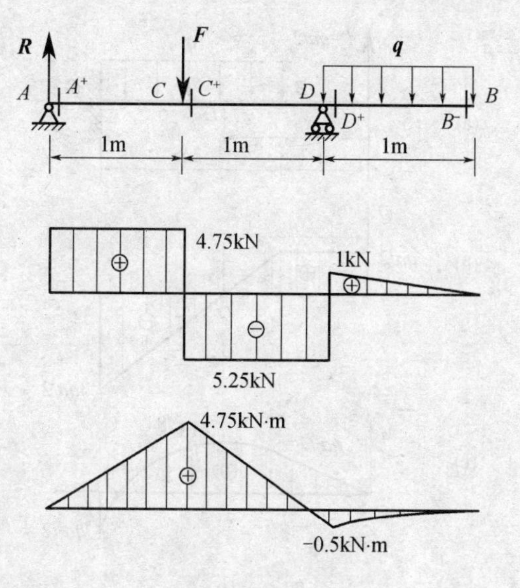

图 8-18

(4) BD 段上有均布载荷作用($q<0$),故该段剪力图为一斜直线,需求出 BD 段上某两个截面上的剪力。而 BD 段的弯矩图为一上凸的抛物线,所以,首先需求出 B、D 截面的弯矩,再根据 $Q=0$ 处,M 有极值,来确定抛物线的极值点。

解 (1) 求 A 处约束力。

由 $\sum m_D = R\cdot 2 - F\cdot 1 + q\cdot\frac{1}{2} = 0$ 得 $R=4.75(\text{kN})$

(2) 用截面法,求各段梁关键截面的内力。

段	AC	CD	BD	
横截面	A^+	C^+	B^-	D^+
Q	4.75(kN)	-5.25(kN)	0	1(kN)

段	AC		CD		BD	
横截面	A^+	C	C	D	B^-	D
M	0	4.75(kN·m)	4.75(kN·m)	-0.5(kN·m)	0	-0.5(kN·m)

(3) 由关键点画剪力图与弯矩图(见图 8-18)。

例 8-8 图 8-19(a)所示悬臂梁,在其 BC 段作用有均布载荷 q,自由端作用一个 $P=qa/2$ 的集中力,试作梁的剪力图与弯矩图。

分析:

(1) 此梁为悬臂梁,可以不求约束力。

(2) 根据该梁受力特点,内力图需分 AB、BC 两段考虑。

(3) AB 段上无均布载荷作用,剪力图为水平直线,弯矩图为斜直线,我们可以选 A^+、B 为关键点,用截面法分别求出 A^+ 截面的剪力、弯矩及 B 截面的弯矩。

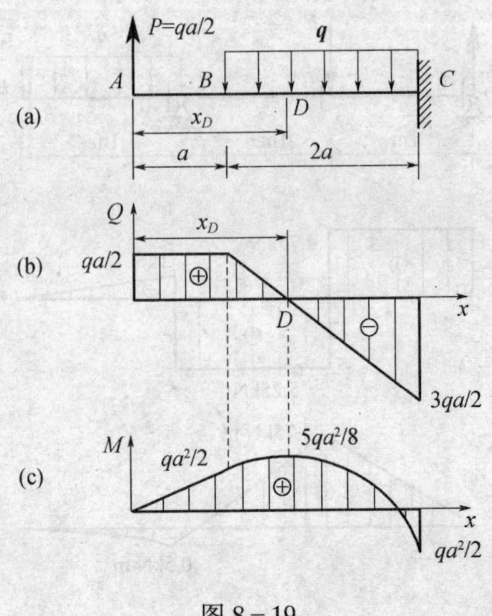

图 8-19

(4) *BC* 段有向下作用的均布载荷,其剪力图为斜直线,弯矩图为上凸的抛物线。我们需求出 *B*、*C* 两截面的剪力及弯矩。另需确定该段上剪力为零之点所在位置,依此确定弯矩极值点所在位置,并求出弯矩的极值。

解

(1) 用截面法计算 *AB*、*BC* 段关键截面的剪力、弯矩值。

段	*AB*	*BC*	
横截面	A^+	B	C^-
Q	$qa/2$	$qa/2$	$-3qa/2$

段	*AB*		*BC*		
横截面	A^+	B	B	C^-	D:$Q=0$ 时,$x_D=3a/2$
M	0	$qa^2/2$	$qa^2/2$	$-qa^2/2$	$5qa^2/8$

(2) 画剪力图、弯矩图(见图 8-19(b)、(c))。

例 8-9 试作出图 8-20(a)所示外伸梁的剪力图与弯矩图。

分析:

(1) 对此外伸梁的内力,需分 *CA*、*AB* 两段进行分析。

(2) 在关键点 *A* 处,作用着集中力与集中力偶,故该处的剪力及弯矩均有突变。

(3) *CA* 段上没有均布载荷,故该段梁的剪力图为水平直线,可依截面法求 C^+ 处的剪力。该段梁的弯矩图为斜直线,我们选择 C^+、A^- 两截面,求出该两处的弯矩。

(4) *AB* 段上作用着向下的均布载荷,该段梁的剪力图为斜直线,故我们依截面法求

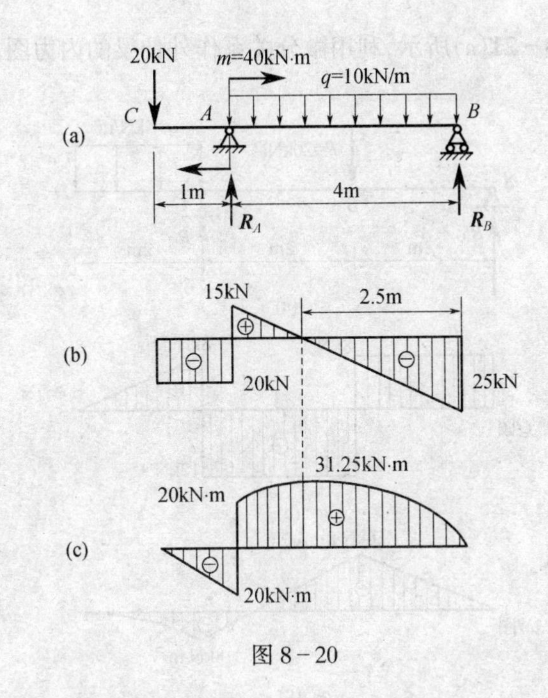

图 8-20

出 A^+、B^- 截面的剪力。而该段梁的弯矩图为上凸抛物线，故需求出 A^+、B^- 处的弯矩，并需确定弯矩极值及其所在位置。

解

(1) 求支反力。

由　$\sum m_A(\boldsymbol{F}) = 0 \quad 20 \times 1 - 40 + R_B \cdot 4 - 10 \times 4 \times 2 = 0$

得　$R_B = 25\text{kN}$

由　$\sum F_y = 0 \quad -20 + R_A + R_B - 10 \times 4 = 0$

得　$R_A = 35\text{kN}$

(2) 用截面法计算 CA、AB 两段上关键截面的剪力与弯矩。

段	AC	AB	
横截面	C^+	A^+	B^-
Q	-20kN	15kN	-25kN

段	AC		AB		
横截面	C^+	A^-	A^+	B^-	D(剪力为零的截面)
M	0	-20kN·m	20kN·m	0	31.5kN·m(弯矩极值)

(3) 画剪力图与弯矩图(见图 8-20(b)、(c))。

例 8-10　如图 8-21(a)所示,利用微分关系作外伸梁的内力图。

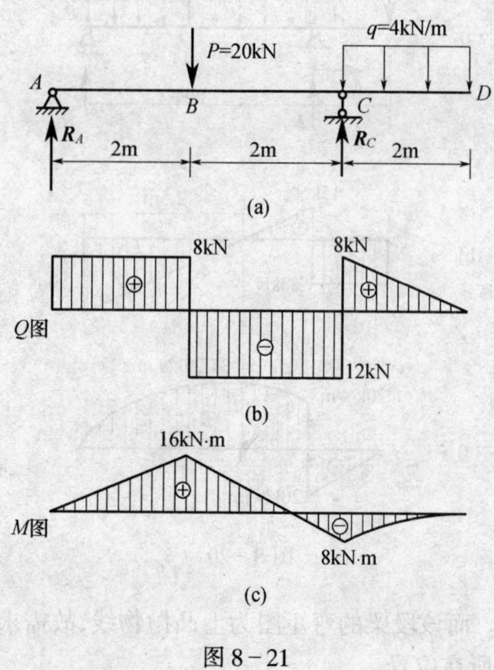

图 8-21

解　(1) 求支反力,$R_A=8\text{kN}$,$R_C=20\text{kN}$。

(2) 分三段作 Q 图。

(3) 作 M 图,仍需分三段作图。

思考题

1. 什么叫平面弯曲? 试根据自己的实践经验,列举几个平面弯曲的例子。

2. 在材料力学中如何规定剪力和弯矩的正、负? 与静力学中关于力的投影和力矩的正负规定有何区别?

3. 怎样从剪力图来确定弯矩的极值位置? 弯矩的极值是否一定是全梁的最大弯矩? 试举例说明。

4. 在什么情况下,梁的 Q 图和 M 图发生突变? 为什么?

习　题

8-1　试计算图 8-22 所示各梁指定截面(标有细线者)的剪力与弯矩。

8-2　试列出图 8-23 所示各梁的剪力方程和弯矩方程,作剪力图和弯矩图。并求出 $|Q|_{max}$ 和 $|M|_{max}$。

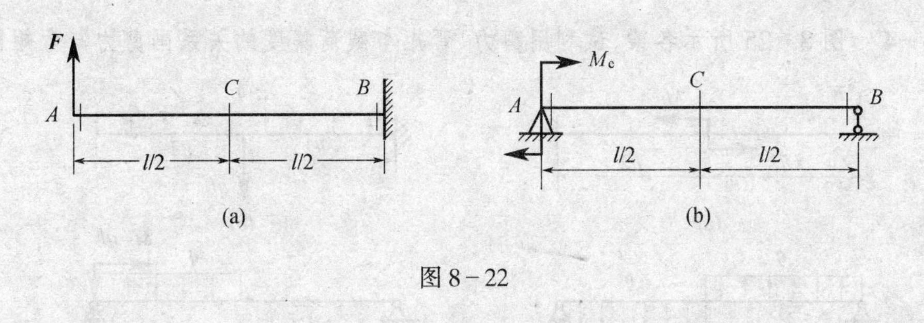

图 8－22

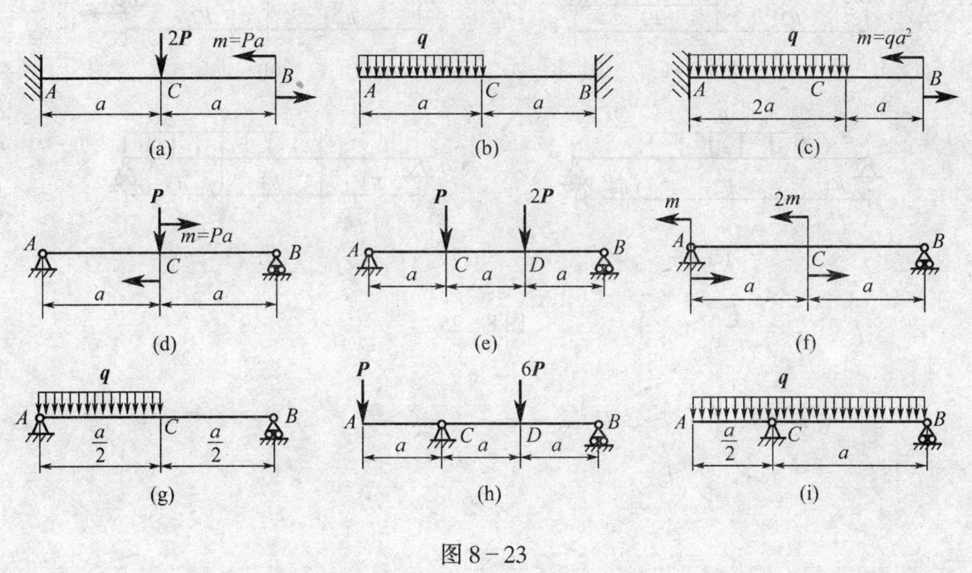

图 8－23

8－3 图 8－24 所示简支梁，载荷 $\boldsymbol{F}$ 可按 4 种方式作用于梁上，试分别画弯矩图，并从强度方面考虑，指出何种加载方式最好。

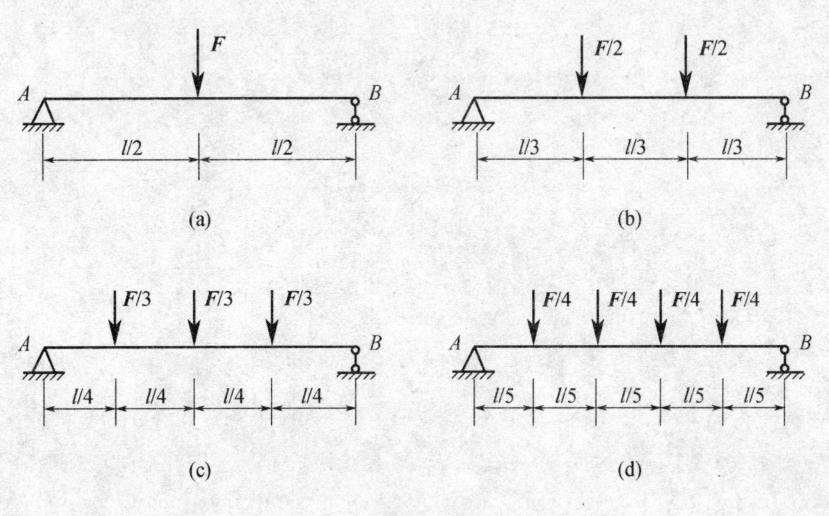

图 8－24

8-4 图 8-25 所示各梁，试利用剪力、弯矩与载荷集度的关系画剪力与弯矩图。

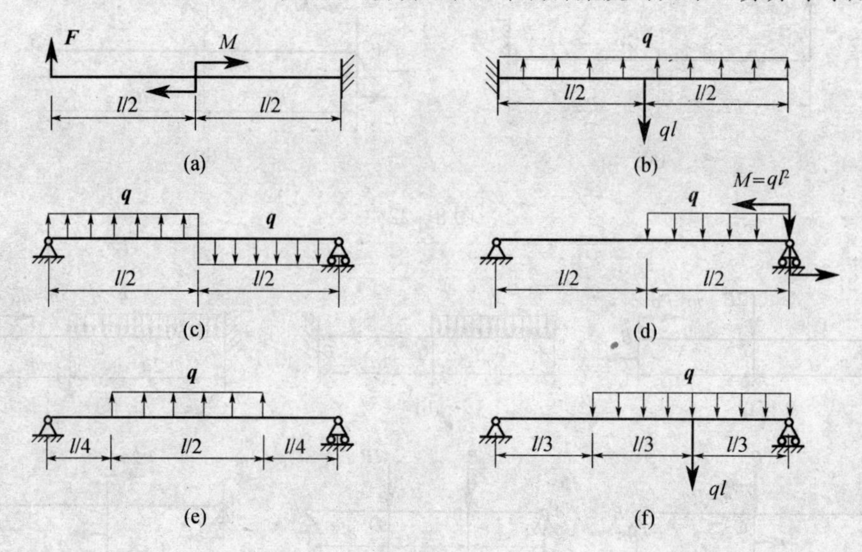

图 8-25

第9章 弯曲应力

9.1 弯曲时的正应力

9.1.1 梁的纯弯曲概念

前面一章讨论了弯曲时梁横截面上的内力——剪力和弯矩。梁在垂直于轴线的载荷作用下，一般来说横截面上既有弯矩又有剪力，这种情况称为横力弯曲。前面讨论的大部分梁都是横力弯曲，如图9-1中的 AC 和 DB 段。但是，有时候横截面上只有弯矩没有剪力，这种弯曲称为纯弯曲，如图9-1中的 CD 段。

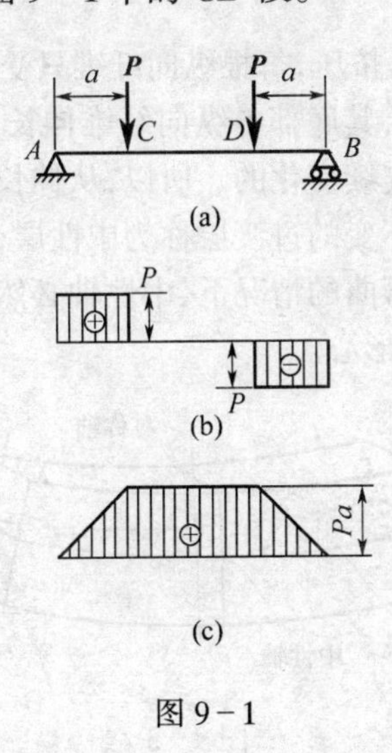

图9-1

9.1.2 纯弯曲平面假设

剪力和弯矩是横截面上分布内力的合成结果。由于正应力 $\boldsymbol{\sigma}$ 与切向作用于横截面的剪力 Q 相垂直，因此 $\boldsymbol{\sigma}$ 与 Q 无关；同样，切应力 $\boldsymbol{\tau}$ 所作用的平面与弯矩 M 作用的梁的纵向对称面相垂直，因此 $\boldsymbol{\tau}$ 与 M 无关。综上所述，切应力对应内力的剪力，正应力对应的内力为弯矩。在纯弯曲的情况下，由于只有弯矩，因而横截面上只有正应力。

图9-1中 CD 段的纯弯曲容易在试验机上实现。为了观察纯弯曲的变形规律，变形前在梁的侧面上作横向线 mm 和 nn，并作纵向线 ab 和 cd，如图9-2(a)所示。然后在梁的两端施加大小相等、转向相反的外力偶 M，使梁发生纯弯曲变形，如图9-2(b)所示，可观察到下列一些现象。

(1) 两条纵线 ab 和 cd 都弯成曲线 ab 和 cd，且靠近底面的纵线伸长了，而靠近顶面的纵线缩短了。

(2) 两条横线仍保持为直线，只是相互倾斜了一个角度，但仍垂直于弯成曲线的纵线。

(3) 在纵线伸长区，梁的宽度减小；在纵线缩短区，梁的宽度增大。变形情况与轴向拉伸、压缩时的变形相似。

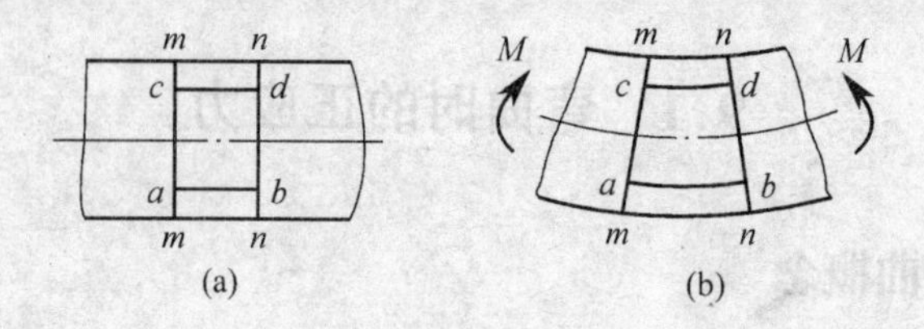

图 9-2

根据上述矩形截面梁的纯弯曲实验，可以作出如下假设。

(1) 梁在纯弯曲时，各横截面始终保持为平面，并垂直于梁轴。此即弯曲变形的平面假设。

(2) 纵向纤维之间没有相互挤压，每根纵向纤维只受到简单拉伸或压缩。

根据平面假设，当梁弯曲时，其底部各纵向纤维伸长，顶部各纵向纤维缩短。而纵向纤维的变形沿截面高度应该是连续变化的。所以，从伸长区到缩短区，中间必有一层纤维既不伸长也不缩短。这一长度不变的过渡层称为中性层，如图 9-3 所示。中性层与横截面的交线称为中性轴。在平面弯曲的情况下，中性轴必然垂直于截面的纵向对称轴，而且可以证明，中性轴必然通过截面形心。

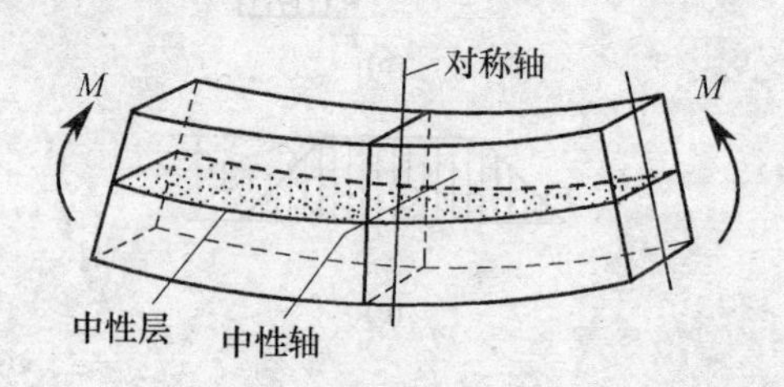

图 9-3

概括地说，在纯弯曲的条件下，所有横截面仍保持平面，只是绕中性轴作相对转动，横截面之间并无互相错动的变形，而每根纵向纤维则处于简单的拉伸或压缩的受力状态。

9.1.3 纯弯曲应力

在梁的纵向对称面内，作用大小相等、方向相反的一对力偶，构成纯弯曲。研究纯弯曲时的正应力，也像研究圆轴扭转一样，要综合考虑几何、物理和静力等三方面的关系。

1. 变形几何关系

根据平面假设，相距为 dx 的两截面间的一段梁，变形后如图 9-4 所示。变形后其两端相对转了 $d\varphi$ 角。距中性层为 y 处的各纵向纤维变形，由图得

$$\widehat{ab} = (\rho + y)d\varphi$$

式中 ρ 为中性层上的纤维$\widehat{O_1O_2}$的曲率半径。而$\widehat{O_1O_2}=\rho\mathrm{d}\varphi=\mathrm{d}x$，则纤维$\widehat{ab}$的应变为

$$\varepsilon=\frac{\widehat{ab}-\mathrm{d}x}{\mathrm{d}x}=\frac{(\rho+y)\mathrm{d}\varphi-\rho\mathrm{d}\varphi}{\rho\mathrm{d}\varphi}=\frac{y}{\rho} \tag{a}$$

由式(a)可知，梁内任一层纵向纤维的线应变 ε 与其 y 的坐标成正比。

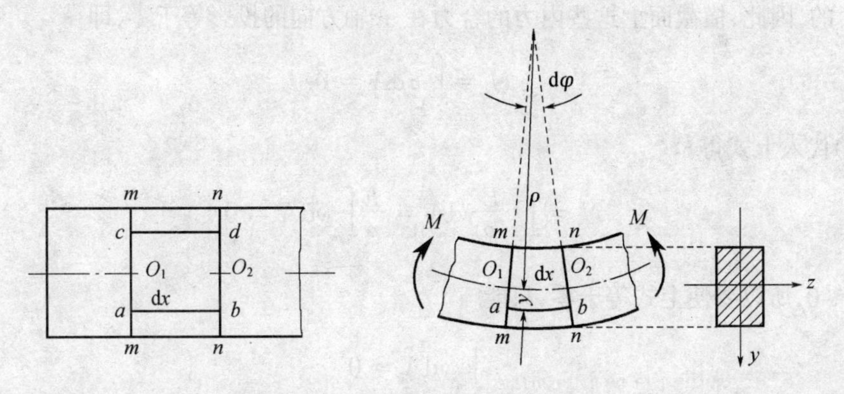

图 9-4

2．物理关系

设各纵向纤维之间互不挤压，在应力不超过材料的比例极限时，每根纵向纤维都可应用单向的拉伸或压缩时的胡克定律，即

$$\sigma=E\varepsilon$$

将式(a)代入上式，可得

$$\sigma=E\frac{y}{\rho} \tag{b}$$

式(b)说明，任意纵向纤维的正应力与它到中性层的距离成正比。在横截面上，任意点处的正应力与该点到中性轴的距离成正比。亦即横截面上的正应力沿截面高度按直线规律变化，如图 9-5 所示。在中性轴上，各点的 y 坐标等于零，故中性轴上的正应力等于零。

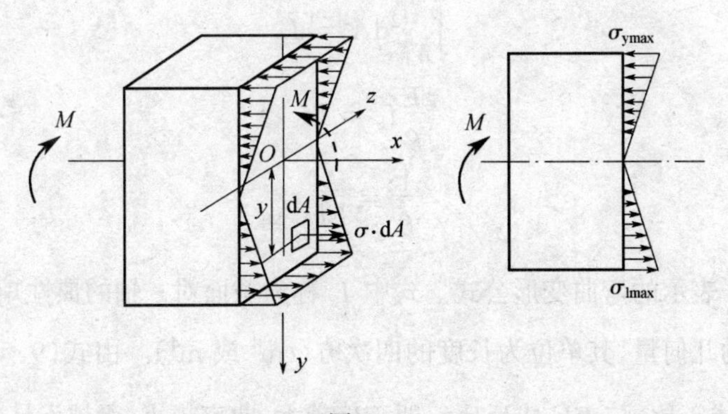

图 9-5

3．静力学关系

正应力分布规律可由式(b)表示，但因曲率半径 ρ 和中性轴的位置尚未确定，所以仍

然不能由式(b)计算正应力,这就要用静力关系来解决。

中性轴的位置:自纯弯曲的梁中截出一个横截面来分析,如图9-5所示。设 z 轴为中性轴,其位置待定。将截面分成若干微面积 $\mathrm{d}A$,各微面积上的内力 $\sigma\mathrm{d}A$ 组成一个与横截面垂直的空间平行力系。微段梁平衡,必须满足 $\sum X = 0$。已知纯弯曲梁横截面上是没有轴力 $\boldsymbol{N}$ 的,因此,横截面上这些内力的合力在 x 轴方向的投影等于零,即

$$N = \int_A \sigma \mathrm{d}A = 0$$

将式(b)代入上式得

$$N = \int_A \frac{E}{\rho} y \mathrm{d}A = \frac{E}{\rho}\int_A y \mathrm{d}A = 0$$

因为 $\frac{E}{\rho} \neq 0$,所以要使上式等于零,只能

$$\int_A y \mathrm{d}A = 0$$

式中,积分 $\int_A y \mathrm{d}A = y_C A = S_z$,称为整个横截面面积对中性轴 z 的静矩。y_C 表示该截面形心的坐标。因为 A 不等于零,要满足 S_z 等于零的条件,必须 $y_C = 0$。因此,直梁纯弯曲时,中性轴 z 必定通过横截面的形心。这样,中性轴的位置就确定了。因为 y 轴是横截面的对称轴,也通过横截面的形心,可见在横截面上所选的坐标原点 O 就是横截面的形心。

中性层的曲率 $\frac{1}{\rho}$ 与弯矩 M 间的关系:再考虑图9-5所示一段梁的平衡,微面积上的内力元素 $\sigma\mathrm{d}A$ 对 z 轴的矩的总和组成了横截面上的弯矩 M,即

$$\int_A (\sigma \mathrm{d}A) y = M$$

将式(b)代入上式得

$$\frac{E}{\rho}\int_A y^2 \mathrm{d}A = M \tag{c}$$

令

$$\int_A y^2 \mathrm{d}A = I_z$$

因而有

$$\frac{E}{\rho} I_z = M$$

由此得

$$\frac{1}{\rho} = \frac{M}{EI_z} \tag{9-1}$$

上式为用曲率 $\frac{1}{\rho}$ 表示的弯曲变形公式。式中 I_z 称为截面对 z 轴的惯性矩,它是与截面形状和尺寸有关的几何量,其单位为长度的四次方(cm^4 或 m^4)。由式(9-1)可知,中性层的曲率 $\frac{1}{\rho}$ 与 M 成正比,与 EI_z 成反比。即 EI_z 越大,曲率越小,梁越不易变形。所以乘积 EI_z 代表了梁抵抗弯曲变形的能力,称为梁的抗弯刚度。再将公式(9-1)中的 $\frac{1}{\rho}$ 代入式(b),可以得到

$$\sigma = \frac{My}{I_z} \tag{9-2}$$

式中，σ 为横截面上任一点处的正应力；M 为横截面上的弯矩；y 为横截面上的任一点到中性轴的距离；I_z 为横截面对中性轴 z 的惯性矩。

式(9-2)就是纯弯曲时，梁横截面上任一点处正应力的计算公式。此式表明，横截面上的正应力沿截面高度呈线性分布。在中性轴上各点的正应力为零，在中性轴上下两侧，一侧受拉，另一侧受压，如图 9-5 所示。应用式(9-2)时，应以弯矩 M 和坐标 y 的代数值代入。但在实际计算中，可以用 M 和 y 的绝对值计算正应力 σ 的数值，再根据梁的变形情况直接判断 σ 是拉应力还是压应力。即以中性轴为界，靠凸边一侧为拉应力，靠凹边一侧为压应力。也可根据弯矩的正负来判断，当弯矩为正时，中性轴以下部分受拉；当弯矩为负时，情况则相反。

9.1.4 截面惯性矩的计算

为了计算梁弯曲时横截面上的正应力，必须解决惯性矩 I_z 的计算问题。根据$\int_A y^2 \mathrm{d}A = I_z$，即可求出梁的截面为各种不同形状时 I_z 的计算公式。

常见的简单截面有矩形和圆形截面等，它们的惯性矩可根据式(9-1)，并经积分求得。

1. 矩形截面的惯性矩

如图 9-6 所示的矩形截面，高为 h，宽为 b，z 轴通过截面形心 C 并平行于矩形底边。为了计算惯性矩 I_z，在截面中取宽为 b，高为 $\mathrm{d}y$ 的狭长条为微分面积，$\mathrm{d}A = b\mathrm{d}y$，则矩形截面的惯性矩和抗弯截面模量为

$$I_z = \int_A y^2 \mathrm{d}A = \int_{-\frac{h}{2}}^{\frac{h}{2}} y^2 b\mathrm{d}y = \frac{bh^3}{12} \tag{9-3}$$

$$W_z = \frac{I_z}{y_{\max}} = \frac{\frac{bh^3}{12}}{\frac{h}{2}} = \frac{bh^2}{6} \tag{9-4}$$

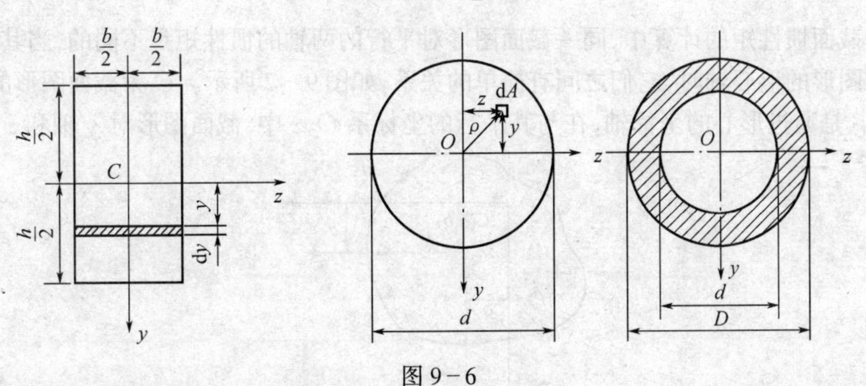

图 9-6

同理，可得矩形截面对 y 轴的惯性矩 I_y 和抗弯截面模量 W_y 分别为

$$I_y = \frac{hb^3}{12} \qquad W_y = \frac{hb^2}{6}$$

2．圆形截面的惯性矩

如图 9－6 所示的圆形截面，直径为 d，坐标轴 y 和 z 通过截面形心 O。取微面积为 $\mathrm{d}A$，从图中看出，$\rho^2 = y^2 + z^2$。则圆形截面对圆心 O 的极惯性矩为

$$I_p = \int_A \rho^2 \mathrm{d}A = \int_A y^2 \mathrm{d}A + \int_A z^2 \mathrm{d}A = I_z + I_y = 2I_z = 2I_y = \frac{\pi d^4}{32}$$

故截面对 z 轴或 y 轴的惯性矩为

$$I_z = I_y = \frac{\pi}{64} d^4 \tag{9-5}$$

抗弯截面模量为

$$W_z = \frac{I_z}{y_{\max}} = \frac{\frac{\pi}{64} d^4}{\frac{d}{2}} = \frac{\pi}{32} d^3 \tag{9-6}$$

同理，可求得圆环形截面对 z 轴或 y 轴的惯性矩为

$$I_z = I_y = \frac{\pi D^4}{64}(1 - \alpha^4) \tag{9-7}$$

抗弯截面模量为

$$W_z = \frac{I_z}{y_{\max}} = \frac{\pi D^3}{32}(1 - \alpha^4) \tag{9-8}$$

式中，D 为圆环形的外径，α 为内外半径之比，$\alpha = \dfrac{d}{D}$。

3．组合截面的惯性矩

在工程实际中，梁的横截面常常由一些简单平面图形（如矩形、圆形等）组成，或由几个型钢截面组合而成，这类截面一般称为组合截面。根据截面惯性矩的定义可知，组合截面对某轴的惯性矩，等于其组成部分对同一轴的惯性矩的代数和，即

$$I_z = I_{z1} + I_{z2} + \cdots + I_{zn} \tag{9-9}$$

在截面惯性矩的计算中，同一截面图形对平行的两轴的惯性矩是不同的，当其中一轴是截面图形的形心轴时，它们之间有简单的关系，如图 9－7 所示。C 为截面图形的形心，y_C 和 z_C 是通过形心的坐标轴，在与其平行的坐标系 Oyz 中，截面图形对 y 轴和 z 轴的惯

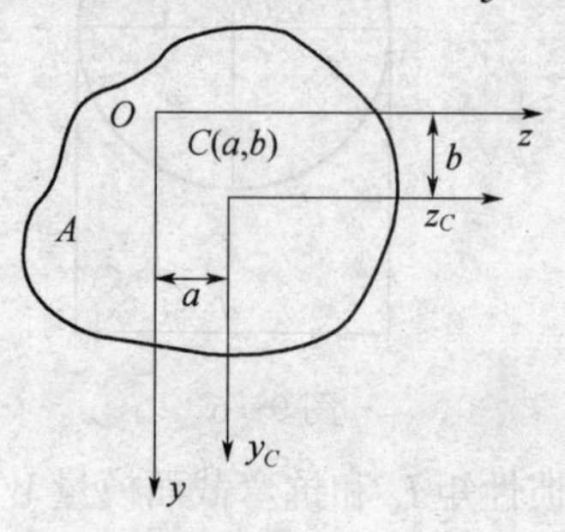

图 9－7

性矩可以写成

$$I_y = I_{y_C} + a^2 A \qquad I_z = I_{z_C} + b^2 A \tag{9-10}$$

式中 A——截面图形的面积；

a、b——图形形心 C 在坐标系 Oyz 中的坐标。

式(9-10)称为平移轴公式。用该公式可以简化惯性矩的计算。

轧制型钢的惯性矩和弯曲截面系数及其他几何量可查阅本书附录。

例 9-1 求 T 形截面对其形心轴的惯性矩，如图 9-8 所示。

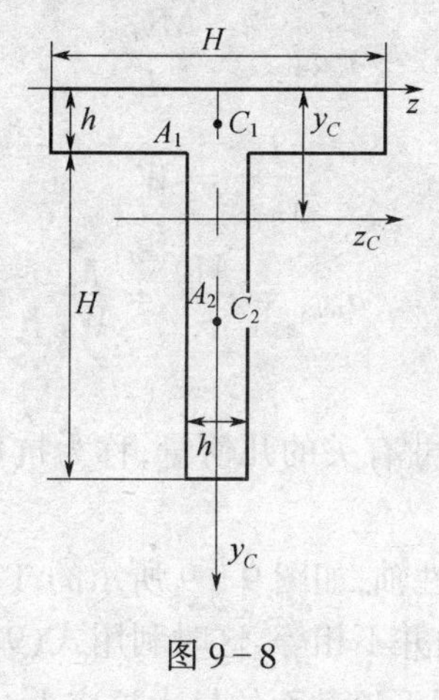

图 9-8

解 (1) 求形心的位置。

建立过形心的 $z_C y_C$ 坐标系，及平行于 z_C 轴的 z 轴。

$$y_C = \frac{A_1 y_{C_1} + A_2 y_{C_2}}{A_1 + A_2} = \frac{Hh \cdot \dfrac{h}{2} + Hh\left(h + \dfrac{H}{2}\right)}{2Hh} = \frac{3h + H}{4}$$

(2) 求惯性矩。

$$\begin{aligned} I_{z_C} &= I_{1zC1} + Hh \cdot \left(y_C - \frac{h}{2}\right)^2 + I_{2zC2} + Hh \cdot \left(h + \frac{H}{2} - y_C\right)^2 \\ &= \frac{Hh^3}{12} + Hh \cdot \left(\frac{h+H}{4}\right)^2 + \frac{hH^3}{12} + Hh \cdot \left(\frac{h+H}{4}\right)^2 \\ &= Hh\,\frac{5(H^2 + h^2) + 6Hh}{24} \end{aligned}$$

9.2 横力弯曲时梁横截面上的正应力

9.2.1 横力弯曲正应力公式

如上所述，式(9-2)是以平面假设为基础，并按直梁受纯弯曲的情况下求得的。但当梁上有横向力作用时，一般来说，梁横截面上既有弯矩又有剪力，称为横力弯曲，这是工程实际中最常见的情况。此时，梁的横截面不再保持为平面，同时，在与中性层平行的纵截面上还有横向力引起的挤压应力。但由弹性力学证明,对跨长 l 与横截面高度 h 之比 $l/h>5$的梁,虽有上述因素,但横截面上的正应力分布规律与纯弯曲的情况几乎相同。这就是说,剪力和挤压的影响甚少,可以忽略不计。因而平面假设和纤维之间互不挤压的假设,在剪切弯曲的情况下仍可适用。工程实际中常见的梁,其 l/h 的值远大于 5,因此,纯弯曲时的正应力公式可以足够精确地用来计算梁在剪切弯曲时横截面上的正应力。

由式(9-2)可以看出,对于横截面对称于中性轴的梁,当 $y=y_{max}$,即在横截面上离中性轴最远的上、下边缘各点弯曲正应力最大,其值为

$$\sigma_{max}=\frac{My_{max}}{I_z} \tag{9-11}$$

若令

$$\frac{I_z}{y_{max}}=W_z$$

则有

$$\sigma_{max}=\frac{My}{\dfrac{I_z}{y_{max}}}=\frac{M}{W_z} \tag{9-12}$$

式中,W_z 是仅与截面形状和尺寸有关的几何量,称为抗弯截面模量,单位为长度的三次方,如 cm^3 或 m^3。

若梁的横截面不对称于中性轴,如图 9-9 所示的 T 形截面,设弯矩为正,y_1 不等于 y_2,则最大拉应力和最大压应力并不相等,这时利用式(9-12),分别令 $y_1=y_{lmax}$和 $y_2=y_{ymax}$,计算出图示弯矩为正情况下该截面的最大拉应力 σ_{lmax}和最大压应力 σ_{ymax},分别为 $\sigma_{lmax}=\dfrac{My_1}{I_z}$和$\sigma_{ymax}=\dfrac{My_2}{I_z}$。式中 y_1 和 y_2 分别代表中性轴到最大拉应力点和最大压应力点的距离。

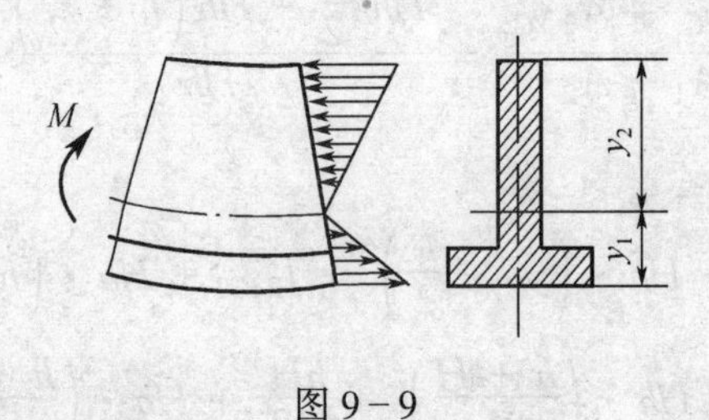

图 9-9

9.2.2 弯曲正应力的强度条件

求得最大弯曲正应力 σ_{max},若使其不超过材料的许用弯曲应力[σ],就可以保证安全。

对等截面直梁来说,梁弯曲时的正应力强度条件为

$$\sigma_{max}=\frac{M_{max}}{W_z}\leqslant[\sigma] \tag{9-13}$$

对抗拉和抗压强度相等的塑性材料(如碳钢),只要使梁内绝对值最大的正应力不超过许用应力即可;对抗拉和抗压强度不相等的脆性材料(如铸铁),则要求最大拉应力不超过材料的弯曲许用拉应力[σ_l],同时最大压应力也不超过弯曲许用压应力[σ_y]。

关于材料的许用弯曲正应力$[\sigma]$,一般可近似用拉伸(压缩)许用拉(压)应力来代替,或按设计规范选取。

梁正应力强度条件,可用来解决强度校核、设计截面尺寸和确定许可载荷这三类问题。

例 9-2 某设备中需要一根支承物料重量的梁,该梁可简化为受均布载荷的简支梁,如图 9-10 所示。已知梁的跨长 $l=2.83\text{m}$,所受均布载荷的集度 $q=23\text{kN/m}$,材料为 45 号钢,许用弯曲正应力$[\sigma]=140\text{MN/m}^2$,问该梁应该选用几号工字钢。

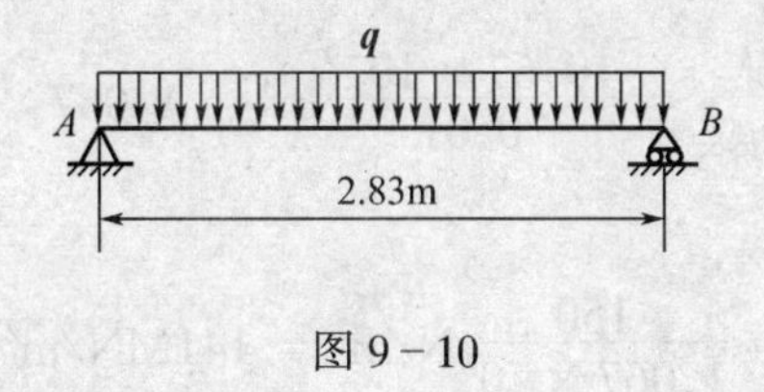

图 9-10

解 这是一个设计梁的截面问题。为此,先求出梁所需的抗弯截面模量。在梁跨度中点横截面上的最大弯矩为

$$M_{\max} = \frac{1}{8}ql^2 = \frac{23\times(2.83)^2}{8} = 23\text{kN}\cdot\text{m}$$

所需的抗弯截面模量为

$$W_z = \frac{M_{\max}}{[\sigma]} = \frac{23\times10^3}{140\times10^6}\text{m}^3 = 165\text{cm}^3$$

查型钢规格表,选用 18 号工字钢,$W_z=185\text{cm}^3$。

例 9-3 一螺旋压板夹紧装置如图 9-11(a)所示,已知压紧工件的力 $P=3\text{kN}$,$a=50\text{mm}$,材料的许用弯曲应力$[\sigma]=150\text{MN/m}^2$。试校核压板 AC 的强度。

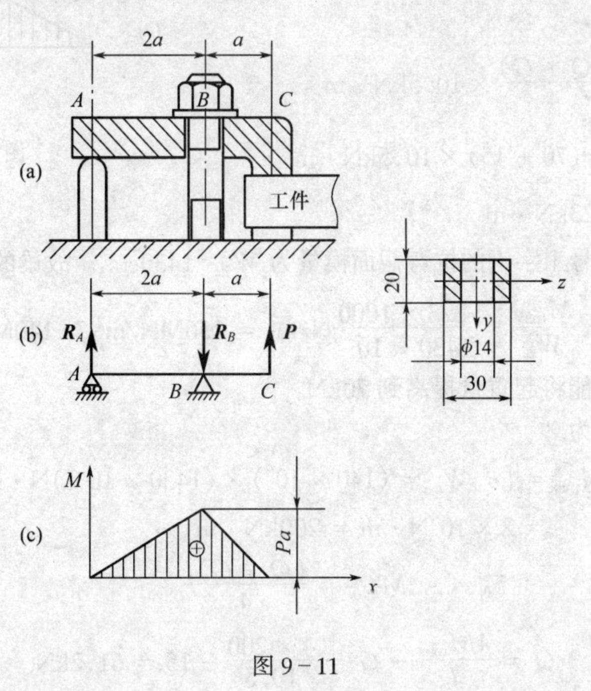

图 9-11

解　压板可简化为一简支梁，如图 9-11(b)所示。绘制弯矩图，如图 9-11(c)所示。最大弯矩在截面 B 上

$$M_{\max} = Pa = 3 \times 10^3 \times 0.05\text{N} \cdot \text{m} = 150\text{N} \cdot \text{m}$$

欲校核压板的强度，需计算 B 处截面对其中性轴的惯性矩

$$I_z = \left(\frac{30 \times 20^3}{12} - \frac{14 \times 20^3}{12}\right)\text{mm}^4 = 10.67 \times 10^{-9}\text{m}^4$$

抗弯截面模量为

$$W_z = \frac{I_z}{y_{\max}} = \frac{10.67 \times 10^{-9}}{0.01}\text{m}^3 = 1.067 \times 10^{-6}\text{m}^3$$

最大正应力则为

$$\sigma_{\max} = \frac{M_{\max}}{W_z} = \frac{150}{1.067 \times 10^6}\text{N/m}^2 = 141\text{MN/m}^2 < 150\text{MN/m}^2$$

故压板的强度足够。

例 9-4　一起重量原为 50kN 的吊车，其跨度 $l=10.5\text{m}$，如图 9-12 所示，由 45a 号工字钢制成。为发挥其潜力，现欲将起重量提高到 $Q=70\text{kN}$，试校核梁的强度。若强度不足，再计算其可能承载的起重量。设梁的材料为 Q235 钢，许用应力 $[\sigma]=140\text{MN/m}^2$，电动葫芦自重 $G=15\text{kN}$，梁的自重不计。

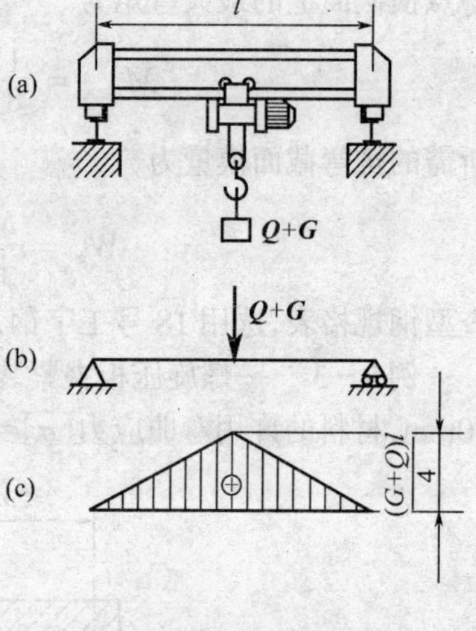

图 9-12

解　可将吊车简化为一简支梁，如图 9-12 所示。显然，当电动葫芦行至梁中点时，所引起的弯矩最大，这时的弯矩图如图 9-12 所示。在中点处横截面上的弯矩为

$$\begin{aligned}M_{\max} &= \frac{(Q+G)}{4} \times 10.5\text{kN} \cdot \text{m} \\ &= \frac{1}{4}(70+15) \times 10.5\text{kN} \cdot \text{m} \\ &= 223\text{kN} \cdot \text{m}\end{aligned}$$

由型钢表查得 45a 号工字钢的抗弯截面模量为 $W_z = 1430\text{cm}^3$。故梁的最大工作应力为

$$\sigma_{\max} = \frac{M_{\max}}{W_z} = \frac{223 \times 1000}{1430 \times 10^{-6}}\text{N/m}^2 = 156\text{MN/m}^2 > 140\text{MN/m}^2$$

故不安全。所以不能将起重量提高到 70kN。

梁允许的最大弯矩为

$$\begin{aligned}M_{\max} &= [\sigma]W_z = (140 \times 10^6) \times (1430 \times 10^{-6})\text{N} \cdot \text{m} \\ &= 2 \times 10^5\text{N} \cdot \text{m} = 200\text{kN} \cdot \text{m}\end{aligned}$$

则由

$$M_{\max} = \frac{(Q+G)l}{4}$$

得

$$Q = \frac{4M_{\max}}{l} - G = \frac{4 \times 200}{10.5} - 15 = 61.2\text{kN}$$

故按梁的强度要求,原吊车最大允许吊运 61.2kN 的重量。

例 9-5 试按正应力强度条件校核图 9-13 所示铸铁梁的强度,已知梁的横截面为 T 字形,如图 9-13 所示。惯性矩 $I_z = 26.1 \times 10^{-6} \text{m}^4$,材料的许用拉应力 $[\sigma_l] = 40\text{MN/m}^2$,许用压应力 $[\sigma_y] = 110\text{MN/m}^2$。

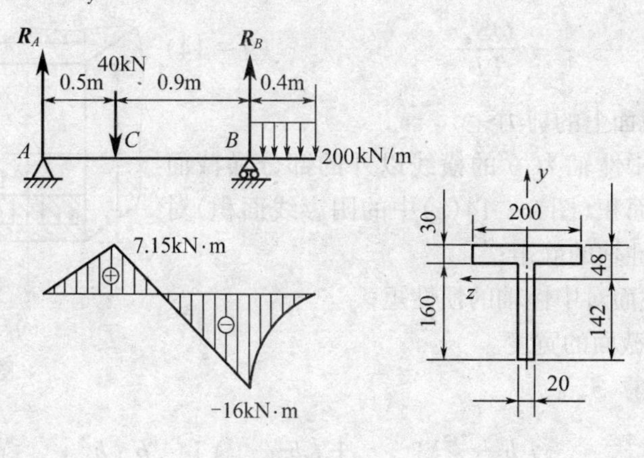

图 9-13

解 先由静力平衡方程求出梁的支座反力为

$$R_A = 14.3\text{kN} \qquad R_B = 105.7\text{kN}$$

绘出梁的弯矩图,如图 9-13 所示。由图可知,最大正弯矩在截面 C,即 $|M_C|_{\max} = 7.15\text{kN·m}$。最大负弯矩在截面 B,即 $|M_B|_{\max} = 16\text{kN·m}$。但是因为 T 字形截面的中性轴并不是截面的对称轴。且脆性材料的许用拉应力和许用压应力不相同,所以两个危险截面 C 和 B 上的最大正应力要分别进行校核。

在截面 C: $$|\sigma_C|_{\text{ymax}} = \frac{M_C y_y}{I_z} = \frac{7.15 \times 10^3 \times 0.048}{26.1 \times 10^{-6}} \text{N/m}^2 = 13.15\text{MN/m}^2$$

$$|\sigma_C|_{\text{lmax}} = \frac{M_C y_l}{I_z} = \frac{7.15 \times 10^3 \times 0.142}{26.1 \times 10^{-6}} \text{N/m}^2 = 38.9\text{MN/m}^2$$

在截面 B: $$|\sigma_B|_{\text{ymax}} = \frac{M_B y_y}{I_z} = \frac{16 \times 10^3 \times 0.142}{26.1 \times 10^{-6}} \text{N/m}^2 = 87\text{MN/m}^2$$

$$|\sigma_B|_{\text{lmax}} = \frac{M_B y_l}{I_z} = \frac{16 \times 10^3 \times 0.048}{26.1 \times 10^{-6}} \text{N/m}^2 = 29.4\text{MN/m}^2$$

所以全梁中最大拉应力在截面 C 的下边缘处,最大压应力在截面 B 的下边缘处,都没有超过各自的许用应力,所以强度条件是满足的。

9.3 弯曲切应力简介

在工程中的梁,大多数并非发生纯弯曲,而是剪切弯曲。但由于其绝大多数为细长梁,并且在一般情况下,细长梁的强度取决于其正应力强度,而无须考虑其切应力强度。但在遇到梁的跨度较小或在支座附近作用有较大载荷,铆接或焊接的组合截面钢梁(如工字形截面的腹板厚度与高度之比较一般型钢截面的对应比值小),木梁等特殊情况,则必须考虑切应力强度。为此,将常见梁截面的切应力分布规律及其计算公式简介如下。

1. 矩形截面梁

如图 9-14(a)所示,若 $h>b$,假设横断面上任意点处的切应力均与剪力同向,且距中性轴等远的各点处的切应力大小相等,则横截面上任意点处的切应力按下述公式计算。

$$\tau=\frac{QS_z^*}{I_zb} \qquad (9-14)$$

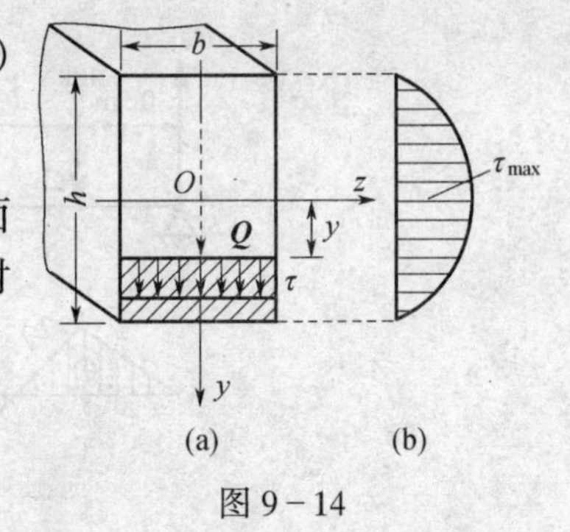

图 9-14

式中 Q——横截面上的剪力;

S_z^*——距中性轴为 y 的横线以外的部分横截面的面积(图 9-14(a)中的阴影线面积)对中性轴的静矩;

I_z——横截面对中性轴的惯性矩;

b——矩形截面的宽度。

如图 9-14(a),计算 S_z^*。

$$S_z^*=b\left(\frac{h}{2}-y\right)\left[y+\frac{1}{2}\left(\frac{h}{2}-y\right)\right]=\frac{b}{2}\left(\frac{h^2}{4}-y^2\right)$$

将 S_z^* 代入式(9-14)得

$$\tau=\frac{Q}{2I_z}\left(\frac{h^2}{4}-y^2\right)$$

由上式可知,矩形截面梁横截面上的切应力大小沿截面高度方向按二次抛物线规律变化(图 9-14(b)),且在横截面的上、下边缘处($y=\pm\frac{h}{2}$)的切应力为零,在中性轴上($y=0$)的切应力值最大,即

$$\tau_{\max}=\frac{Qh^2}{8I_z}=\frac{Qh^2}{8\times bh^3/12}=\frac{3Q}{2bh}=\frac{3Q}{2A} \qquad (9-15)$$

式中 $A=bh$ 为矩形截面的面积。

2. 工字形截面梁

如图 9-15 所示,工字形截面梁由腹板和翼缘组成。横截面上的切应力主要分布于腹板上(如 18 号工字钢腹板上切应力的合力约为 $0.945Q$);翼缘部分的切应力分布比较复杂,数值很小,可以忽略。由于腹板是狭长矩形,则腹板上任一点的切应力可由式(9-14)计算。其切应力沿腹板高度方向的变化规律仍为二次抛物线(图 9-15)。中性轴上切应力值最大,其值为

$$\tau_{\max}=\frac{QS_{z\max}^*}{I_zd} \qquad (9-16)$$

式中,d 为腹板的厚度;$S_{z\max}^*$ 为中性轴一侧的截面面积对中性轴的静矩;比值 $I_z/S_{z\max}^*$ 可直接由型钢表查出。

3. 圆形截面梁的最大切应力

如图 9-16 所示,圆形截面上应力分布比较复杂,但其最大切应力仍在中性轴上各点

处，由切应力互等定理可知，该圆形截面左右边缘上点的切应力方向不仅与其圆周相切，而且与剪力 Q 同向。若假设中性轴上各点切应力均布，便可借用式(9-14)来求 $\tau_{\max}$ 的约值，此时，b 为圆的直径 d，而 S_z^* 则为半圆面积对中性轴的静矩 $\left[S_z^*=\left(\frac{\pi d^2}{8}\right)\cdot\frac{2d}{3\pi}\right]$。将 S_z^* 和 d 代入式(9-16)便得

$$\tau_{\max}=\frac{QS_z^*}{I_z b}=\frac{Q\cdot\left(\frac{\pi d^2}{8}\right)\cdot\frac{2d}{3\pi}}{\frac{\pi d^4}{64}\cdot d}=\frac{4Q}{3A} \tag{9-17}$$

式中 $A=\frac{\pi}{4}d^2$ 为圆形截面的面积。

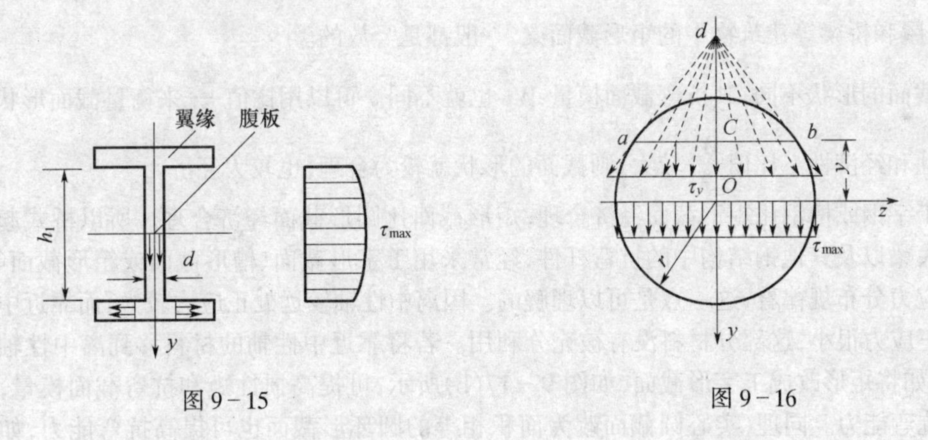

图 9-15　　图 9-16

9.4 提高梁弯曲强度的主要措施

由前面的分析可知，一般情况下，梁的强度是由弯曲正应力控制的。从弯曲正应力强度条件可以看出，提高梁的承载能力应从两个方面考虑，一方面是合理安排梁的受力情况，以降低 $M_{\max}$ 的数值；另一方面则是采用合理的截面形状，以提高 W_z 的数值，充分利用材料的性能。下面分几点进行讨论。

9.4.1 选择合理的截面形状

1. 采用 W_z 和 I_z 大的截面

根据弯曲正应力的强度条件 $M_{\max}\leqslant[\sigma]W_z$ 可见，梁可能承受的 $M_{\max}$ 与抗弯截面模量 W_z 成正比，W_z 越大越有利。另一方面，使用材料的多少和自重的大小，则与截面面积 A 的大小成正比，面积越小越经济，越轻巧。因而合理的截面形状是截面面积 A 较小而抗弯截面模量 W_z 较大。例如使截面高度 h 大于宽度 b 的矩形截面梁，抵抗垂直平面内的弯曲变形时，如把截面竖放，如图 9-17(a)所示，则 $W_{z1}=\frac{bh^2}{6}$。如把截面平放，则 $W_{z2}=\frac{b^2h}{6}$。两者之比是 $\frac{W_{z1}}{W_{z2}}=\frac{h}{b}>1$，所以竖放比平放有较高的抗弯强度，更为合理。因

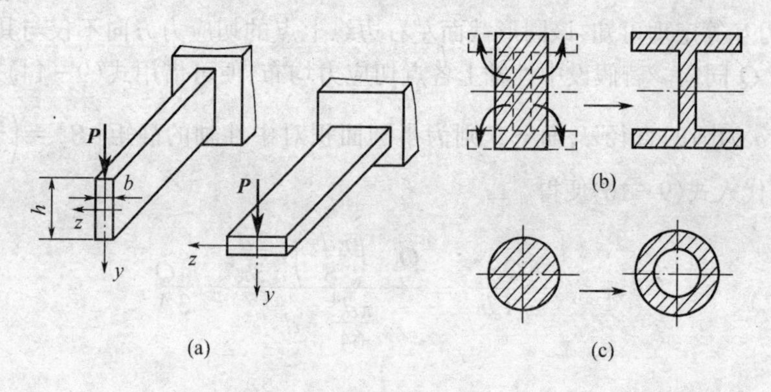

图 9-17

此，房屋和桥梁等建筑物中的矩形截面梁，一般都是竖放的。

截面的形状不同，其抗弯截面模量 W_z 也就不同。可以用比值$\frac{W_z}{A}$来衡量截面形状的合理性和经济性。比值$\frac{W_z}{A}$较大，则截面的形状就较为合理，也较为经济。

工字钢或槽钢比矩形截面经济合理，矩形截面比圆形截面经济合理。所以桥式起重机的大梁以及其他钢结构中的抗弯杆件，经常采用工字形截面、槽形截面或箱形截面等。从正应力分布规律看，这一点是可以理解的。因离中性轴较远处正应力较大，而靠近中性轴处正应力很小，这部分材料没有被充分利用。若将靠近中性轴的材料移到离中性轴较远处，如将矩形改成工字形截面，如图 9-17(b)所示，可提高惯性矩和抗弯截面模量，即提高抗弯能力。同理，实心圆截面改为面积相等的圆环形截面也可提高抗弯能力，如图 9-17(c)所示。

工程中金属梁的成形截面除了工字形以外，还有槽形、箱形，如图 9-18(a)、(b)所示，也可将钢板用焊接或铆接的方法拼接成上述形状的截面。建筑中则常采用混凝土空心预制板，如图 9-18(c)所示。

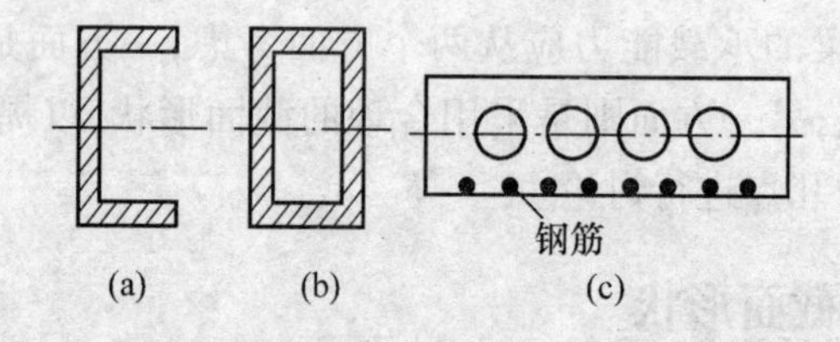

图 9-18

此外，合理的截面形状应使截面上最大拉应力和最大压应力同时达到相应的许用应力值。对于抗拉和抗压强度相等的塑性材料，宜采用对称于中性轴的截面(如工字形)。对于抗拉和抗压强度不等的材料，宜采用不对称于中性轴的截面，如铸铁等脆性材料制成的梁，其截面常做成槽形或 T 字形，并使梁的中性轴偏于受拉的一边，如图 9-19 所示，使$|\sigma_{ymax}|>|\sigma_{lmax}|$。

2. 采用变截面梁

除上述材料在梁的某一截面上如何合理分布的问题外，还有一个材料沿梁的轴线如何合理安排的问题。

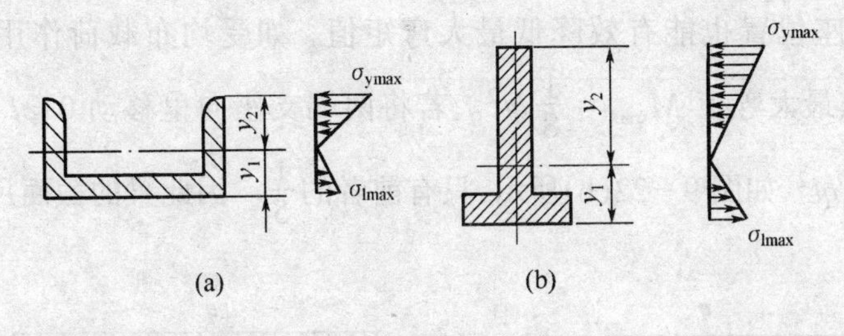

图 9－19

等截面梁的截面尺寸是由最大弯矩决定的。故除 M_{max}所在的截面外，其余部分的材料未被充分利用。为节省材料和减轻重量，可采用变截面梁，即在弯矩较大的部位采用较大的截面，在弯矩较小的部位采用较小的截面。例如桥式起重机的大梁，两端的截面尺寸较小，中段部分的截面尺寸较大，如图 9－20(a)所示。又如铸铁托架如图 9－20(b)所示，阶梯轴如图 9－20(c)所示等，都是按弯矩分布设计的近似于变截面梁的实例。

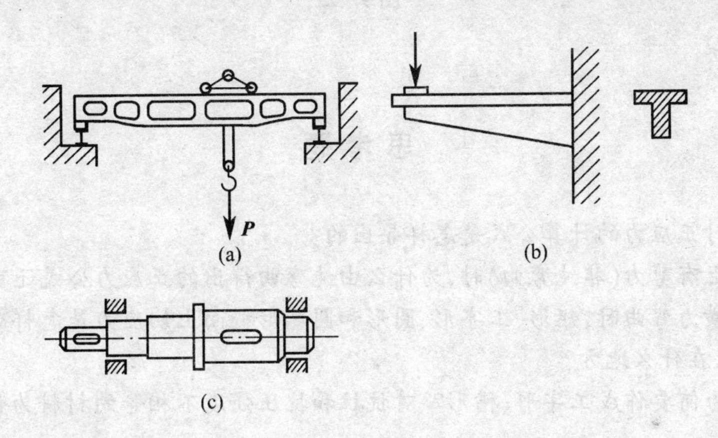

图 9－20

9.4.2　合理布置载荷和支座位置

改善梁的受力方式，可以降低梁上的最大弯矩值。如图 9－21 所示承受集中力 **P** 作用的简支梁，若使载荷尽量靠近一边的支座，如图 9－21(a)所示，则梁的最大弯矩值比载荷作用在跨度中间时小得多，如图 9－21(b)所示。设计齿轮传动轴时，尽量将齿轮安排得靠近轴承(支座)，这样设计的轴，尺寸可相应减小。

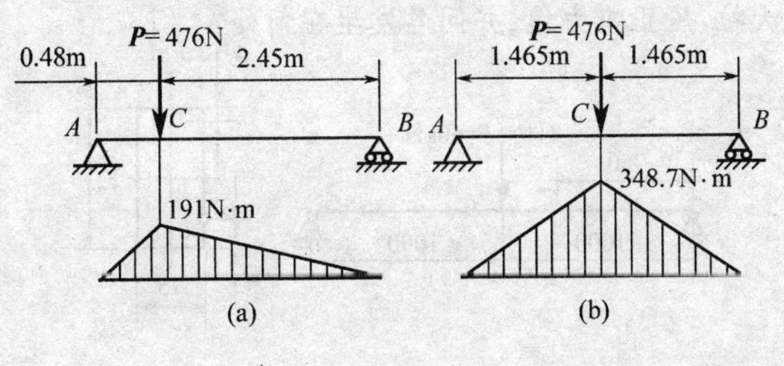

图 9－21

合理布置支座位置也能有效降低最大弯矩值。如受均布载荷作用的简支梁如图9-22(a)所示，其最大弯矩 $M_{\max}=\dfrac{1}{8}ql^2$。若将两端支座向里移动 $0.2l$，使之成为外伸梁，则 $M_{\max}=\dfrac{1}{40}ql^2$，如图9-22(b)所示，只有前者的$\dfrac{1}{5}$。因此梁的截面尺寸也可相应减小。

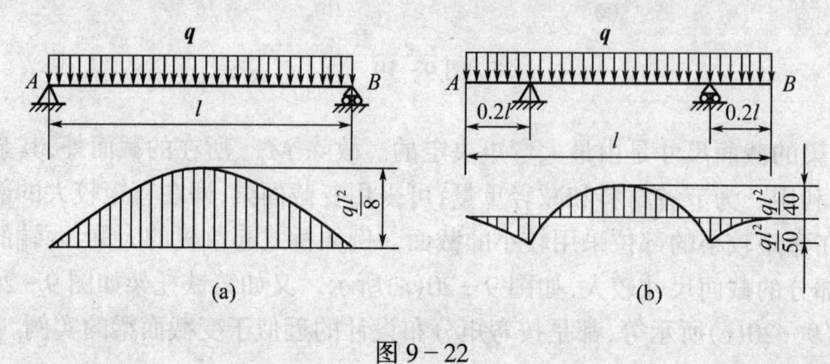

图9-22

思考题

1. 弯曲时正应力的计算公式是怎样导出的？

2. 截面上有剪力(非纯弯曲)时，为什么由纯弯曲得出的正应力公式还可以适用？

3. 梁受横力弯曲时，矩形、工字形、圆形和圆环形截面上切应力是怎样分布的？最大的切应力发生在什么地方？

4. 型钢为何要作成工字形、槽形？对抗拉和抗压强度不相等的材料为什么要采用T字形截面？

习题

9-1 一矩形截面简支梁如图9-23所示。试求：

(1) A 截面上 a、b 两点的正应力值；

(2) A 截面上最大拉、压正应力值；

(3) 全梁的最大拉、压正应力值，并问各发生在何处？

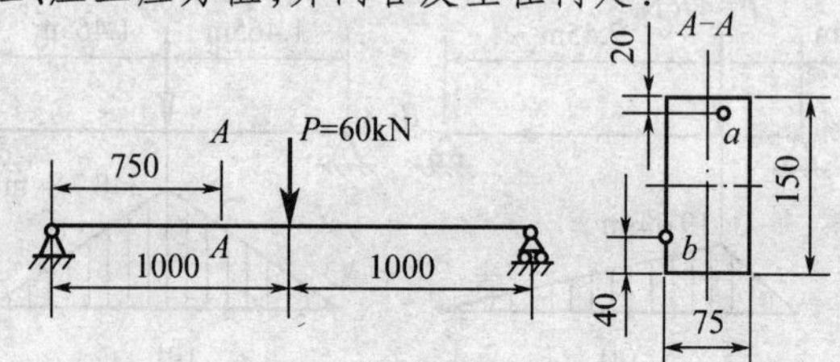

图9-23

9-2　T形截面的铸铁梁如图9-24所示，设已知该截面对中性轴 z 的惯性矩为 $I_z = 2304\text{cm}^4$，试求梁内最大拉、压应力。画出危险截面上的正应力分布图。

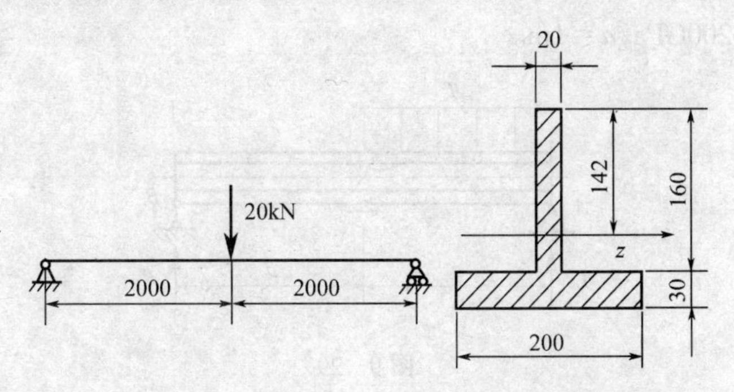

图9-24

9-3　某车间需安装一台行车，行车大梁选用32a工字钢，长为8m，其单位长度的重量为517N/m，材料为Q235钢，许用应力为$[\sigma] = 120\text{MN/m}^2$，如图9-25所示。若起重量为29.4kN，试按正应力强度条件校核该梁的强度。

9-4　一矩形截面梁如图9-26所示。已知 $P = 2\text{kN}$，横截面的高宽度比 $h/b = 3$，材料为松木，其许用应力$[\sigma] = 8\text{MN/m}^2$。试选择截面尺寸。

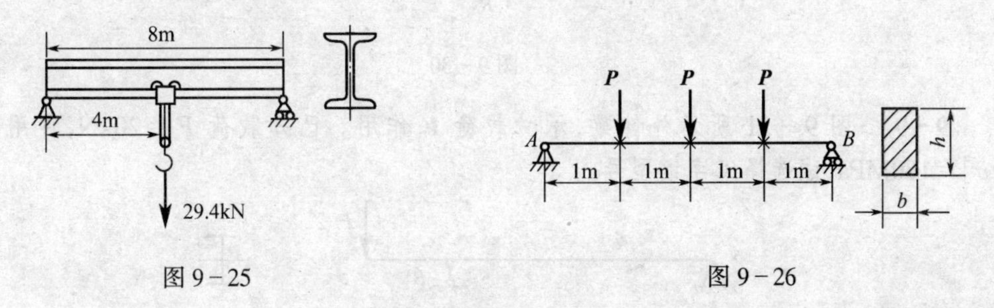

图9-25　　　　　　　　　　　　图9-26

9-5　如图9-27所示，一受均布载荷的外伸钢梁，已知 $q = 12\text{kN/m}$。材料的许用应力$[\sigma] = 160\text{MN/m}^2$，试选择此梁所用工字钢的型号。

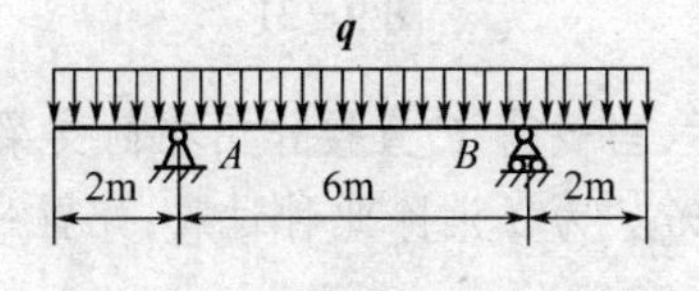

图9-27

9-6　20a的工字钢梁的支承和受力情况如图9-28所示。若其许用应力$[\sigma] = 160\text{MN/m}^2$，试求许可的载荷 P 为多少？

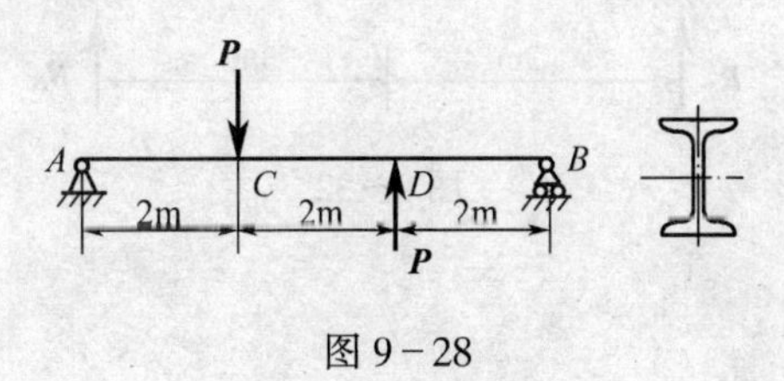

图9-28

9-7　图 9-29 所示简支梁，由 No28 工字钢制成，在集度为 q 的均布载荷作用下，测得横截面 C 底边的纵向正应变 $\varepsilon=3.0\times10^{-4}$，试计算梁内的最大弯曲正应力，已知钢的弹性模量 $E=200\text{GPa}$，$a=1\text{m}$。

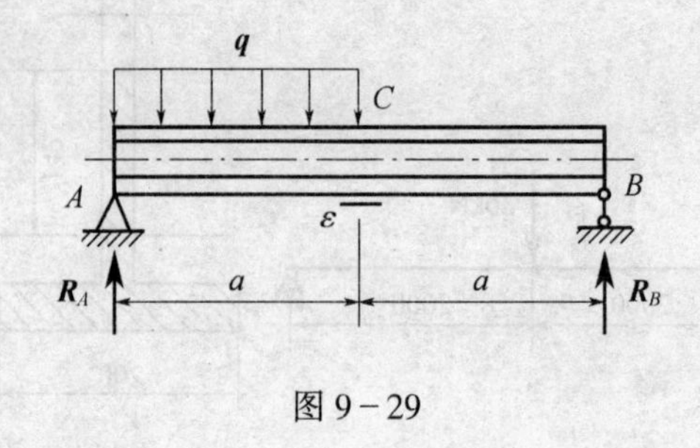

图 9-29

9-8　图 9-30 所示矩形截面钢梁，承受集中载荷 $\boldsymbol{F}$ 与集度为 q 的均布载荷作用，试确定截面尺寸 b。已知载荷 $F=10\text{kN}$，$q=5\text{N/mm}$，许用应力 $[\sigma]=160\text{MPa}$。

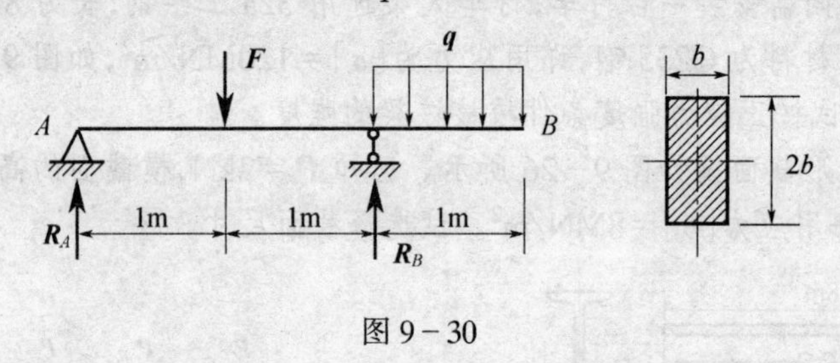

图 9-30

9-9　图 9-31 所示外伸梁，承受载荷 $\boldsymbol{F}$ 作用。已知载荷 $F=20\text{kN}$，许用应力 $[\sigma]=160\text{MPa}$，试选择工字钢型号。

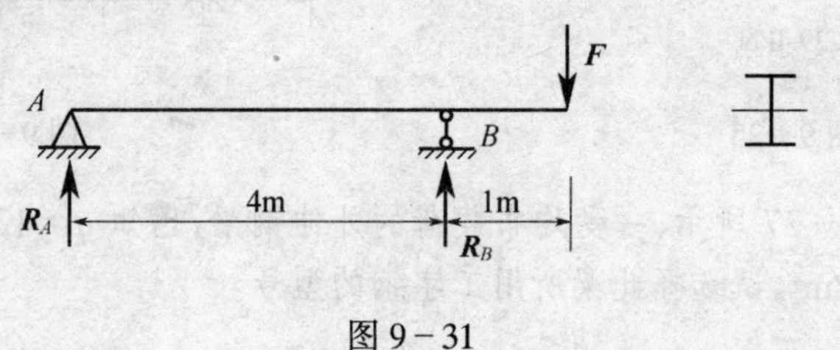

图 9-31

9-10　如图 9-32 所示，当载荷 $\boldsymbol{F}$ 直接作用在简支梁 AB 的跨度中点时，梁内最大弯曲正应力超过许用应力 30%。为了消除此种过载，配置一辅助梁 CD，试求辅助梁的最小长度 a。

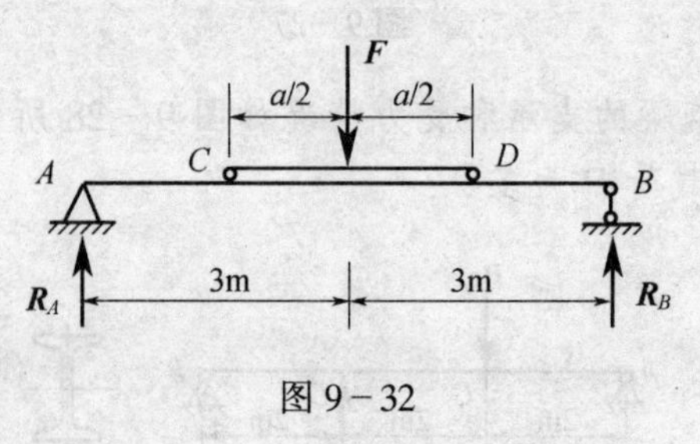

图 9-32

第 10 章　弯曲变形

10.1　弯曲变形的概念

工程实际中的某些构件，除要求有足够的强度外，还要求其变形不能超过工程上允许的范围，即具有足够的刚度。例如图 10－1 所示的车床主轴，若弯曲变形过大，将影响齿轮的啮合和轴承的配合，造成磨损不均，产生噪音，降低寿命，而且影响加工件的精度。研究弯曲变形的主要目的是解决梁的刚度计算问题以及解静不定梁，并为以后研究压杆稳定等问题奠定基础。

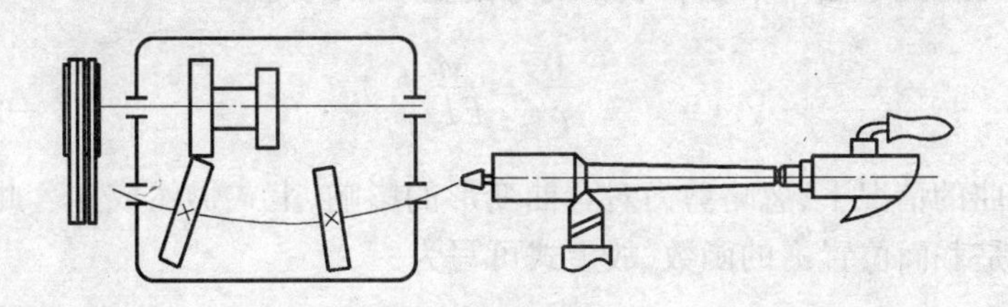

图 10－1

在平面弯曲的情况下，梁受外力作用后，梁的轴线由原来的直线变成了一条连续而光滑的平面曲线，如图 10－2 所示，称为挠曲线。对于细长梁，研究指出，剪力对梁的弯曲变形的影响可略去不计，因此横截面在弯曲变形后仍保持平面，且仍然垂直变形后的梁的轴线，并绕中性轴旋转。

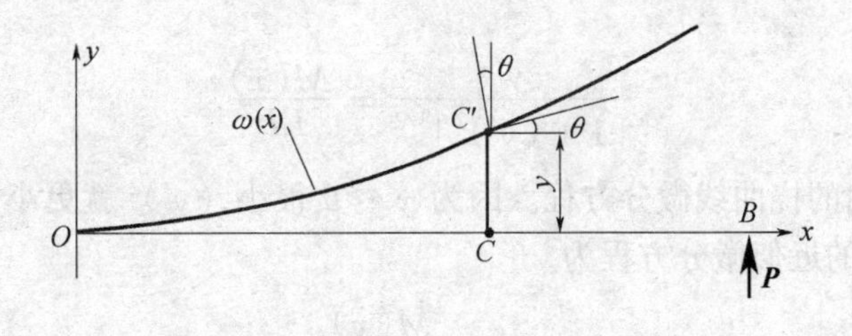

图 10－2

这样，梁的变形可用梁轴上一点（横截面形心）的线位移和横截面的角位移表示。轴线上任一点在垂直 x 轴方向的位移，即挠曲线上相应点的纵坐标，称为挠度，记为 ω。这样挠曲线方程为

$$\omega = \omega(x) \tag{10-1}$$

在小变形情况下，挠曲线是一平坦曲线，在 x 方向的位移可以忽略不计。

横截面对其原来绕中性轴的角位移，称为转角，记为 θ。因为变形前后横截面垂直于

梁的轴线,故也可把轴与弹性曲线上某点(对应一截面)切线的夹角看成是梁上该截面的转角,如图 10-2 所示。转角方程为

$$\theta = \theta(x) \tag{10-2}$$

在工程中转角都是很小的量,因此有

$$\theta \approx \tan\theta = \frac{\mathrm{d}\omega}{\mathrm{d}x} \tag{10-3}$$

上式表明,横截面的转角等于挠曲线在该截面处切线的斜率。

在图 10-2 所示的坐标系中,向上的挠度为正,反之为负;逆时针转角为正,反之为负。

10.2 梁的挠曲线近似微分方程

在纯弯曲时得到了曲率半径 ρ 表示的弯曲变形公式

$$\frac{1}{\rho} = \frac{M}{EI_z}$$

在横力弯曲的情况下,忽略剪力对弯曲变形的影响,上式仍然成立。此时弯矩 M 和曲率半径 ρ 都是截面位置 x 的函数,故上式可写为

$$\frac{1}{\rho(x)} = \frac{M(x)}{EI_z} \tag{a}$$

由高等数学知识知道,平面曲线的曲率为

$$\frac{1}{\rho(x)} = \pm \frac{y''}{[1 + (y')^2]^{3/2}} \tag{b}$$

如图 10-3 所示,弯矩的正负号与挠曲线曲率的正负号恒相同,将式(a)代入式(b),得

$$\frac{y''}{[1 + (y')^2]^{3/2}} = \frac{M(x)}{EI_z} \tag{10-4}$$

上式为梁弯曲的挠曲线微分方程。因为 $y' \approx \theta$ 很小,$(y')^2$ 就更小,其与 1 相比可略去,便可得挠曲线的近似微分方程为

$$y'' = \frac{M(x)}{EI_z} \tag{10-5}$$

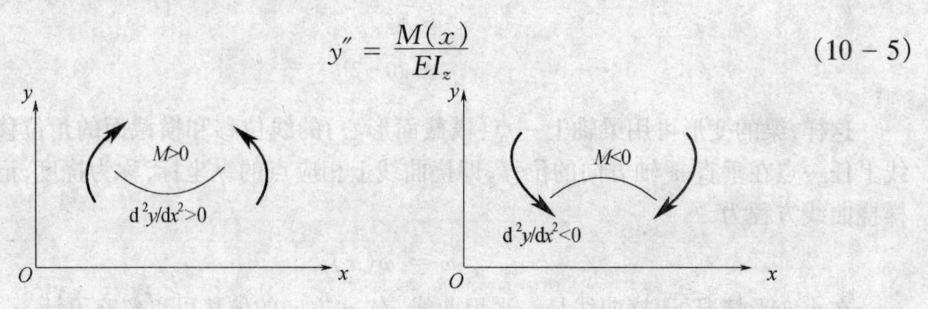

图 10-3

10.3 用积分法求弯曲变形

将微分方程(10-5)积分一次得到转角方程

$$\theta = y' = \int \frac{M(x)}{EI} \mathrm{d}x + C \tag{10-6}$$

再积分一次得到挠曲线方程

$$\omega = y = \iint \frac{M(x)}{EI} \mathrm{d}x\mathrm{d}x + Cx + D \tag{10-7}$$

对于等面直梁，EI 为常数，则上式可改写为

$$\begin{cases} EI\theta = \int M(x)\mathrm{d}x + C \\ EI\omega = \iint M(x)\mathrm{d}x\mathrm{d}x + Cx + D \end{cases} \tag{10-8}$$

在两次积分时，将出现两个积分常数，其值可以通过梁边界处的已知位移条件来确定，这些条件称为边界条件。例如梁在固定端的边界条件为：挠度 $y=0$，转角 $\theta=0$。在铰支座处的边界条件为：挠度 $y=0$ 等。

如果外力将梁分为几段，就必须分段列出梁的弯矩方程，则各段梁的挠曲线微分方程也相应地不同。对各段梁的微分方程进行积分时，均出现两个积分常数。要确定这些积分常数，除利用边界条件外，还要考虑到梁的挠曲线是一条连续的光滑曲线，故可利用两段梁在交界处的变形连续条件，即两段梁在交界处具有相等的挠度和转角。

例 10-1 一悬臂梁 AB，在自由端 B 作用一集中力 $\boldsymbol{P}$，如图 10-4 所示。试求梁的转角方程和挠度方程，并确定最大转角 $|\theta|_{\max}$ 和最大挠度 $|\omega|_{\max}$。已知梁的抗弯刚度为 EI。

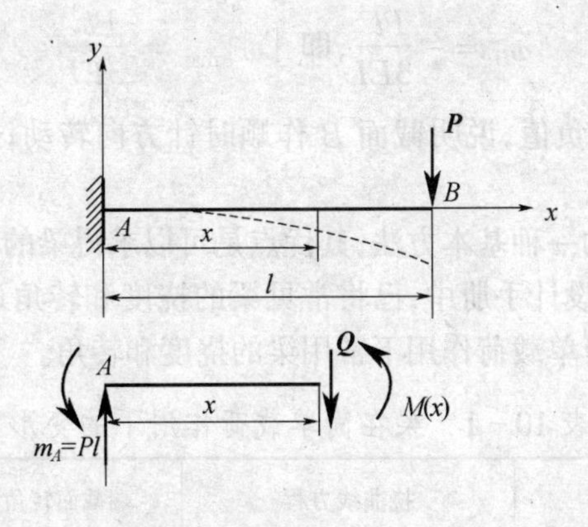

图 10-4

解 选择坐标系如图 10-4 所示。

(1) 求支反力及列弯矩方程。在固定端处的支反力有 $\boldsymbol{R}_A$ 和力偶矩 m_A，由平衡方程可得

$$R_A = P, m_A = Pl$$

在距原点为 x 处取截面，列出弯矩方程为

$$M(x) = -m_A + R_A x = -Pl + Px \tag{a}$$

(2) 列挠曲线近似微分方程并积分。将弯矩方程代入式(10-5)，得

$$EIy'' = -Pl + Px \tag{b}$$

将上式两边乘以 dx，积分

$$EIy' = -Plx + \frac{P}{2}x^2 + C \tag{c}$$

同样，将上式两边乘以 dx，再积分

$$EIy = -\frac{Pl}{2}x^2 + \frac{P}{6}x^3 + Cx + D \tag{d}$$

(3) 确定积分常数。悬臂梁在固定端处的挠度和转角均为零，即当 $x=0$ 时，$y=0$，$\theta=0$，代入式(c)、(d)两式，得

$$D = 0 \qquad C = 0$$

(4) 确定转角方程和挠度方程。将所得积分常数代入(c)、(d)两式，得

$$\theta = \frac{dy}{dx} = \frac{-Px}{2EI}(2l - x) \tag{e}$$

$$\omega = \frac{-Px^2}{6EI}(3l - x) \tag{f}$$

(5) 求最大转角和最大挠度。由图 10-4 可以看出，自由度 B 处的转角和挠度均为最大，以 $x=l$ 分别代入(e)、(f)可得

$$\theta_B = -\frac{Pl^2}{2EI}，即\ |\theta|_{max} = \frac{Pl^2}{2EI}$$

$$\omega_B = -\frac{Pl^3}{3EI}，即\ |\omega|_{max} = \frac{Pl^3}{3EI}$$

所得的结果中，θ_B 为负值，说明截面 B 作顺时针方向转动；挠度 ω_B 为负值，说明 B 截面挠度向下。

积分法是求梁变形的一种基本方法，其优点是可以求得梁的转角方程；其缺点是运算过程烦琐。因此，在一般设计手册中，已将常见梁的挠度和转角计算公式列成表格，以备查用。表 10-1 给出了简单载荷作用下常用梁的挠度和转角。

表 10-1　梁在简单载荷作用下的变形

序号	梁的简图	挠曲线方程	端截面转角	最大挠度
1	m, A, B, θ_B, ω_B, l	$\omega = -\frac{mx^2}{2EI}$	$\theta_B = -\frac{ml}{2EI}$	$\omega_B = -\frac{ml^2}{2EI}$

(续)

序号	梁的简图	挠曲线方程	端截面转角	最大挠度
2		$\omega=-\dfrac{Px^2}{6EI}(3l-x)$	$\theta_B=-\dfrac{Pl^2}{2EI}$	$\omega_B=-\dfrac{Pl^3}{3EI}$
3		$\omega=-\dfrac{qx^2}{24EI}(x^2-4lx+6l^2)$	$\theta_B=-\dfrac{ql^3}{6EI}$	$\omega_B=-\dfrac{ql^4}{8EI}$
4		$\omega=-\dfrac{mx}{6EIl}(l^2-x^2)$	$\theta_A=-\dfrac{ml}{6EI}$ $\theta_B=\dfrac{ml}{3EI}$	$x=\dfrac{l}{\sqrt{3}}$, $\omega_{\max}=-\dfrac{ml^2}{9\sqrt{3}EI}$ $x=\dfrac{l}{2},\omega_{\frac{l}{2}}=-\dfrac{ml^2}{16EI}$
5		$\omega=-\dfrac{Px}{48EI}(3l^2-4x^2)$ $(0\leqslant x\leqslant\dfrac{l}{2})$	$\theta_A=-\theta_B$ $=-\dfrac{Pl^2}{16EI}$	$\omega=-\dfrac{Pl^3}{48EI}$
6		$\omega=-\dfrac{Pbx}{6EIl}(l^2-x^2-b^2)$ $(0\leqslant x\leqslant a)$ $\omega=-\dfrac{Pb}{48EI}[\dfrac{l}{b}(x-a)^3+$ $(l^2-b^2)x-x^3](a\leqslant x\leqslant l)$	$\theta_A=-\dfrac{Pab(l+b)}{6EIl}$ $\theta_B=\dfrac{Pab(l+a)}{6EIl}$	设$a>b$，在$x=\sqrt{\dfrac{l^2-b^2}{3}}$处， $\omega_{\max}=-\dfrac{Pb(l^2-b^2)^{3/2}}{9\sqrt{3}EI}$ 在$x=\dfrac{l}{2}$处， $\omega_{\frac{l}{2}}=-\dfrac{Pb(3l^2-4b^2)}{48EI}$
7		$\omega=-\dfrac{qx}{24EI}(l^3-2lx^2+x^3)$	$\theta_A=-\theta_B$ $=-\dfrac{ql^3}{24EI}$	$\omega=-\dfrac{5ql^4}{384EI}$

10.4 用叠加法求梁的变形

在材料服从胡克定律且变形很小的前提下,梁的挠度和转角均与载荷成线性关系。因为变形微小,可略去梁上各点 x 方向的位移,认为支座的间距和外载荷的作用线都没有变化。因此,每个载荷产生的支座反力、梁的弯矩、挠度和转角都不受其他载荷的影响。于是求梁的变形时,可采用叠加法,即当梁上同时受几个载荷作用时,任一截面的挠度和转角等于各载荷单独作用时该截面的挠度和转角的代数和。

当作用在梁上的载荷比较复杂,而梁在单载荷作用下的变形又易于求得时,利用叠加法求梁的变形就更加方便。

用叠加法求梁的挠度和转角的方法和步骤是:先分别计算每个载荷单独作用下所引起的挠度和转角,然后分别求它们的代数和,即得到这些载荷共同作用时梁的挠度和转角。下面通过实例说明解题方法。

用叠加法求解时,应注意挠度 ω 和转角 θ 的正负号。对于未列入表 10-1 中的梁的变形,可以作适当处理,使之成为有表可查的情形,然后再应用叠加法。参阅例 10-2。

对于求解图 10-5 所示悬臂梁的转角 θ_B 和挠度 ω_B,可根据几何变形关系,结合查表结果求得

$$\theta_B = \theta_C$$

$$\omega_B = \omega_C + b \times \theta_C$$

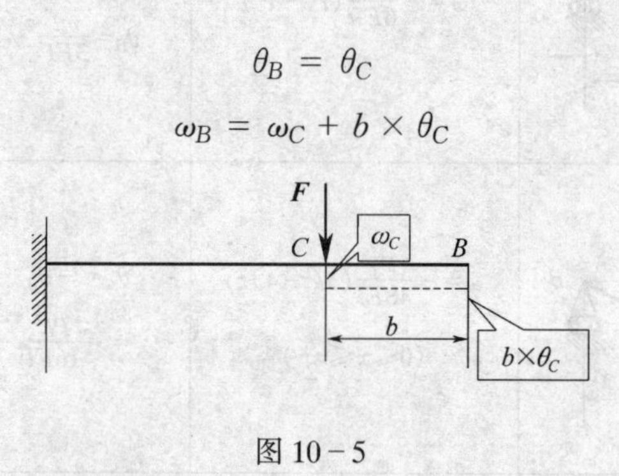

图 10-5

同理,可求得图 10-6 所示外伸梁的转角 θ_C 和挠度 ω_C。

$$\theta_C = \theta_B$$

$$\omega_C = a \times \theta_B$$

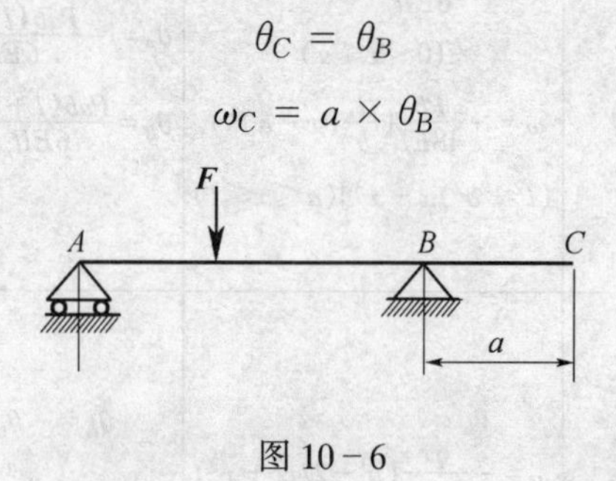

图 10-6

例 10-2 图 10-7(a)所示为一悬臂梁,其上作用有集中力 $\boldsymbol{P}$ 和集度为 q 的均布载荷,试求自由端 B 处的挠度和转角。设已知 $EI=$ 常数。

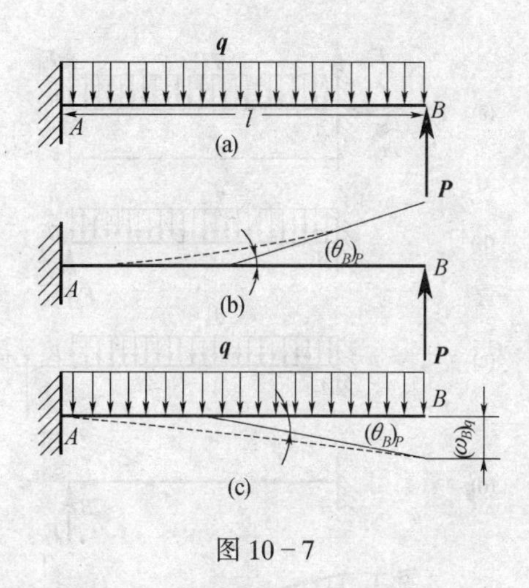

图 10-7

解 由表 10-1 查得,在集中力 $\boldsymbol{P}$ 和均布载荷 $\boldsymbol{q}$ 单独作用下,如图 10-7(b)、(c)所示。自由端的挠度和转角分别为

$$(\omega_B)_P = +\frac{Pl^3}{3EI} \qquad (\omega_B)_q = -\frac{ql^4}{8EI}$$

$$(\theta_B)_P = +\frac{Pl^2}{2EI} \qquad (\theta_B)_q = -\frac{ql^3}{6EI}$$

由叠加法可求得 B 端的总挠度和总转角分别为

$$\omega_B = (\omega_B)_P + (\omega_B)_q = \frac{Pl^3}{3EI} - \frac{ql^4}{8EI}$$

$$\theta_B = (\theta_B)_P + (\theta_B)_q = \frac{Pl^2}{2EI} - \frac{ql^3}{6EI}$$

10.5 简单超静定梁的解法

在前面所讨论的梁,其约束反力都可以通过静力平衡方程求得,这种梁称为静定梁。在工程实际中,有时为了提高梁的强度和刚度,除维持平衡所需的约束外,再增加一个或几个约束,如图 10-8(a)所示,这样约束反力也就增加了。若未知反力的数目超过了所能列出的独立平衡方程的数目时,仅用静力平衡方程已不能完全求解,这样的梁称为超静定梁(或静不定梁)。那些超过维持平衡所必需的约束,习惯上称为多余约束;与其相应的约束反力(包括反力偶),称为多余反力。而未知反力的数目与独立的静定平衡方程数目的差数,称为超静定次数。解超静定梁问题与解拉、压超静定问题一样,需要利用变形的协调条件和力与变形间的物理关系,建立补充方程,然后与平衡方程联立求解。支座反力求得后,其余的计算,如求弯矩、画弯矩图、进行梁的强度和刚度计算等与解静定梁的计算并无区别。

图 10-8(a)所示的梁为一次超静定梁,若将支座 B 看作是多余约束,设想将它解除。而以未知反力 $\boldsymbol{F}_B$ 代替,这时,AB 梁在形式上相当于受均布载荷 $\boldsymbol{q}$ 和未知反力 $\boldsymbol{F}_B$ 作用的

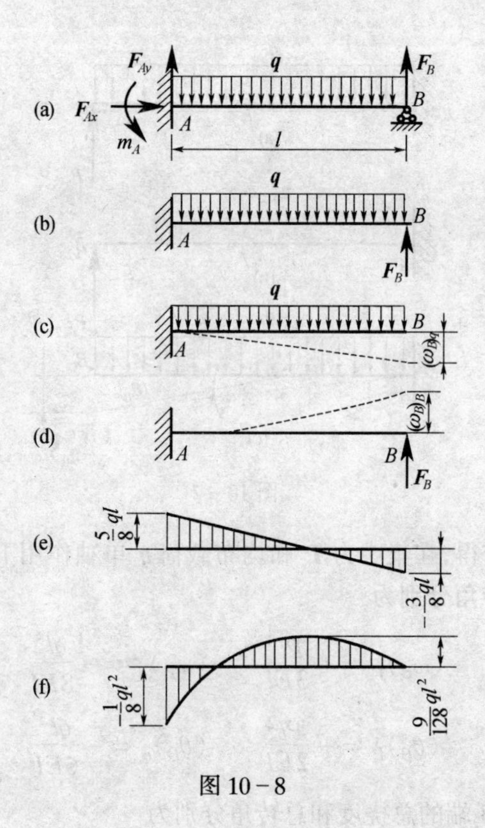

图 10-8

静定梁,如图 10-8(b)所示,这种形式上的静定梁称为基本静定梁。

上述基本静定梁,若以$(\omega_B)_q$和$(\omega_B)_B$分别表示 $\boldsymbol{q}$ 和 $\boldsymbol{F}_B$ 各自单独作用时 B 端的挠度,如图 10-8(c)、(d)所示,则 $\boldsymbol{q}$ 和 $\boldsymbol{F}_B$ 共同作用时,B 端的挠度应为

$$\omega_B = (\omega_B)_q + (\omega_B)_B$$

实际上,B 端是铰支座,且 A 与 B 始终在同一水平线上,它不应有任何垂直位移,即

$$\omega_B = (\omega_B)_q + (\omega_B)_B = 0 \tag{a}$$

这就是变形协调条件,从这一变形条件,就可列出一个补充方程,用以求出多余反力 F_B。由于这一变形协调条件是通过基本静定梁与超静定梁在 B 端的变形相比后得到的,故用这一条件求解超静定梁的约束反力的方法,称为变形比较法。

查表 10-1 得出力与变形间的物理关系,即

$$(\omega_B)_q = -\frac{ql^4}{8EI} \qquad (\omega_B)_B = +\frac{F_B l^3}{3EI}$$

代入式(a),得到补充方程

$$-\frac{ql^4}{8EI} + \frac{F_B l^3}{3EI} = 0$$

由此,可求得多余反力

$$F_B = \frac{3}{8}ql$$

求得 F_B 后,再按已有的三个独立的静力平衡方程求出其他反力,得

$$F_{Ax}=0, F_{Ay}=\frac{5}{8}ql, m_A=\frac{1}{8}ql^2$$

支反力求出后,就可用与静定梁相同的方法进行其他的计算。例如,作出超静定梁 AB 的剪力图、弯矩图,如图 10-8(e)、(f)所示。最大剪力在固定端处,其大小为 $|Q|_{max}=\frac{5}{8}ql^2$,最大弯矩在固定端邻近的截面上,其大小为 $|M|_{max}=\frac{1}{8}ql^2$。

10.6 梁的刚度校核和提高刚度的措施

10.6.1 梁的刚度条件

工程设计中,根据机械或结构物的工作要求,常对挠度或转角加以限制,对梁进行刚度计算,梁的刚度条件为

$$|\omega|_{max}\leqslant[\omega] \tag{10-9}$$

$$|\theta|_{max}\leqslant[\theta] \tag{10-10}$$

式中,$|\omega|_{max}$和$|\theta|_{max}$分别为梁的最大挠度和最大转角的绝对值;$[\omega]$和$[\theta]$则为规定的许用挠度和许用转角。视工作要求不同,$[\omega]$和$[\theta]$的数值可由有关规范中查得。

例 10-3 如图 10-9 所示的一矩形截面悬臂梁,$q=10\text{kN/m}$,$l=3\text{m}$,梁的许用挠度$[\omega/l]=1/250$,材料的许用应力$[\sigma]=12\text{MPa}$,材料的弹性模量 $E=2\times10^4\text{MPa}$,截面尺寸比 $h/b=2$。试确定截面尺寸 b、h。

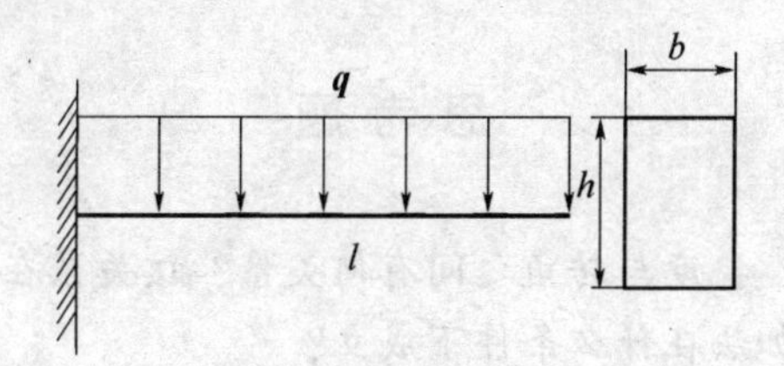

图 10-9

解 该梁既要满足强度条件,又要满足刚度条件,这时可分别按强度条件和刚度条件来设计截面尺寸,取其较大者。

(1) 按强度条件 $\sigma_{max}=\frac{M_{max}}{W_z}\leqslant[\sigma]$设计截面尺寸。最大弯矩、抗弯截面系数分别为:

$$M_{max}=\frac{q}{2}l^2=45\text{kN}\cdot\text{m} \quad W_z=\frac{b}{6}h^2=\frac{2}{3}b^3$$

把 M 及 W_z 代入强度条件,得

$$b\geqslant\sqrt[3]{\frac{3M_{max}}{2[\sigma]}}=\sqrt[3]{\frac{3\times45\times10^6}{2\times12}}=178\text{mm} \quad h=2b=356\text{mm}$$

(2) 按刚度条件$\frac{\omega_{max}}{l}\leqslant\left[\frac{\omega}{l}\right]$设计截面尺寸。查表 10-1 得:

$$\omega_{max} = \frac{ql^4}{8EI_z}$$

又

$$I_z = \frac{b}{12}h^3 = \frac{2}{3}b^4$$

把 ω_{max}及 I_z 代入刚度条件，得

$$b \geqslant \sqrt[4]{\frac{3ql^3}{16\left[\frac{\omega}{l}\right]E}} = \sqrt[4]{\frac{3 \times 10 \times 3000^3 \times 250}{16 \times 2 \times 10^4}} = 159\text{mm}$$

$$h = 2b = 318\text{mm}$$

故 $b = 178\text{mm}, h = 356\text{mm}$。

10.6.2 提高梁的弯曲刚度的措施

由梁的挠曲线近似微分方程可见，梁的弯曲变形与弯矩 $M(x)$及抗弯刚度有关，而影响梁弯矩的因素又包括载荷、支承情况及梁的有关长度。因此，为提高梁的刚度，可采用如下一些措施。

(1) 选择合理的梁截面，从而增大截面的惯性矩 I。

(2) 调整加载方式，改善梁结构，以减小弯矩：使受力部位尽可能靠近支座，或使集中力分散成分布力。

(3) 减小梁的跨度，增加支承约束。

其中第三种措施的效果最为显著，因为梁的跨长或有关长度是以其乘方影响梁的挠度和转角的。

思考题

1. 何谓挠度与转角？挠度与转角之间有何关系？该关系在什么条件下成立？

2. 何谓叠加法？叠加法在什么条件下成立？

3. 试述提高弯曲梁刚度的主要措施有哪些？提高梁的刚度与提高强度的措施有何不同？

4. 如何利用积分法计算梁的变形？如何确定积分常数？

5. 如何确定梁的最大挠度？梁上最大弯矩处的挠度是否也具有最大值？

习题

10－1 已知梁的抗弯刚度 EI＝常量，试用积分法求图 10－10 所示各梁的转角方程和挠曲线方程以及指定截面的转角和挠度。

10－2 图 10－11 所示各梁，弯曲刚度 EI 均为常数。

(1) 试根据梁的弯矩图与支持条件，画出挠曲轴的大致形状；

(2) 利用积分法计算梁的最大挠度与最大转角。

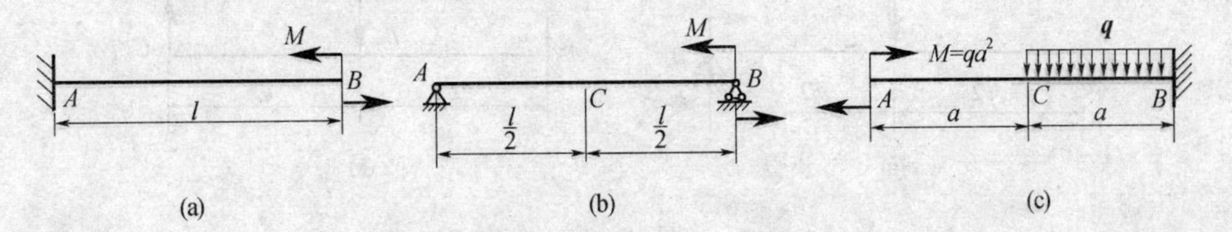

图 10－10

(a) θ_B、ω_B；(b) θ_A、θ_B、ω_C；(c) θ_A、ω_A。

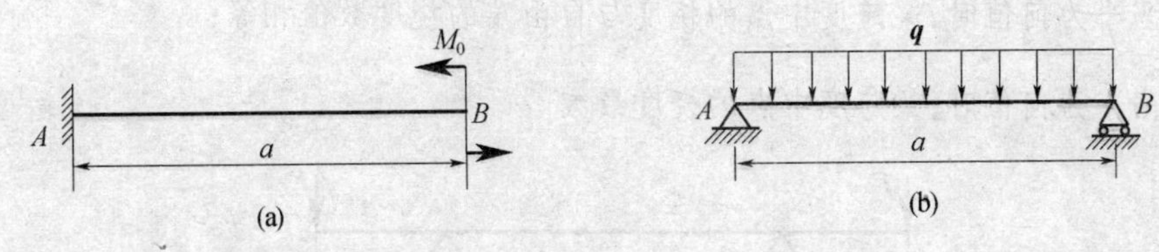

图 10－11

10－3 图 10－12 所示各梁，弯曲刚度 EI 均为常数。

(1) 试写出计算梁位移的边界条件与连续条件；

(2) 试根据梁的弯矩图与支持条件画出挠曲轴的大致形状。

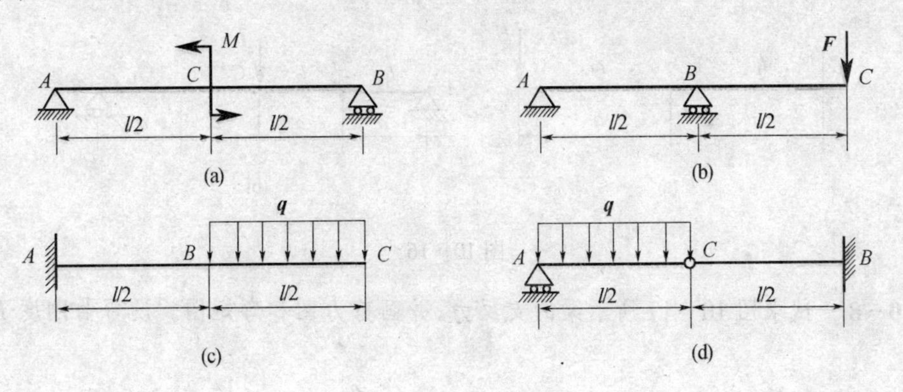

图 10－12

10－4 试用叠加法求图 10－13 所示各梁截面 A 的挠度和截面 B 的转角。设 EI 为常数。

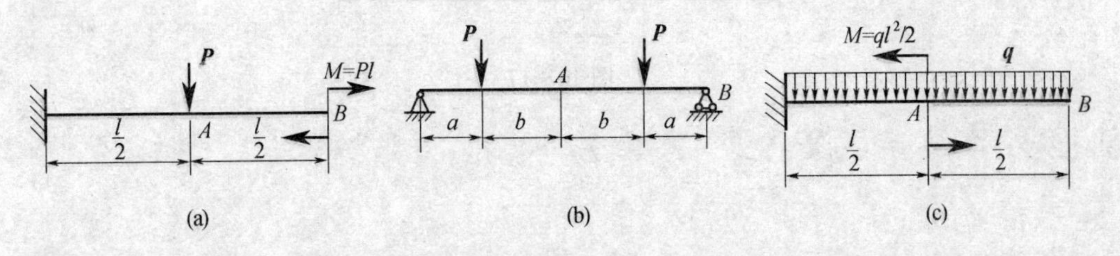

图 10－13

10－5 图 10－14 所示各梁，弯曲刚度 EI 均为常数，试用叠加法计算截面 B 的转角与截面 C 的挠度。

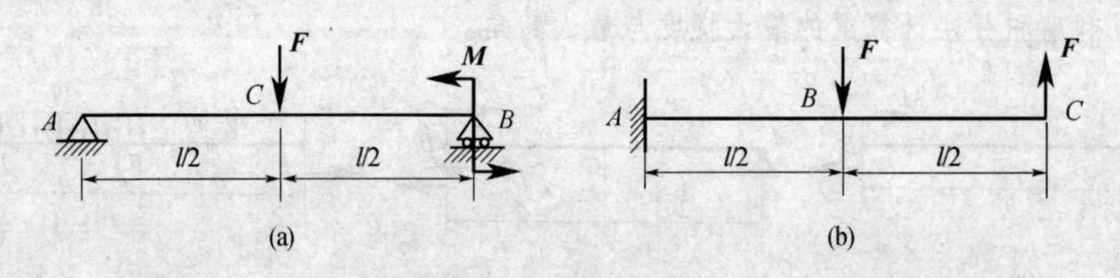

图 10－14

10－6　图 10－15 所示外伸梁，两端承受载荷 $\boldsymbol{F}$ 作用，弯曲刚度 EI 为常数，试问：

(1) 当$\dfrac{x}{l}$为何值时，梁跨度中点的挠度与自由端的挠度数值相等；

(2) 当$\dfrac{x}{l}$为何值时，梁跨度中点的挠度最大。

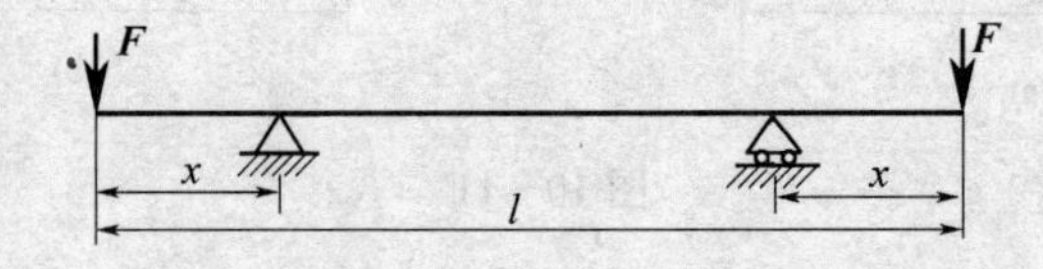

图 10－15

10－7　试用叠加法计算图 10－16 所示各阶梯梁的最大挠度。设惯性矩 $I_2=2I_1$。

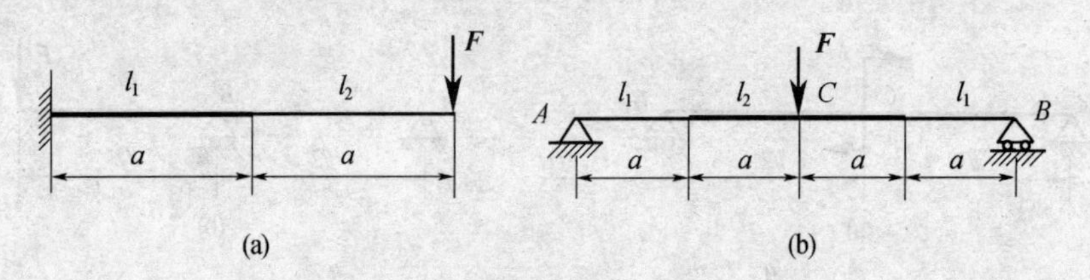

图 10－16

10－8　试求图 10－17 所示梁的支反力，并画剪力图和弯矩图。设弯曲刚度 EI 为常数。

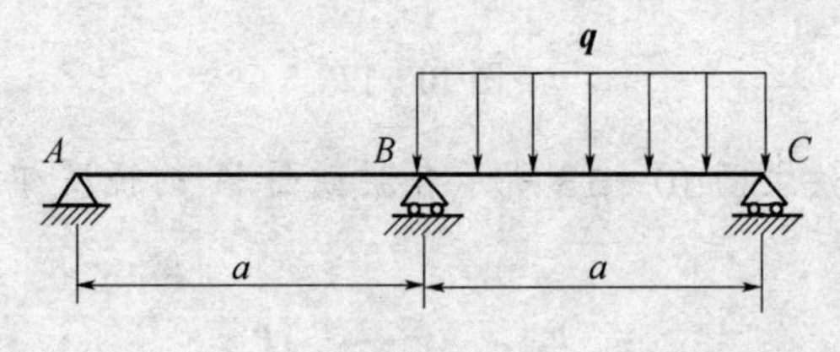

图 10－17

第 11 章　应力状态分析和强度理论

11.1　应力状态的概念

前面研究了杆件的轴向拉压、扭转与弯曲时的强度问题。这些构件的危险点或处于单向受力状态,或处于纯剪切状态,如图 11-1 所示。

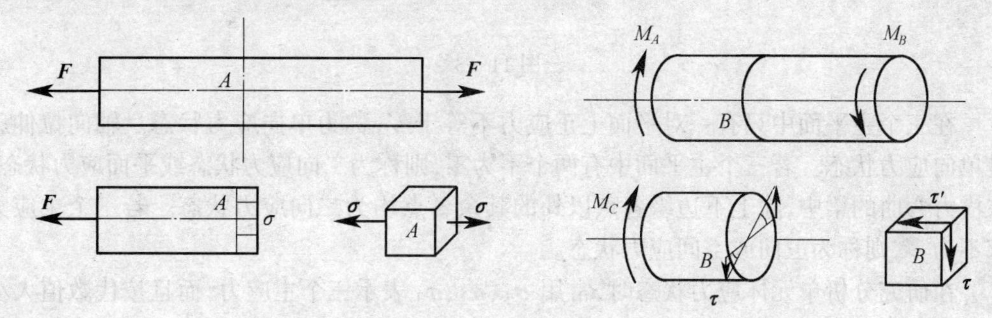

图 11-1

然而,在实际问题中,许多构件的危险点处于更复杂的受力状态,如图 11-2 所示,即处于正应力和切应力的联合作用下。显然仅仅依靠单向受力与纯剪切的已有理论,尚不能解决上述构件的强度问题,因而需要研究微体受力的一般情况,微体内各截面的应力与相应变形,以及材料在复杂应力作用下的破坏或失效规律。

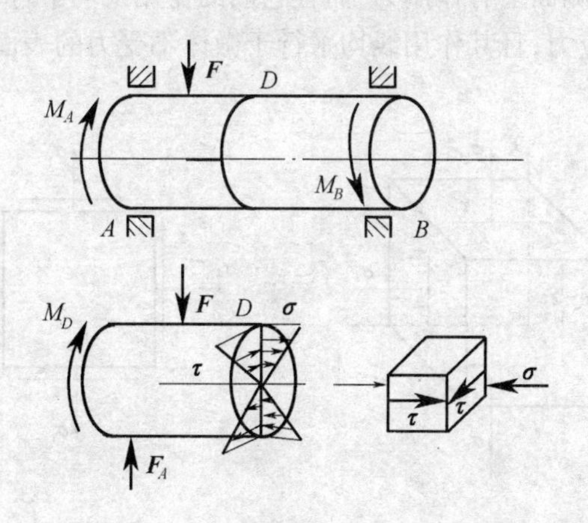

图 11-2

构件受力后,通过其内一点所作各微截面的应力状况,称为该点的应力状态。为了研究受力构件内某点的应力状态,可围绕该点取一个无限小的正六面体来表示这一点,这个正六面体称为单元体,单元体上各个截面便代表受力构件内过该点的不同方向截面。

欲确定一点的应力状态而取单元体时,应尽量使其三对面上的应力易确定。例如,对于一受拉杆件上的 A 点(如图 11-3 所示),它的三对面中的一对为杆的横截面,另外两对面微平行于杆表面的纵截面。由图 11-3 所示 A 点单元体可以看出,三个相互垂直的面上都没有切应力。这种切应力等于零的平面称为主平面。

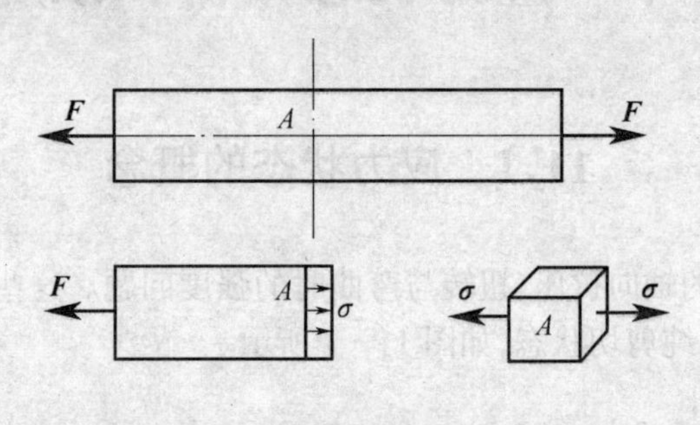

图 11-3

在三个主平面中只有一对平面上正应力不等于零,称为单向应力状态。轴向拉伸就是单向应力状态。若三个主平面中有两个不为零,则称为二向应力状态或平面应力状态。在横力弯曲的梁中,除上下边缘各点以外的其余各点均为二向应力状态。若三个主应力都不为零,则称为三向或空间应力状态。

在研究分析单元体应力状态时,常用 $\boldsymbol{\sigma}_1$、$\boldsymbol{\sigma}_2$、$\boldsymbol{\sigma}_3$ 表示三个主应力,而且按代数值大小排列,即 $\sigma_1>\sigma_2>\sigma_3$。

11.2 平面应力状态分析

应力状态有多种类型,其中较常见的就是平面应力状态。如图 11-4 所示,在微体的六个侧面中,仅在四个侧面上有作用力,而且它们的作用线均平行于同一平面。仅在微体的四个侧面上作用有应力,且其作用线均平行于微体不受力的表面的应力状态,称为平面应力状态。

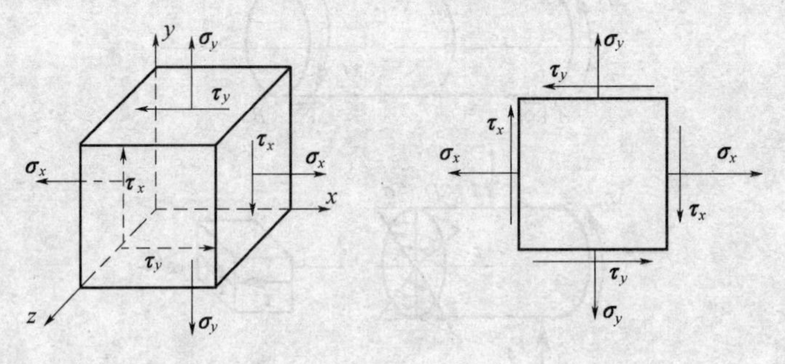

图 11-4

11.2.1 斜截面应力

平面应力状态的一般形式如图 11-5 所示。在垂直坐标轴 x 的截面即所谓 x 面上,

作用有 $\boldsymbol{\sigma}_x$ 和 $\boldsymbol{\tau}_x$，在垂直坐标轴 y 的截面即所谓 y 面上，作用有 $\boldsymbol{\sigma}_y$ 和 $\boldsymbol{\tau}_y$。若上述应力均已知，现研究与坐标轴 z 平行的任意斜截面上的应力。斜截面的方位以其外法线 n 与坐标轴 x 的夹角 α 表示，该截面上应力用 $\boldsymbol{\sigma}_\alpha$ 与 $\boldsymbol{\tau}_\alpha$ 表示，如图 11－6 所示。

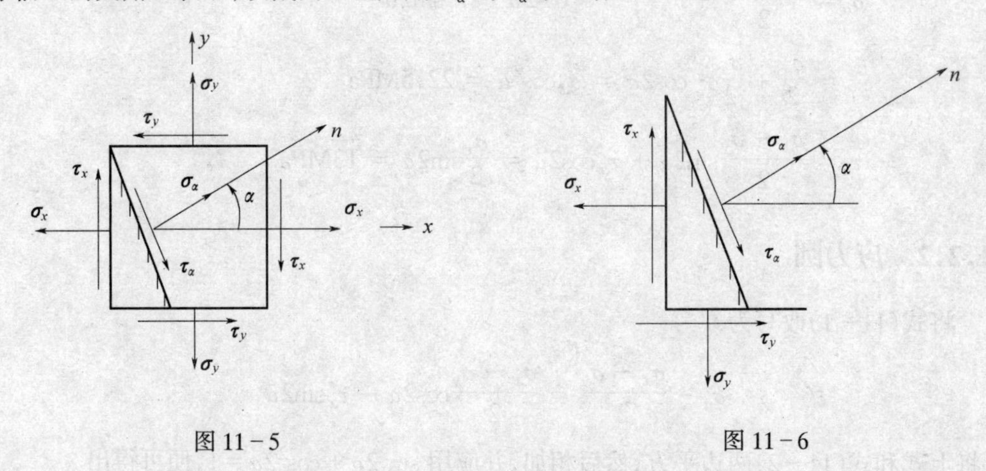

图 11－5　　　　图 11－6

首先，利用截面法，沿斜截面将上述微体截开，并选三角形微体为研究对象。根据三角形微体沿斜截面法向和切向的平衡方程，并结合切应力互等定理可得

$$\sigma_\alpha = \frac{\sigma_x + \sigma_y}{2} + \frac{\sigma_x - \sigma_y}{2}\cos2\alpha - \tau_x\sin2\alpha \tag{11-1}$$

$$\tau_\alpha = \frac{\sigma_x - \sigma_y}{2}\sin2\alpha + \tau_x\cos2\alpha \tag{11-2}$$

此即平面应力状态下斜截面应力的一般公式。使用以上二式时应注意应力正负符号的规定：

(1) 正应力以拉应力为正，压应力为负；

(2) 切应力以对单元体内任一点产生顺时针转向的力矩的切应力为正，反之为负。

公式中的夹角 α，以自 x 轴正向按逆时针转至斜截面的外法线时所转过的角度为正，反之为负。

例 11－1　如图 11－7 所示，拉杆横截面积 $A = 10\text{cm}^2$，$F = 30\text{kN}$，求拉杆 $\alpha = 30°$ 斜截面上的正应力和切应力。

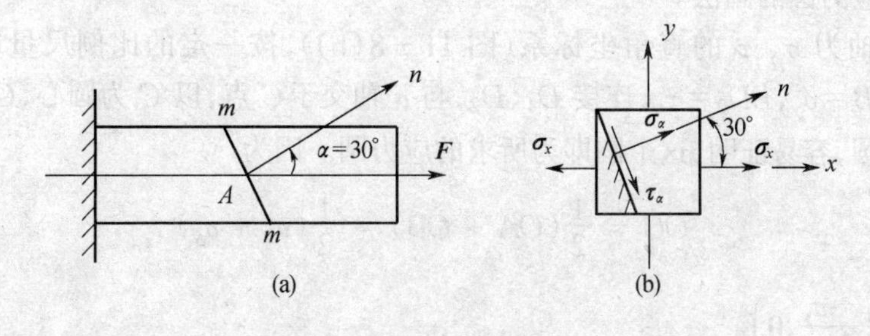

图 11－7

解　在 A 点处沿纵向和横向截取单元体，如图 11－7(b)所示，可知为单向应力状态。可求得：

$$\sigma_x = \frac{F}{A} = \frac{30 \times 10^3}{10 \times 10^{-4}} = 30 \times 10^6 \text{Pa} = 30\text{MPa} \quad \sigma_y = 0 \quad \tau_x = 0$$

$$\sigma_\alpha = \frac{\sigma_x + \sigma_y}{2} + \frac{\sigma_x - \sigma_y}{2} \cdot \cos 2\alpha - \tau_x \sin 2\alpha$$

$$= \frac{\sigma_x}{2} + \frac{\sigma_x}{2} \cdot \cos 2\alpha = \sigma_x \cos^2 \alpha = 22.5\text{MPa}$$

$$\tau_\alpha = \frac{\sigma_x - \sigma_y}{2} \sin 2\alpha + \tau_x \cos 2\alpha = \frac{\sigma_x}{2} \sin 2\alpha = 13\text{MPa}$$

11.2.2 应力圆

将式(11-1)改写为

$$\sigma_\alpha - \frac{\sigma_x + \sigma_y}{2} = \frac{\sigma_x - \sigma_y}{2} \cos 2\alpha - \tau_x \sin 2\alpha$$

再将上式和式(11-2)两边平方,然后相加,并应用 $\sin^2 2\alpha + \cos^2 2\alpha = 1$,便可得出

$$\left(\sigma_\alpha - \frac{\sigma_x + \sigma_y}{2}\right)^2 + \tau_\alpha^2 = \left(\frac{\sigma_x - \sigma_y}{2}\right)^2 + \tau_x^2 \tag{11-3}$$

对于所研究的单元体,σ_x、σ_y、τ_x 是常量,σ_α、τ_α 是变量(随 α 的变化而变化),故令 $\sigma_\alpha = x$、$\tau_\alpha = y$、$\frac{\sigma_x + \sigma_y}{2} = a$、$\sqrt{\left(\frac{\sigma_x - \sigma_y}{2}\right)^2 + \tau_x^2} = R$,则式(11-3)变为如下形式:

$$(x - a)^2 + y^2 = R^2$$

由解析几何可知,上式代表的是圆心坐标为$(a,0)$,半径为 R 的圆。因此,式(11-3)代表一个圆方程;若取 σ 为横坐标,τ 为纵坐标,则该圆的圆心是$\left(\frac{\sigma_x + \sigma_y}{2},0\right)$,半径等于 $\sqrt{\left(\frac{\sigma_x - \sigma_y}{2}\right)^2 + \tau_x^2}$,这个圆称为"应力圆"。因应力圆是德国学者莫尔(O.Mohr)于 1882 年最先提出的,所以又叫莫尔圆。应力圆上任一点坐标代表所研究单元体上任一截面的应力,因此应力圆上的点与单元体上的截面有着一一对应关系。

现说明应力圆的画法。

取坐标轴为 σ、τ 的直角坐标系(图 11-8(b)),按一定的比例尺量取 $OA = \sigma_x$,$AD_1 = \tau_x$,$OB = \sigma_y$,$BD_2 = \tau_y$;连接 D_1、D_2,与 σ 轴交于 C 点,以 C 为圆心,CD_1(或 CD_2)为半径画一圆,容易证明,这个圆即为所求的应力圆。因为

$$OC = \frac{1}{2}(OA + OB) = \frac{1}{2}(\sigma_x + \sigma_y)$$

即圆心在$\left(\frac{\sigma_x + \sigma_y}{2},0\right)$。

又因

$$CA = \frac{1}{2}(OA - OB) = \frac{1}{2}(\sigma_x - \sigma_y)$$

$$AD_1 = \tau_x$$

所以圆的半径

$$CD_1 = \sqrt{CA^2 + AD_1^2} = \sqrt{\left(\frac{\sigma_x - \sigma_y}{2}\right)^2 + \tau_x^2}$$

证毕。

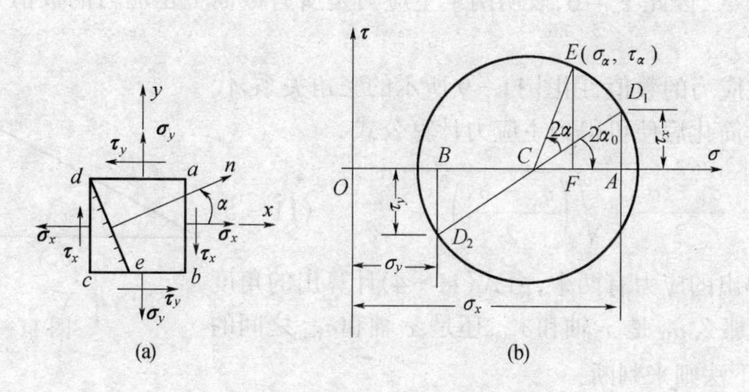

图 11-8

利用应力圆可求出所研究单元体上任意一个 α 截面上的应力。由于应力圆参数表达式(11-1)、式(11-2)的参变量是 2α,所以单元体上任意两斜截面外法线之间的夹角对应于应力圆上两点之间圆弧所对的圆心角,该圆心角为两斜截面外法线之间的夹角的两倍。如要确定图 11-8(a)斜截面 de 的应力,由应力圆上的 D_1 点(该点对应于截面 ab)沿逆时针量取圆心角$\angle D_1CE = 2\alpha$,则 E 点的横、纵坐标分别代表 de 截面上的σ_α、τ_α。证明如下:

过 E 点作EF 垂直于σ 轴,则

$$\begin{aligned}
OF &= OC + CF = OC + CE\cos(2\alpha + 2\alpha_0) \\
&= OC + CE\cos2\alpha_0\cos2\alpha - CE\sin2\alpha_0\sin2\alpha \\
&= OC + CD_1\cos2\alpha_0\cos2\alpha - CD_1\sin2\alpha_0\sin2\alpha \\
&= OC + CA\cos2\alpha - AD_1\sin2\alpha \\
&= \frac{\sigma_x + \sigma_y}{2} + \frac{\sigma_x - \sigma_y}{2}\cos2\alpha - \tau_x\sin2\alpha = \sigma_\alpha
\end{aligned}$$

即 E 点的横坐标等于斜截面上的正应力。同理可证,E 点的纵坐标等于斜截面上的剪应力。

11.2.3 平面应力状态主应力

主平面是特殊的斜截面,它上面只有正应力而无切应力,根据这个特点,确定主平面的位置及主应力的大小。

由式(11-2),令 $\tau_\alpha = 0$,便可得出单元体主平面的位置。设主平面外法线与 x 轴的夹角为α_0,则

$$\tan2\alpha_0 = -\frac{2\tau_x}{\sigma_x - \sigma_y} \tag{11-4}$$

其中，α_0 有两个根：α_0 和$(\alpha_0+90°)$，因此说明由式(11-4)可以确定两个互相垂直的主平面。如果对式(11-1)令$\frac{d\sigma_\alpha}{d\alpha}=0$，经简化得

$$\frac{\sigma_x-\sigma_y}{2}\sin2\alpha+\tau_x\cos2\alpha=0$$

上式左边等于 τ_α，因此 $\tau_\alpha=0$，表明两个主应力是所有截面上正应力的极值 σ_{max}、σ_{min}(极大值和极小值)。

为求出主应力的数值，用图 11-9 所示的三角关系，代入式(11-1)，简化后便可得到主应力计算公式

$$\sigma_{min}^{max}=\frac{\sigma_x-\sigma_y}{2}\pm\sqrt{\left(\frac{\sigma_x-\sigma_y}{2}\right)^2+\tau_x^2} \qquad (11-5)$$

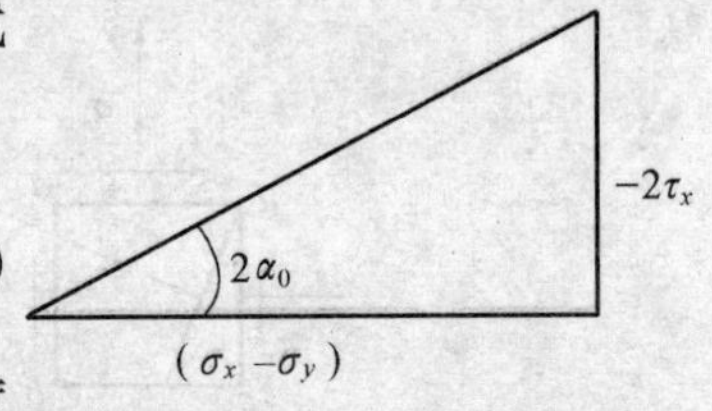

图 11-9

由上式得出的应力有两个，由式(11-4)计算出的角度 α_0 也有两个，那么 α_0 是 x 轴和σ_{max}还是 x 轴和σ_{min}之间的夹角，可按以下法则来判断：

(1) 当 $\sigma_x>\sigma_y$ 时，α_0 是 x 轴和σ_{max}之间的夹角；

(2) 当 $\sigma_x<\sigma_y$ 时，α_0 是 x 轴和σ_{min}之间的夹角；

(3) 当 $\sigma_x=\sigma_y$ 时，$\alpha_0=45°$，主应力的方位可由单元体上切应力的情况判断(图 11-10)。

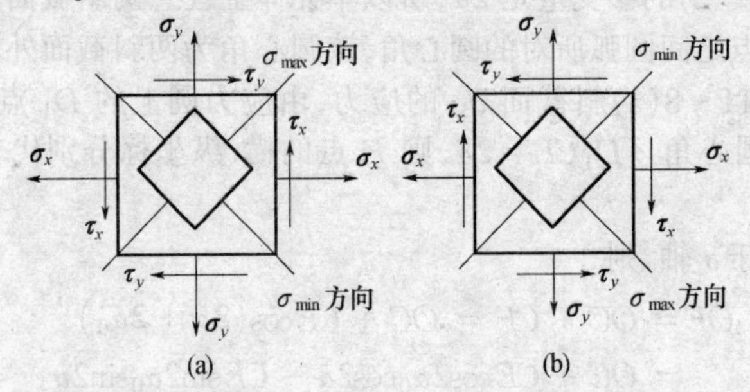

图 11-10

应指出：用以上法则时，由式(11-4)计算的 $2\alpha_0$ 应取锐角(正或负)。

因为平面应力状态至少有一个主应力等于零，因此可根据 σ_{max}、σ_{min}的正负号确定 σ_1、σ_2、σ_3。

11.2.4 最大切应力的确定

由式(11-2)可确定最大切应力的大小及所在的位置。

令$\frac{d\tau_\alpha}{d\alpha}=0$，则可求得切应力极值所在的平面方位角位置 α_1 的计算公式

$$\tan2\alpha_1=\frac{\sigma_x-\sigma_y}{2\tau_x} \qquad (11-6)$$

由式(11-6)可以确定相差 90°的两个面，分别作用着最大切应力和最小切应力，其

值可用下式计算

$$\tau_{\min}^{\max} = \pm\sqrt{\left(\frac{\sigma_x - \sigma_y}{2}\right)^2 + \tau_x^2} \tag{11-7}$$

如果已知主应力,则切应力极值的另一形式计算公式为

$$\tau_{\min}^{\max} = \pm \frac{\sigma_{\max} - \sigma_{\min}}{2} \tag{11-8}$$

11.3 强 度 理 论

11.3.1 强度理论的概念

轴向拉伸(压缩)强度条件中的许用应力是由材料的屈服极限或强度极限除以安全系数而得的,材料的屈服极限或强度极限可直接由试验测定。杆件受到轴向拉压时,杆内处于单向应力状态,因此单向应力状态下的强度条件只需要做拉伸或压缩试验便可解决。

但工程上受力构件很多属于复杂应力状态,要通过试验建立强度条件几乎是不可能的,于是人们考虑,能否从简单应力状态下的试验结果去建立复杂应力状态的强度条件?为此,人们对材料发生屈服和断裂两种破坏形式进行研究,提出了材料在不同应力状态下产生某种形式破坏的共同原因的各种假设,这些假设称为强度理论。根据这些假设,就有可能利用单向拉伸的试验结果,建立复杂应力状态下的强度条件。

11.3.2 四个强度理论

目前常用的强度理论,按提出的先后顺序,习惯上称为第一、二、三、四强度理论。

1. 第一强度理论(最大拉应力理论)

17 世纪,伽利略根据直观提出了这一理论。该理论认为:材料的断裂破坏取决于最大拉应力,即不论材料处于什么应力状态,当三个主应力中的主应力 $\boldsymbol{\sigma}_1$ 达到单向应力状态破坏时的正应力时,材料便发生断裂破坏。相应的强度条件

$$\sigma_1 \leqslant [\sigma] \tag{11-9}$$

式中:$[\sigma]$是材料轴向拉伸时的许用应力。

试验证明,该理论只对少数脆性材料受拉伸的情况相符,对别的材料和其他受力情况不甚可靠。

2. 第二强度理论(最大正应变理论)

该理论是 1682 年由马里奥特(E.Mariotte)提出的。该理论认为:材料的断裂破坏取决于最大正应变,即不论材料处于什么应力状态,当三个主应变(沿主应力方向的应变称为主应变,记作 ε_1、ε_2、ε_3)中的主应变 ε_1 达到单向应力状态破坏时的正应变时,材料便发生断裂破坏。相应的强度条件

$$\varepsilon_1 \leqslant [\varepsilon]$$

用正应力形式表示,第二强度理论的强度条件是

$$\sigma_1 - \gamma(\sigma_2 + \sigma_3) \leqslant [\sigma] \tag{11-10}$$

该理论与少数脆性材料试验结果相符,对于具有一拉一压主应力的二向应力状态,试验结果也与此理论计算结果相近;但对塑性材料,则不能被试验结果所证明。该结论适用范围较小,目前已很少采用。

3. 第三强度理论(最大切应力理论)

该理论是由库仑(C.A.Coulomb)在1773年提出的。该理论认为:材料的破坏取决于最大切应力,即不论材料处于什么应力状态,当最大切应力达到单向应力状态破坏时的最大切应力,材料便发生破坏。相应的强度条件是:

$$\tau_{max} \leqslant [\tau]$$

用正应力形式表示,第三强度理论的强度条件是

$$\sigma_1 - \sigma_3 \leqslant [\sigma] \tag{11-11}$$

试验证明,该理论对塑性材料较为符合,而且偏于安全。但对三相受拉应力状态下材料发生破坏,该理论无法解释。

4. 第四强度理论(能量强度理论)

该理论最早是由贝尔特拉密(E.Beltrami)于1885年提出的,但未被试验所证实,后于1904年由波兰力学家胡勃(M.T.Huber)修改。该理论认为:材料的破坏取决于形状改变比能,即不论材料处于什么应力状态,当形状改变比能达到单向应力状态破坏时的形状改变比能,材料便发生破坏。相应的强度条件是

$$v_d \leqslant [v_d]$$

用正应力形式表示,第四强度理论的强度条件是

$$\sqrt{\frac{1}{2}[(\sigma_1 - \sigma_2)^2 + (\sigma_2 - \sigma_3)^2 + (\sigma_3 - \sigma_1)^2]} \leqslant [\sigma] \tag{11-12}$$

试验证明,对许多塑性材料,该理论与试验情况很相符。但按该理论,在三向受拉时,材料不会发生破坏,这与实际不相符。

可以把四个强度理论的强度条件写成下面的统一形式

$$\sigma_{di} \leqslant [\sigma]$$

式中 $\sigma_{di}(i=1,2,3,4)$称为计算应力,它们分别为

$$\begin{cases} \sigma_{d1} = \sigma_1 \\ \sigma_{d2} = \sigma_1 - \gamma(\sigma_2 + \sigma_3) \\ \sigma_{d3} = \sigma_1 - \sigma_3 \\ \sigma_{d4} = \sqrt{\frac{1}{2}[(\sigma_1 - \sigma_2)^2 + (\sigma_2 + \sigma_3)^2 + (\sigma_3 + \sigma_1)^2]} \end{cases} \tag{11-13}$$

11.3.3 单向与纯剪切组合应力状态的强度条件

图11-11所示为单向与纯剪切组合应力状态,是一种常见的应力状态,现在根据第三与第四强度理论建立相应的强度条件。

由式(11-5)可知,该微体的最大与最小正应力分别为

$$\sigma_{\min}^{\max} = \frac{1}{2}(\sigma \pm \sqrt{\sigma^2 + 4\tau^2})$$

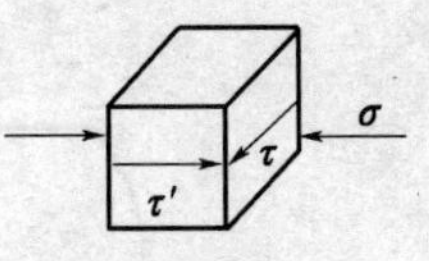

图 11-11

可见,相应的主应力为

$$\sigma_1 = \frac{1}{2}(\sigma + \sqrt{\sigma^2 + 4\tau^2}), \sigma_3 = \frac{1}{2}(\sigma - \sqrt{\sigma^2 + 4\tau^2}), \sigma_2 = 0$$

根据第三强度理论得

$$\sigma_{r3} = \sqrt{\sigma^2 + 4\tau^2} \leqslant [\sigma] \tag{11-14}$$

根据第四强度理论得

$$\sigma_{r4} = \sqrt{\sigma^2 + 3\tau^2} \leqslant [\sigma] \tag{11-15}$$

例 11-2 构件内某点的应力状态如图 11-12 所示,试用第三和第四强度理论建立相应的强度条件。

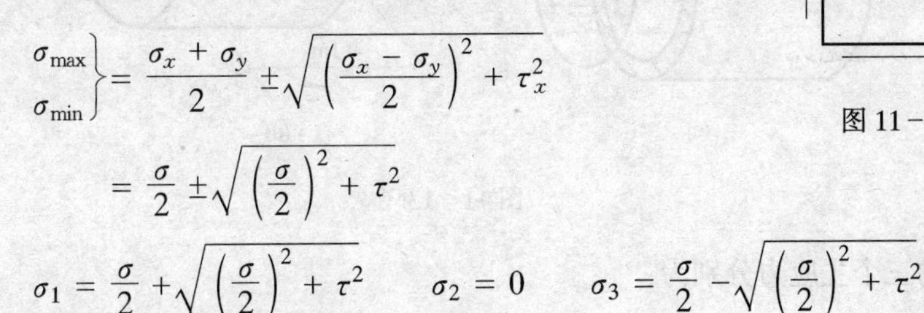

图 11-12

解 (1)求主应力。三个主应力分别为

$$\left.\begin{matrix}\sigma_{\max}\\ \sigma_{\min}\end{matrix}\right\} = \frac{\sigma_x + \sigma_y}{2} \pm \sqrt{\left(\frac{\sigma_x - \sigma_y}{2}\right)^2 + \tau_x^2}$$

$$= \frac{\sigma}{2} \pm \sqrt{\left(\frac{\sigma}{2}\right)^2 + \tau^2}$$

$$\sigma_1 = \frac{\sigma}{2} + \sqrt{\left(\frac{\sigma}{2}\right)^2 + \tau^2} \qquad \sigma_2 = 0 \qquad \sigma_3 = \frac{\sigma}{2} - \sqrt{\left(\frac{\sigma}{2}\right)^2 + \tau^2}$$

(2) 求第三和第四强度理论的强度条件。

$$\sigma_{r3} = \sigma_1 - \sigma_3 = \sqrt{\sigma^2 + 4\tau^2} \leqslant [\sigma]$$

$$\sigma_{r4} = \sqrt{\frac{1}{2}[(\sigma_1 - \sigma_2)^2 + (\sigma_2 - \sigma_3)^2 + (\sigma_3 - \sigma_1)^2]} = \sqrt{\sigma^2 + 3\tau^2} \leqslant [\sigma]$$

例 11-3 如图 11-13 所示,锅炉内径 $D = 1\text{m}$,炉内蒸汽压强 $p = 3.6\text{MPa}$,锅炉钢板材料的许用应力$[\sigma] = 160\text{MPa}$。试按第三和第四强度理论分别设计锅炉壁厚。

解 工程上常见的蒸汽锅炉、储气罐等,都可视为圆桶形薄壁容器。在图 11-13(a)中 A 处取单元体,作用于横截面上的正应力 $\boldsymbol{\sigma}_x$ 称为轴向应力;作用于纵截面上的正应力 $\boldsymbol{\sigma}_y$ 称为环向应力,如图 11-13(b)所示。

由图 11-13(c)建立平衡方程:

$$\sum F_x = 0$$

$$\sigma_x \cdot (\pi D \delta) - p\left(\frac{\pi}{4}D^2\right) = 0$$

$$\sigma_x = \frac{pD}{4\delta}$$

由图 11-13(d)建立平衡方程:

$$\sum F_y = 0 \qquad 2(\sigma_y \cdot \delta \cdot 1) - p \cdot D \cdot 1 = 0$$

$$\sigma_y = \frac{pD}{2\delta}$$

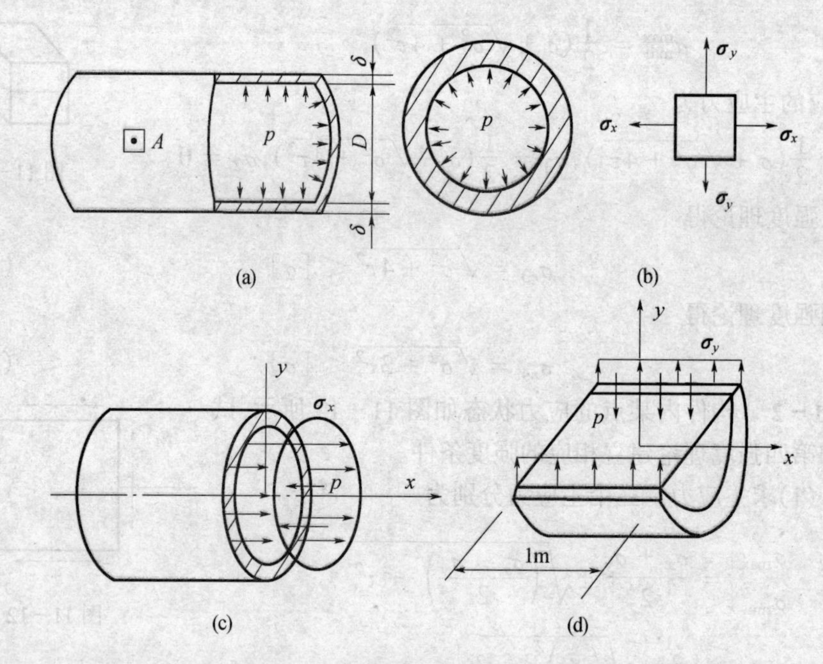

图 11－13

单元体上的三个主应力分别为：

$$\sigma_1 = \sigma_y = \frac{pD}{2\delta}, \sigma_2 = \sigma_x = \frac{pD}{4\delta}, \sigma_3 = 0$$

按第三强度理论设计壁厚：

$$\sigma_{r3} = \sigma_1 - \sigma_3 = \frac{pD}{2\delta} \leqslant [\sigma]$$

$$\delta \geqslant \frac{pD}{2[\sigma]} = \frac{3.6 \times 10^6 \times 1}{2 \times 160 \times 10^6} = 11.25 \times 10^{-3}\text{m} = 11.25\text{mm}$$

按第四强度理论设计壁厚：

$$\sigma_{r4} = \sqrt{\frac{1}{2}[(\sigma_1 - \sigma_2)^2 + (\sigma_2 - \sigma_3)^2 + (\sigma_3 - \sigma_1)^2]}$$

$$= \sqrt{\frac{1}{2}\left[\left(\frac{pD}{2\delta} - \frac{pD}{4\delta}\right)^2 + \left(\frac{pD}{4\delta} - 0\right)^2 + \left(0 - \frac{pD}{2\delta}\right)^2\right]} = \frac{\sqrt{3}\,pD}{4\delta} \leqslant [\sigma]$$

$$\delta \geqslant \frac{\sqrt{3}\,pD}{4[\sigma]} = \frac{\sqrt{3} \times 3.6 \times 10^6 \times 1}{4 \times 160 \times 10^6} = 9.75 \times 10^{-3}\text{m} = 9.75\text{mm}$$

思考题

1．何谓一点处的应力状态？何谓二向应力状态？如何研究一点处的应力状态？

2．如何用解析法确定任一斜截面的应力？应力和方位角的正负符号是怎样规定的？

3. 如何绘制应力圆？如何利用应力圆确定任一斜截面的应力？

4. 何谓主平面？何谓主应力？如何确定主应力的大小和方位？

5. 何谓单向应力状态、二向应力状态和三向应力状态？何谓复杂应力状态？

6. 在单向、二向和三向应力状态中，最大正应力和最大切应力各为何值？各位于何截面？

7. 何谓强度理论？金属材料破坏有几种主要形式？相应地有几类强度理论？

8. 目前常用的强度理论的基本观点及相应的强度条件各是什么？这些条件是如何建立的？各适用于何范围？

习　题

11-1　单元体各面的应力如图 11-14 所示(应力单位为 MPa)，试用解析法和图解法计算主应力的大小及所在截面的方位，并在单元体中画出。

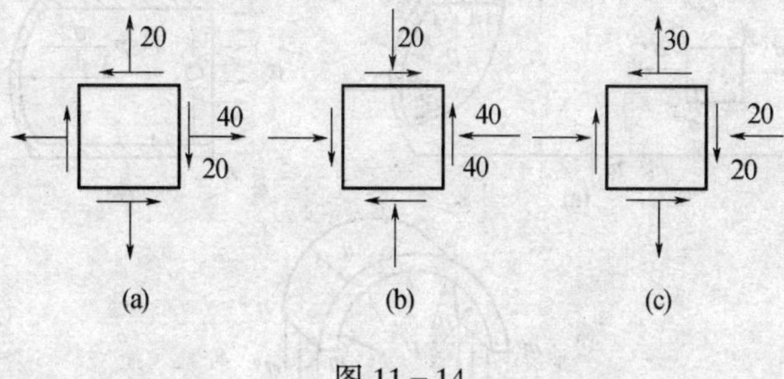

图 11-14

11-2　单元体各面的应力如图 11-15 所示(应力单位为 MPa)，试用解析法和图解法计算指定截面上的正应力和切应力。

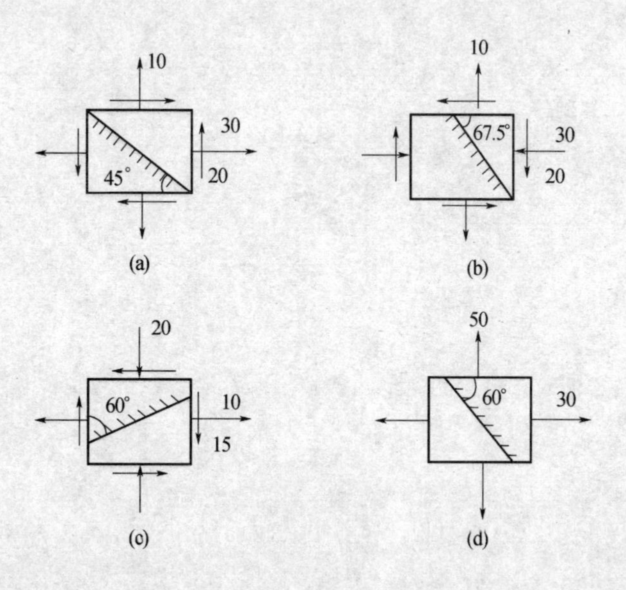

图 11-15

11－3 单元体各面的应力如图 11－16 所示 (应力单位为 MPa),试求主应力、最大正应力和最大切应力。

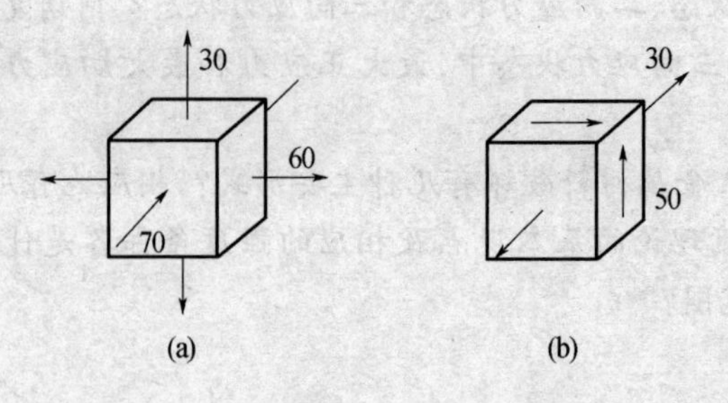

图 11－16

11－4 如图 11－17 所示圆筒形薄壁容器(壁厚 t 远小于直径 D),受到流体内压力 $\boldsymbol{P}$ 的作用。试求筒壁外表面任一点 M 处的最大正应力和最大切应力。

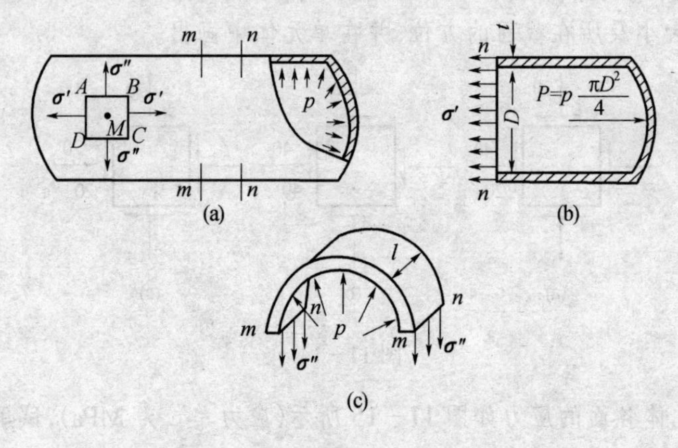

图 11－17

第12章 组合变形

12.1 组合变形的概念与叠加原理

前面几章分别讨论了杆件拉伸(压缩)、剪切、扭转和弯曲基本变形。实际工程结构中,有很多杆件往往同时存在着几种基本变形。例如图12-1表示一个小型压力机的框架,在外力 $\boldsymbol{P}$ 作用下,立柱就同时存在着拉伸和弯曲两种基本变形;又如图12-2所示反应釜中的搅拌轴,除了由于在搅拌物料时叶片受到阻力的作用而发生扭转变形外,同时还受到搅拌轴和浆叶的自重作用,而发生轴向拉伸变形;再如机器的转轴,如图12-3所示,除了扭转变形外,同时还有弯曲变形等,都是杆件产生组合变形的例子。这类由两种或两种以上基本变形组合的情况,统称为组合变形。

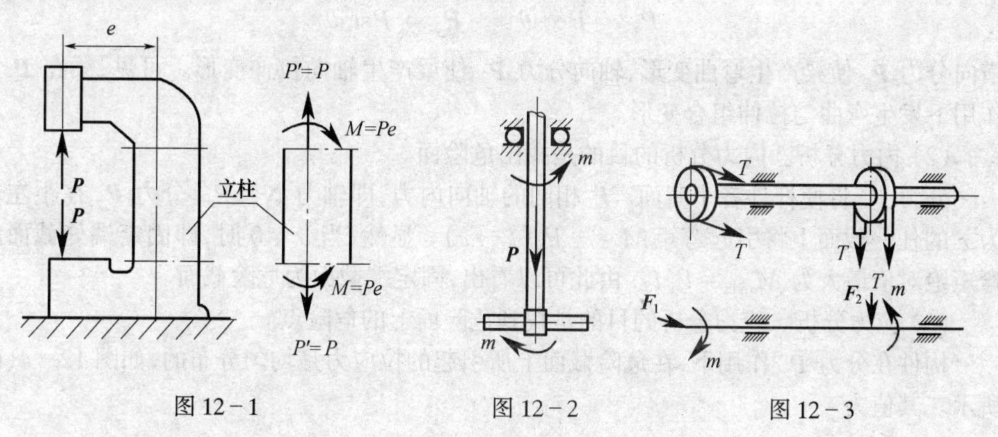

图12-1　图12-2　图12-3

对于组合变形问题,解决的方法是把组合变形分解为一系列基本变形。在材料服从胡克定律且变形很小的前提下,杆件上虽然同时存在着几种基本变形,但每一种基本变形都是各自独立、互不影响的。即任一基本变形都不会改变另一种变形所引起的应力和变形。例如图12-1中的构件,把原来的外力转化成对应着轴向拉伸的 $\boldsymbol{P}'$ 和对应着弯曲的 M。于是分别计算每一种基本变形各自引起的应力和变形,然后求出这些应力和变形的总和,便是杆件在原载荷作用下的应力和变形。这就是叠加原理在组合变形中的应用。

本章将讨论弯曲与拉伸(或压缩)以及弯曲与扭转的组合变形。这是工程中最常遇到的两种情况。至于其他形式的组合变形,应用同样的方法也不难解决。

12.2 拉伸(压缩)与弯曲的组合变形

如果作用在杆件上的外力除了有横向力外,还有轴向拉(压)力,则杆件将发生弯曲与拉伸(压缩)组合变形。如图12-4(a)所示的矩形截面悬臂梁,在自由端的横截面形心

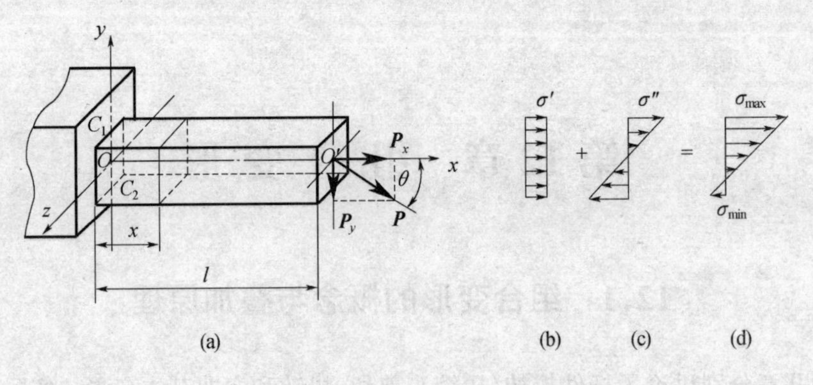

图 12-4

O'处受到一集中力 $\boldsymbol{P}$ 的作用，该力的作用线位于梁的纵向对称面内，且与梁的轴线成一角度 θ。

(1) 外力分析。外力分析的目的是判断杆件产生何种组合变形。

建立如图 12-4 所示的坐标系，将力 $\boldsymbol{P}$ 沿 x 轴和 y 轴方向分解为两个分力 $\boldsymbol{P}_x$ 和 $\boldsymbol{P}_y$，即

$$P_x = P\cos\theta \qquad P_y = P\sin\theta$$

横向分力 $\boldsymbol{P}_y$ 使梁产生弯曲变形，轴向分力 $\boldsymbol{P}_x$ 使梁产生轴向拉伸变形。可见，梁在 $\boldsymbol{P}$ 力作用下发生弯曲与拉伸组合变形。

(2) 内力分析。内力分析的目的是找出危险面。

分力 $\boldsymbol{P}_x$ 将使杆件各个截面产生相同的轴向内力，即轴力 $N = P_x$；分力 $\boldsymbol{P}_y$ 在距左端为 x 的任一截面上将引起弯矩 $M = -P_y(l-x)$。显然，当 $x=0$ 时，即固定端处截面的弯矩绝对值最大为 $M_{max} = P_y l$。由此可以看出，固定端截面为危险截面。

(3) 应力分析。应力分析的目的是找到危险面上的危险点。

构件在分力 $\boldsymbol{P}_x$ 作用下，在危险截面上所引起的拉应力是均匀分布的，如图 12-4(b)所示。其值为

$$\sigma' = \frac{N}{A} = \frac{P_x}{A}$$

而在分力 $\boldsymbol{P}_y$ 作用下，危险截面上的应力按线性规律分布，如图 12-4(c)所示。沿中性轴最远处的任一点(如 C_1、C_2 点)的弯曲正应力的绝对值为

$$\sigma'' = \frac{M_{max}}{W} = \frac{P_y l}{W}$$

式中 W 为抗弯截面模量。

将两项正应力 σ'和σ''按代数值叠加，可得危险截面上正应力的最大与最小值分别为

$$\sigma_{max} = \frac{N}{A} + \frac{M_{max}}{W} \qquad \sigma_{min} = \frac{N}{A} - \frac{M_{max}}{W}$$

C_2 点的最小正应力 σ_{min}可能是拉应力，也可能是压应力。这要看上面第二式中等号右边第一项数值是大于还是小于第二项数值。若 $\sigma' < \sigma''$时，σ_{min}为负值，其应力分布规律如图 12-4(d)所示。

综上所述可知,该截面的上、下边缘上各点是危险点,这些危险点上的应力都是正应力,亦即是简单应力状态。

(4) 建立相应的强度条件。经分析可知,上边缘各点的拉应力最大,对于塑性材料,可建立强度条件为

$$\sigma_{\max}=\frac{N}{A}+\frac{M_{\max}}{W}\leqslant[\sigma] \tag{12-1}$$

对于脆性材料,由于$[\sigma_l]\neq[\sigma_y]$,如果最小正应力是压应力,则应分别建立条件为

$$\sigma_{\max}=\frac{N}{A}+\frac{M_{\max}}{W}\leqslant[\sigma_l]$$

$$|\sigma_{\min}|=\left|\frac{N}{A}-\frac{M_{\max}}{W}\right|\leqslant[\sigma_y] \tag{12-2}$$

以上讨论的是弯曲与轴向拉伸的组合变形情况,其计算方法也同样适用于弯曲与压缩的组合变形,所不同的是轴向力引起的应力是压应力,而不是拉应力。

例 12-1 简易悬臂吊车如图 12-5 所示,起吊重力 $F=15\text{kN}$, $\alpha=30°$,横梁 AB 为 No.25a 工字钢,$[\sigma]=100\text{MPa}$,试校核该梁的强度。

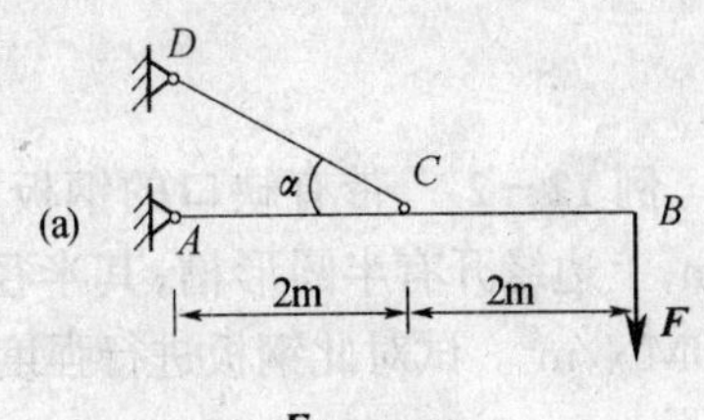

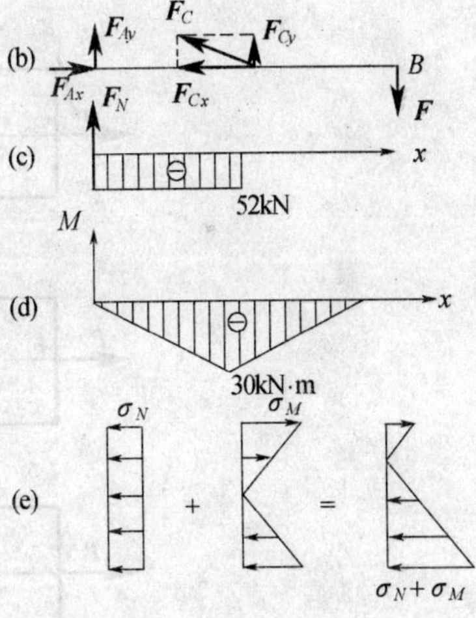

图 12-5

解 (1) 外力简化:

先求支反力,由 $\sum M_A(\boldsymbol{F})=0$

即 $\qquad -F\times4+F_C\sin\alpha\times2=0$

得 $\qquad F_C=\dfrac{2F}{\sin\alpha}=4F=4\times15=60\text{kN}$

$$F_{Cx}=F_C\cos\alpha=52\text{kN}$$

$$F_{Cy}=F_C\sin\alpha=30\text{kN}$$

由 $\qquad \sum F_x=0,\sum F_y=0$

得 $\qquad F_{Ax}=F_{Cx}=52\text{kN}\qquad F_{Ay}=-15\text{kN}$

可以看出梁承受弯曲与压缩组合变形。

(2) 内力分析。画出梁的内力图,如图12-5(c)、(d)所示。由内力图可看出截面 C 左侧为危险面,其应力分布如图 12-5(e)所示。

(3) 校核强度。由附录型钢表查得 No.25a 工字钢

$$W_z=402\text{cm}^3\qquad A=48.54\text{cm}^2$$

$$\sigma_{\max}=\frac{|M_{\max}|}{W_z}+\frac{|F_N|}{A}=\frac{30\times10^3}{402\times10^{-6}}+\frac{52\times10^3}{48.54\times10^{-4}}$$

$$=85.3\times10^6\text{Pa}=85.3\text{MPa}<[\sigma]$$

所以强度足够。

偏心拉伸(压缩):

当构件受一对作用线与轴线平行,但不通过横截面形心的拉力(或压力)作用时,此构件即受到偏心拉伸(或压缩)。例如钻床立柱(图 12－6)受到的钻孔进刀力 $\boldsymbol{F}_{\mathrm{P}}$ 不通过立柱的横截面形心,此时立柱承受偏心载荷。通过下面例 12－2 的讨论,可以看出偏心拉伸(或压缩)相当于轴向拉伸(或压缩)与弯曲的组合。

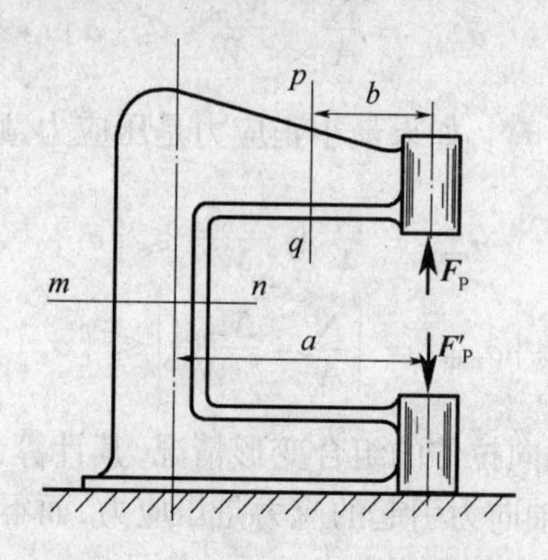

图 12－6

例 12－2　带有缺口的钢板如图 12－7(a)所示,已知钢板宽度 $b=8\mathrm{cm}$,厚度 $\delta=1\mathrm{cm}$,上边缘开有半圆形槽,其半径 $r=1\mathrm{cm}$。已知拉力 $P=80\mathrm{kN}$,钢板许用应力 $[\sigma]=140\mathrm{MN/m^2}$。试对此钢板进行强度校核。

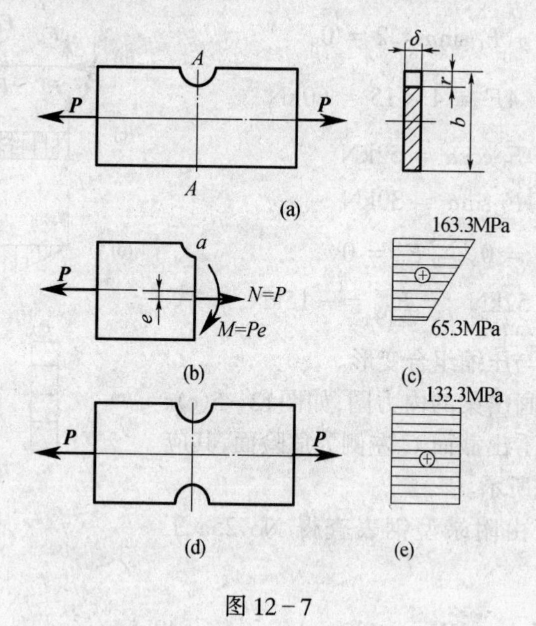

图 12－7

解　由于钢板在截面 $A—A$ 处有一半圆槽,因而外力 $\boldsymbol{P}$ 对此截面为偏心拉伸,其偏心距之值为:

$$e=\frac{b}{2}-\frac{b-r}{2}=\frac{r}{2}=\frac{1}{2}=0.5\mathrm{cm}$$

截面 $A—A$ 的轴力和弯矩分别为

$$N = P = 80\text{kN}$$

$$M = Pe = 80 \times 10^3 \times 0.5 \times 10^{-2} = 400\text{N} \cdot \text{m}$$

轴力 $\boldsymbol{N}$ 和弯矩 M 在半圆槽底部的 a 处都引起拉应力，如图 12－7(b)所示，故得最大拉应力为

$$\sigma_{\text{lmax}} = \frac{N}{A} + \frac{M}{W} = \frac{P}{\delta(b-r)} + \frac{6P \cdot e}{\delta(b-r)^2}$$

$$= \frac{80 \times 10^3}{0.01 \times (0.08 - 0.01)} + \frac{6 \times 400}{0.01 \times (0.08 - 0.01)^2}$$

$$= 114.3 \times 10^6 + 49 \times 10^6 = 163.3\text{MN/m}^2 > [\sigma]$$

A—A 截面的 b 点处，将产生最小拉应力：

$$\sigma_{\text{lmin}} = \frac{N}{A} - \frac{M}{W} = 114.3 \times 10^6 - 49 \times 10^6 = 65.3\text{MN/m}^2$$

A—A 截面上的应力分布如图 12－7(c)所示。由于 a 点处的拉应力大于许用应力$[\sigma]$，所以钢板的强度不够。

从上面分析可知，造成钢板强度不够的原因，是由于偏心拉伸而引起的 $P \cdot e$，使截面 A—A 的应力增加了 49MN/m^2。为了保证钢板具有足够的强度，在允许的条件下，可在下半圆槽的对称位置再开一半圆槽，如图 12－7(d)所示，这样就避免了偏心拉伸，而使钢板仍为轴向拉伸。此时截面 A—A 上的应力，如图 12－7(e)所示，其应力值为

$$\sigma_{\text{lmax}} = \frac{P}{\delta(b-2r)} = \frac{80}{0.01 \times (0.08 - 2 \times 0.01)} = 133.3\text{MN/m}^2 < [\sigma] = 140\text{MN/m}^2$$

由此可知，虽然钢板 A—A 处横截面是被两个槽所削弱，但由于避免了载荷的偏心，因而使截面 A—A 的实际应力比仅有一个槽时反而降低，保证了钢板的强度。通过此例说明，避免偏心载荷是提高构件承载能力的一项重要措施。

12.3 弯曲与扭转的组合

在工程中只受到扭转的轴是很少见的，一般来说，轴除受到扭转外，还同时产生弯曲变形。这是在机械工程中常见的一种组合变形情况。本节只讨论弯扭组合变形的强度计算方法。

设有一圆轴如图 12－8(a)所示，左端固定，右端自由。在图示的外力偶矩 m 和集中力 $\boldsymbol{P}$ 作用下，圆轴同时发生扭转和弯曲的组合变形。

(1) 内力分析。为对圆轴进行强度计算，需要找出危险截面和危险点。为此，作出圆轴的扭矩图和弯矩图，如图 12－8(b)、(c)所示。由图看出，在固定端截面处的扭矩 T 和弯矩 M 都为最大值

$$T_{\max} = m, M_{\max} = |-Pl|$$

故该截面为危险截面。

(2) 应力分析。弯矩 M 将引起垂直于截面的弯曲正应力 $\boldsymbol{\sigma}$，扭矩 T 将引起平行于截面的切应力 $\boldsymbol{\tau}$。由图可见，在圆轴的危险截面上，C_1 和 C_2 两点处的弯曲正应力 σ 和扭

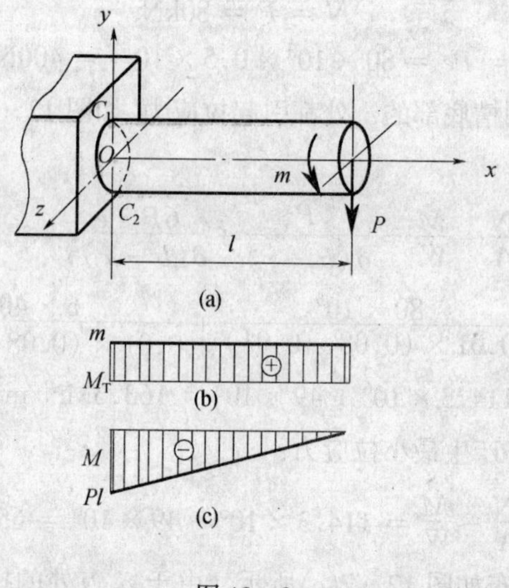

图 12-8

转切应力τ 同时达到最大值,故两点都是危险点。危险点的正应力和切应力的绝对值为

$$\sigma = \frac{M}{W}, \quad \tau = \frac{T}{W_P}$$

式中,M 和M_T 分别为危险截面上的弯矩和扭矩;W 和 W_P 分别为圆轴截面的抗弯和抗扭截面模量。如果 C_1 和 C_2 两点的强度不够,轴就会从这两点开始破坏。圆轴一般由塑性材料组成,其抗拉强度与抗压强度相等,所以只要研究其中的一点就够了,现取 C_1 点来研究。

(3) 强度计算。由上面的分析可知,圆轴在弯扭组合变形时,危险点同时作用着最大正应力 σ 和最大切应力τ,这两种应力分别垂直和平行于横截面。所以正应力和切应力不能按代数值进行叠加。在材料力学中,我们把点 C_1 所处的应力情况称为平面应力状态。解决这种情况下的强度问题,必须先研究危险点的应力变化和规律,找出主应力,然后根据材料的破坏形式,利用强度理论建立起保证危险点不破坏的强度条件。常用的强度理论有四个,对于用碳钢等塑性材料制成的圆轴,按第三或第四强度理论建立的强度条件比较符合实际。这两个强度条件分别为

$$\sigma_{r3} = \sqrt{\sigma^2 + 4\tau^2} \leqslant [\sigma] \quad (12-3)$$

$$\sigma_{r4} = \sqrt{\sigma^2 + 3\tau^2} \leqslant [\sigma] \quad (12-4)$$

如将 $\sigma = \frac{M}{W}$ 和 $\tau = \frac{T}{W_P}$ 代入以上两式,并注意到实心圆轴的 $W_P = \frac{\pi}{16}d^3$, $W = \frac{\pi}{32}d^3$,即 $W_P = 2W$,则可将以上两式写成:

$$\sigma_{r3} = \frac{\sqrt{M^2 + T}}{W} \leqslant [\sigma] \quad (12-5)$$

$$\sigma_{r4}=\frac{\sqrt{M^2+0.75T}}{W}\leqslant[\sigma] \tag{12-6}$$

上述四式中 σ_{r3}和 σ_{r4}分别表示第三、第四强度理论的相当应力；σ、τ 分别表示圆轴横截面上危险点处的弯曲正应力和扭转切应力；$[\sigma]$代表塑性材料拉伸时的许用应力；而 M、M_T 则分别为危险截面上的弯矩和扭矩。

以上公式同样适用于空心圆轴，只需用空心圆轴的抗弯截面模量代替实心圆轴的抗弯截面模量即可。

例 12－3 卧式离心机转鼓重 $G=2000\text{N}$，它固定在轴的一端，如图 12－9(a)所示，转轴用电机直接传动。作用在圆轴横截面上的外力偶矩 $m=1200\text{N·m}$，材料的许用应力 $[\sigma]=80\text{MN/m}^2$，轴的直径为 $d=60\text{mm}$。试分别按第三和第四强度理论校核此轴的强度。

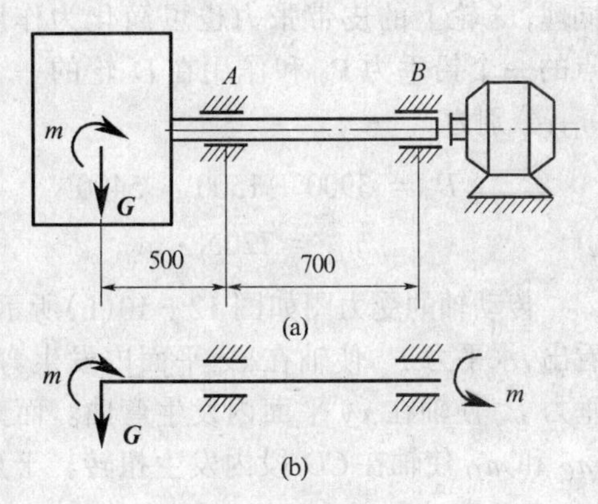

(a)

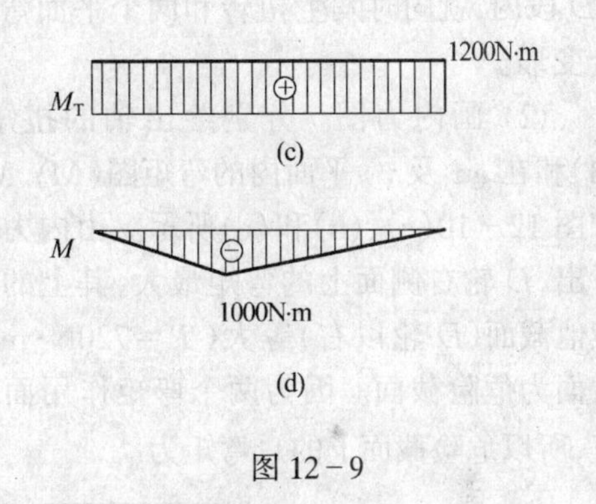

(b)

(c)

(d)

图 12－9

解 转鼓的重量使轴产生弯曲变形；同时，外力偶矩 m 被传递给转鼓时，使轴产生扭转变形。轴的受力如图 12－9(b)所示。分别画出扭矩图和弯矩图，如图 12－9(c)、(d)所示，得扭矩为

$$T=m=1200\text{N}\cdot\text{m}$$

它沿轴的长度不变。在轴承 A 处截面上的弯矩最大，其值为

$$|M_{\max}|=|-G\cdot500|=1000\text{N}\cdot\text{m}$$

故知轴承 A 处是轴的危险截面。

若采用第三强度理论，由公式(12－5)得

$$\sigma_{r3}=\frac{\sqrt{M^2+T^2}}{W}=\frac{\sqrt{1000^2+1200^2}}{\frac{\pi}{32}\times(60)^3\times10^{-9}}=72.3\text{MN/m}^2<[\sigma]$$

若采用第四强度理论，由公式(12－6)得

$$\sigma_{r4}=\frac{\sqrt{M^2+0.75T^2}}{W}=\frac{\sqrt{1000^2+0.75\times1200^2}}{\frac{\pi}{32}\times(60)^3\times10^{-9}}=66.8\text{MN/m}^2<[\sigma]$$

由此可知，按第三和第四强度理论进行校核，此轴的强度都是足够的。但按第三强度理论计算是偏于安全的。

例 12－4 如图 12－10(a)所示的传动轴，C 轮的皮带处于水平位置，D 轮的皮带处于铅直位置，各皮带的张力均为 $T=3900\text{N}$ 和 $t=1500\text{N}$，若两皮带轮直径为 600mm，许用应力$[\sigma]=80\text{MN/m}^2$，试按第三强度理论选择轴的直径。设轴和皮带轮的自重均略去不计。

解 (1) 外力分析。将 C 轮上皮带的水平拉力向 C 点简化,得到作用在 C 点的一个水平力 $\boldsymbol{P}_z$ 和作用在 C 轮平面内的一个力偶 m_C,分别为:

$$P_z = T + t = 3900 + 1500 = 5400\text{N}$$

$$m_C = (T - t)\frac{D}{2} = (3.9 - 1.5) \times \frac{0.60}{2} = 0.720\text{kN} \cdot \text{m} = 720\text{N} \cdot \text{m}$$

同理,D 轮上的皮带张力也可简化为作用在 D 点的一个铅垂力 $\boldsymbol{P}_y$ 和作用在 D 轮的一个力偶 m_D,分别为

$$P_y = 3900 + 1500 = 5400\text{N}$$

$$m_D = 720\text{N} \cdot \text{m}$$

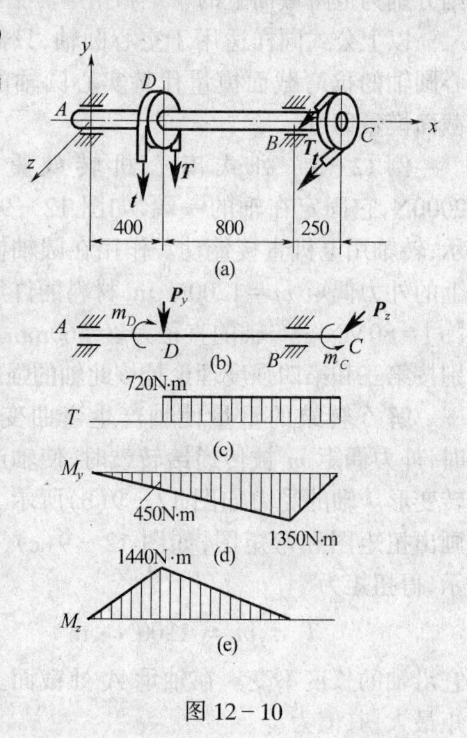

图 12－10

传动轴的受力图如图 12－10(b)所示,可以看出,水平力 P_z 使轴在 xz 平面内发生弯曲,铅垂力 P_y 使轴在 xy 平面内发生弯曲。而力偶矩 m_C 和 m_D 使轴在 CD 段内发生扭转。于是轴在 CD 段内,就同时发生扭转和两个平面弯曲的组合变形。

(2) 画内力图。分别绘出轴的扭矩图(T 图)和在 xz 及 xy 平面内的弯矩图(M_y、M_z 图),如图 12－10(c)、(d)和(e)所示。由内力图可以看出,D 轮右侧面上的弯矩最大,其上的扭矩与其他截面(D 轮以右)等大($T = 720\text{N·m}$),故该截面为危险截面。因为两个弯矩作用面互相垂直,所以危险截面上的总弯矩为

$$M_D = \sqrt{M_{Dy}^2 + M_{Dz}^2} = \sqrt{1440^2 + 450^2} = 1505\text{N} \cdot \text{m}$$

由公式(12－5)得

$$W \geqslant \frac{\sqrt{M_D^2 + T^2}}{\sigma} = \frac{1505^2 + 720^2}{80 \times 10^6} = 208 \times 10^{-6}\text{m}^3$$

$$W = \frac{\pi d^3}{32} \geqslant 208 \times 10^{-6}\text{m}^3$$

$$d \geqslant 59.5\text{mm}$$

选取轴径 $d = 60\text{mm}$。

思考题

1. 何谓组合变形? 组合变形时计算强度的原理是什么?

2. 直梁所受的作用力如果不与梁轴垂直,而是倾斜的,怎样计算梁内应力?

3. 圆轴受到扭转与弯曲的组合时，强度的计算步骤是怎样的？为什么在这种组合变形中，计算强度要用到强度理论，而弯曲与拉伸（或压缩）组合及斜弯曲时没有用到强度理论？

习　题

12－1　试分析图12－11(a)、(b)中杆 AB、BC、CD 分别是哪几种基本变形的组合？

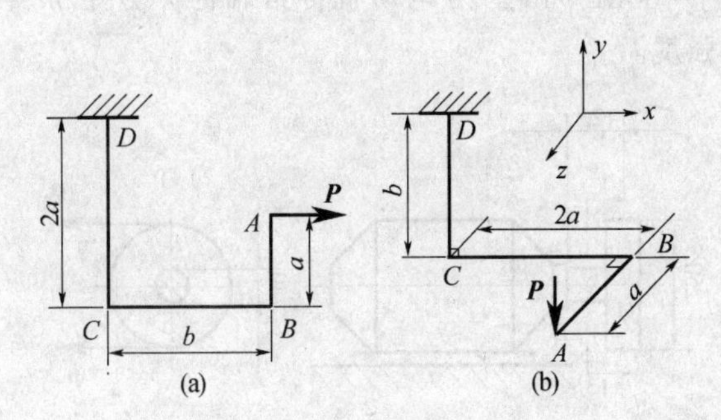

图12－11

12－2　图12－12所示矩形截面钢杆，用应变片测得其上、下表面的轴向正应变分别为 $\varepsilon_a=1.0\times10^{-3}$ 与 $\varepsilon_b=0.4\times10^{-3}$，材料的弹性模量 $E=210\text{GPa}$。试绘制横截面上的正应力分布图，并求拉力 $\boldsymbol{F}$ 及偏心距 e 的数值。

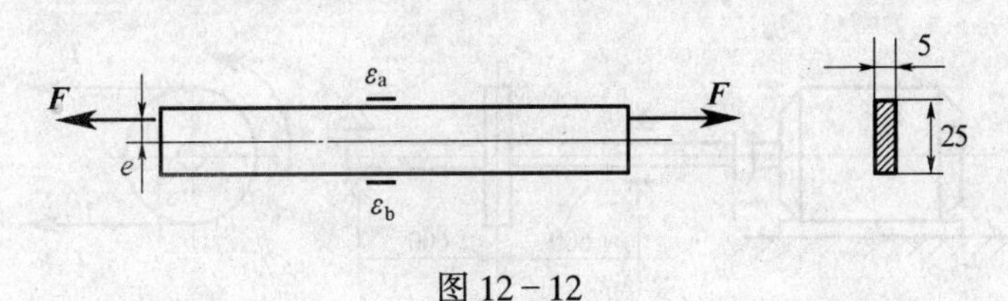

图12－12

12－3　悬臂梁式吊车如图12－13所示。吊起的重量（包括电葫芦重）$P=40\text{kN}$，横梁 AB 为18号工字钢，当电葫芦走到梁中点时，试求横梁的最大压应力。

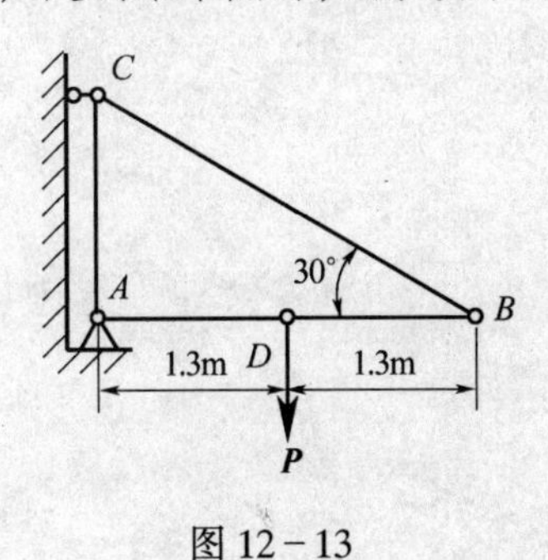

图12－13

12－4　图12－14所示板件，载荷 $F=12\text{kN}$，许用应力 $[\sigma]=100\text{MPa}$，试求板边切口的允许深度 x。($\delta=5\text{mm}$)

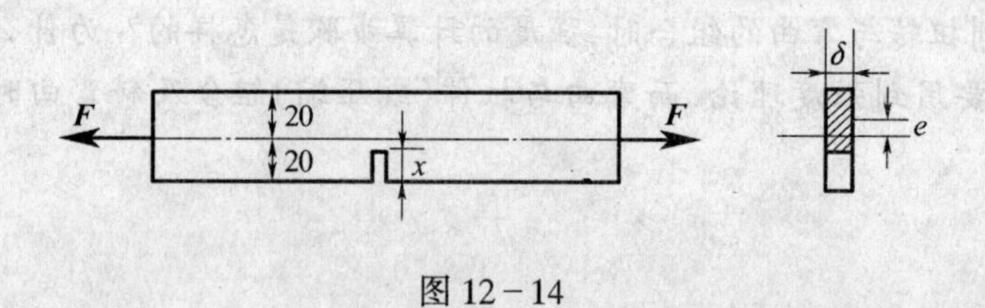

图 12-14

12-5 如图 12-15 所示,皮带轮的直径 $D=250\text{mm}$,轮重忽略不计。套在轮上的皮带张力是水平的,分别是 $2P$ 和 P。电动机轴的外伸臂长 $L=120\text{mm}$,直径 $d=40\text{mm}$。轴材料的许用应力 $[\sigma]=60\text{MN/m}^2$。若电动机传给轴的外力矩 $m=120\text{N}\cdot\text{m}$,试按第三强度理论校核此轴的强度。

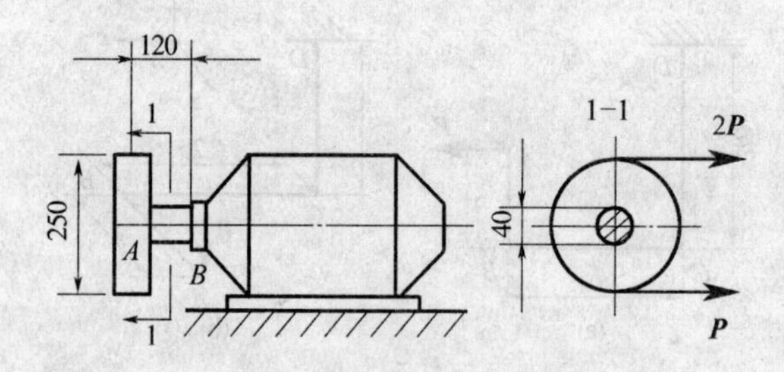

图 12-15

12-6 如图 12-16 所示,由电动机带动的轴上,装有一直径 $D=1\text{m}$ 的皮带轮,轮重 $G=2\text{kN}$,套在皮带轮上的张力是水平的,分别为 $T=5\text{kN}$,$t=2.5\text{kN}$。已知 $[\sigma]=80\text{MN/m}^2$,试按第三强度理论设计轴的直径 d。

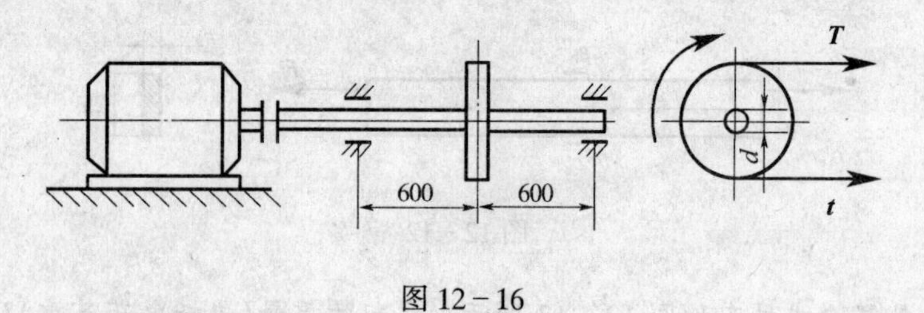

图 12-16

第 13 章　压杆稳定

13.1　压杆稳定的概念

对于一般的构件，满足其强度及刚度条件时，就能确保其安全工作。但对于细长压杆，不仅要满足强度及刚度条件，而且还必须满足稳定条件，才能安全工作。例如，取两根截面（宽 300mm，厚 5mm）相同，长度分别为 30mm 和 1000mm，抗压强度极限 $\sigma_c = 40\text{MPa}$ 的松木杆，进行轴向压缩试验。试验结果：长为 30mm 的短杆，承受的轴向压力可高达 6kN（$\sigma_c A$），属于强度问题；长为 1000mm 的细长杆，在承受不足 30N 的轴向压力时起就突然发生弯曲，如继续加大压力就会发生折断，而丧失承载能力，属于压杆稳定性问题。

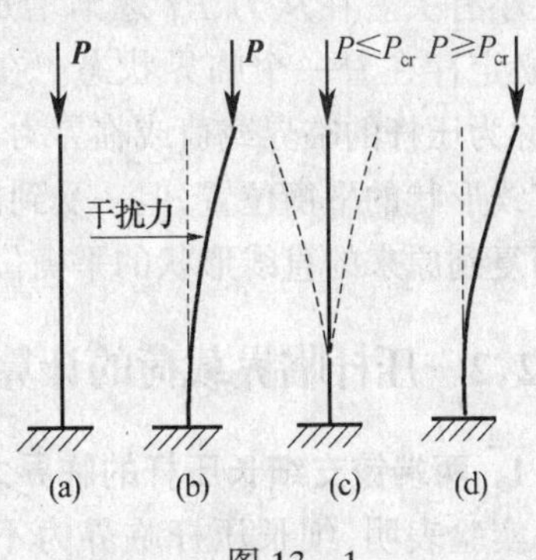

图 13－1

如图 13－1(a)所示，下端固定，上端自由的理想细长直杆，在上端施加一轴向压力 $\boldsymbol{P}$。试验发现当压力 P 小于某一数值 P_{cr} 时，若在横向作用一个不大的干扰力，如图 13－1(b)所示，杆将产生横向弯曲变形。但是，若横向干扰力消失，其横向弯曲变形也随之消失，如图 13－1(c)所示，杆仍然保持原直线平衡状态，这种平衡形式称为稳定平衡。当压力 $P = P_{cr}$ 时，杆仍然保持直线平衡，但此时再在横向作用一个不大的干扰力，其立刻转为微弯平衡，如图 13－1(d)所示，并且当干扰力消失后，其不能再回到原来的直线平衡状态，这种平衡形式称为不稳定平衡。压杆由原直线平衡状态转为曲线平衡状态，称为丧失稳定性，简称失稳。使压杆原直线的平衡由稳定转变为不稳定的轴向压力值 P_{cr}，称为压杆的临界载荷。在临界载荷作用下，压杆既能在直线状态下保持平衡，也能在微弯状态保持平衡。所以，当轴向压力达到或超过压杆的临界载荷时，压杆将产生失稳现象。

在工程实际中，考虑细长压杆的稳定性问题非常重要。因为这类构件的失稳常发生在其强度破坏之前，而且是瞬间发生的，以至于人们猝不及防，所以更具危险性。例如：1907 年，加拿大魁北克的圣劳伦斯河上一座跨度为 548m 的钢桥，在施工过程中，由于两根受压杆件失稳，而导致全桥突然坍塌的严重事故；1912 年，德国汉堡一座煤气库由于其一根受压槽钢压杆失稳，而致使其破坏。

13.2　细长压杆的临界载荷

13.2.1　理想压杆的临界载荷

所谓理想压杆，是指轴线为直线的构件承受轴向压力；且杆件失稳时，其轴线变为偏离直线不远的微弯曲线；另外，既不考虑微弯状态下杆内剪切变形的影响，也不考虑轴向变形。

设有一理想的细长直杆，两端铰支，所受压力是沿着杆件轴线作用的。当轴向压力 P_1 小于 P_{cr} 时，如图 13-2(a)所示，压杆能保持原来直线形状的平衡位置，此时在杆件的中间若有一个横向干扰力作用，使杆偏离其平衡位置，而处于曲线形状的平衡位置，则在干扰力去除后，压杆总会回复到原来的平衡位置。这说明在力 $\boldsymbol{P}_1$ 作用下，压杆原来直线形状下的平衡是稳定的。当轴向压力 P_2 稍大于 P_{cr} 时，如图 13-2(b)所示，在干扰力去除后，压杆就不能回复到原来直线形状的平衡位置，而转入新的曲线形状的平衡位置。这就说明，在力 $\boldsymbol{P}_2$ 作用下，压杆原来直线形状下的平衡状态是不稳定的。

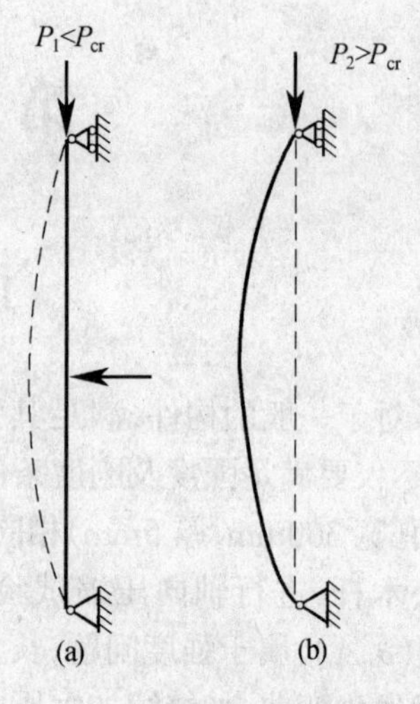

图 13-2

由上可见，压杆平衡的稳定与否，与其所受轴向压力的大小有关。在从力 P_1 逐渐增加到力 P_2 的这一过程中，必定存在着一个临界状态。在临界状态时的轴向压力，称为压杆的临界载荷或临界力，以 $\boldsymbol{P}_{cr}$ 表示。在临界载荷 $\boldsymbol{P}_{cr}$ 作用下压杆可以保持原来直线形状的平衡位置，但一受到横向干扰力，它就转入微小弯曲形状的平衡位置，也不再回复到原来的直线形状的平衡位置。

13.2.2 压杆临界载荷的计算

1. 两端铰支细长压杆的临界力公式

实验表明，细长压杆临界力不仅与杆的材料、横截面形状及尺寸等因素有关，而且也与杆的长度及杆的两端支承情况有关。如图 13-3 所示，两端为球形铰支承细长压杆，通过实验研究得出，它的临界力 P_{cr} 与杆的抗弯刚度 EI 成正比，与杆的长度 l 的平方成反比，即

$$P_{cr} = \frac{\pi^2 EI}{l^2} \tag{13-1}$$

式(13-1)为两端铰支细长压杆临界力计算公式，又称欧拉公式。

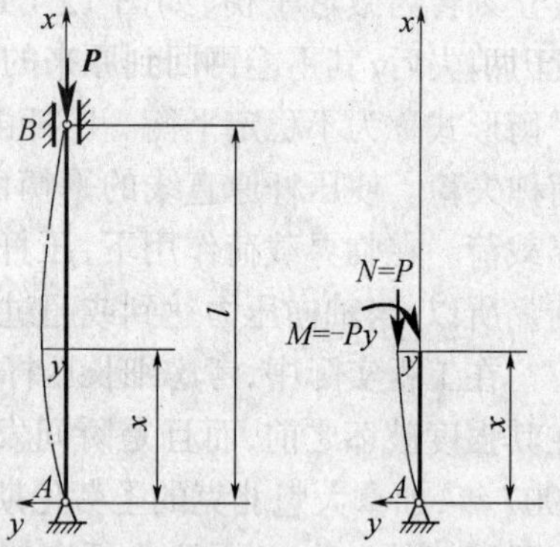

图 13-3

2. 其他约束情况下压杆的临界力

工程上将压杆的约束情况，抽象成表 13-1 所示的四种力学模型。其约束情况分别为两端铰支、一端固定一端自由、一端固定一端铰支与两端固定。在压杆失稳时，这四种约束类型的压杆，其弹性曲线的形状各不相同。当求各种约束情况下的临界力时，可将它们的挠曲线与两端铰支(基本情况)压杆的挠曲线进行对比，得到欧拉公式的一般形式为

$$P_{cr} = \frac{\pi^2 EI}{(\mu l)^2} \tag{13-2}$$

式中 μ 为不同约束条件下压杆的长度系数，四种杆端约束情况下的长度系数列于表 13－1。

表 13－1　四种约束情况下的长度系数表

两端约束情况	两端铰支	一端固定一端自由	两端固定	一端固定一端铰支
挠度曲线形状		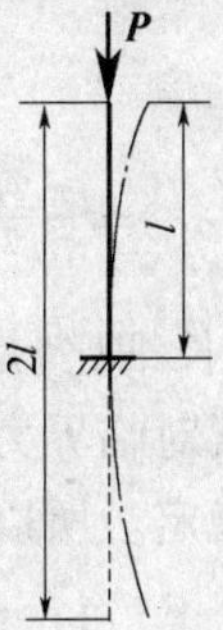	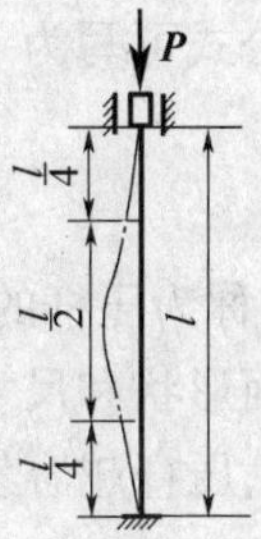	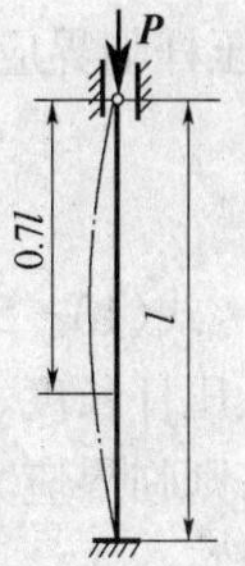
μ	1	2	0.5	0.7

应该指出，以上所列举的杆端约束情况，都是典型的理想约束。在工程实际中，杆端的约束情况是很复杂的，有时很难简单地将其归结为哪一种理想约束，应该根据实际情况作具体分析，看其与哪种理想情况接近，并对照有关设计规范，确定出适当的长度系数。

还应指出，在杆端为球形铰和固定端支承时，压杆总是在抗弯能力最弱的平面内产生弯曲，所以计算临界压力时，杆截面的 I 应取杆截面的最小惯性矩的值。但是当杆的两端支承为图 13－4 所示的柱形铰时，由于柱形铰对于压杆在 xy 平面及 xz 平面内所起的支承作用是不同的，即在 xy 平面内相当于两端铰支；在 xz 平面内接近于两端固定。所以，压杆在 xy 平面和 xz 平面内长度系数值也就不一样。计算时，应对 xy 平面和 xz 平面分别进行临界压力的计算，然后取其中较小的值作为压杆的临界压力 P_{cr}，以保证压杆在任何平面内都不致失稳。

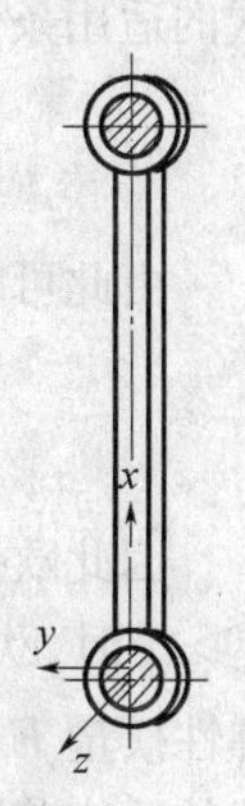

图 13－4

13.3　欧拉公式的适用范围和经验公式

在工程实际中，分析结构稳定问题时，通常用应力进行计算。压杆在临界力 $\boldsymbol{P}_{cr}$ 作用下横截面上的平均应力，称为压杆的临界应力，用符号 σ_{cr} 表示。若细长压杆的横截面面积为 A，由公式(13－2)，可得临界应力为

$$\sigma_{cr} = \frac{P_{cr}}{A} = \frac{\pi^2 EI}{(\mu l)^2 A} \tag{a}$$

上式中的 I 和 A 都是与截面有关的几何量，如令

$$i = \sqrt{\frac{I}{A}} \tag{13-3}$$

式中 i 称为截面的惯性半径。将式(13-3)代入式(a),得到压杆临界应力的公式为

$$\sigma_{cr} = \frac{\pi^2 E i^2}{(\mu l)^2} = \frac{\pi^2 E}{\left(\frac{\mu l}{i}\right)^2}$$

再令

$$\lambda = \frac{\mu l}{i} \tag{13-4}$$

则压杆临界应力的公式可写为

$$\sigma_{cr} = \frac{\pi^2 E}{\lambda^2} \tag{13-5}$$

式(13-5)中 λ 称为压杆的柔度或长细比,是一个无量纲的量,它反映了杆端约束情况、压杆长度、横截面形状和尺寸等因素对临界力的综合影响。显然,λ 越大,即压杆越细长,则临界应力越小,压杆越容易丧失稳定。所以,柔度 λ 是压杆稳定计算中的一个重要参数。

求临界力的欧拉公式(13-1)及(13-2)是从弹性曲线近似微分方程导出的,所以欧拉公式应在压杆临界应力 σ_{cr}的数值不超过材料的比例极限 σ_p 时才适用。因此,欧拉公式的适用条件是

$$\sigma_{cr} = \frac{\pi^2 E}{\lambda^2} < \sigma_p \tag{13-6}$$

由此可求得对应于比例极限的柔度值为

$$\lambda_p = \pi\sqrt{\frac{E}{\sigma_p}} \tag{13-7}$$

因此欧拉公式的适用范围可以用压杆的柔度值 λ_p 来表示,即只有当压杆的实际柔度 $\lambda \geqslant \lambda_p$ 时,欧拉公式才适用。这一类压杆称为大柔度杆或细长杆。对于常用的 Q235 钢,弹性模量 $E = 200 \times 10^3 \text{MN/m}^2$,比例极限约为 $\sigma_p = 196\text{MPa}$,代入以上两式,得到欧拉公式的适应范围为

$$\lambda \geqslant \lambda_p = \pi\sqrt{\frac{200 \times 10^3}{196}} \approx 100$$

也就是说,以 Q235 钢制成的压杆,其柔度 $\lambda \geqslant 100$ 时,才能按欧拉公式计算临界应力。应用同样的方法,可得铸铁的 $\lambda_p \approx 80$,即以铸铁制成的压杆,其柔度 $\lambda \geqslant 80$ 时,才能按欧拉公式计算临界力。

由临界应力公式(13-5)可见,压杆的临界应力是随柔度而变的,它们之间的关系,可以用图形来表示。若取临界应力 σ_{cr}为纵坐标,柔度 λ 为横坐标,按公式(13-5)可画出如图13-5所示的曲线。欧拉公式适应范围也可在此图上表示,即曲线上的实线部分 BC 是适用部分。曲线中虚线部分 AC,由于应力已超过比例极限,为无效部分。对应于 C 点的柔度即为 λ_p。

工程实际中的压杆,其柔度往往小于 λ_p,这一类压杆的临界力已不能再用欧拉公式来计算。通常采用建立在实验基础上的经验公式,如直线公式

$$\sigma_{cr} = a - b\lambda \tag{13-8}$$

式中的 a 和 b 是与材料性质有关的常数，其单位均为 MPa(MN/m²)。一些常用的 a、b 值见表 13-2。

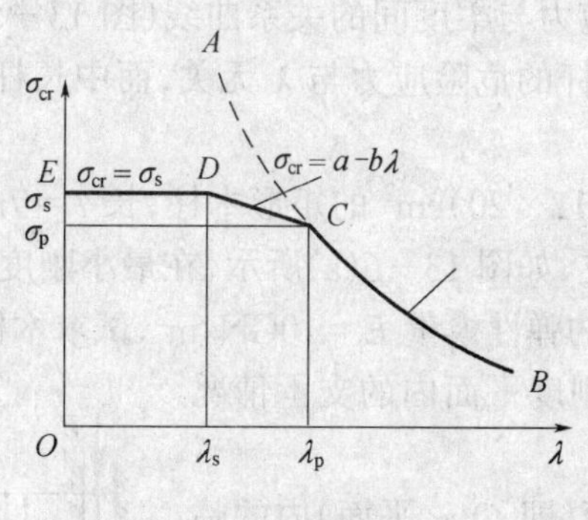

图 13-5

表 13-2　常用材料的 a、b 值

材 料	a(MN/m²)	b(MN/m²)	λ_p	λ_s
Q235 钢	310	1.14	100	60
35 钢	469	2.62	100	60
45 钢	589	3.82	100	60
铸铁	338.7	1.483	80	
铝合金	373	2.15	62.8	
木材	29.3	0.194	110	40

上述的直线公式也有一个适用范围。例如对于由塑性材料制成的压杆，还应要求其临界应力不得到达材料的屈服点 σ_s，即要求

$$\sigma_{cr}=a-b\lambda<\sigma_s$$

或

$$\lambda>\frac{a-\sigma_s}{b} \tag{13-9}$$

因此，使用上述经验公式的最小柔度极限为 $\lambda_s=\dfrac{a-\sigma_s}{b}$。

故直线公式(13-8)的适用范围为 $\lambda_s<\lambda<\lambda_p$。即当压杆的柔度在 λ_s 和 λ_p 之间时，可用直线公式计算其临界应力。在图 13-5 中，对应 D 点的柔度为 λ_s，柔度在 λ_p 和 λ_s 之间的压杆称为中柔度杆或中长杆。仍以 Q235 钢为例，其 $a=310\text{MN/m}^2$，$\sigma_s=240\text{MN/m}^2$，$b=1.14\text{MN/m}^2$，将其代入式(13-9)得

$$\lambda_s=\frac{a-\sigma_s}{b}=\frac{310-240}{1.14}\approx 60$$

由此可知，对于 Q235 钢的压杆，当 $60<\lambda<100$ 时，可用直线公式计算临界压力。一些材料的 λ_p 和 λ_s 值也列入表 13-2 中。

柔度小于 λ_s 的压杆，称为小柔度杆或短杆。实验表明，对于由塑性材料制成的这种压杆，当压力到达屈服点 σ_s 时即发生塑性屈服形式的破坏。这说明短杆的破坏是因强度不够而引起的。因此，应该以屈服点 σ_s 作为其危险应力，在图 13-5 中以水平线段 DE

表示。同理,对于脆性材料,例如铸铁制成的短粗压杆,则应以抗压强度 σ_b 作为其危险应力。

上述三类压杆的临界应力与柔度间的关系曲线(图 13-5)称为压杆的临界应力图,从图上可以明显地看出,短杆的危险应力与 λ 无关,而中长杆的临界应力则随着 λ 的增加而减小。

例 13-1 一截面为$(12\times20)\text{cm}^2$ 的矩形木柱,长 $l=7\text{m}$,其支承情况是:在最大刚度平面内弯曲时为两端铰支,如图 13-6(a)所示,在最小刚度平面内弯曲时为两端固定,如图 13-6(b)所示。木材的弹性模量 $E=10\text{GN/m}^2$,试求木柱的临界力和临界应力。

解 由于最小与最大刚度平面内的支承情况不同,所以需分别计算。

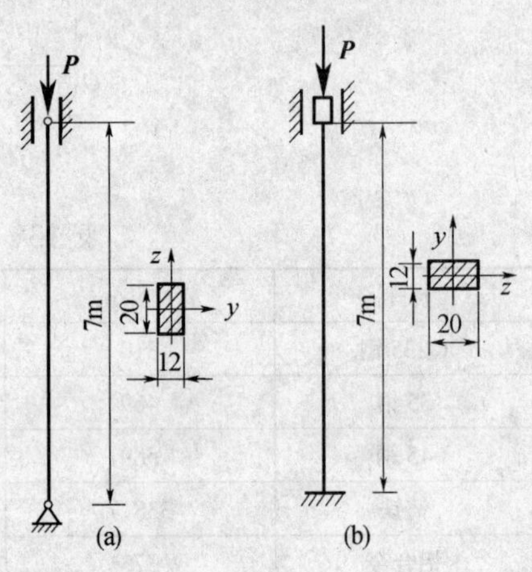

图 13-6

(1) 计算最大刚度平面(即 Oxz 平面)内的临界力和临界应力。考虑压杆在最大刚度平面失稳时,由图 13-6(a),截面的惯性矩为

$$I_y=\frac{12\times20^3}{12}=8000\text{cm}^4$$

由公式(13-3),相应惯性半径为

$$i_y=\sqrt{\frac{I_y}{A}}=\sqrt{\frac{8000}{12\times20}}=5.77\text{cm}$$

杆端约束为两端铰支,长度系数 $\mu=1$,由公式(13-4),算得其柔度为

$$\lambda=\frac{\mu l}{i_y}=\frac{1\times700}{5.77}=121.3$$

查表 13-2 得,木材的 $\lambda_p=110$,故其临界力可用欧拉公式(13-2)计算,得到

$$P_{cr}=\frac{\pi^2EI_y}{(\mu l)^2}=\frac{\pi^2\times10\times10^9\times8\times10^{-5}}{(1\times7)^2}=161\text{kN}$$

再由公式(13-5),得临界应力为

$$\sigma_{cr}=\frac{\pi^2E}{\lambda^2}=\frac{\pi^2\times10\times10^9}{121.3^2}=6.71\text{MN/m}^2$$

(2) 计算最小刚度平面(即 Oxy 平面)内的临界应力,由图 13-6(b),此时截面的惯性矩为

$$I_z=\frac{20\times12^3}{12}=2880\text{cm}^4$$

由式(13-3),相应的惯性半径为

$$i_z=\sqrt{\frac{I_z}{A}}=\sqrt{\frac{2880}{12\times20}}=3.46\text{cm}$$

杆端约束为两端固定,长度系数 $\mu=0.5$,由式(13-4),算得其柔度为

$$\lambda=\frac{\mu l}{i_z}=\frac{0.5\times700}{3.46}=101<\lambda_p$$

由于在此平面内弯曲时，杆的柔度小于 λ_p，故应该用直线公式计算其临界应力。

由表 13-2 查得，对于木材，$a=29.3\text{MN/m}^2$，$b=0.194\text{MN/m}^2$，则由式(13-8)，得到

$$\sigma_{cr} = a - b\lambda = 29.3 - 0.194 \times 101 = 9.7\text{MN/m}^2$$

故其临界应力为

$$P_{cr} = \sigma_{cr} \times A = 9.7 \times 10^6 \times (0.12 \times 0.2) = 232.8\text{kN}$$

比较计算结果可知，第一种情况的临界应力较小，所以压杆将在最大刚度平面内失稳。此例说明，当在最小刚度平面与最大刚度平面的支承情况不同时，压杆究竟在哪个平面内失稳，必须经过具体计算之后才能确定。

13.4 压杆稳定性校核

压杆的稳定计算，包括压杆截面的选择和压杆稳定性的校核等。在机械设计中，往往是根据构件的工作需要或其他方面的要求，初步确定构件的截面，然后再校核其稳定性。因此，本节主要讨论压杆稳定性校核。

对于工程中的压杆，要使其不丧失稳定，就必须使压杆所承受的轴向压力 P 小于压杆的临界力。为了安全起见，还要考虑一定的安全储备。因此，压杆的稳定条件为

$$P \leqslant \frac{P_{cr}}{[n_c]} \tag{13-10}$$

或

$$n_c = \frac{P_{cr}}{P} \geqslant [n_c] \tag{13-11}$$

式中 P——压杆的工作压力；

P_{cr}——压杆的临界力，细长杆按欧拉公式计算，中长杆则按直线公式(13-8)算出临界应力 σ_{cr}后，再乘以截面面积 A 而得；

n_c——压杆在工作时实际具备的稳定安全系数；

$[n_c]$——规定的稳定安全系数。

考虑到压杆可能存在的初曲率和载荷偏心等不利影响，规定的稳定安全系数一般都比强度安全系数大些，在静载荷下的$[n_c]$值见表 13-3。

表 13-3 稳定安全系数

材料	钢	木材	铸铁
$[n_c]$	1.8~3.0	2.5~3.5	4.5~5.5

例 13-2 千斤顶如图 13-7 所示，丝杠长度 $l=37.5\text{cm}$，内径 $d=4\text{cm}$，材料为 45 钢，最大起重量 $P=80\text{kN}$，规定的稳定安全系数$[n_c]=4$。试校核该丝杠的稳定性。

解 丝杠可简化为下端固定，上端自由的压杆，长度系数 $\mu=2$，由式(13-3)求得丝杠的惯性半径为

$$i = \sqrt{\frac{I}{A}} = \sqrt{\frac{\frac{\pi d^4}{64}}{\frac{\pi d^2}{4}}} = d/4 = 1\text{cm}$$

故由式(13-4),求得丝杠的柔度为

$$\lambda = \frac{\mu l}{i} = \frac{2 \times 37.5}{1} = 75$$

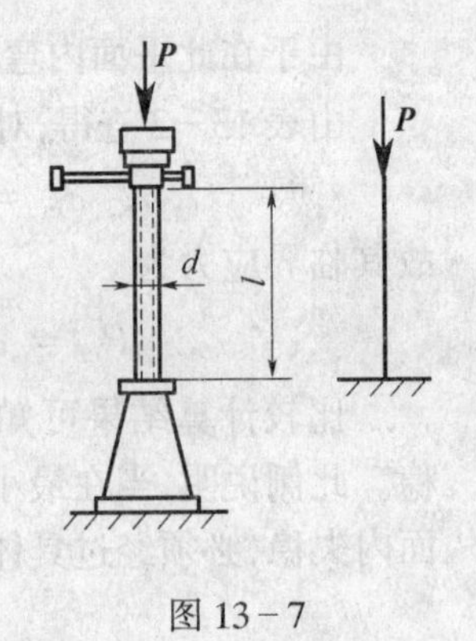

图 13-7

由表 13-2 中查得,45 钢的 $\lambda_s = 60$,$\lambda_p = 100$。此丝杠的柔度介于两者之间,故为中柔度杆,应该用直线公式计算其临界力。计算临界力时,可由表 13-2 查得 $a = 589\text{MN/m}^2$,$b = 3.82\text{MN/m}^2$,应用直线公式(13-8),即可求得临界应力 σ_{cr},然后可求得丝杠临界力为

$$P_{cr} = \sigma_{cr} A = (a - b\lambda)\frac{\pi d^2}{4}$$

$$= (589 \times 10^6 - 3.82 \times 10^6 \times 75) \times \frac{\pi \times 0.04^2}{4} = 380\text{kN}$$

由公式(13-11),丝杠的工作稳定安全系数为

$$n_c = \frac{P_{cr}}{P} = \frac{380}{80} = 4.75 > [n_c]$$

由校核结果可知,此千斤顶的丝杠是满足稳定性要求的。

13.5 提高压杆稳定性措施

如前所述,压杆临界力和临界应力的大小,反映了此压杆的稳定性能。因此,欲提高压杆的稳定性,关键在于提高压杆的临界力或临界应力。由压杆的临界应力图(图 13-5)可见,压杆的临界应力与材料的机械性质和压杆的柔度有关。而柔度$\left(\lambda = \frac{\mu l}{i}\right)$又综合了压杆长度、杆端约束情况和横截面的惯性半径等影响因素。因此,可以根据这些因素,采取适当措施来提高压杆的稳定性。

13.5.1 选择合理的截面形状

若截面形状选择合理,可以在不增加截面面积的情况下,增加横截面的惯性矩,从而增大惯性半径,减小压杆的柔度,起到提高压杆稳定性的作用。因此,空心圆管的临界力比截面面积相同的实心圆杆的临界力大得多。

在对两个纵向平面内杆端约束相同的压杆,为使其在两个平面内的稳定性相同,应使横截面的最大惯性矩和最小惯性矩接近相等,即 $I_{max} \approx I_{min}$。例如,由两根槽钢组合的压杆,如采用图 13-8(b)所示的组合形式,其稳定性要比图 13-8(a)所示的形式为好。如果两槽钢的距离选取恰当,使得 $I_y = I_z$,则可使压杆在两个平面内的稳定性相等。

13.5.2 减小压杆的长度

压杆的柔度 λ 越小,相应的临界力 P_{cr}就越高。而减小压杆的长度 l 是降低λ 的方法

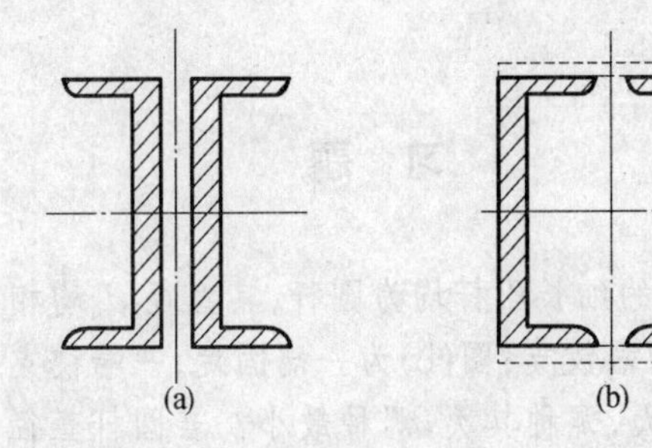

图 13－8

之一，因此，在条件允许的情况下，应尽量使 l 减小。在工程上常利用增加中间支承的办法，以减小 l，如图13－9(a)所示两端铰支的杆，若在杆的中部加一铰链支座，如图13－9(b)所示，则其长度为原来的一半，而它的临界力是原来的4 倍。

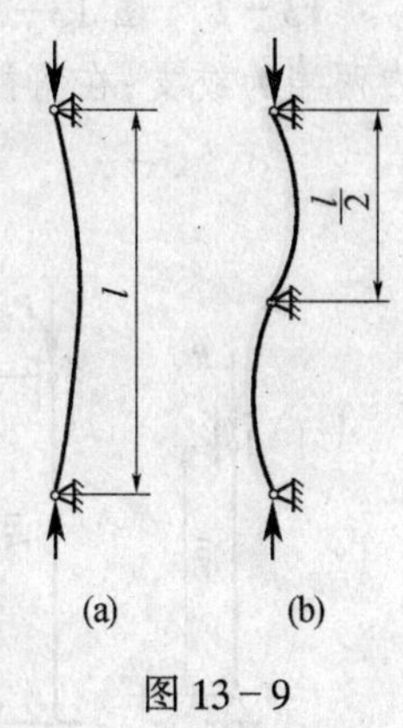

图 13－9

13.5.3 改善杆端约束情况

从表 13－1 中可以看出，若杆端约束的刚性越强，压杆的长度系数 μ 就越小，相应的 λ 就越低，P_{cr}就越大。其中以固定端约束的刚性最好，铰支端次之，自由端最差。因此，尽可能加强杆端约束的刚性，就能使压杆的稳定性得到提高。

13.5.4 合理地选用材料

合理选用材料，对提高压杆稳定性也能起到一定作用。细长压杆($\lambda > \lambda_p$)的临界力由欧拉公式计算，故临界力的大小与材料的弹性模量 E 有关。选用 E 值较大的材料，可以提高细长压杆的临界力。

但应该注意，就钢材而言，各种钢材的 E 值大致相同，约为(200～210)GN/m^2，即使选用高强度钢，其 E 值也增大不多。所以对细长压杆来说，选用高强度的钢材是不必要的。但是对于中柔度杆而言，情况有所不同，无论是根据临界力的经验公式还是理论分析，都说明临界力与材料的强度有关。优质钢在一定程度上可以提高临界力的数值。至于小柔度杆，本来就是强度问题，选用优质钢材其优越性是明显的。

思 考 题

1. 何谓失稳？何谓临界载荷？
2. 临界状态的特征是什么？
3. 何谓柔度？量纲是什么？
4. 压杆稳定的条件是如何建立的？有几种形式？
5. 如何进行压杆的合理设计？

习　题

13-1　图 13-10 所示的细长压杆均为圆杆，其直径 d 均相同，材料为 Q235 钢，其中 $E=210\text{GN/m}^2$，图(a)为两端铰支；图(b)为一端固定，一端铰支；图(c)为两端固定。试判别哪一种情形的临界力最大，哪种其次，哪种最小？若圆杆直径 $d=16\text{cm}$，试求最大临界力 P_{cr}。

13-2　图 13-11 所示压杆的材料为 Q235 钢，$E=210\text{GN/m}^2$，在正视图(a)的平面内两端为铰支；在俯视图(b)的平面内，两端为固定。试求此杆的临界力。

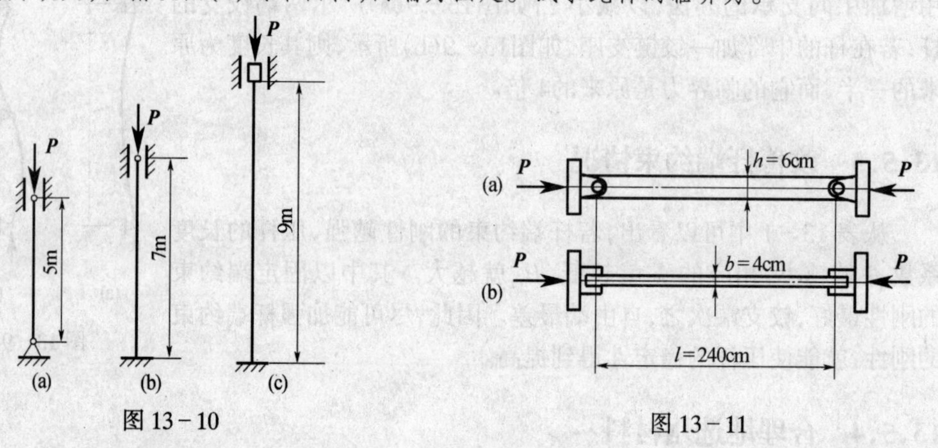

图 13-10　　　　图 13-11

13-3　图 13-12 所示两端球形铰支细长压杆，弹性模量 $E=200\text{GPa}$，试用欧拉公式计算其临界载荷。

(1) 圆形截面，$d=25\text{mm}$，$l=1.0\text{m}$；

(2) 矩形截面，$h=2b=40\text{mm}$，$l=1.0\text{m}$；

(3) No16 工字钢，$l=2.0\text{m}$。

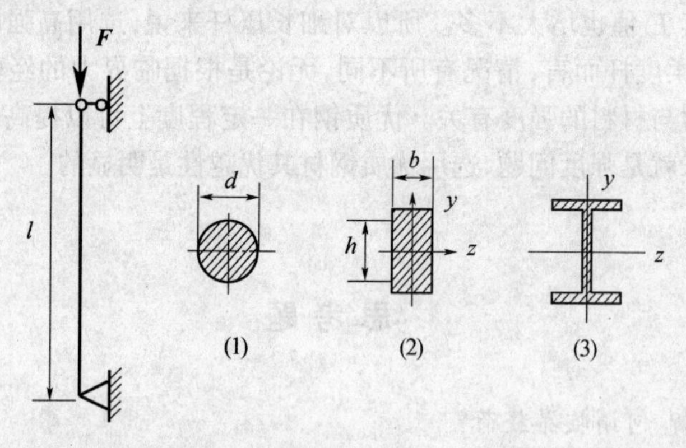

图 13-12

13-4　图 13-13 所示桁架，由两根弯曲刚度 EI 相同的等截面细长压杆组成。设载荷 F 与杆 AB 的轴线的夹角为 θ，且 $0<\theta<\pi/2$，试求载荷 F 的极限值。

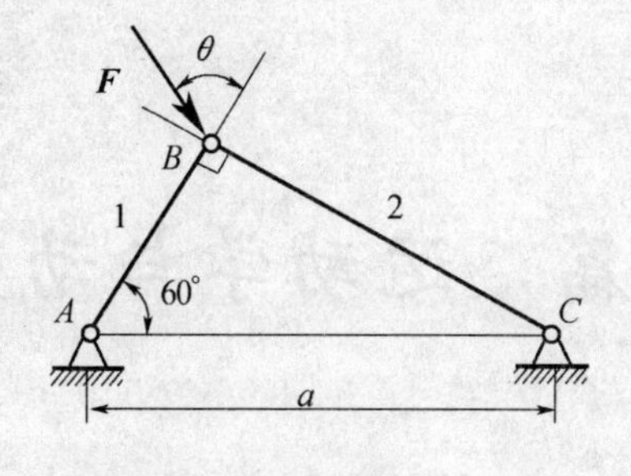

图 13-13

13-5 图 13-14 所示矩形截面压杆,有三种支持方式。杆长 $l=300\text{mm}$,截面宽度 $b=20\text{mm}$,高度 $h=12\text{mm}$,弹性模量 $E=70\text{GPa}$,$\lambda_p=50$,$\lambda_0=30$,中柔度杆的临界应力公式为

$$\sigma_{cr} = 382\text{MPa} - (2.18\text{MPa})\lambda$$

试计算它们的临界载荷,并进行比较。

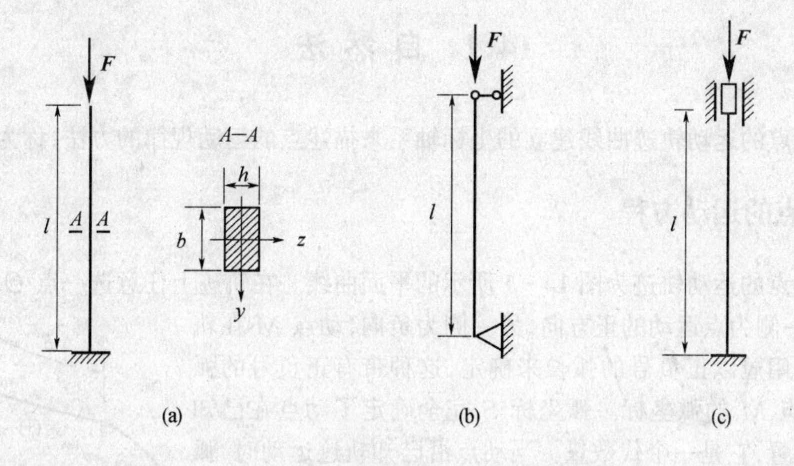

图 13-14

13-6 图 13-15 所示压杆,截面有四种形式。但其面积均为 $A=3.2\times10\text{mm}^2$,试计算它们的临界载荷,并进行比较。材料的力学性质见上题。

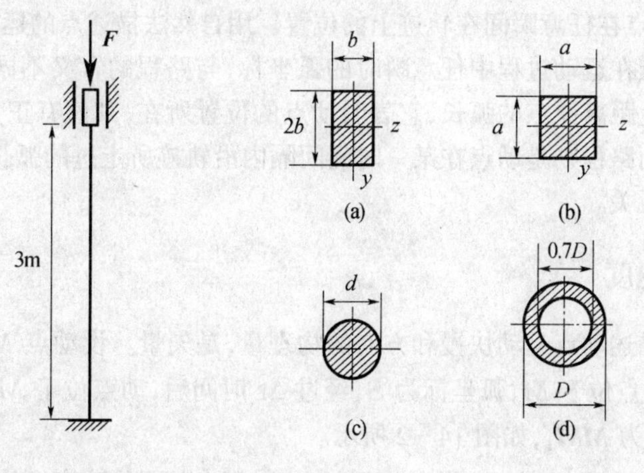

图 13-15

第三篇 运动学与动力学

第14章 点的运动

本章将采用自然法和直角坐标法研究点相对某一个参考系作平面运动的规律，包括点的运动方程、速度、加速度等。

14.1 自然法

用通过点的运动轨迹曲线建立的坐标轴系来描述点的运动规律的方法，称为自然法。

14.1.1 点的运动方程

设一动点的运动轨迹为图14-1所示的平面曲线。在轨迹上任意选一点 O 为原点，并设 O 的一侧为点运动的正方向，另一侧为负向，动点 M 在轨迹上的位置用冠以正负号的弧长来确定，这种带有正负号的弧长，称为动点 M 的弧坐标。弧坐标 S 完全确定了动点在已知轨迹上的位置，它是一个代数量。当动点沿已知轨迹运动时，弧坐标 S 是随时间 t 变化的单值连续函数，写成

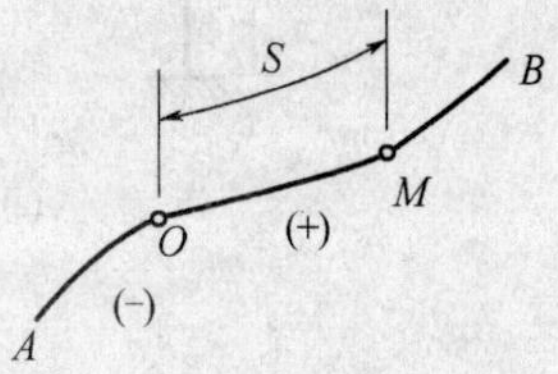

$$S = f(t) \tag{14-1}$$

图14-1

上式称为点沿轨迹的运动方程，或称为以弧坐标表示的点的运动方程。若已知点的运动方程，则可以确定点在任意瞬间在轨迹上的位置。用自然法描述点的运动规律，其轨迹必须是已知的。动点在运动过程中任意瞬时的弧坐标，与路程的含义不同。弧坐标是指动点某瞬时在轨迹上距离原点的弧长，它表明动点的位置所在，其值有正负之分，与所取原点的位置有关。而路程则是动点在某一时间间隔内沿轨迹所走过的弧长，其值只为正，与所取原点的位置无关。

14.1.2 点的速度

点的速度是描述动点运动快慢和方向的物理量，是矢量。设动点 M 沿平面曲线 AB 运动，在瞬时 t，动点位于 M，弧坐标为 S，经过 Δt 时间后，动点位于 M_1，弧坐标为 $S_1 = S + \Delta S$，位移矢量为 $\boldsymbol{MM}_1$，如图14-2所示。

位移 $\boldsymbol{MM}_1$ 与时间 Δt 之比，称为动点在 Δt 时间内的平均速度，以 v^* 表示，即

$$v^* = \frac{\boldsymbol{MM_1}}{\Delta t}$$

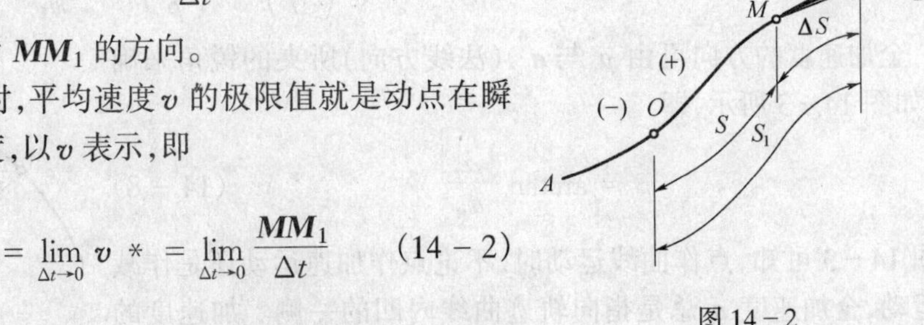

图 14 - 2

$\boldsymbol{v}^*$ 的方向即为 $\boldsymbol{MM_1}$ 的方向。

当 $\Delta t \to 0$ 时，平均速度 $\boldsymbol{v}$ 的极限值就是动点在瞬时 t 的瞬时速度，以 $\boldsymbol{v}$ 表示，即

$$\boldsymbol{v} = \lim_{\Delta t \to 0} \boldsymbol{v}^* = \lim_{\Delta t \to 0} \frac{\boldsymbol{MM_1}}{\Delta t} \quad (14-2)$$

当 $\Delta t \to 0$ 时，$|\boldsymbol{MM_1}| \approx \Delta S$，因此瞬时速度的大小为

$$v = \lim_{\Delta t \to 0} \frac{|\boldsymbol{MM_1}|}{\Delta t} = \lim_{\Delta t \to 0} \frac{\Delta S}{\Delta t} = \frac{\mathrm{d}S}{\mathrm{d}t} \quad (14-3)$$

因为速度是矢量，所以不仅要确定它的大小，还要确定它的方向。由于平均速度的方向与位移矢量 $\boldsymbol{MM_1}$ 的方向相同，因此，瞬时速度 $\boldsymbol{v}$ 的方向沿轨迹上该点的切线，并与该点运动方向一致。

所以，在曲线运动中，瞬时速度的大小等于动点的弧坐标对时间的一阶导数，方向沿轨迹的切线方向。指向由 $\frac{\mathrm{d}S}{\mathrm{d}t}$ 的正负号来决定。若某瞬时 $\frac{\mathrm{d}S}{\mathrm{d}t} > 0$，表示动点沿弧坐标的正向运动；若 $\frac{\mathrm{d}S}{\mathrm{d}t} < 0$，则表示动点沿轨迹的负向运动。

速度的单位一般用米/秒(m/s)，或用千米/小时(km/h)。

14.1.3 点的加速度

一般情况下，动点作平面曲线运动的速度大小和方向都随时间变化而变化，而反映动点速度大小和方向变化的物理量即为点的加速度。加速度是矢量。

反映速度大小变化的加速度称为切向加速度，其方向沿轨迹的切线方向，用 a_τ 表示。又因 $v = \frac{\mathrm{d}S}{\mathrm{d}t}$，所以

$$a_\tau = \frac{\mathrm{d}v}{\mathrm{d}t} = \frac{\mathrm{d}^2 S}{\mathrm{d}t^2} \quad (14-4)$$

反映速度方向变化的加速度称为法向加速度，其方向沿轨迹的法线方向，且指向曲率中心，用 a_n 表示。即

$$a_n = \frac{v^2}{\rho} \quad (14-5)$$

上式表明，动点的速度值越大，运动轨迹的曲率半径越小，则动点的法向加速度越大。

综上所述，可得结论：点作曲线运动时，其全加速度 $\boldsymbol{a}$ 为切向加速度 $\boldsymbol{a_\tau}$ 和法向加速度 $\boldsymbol{a_n}$ 的矢量和，即

$$\boldsymbol{a} = \boldsymbol{a_n} + \boldsymbol{a_\tau} \quad (14-6)$$

全加速度的大小为

$$a = \sqrt{a_\tau^2 + a_n^2} = \sqrt{\left(\frac{\mathrm{d}v}{\mathrm{d}t}\right)^2 + \left(\frac{v^2}{\rho}\right)^2} \tag{14-7}$$

全加速度的方向可由 $\boldsymbol{a}$ 与 $\boldsymbol{a}_n$（法线方向）所夹的锐角来确定，如图 14－3 所示，即

$$\beta = \arctan\frac{|a_\tau|}{a_n} \tag{14-8}$$

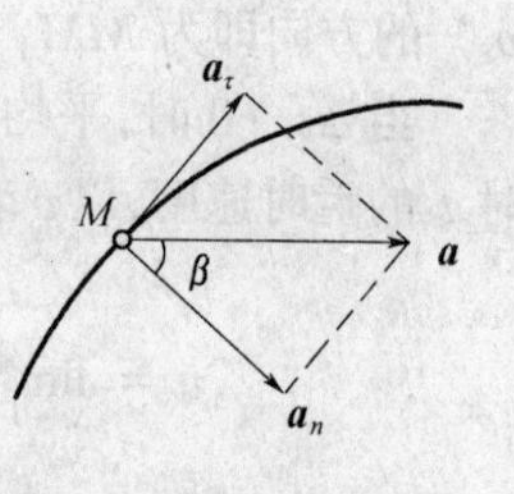

图 14－3

由图 14－3 可知，点作曲线运动时，不论点作加速运动还是作减速运动，全加速度 $\boldsymbol{a}$ 总是指向轨迹曲线内凹的一侧。加速度的常用单位为米/秒^2($\mathrm{m/s^2}$)。

以上讨论的是动点作平面运动的一般情况，下面讨论几种特殊情况。

1．匀变速曲线运动

点作匀变速曲线运动时，a_τ＝常量，$a_n=\dfrac{v^2}{\rho}$，一般不为零。设运动的初始条件为 $t=0$ 时，点的弧坐标为 S_0，速度为 v_0，由式(14－4)得

$$\mathrm{d}v = a_\tau \mathrm{d}t$$

将上式积分

$$\int_{v_0}^{v}\mathrm{d}v = \int_0^t a_\tau \mathrm{d}t$$

得

$$v = v_0 + a_\tau t \tag{14-9}$$

将 $v=\dfrac{\mathrm{d}S}{\mathrm{d}t}$代入上式，整理得

$$\mathrm{d}S = (v_0 + a_\tau t)\mathrm{d}t$$

再将上式积分

$$\int_{S_0}^{S}\mathrm{d}S = \int_0^t (v_0 + a_\tau t)\mathrm{d}t$$

得

$$S = S_0 + v_0 t + \frac{1}{2}a_\tau t^2 \tag{14-10}$$

将式(14－9)、式(14－10)联立并消去 t，可得

$$v^2 = v_0^2 + 2a_\tau(S - S_0) \tag{14-11}$$

式(14－9)称为匀变速曲线运动的速度方程，式(14－10)称为匀变速曲线运动时动点沿轨迹的运动方程。

2．匀变速直线运动

动点作匀变速直线运动时，因直线的曲率半径 $\rho=\infty$，所以 $a_n=\dfrac{v^2}{\rho}=0$，于是，$a=a_\tau=\dfrac{\mathrm{d}v}{\mathrm{d}t}$＝常量。

可得
$$\mathrm{d}v = a\mathrm{d}t$$

与上述匀变速曲线运动相同的初始条件,将上式积分,可得匀变速直线运动的三个常用公式

$$v = v_0 + at \tag{14-12}$$

$$S = S_0 + v_0 t + \frac{1}{2}at^2 \tag{14-13}$$

$$v^2 = v_0^2 + 2a(S - S_0) \tag{14-14}$$

3. 匀速曲线运动

点作匀速曲线运动时,速度大小不变,故其切向加速度 $a_\tau = 0$,于是 $a = a_n = \dfrac{v^2}{\rho}$。

由 $v = \dfrac{dS}{dt} =$ 常量,可用积分法得到

$$\int_{S_0}^{S} dS = \int_0^t v dt$$

故

$$S = S_0 + vt \tag{14-15}$$

例 14-1 如图 14-4 所示,机构中的小环 M,同时套在与地面固连、半径为 R 的大环与转动的摇杆 OA 上,摇杆 OA 绕 O 轴转动,$\varphi = \omega t$,$\omega =$ 常数。已知运动开始时摇杆在水平位置,求小环 M 的运动方程和轨迹方程以及速度和加速度。

解 由已知条件可知,小环 M(动点)的运动轨迹已知,因此可用自然法建立小环 M 的运动方程。

(1) 运动分析。由于小环 M 套在大环上,因此它的运动轨迹是以 O_1 为圆心,R 为半径的圆。由题意知,当 $t = 0$ 时,点 M 位于 M_0,取点 M_0 为自然坐标轴的原点,并规定沿轨迹的逆时针方向为弧坐标的正向,如图 14-4 所示。

(2) 建立运动方程。小环 M 在任意位置的弧坐标为 $S = \overset{\frown}{M_0M}$

由几何关系得

$$S = \overset{\frown}{M_0M} = R\theta = R \cdot 2\varphi$$

又 $\varphi = \omega t$,故小环 M 沿轨迹的运动方程为

$$S = 2R\omega t$$

(3) 求速度。

由式(14-3)得速度的大小

$$v = \frac{dS}{dt} = 2R\omega$$

v 方向沿圆轨迹的切线方向,即垂直于 O_1M,如图 14-5 所示。

(4) 求加速度。

由式(14-4)得切向加速度的大小为

$$a_\tau = \frac{dv}{dt} = 0$$

由式(14 5)得法向加速度的人小为

$$a_n = \frac{v^2}{R} = \frac{4R^2\omega^2}{R} = 4R\omega^2$$

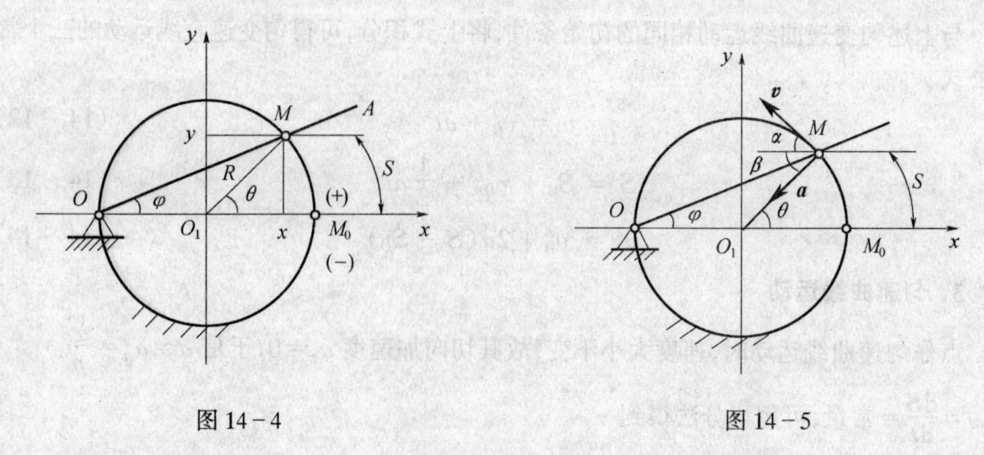

图 14-4　　　　　　　　　　　　图 14-5

可见点的切向加速度等于零,点作匀速圆周运动。故其全加速度 $a=a_n$,全加速度 $\boldsymbol{a}$ 的大小为 $a=a_n=4R\omega^2$,方向沿轨迹的法线指向圆心,即 $\boldsymbol{a}$ 的方向由 $M \rightarrow O_1$,如图 14-5 所示。

例 14-2　已知如图 14-6 所示,点沿半径 $R=5\mathrm{m}$ 的圆周运动,其运动方程为 $S=t^3+3t-1$,其中 S 的单位为 m,t 的单位为 s,试求点在 $t=0$、1、2s 时的位置、速度和加速度。

解　由公式

$$v=\frac{\mathrm{d}S}{\mathrm{d}t}=3t^2+3$$

$$a_t=\frac{\mathrm{d}v}{\mathrm{d}t}=\frac{\mathrm{d}^2S}{\mathrm{d}t^2}=6t$$

$$a_n=\frac{v^2}{\rho}=\frac{v^2}{R}$$

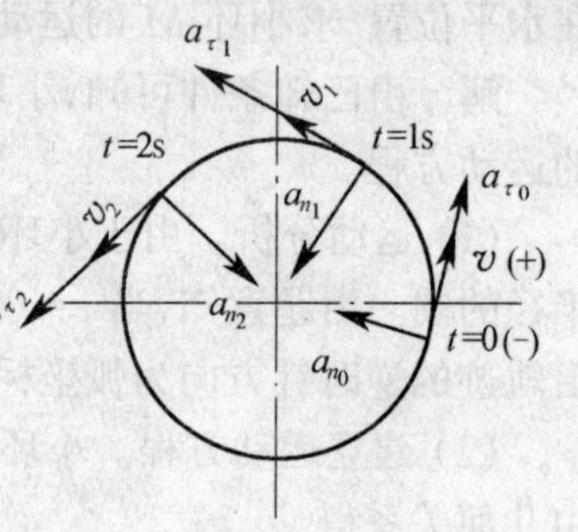

当 $t=0$ 时,$S_0=-1\mathrm{m}$　$v_0=3\mathrm{m/s}$　$\alpha_{\tau_0}=0$

$$a_{n_0}=\frac{v_0^2}{\rho}=\frac{v_0^2}{R}=\frac{9}{5}=1.8\mathrm{m/s^2}$$

图 14-6

当 $t=1\mathrm{s}$ 时,$S_1=3\mathrm{m}$　$v_1=6\mathrm{m/s}$　$\alpha_{\tau_1}=6\mathrm{m/s^2}$　$a_{n_1}=\frac{v_1^2}{\rho}=\frac{v_1^2}{R}=\frac{36}{5}=7.2\mathrm{m/s^2}$

当 $t=2\mathrm{s}$ 时,$S_2=13\mathrm{m}$　$v_2=15\mathrm{m/s}$　$\alpha_{\tau_2}=12\mathrm{m/s^2}$　$a_{n_2}=\frac{v_2^2}{\rho}=\frac{v_2^2}{R}=45\mathrm{m/s^2}$

速度的方向沿圆周的切线,并指向轨迹的正向。切向加速度的方向沿圆周的切线,指向轨迹的正向。法向加速度的方向指向曲率中心。

14.2　直角坐标法

当点作平面曲线运动的轨迹未知时,通常采用直角坐标法来描述点的运动规律。用直角坐标系确定动点位置的方法,称为直角坐标法。

14.2.1　点的运动方程

设动点 M 作平面曲线运动,为了确定动点 M 的位置,可在该平面的适当位置选取

直角坐标系 Oxy，则动点 M 相对于这一坐标系的位置可用它的两个坐标 x，y 来确定，如图 14－7 所示。

当动点 M 运动时，其坐标 x，y 将随时间而变化，是时间 t 的单值连续函数，表示为

$$\begin{cases} x = f_1(t) \\ y = f_2(t) \end{cases} \tag{14－16}$$

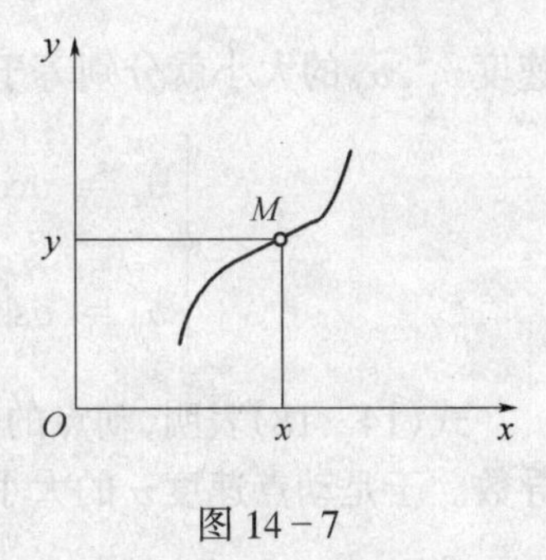

图 14－7

上式称为动点 M 的直角坐标形式的运动方程，也是以 t 为参数的轨迹参数方程。该方程给出了点的运动规律。当函数 $f_1(x)$、$f_2(x)$ 已知时，动点 M 在任一瞬时的位置即可确定。因为点的运动轨迹与时间无关，故可以将两个运动方程消去时间 t，即得到轨迹方程

$$f(x,y) = 0 \tag{14－17}$$

这里，若将运动方程中的时间 t 看成参变量，则式(14－16)实际上是动点运动轨迹曲线的参数方程。

14.2.2 点的速度

若已知一动点 M 的直角坐标的运动方程，则动点 M 的速度可由它在直角坐标轴上的投影求得。如图 14－8 所示，设动点 M 在直角坐标系 Oxy 内作平面曲线运动，已知其运动方程为

$$x = f_1(t), y = f_2(t)$$

在瞬时 t，动点位于 M，其坐标为 x、y，经过 Δt 时间后，动点位于 M_1，其坐标为 $x_1 = x + \Delta x$，$y_1 = y + \Delta y$。在 Δt 时间内，动点的位移矢量为 $\boldsymbol{MM}_1$，则动点在 Δt 时间内的平均速度为

$$\boldsymbol{v}^* = \frac{\boldsymbol{MM}_1}{\Delta t}$$

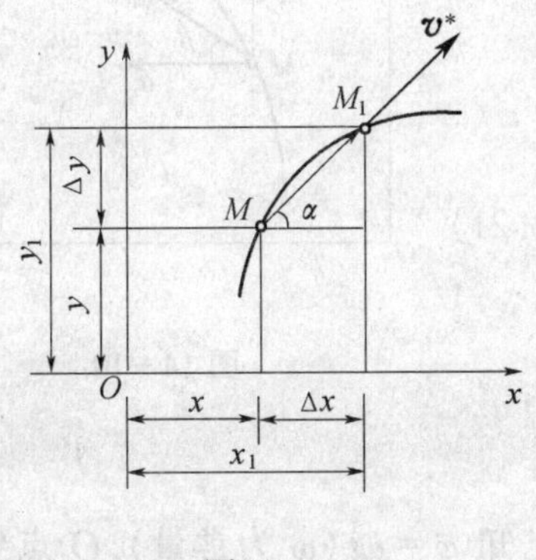

图 14－8

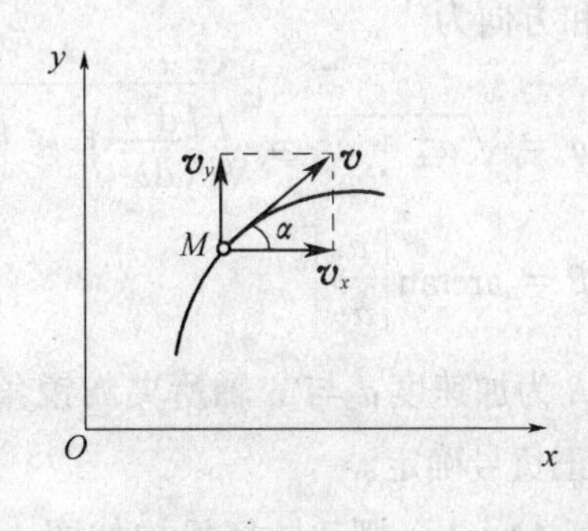

图 14－9

当 $\Delta t \to 0$ 时，可得动点在瞬时 t 的瞬时速度为

$$\boldsymbol{v} = \lim_{\Delta t \to 0} \frac{\boldsymbol{MM}_1}{\Delta t}$$

将速度 $\boldsymbol{v}$ 沿直角坐标轴 x、y，分解为 $\boldsymbol{v}_x$ 和 $\boldsymbol{v}_y$ 两个分量，如图 14-9 所示，则

$$\boldsymbol{v} = \boldsymbol{v}_x + \boldsymbol{v}_y$$

速度 $\boldsymbol{v}_x$、$\boldsymbol{v}_y$ 的大小就分别等于速度矢量 $\boldsymbol{v}$ 在 x、y 两轴上的投影，并由图 14-9 可知

$$\begin{cases} v_x = v\cos\alpha = \lim\limits_{\Delta t \to 0} \dfrac{|\boldsymbol{MM}_1|}{\Delta t}\cos\alpha = \lim\limits_{\Delta t \to 0} \dfrac{\Delta x}{\Delta t} = \dfrac{\mathrm{d}x}{\mathrm{d}t} \\ v_y = v\sin\alpha = \lim\limits_{\Delta t \to 0} \dfrac{|\boldsymbol{MM}_1|}{\Delta t}\sin\alpha = \lim\limits_{\Delta t \to 0} \dfrac{\Delta y}{\Delta t} = \dfrac{\mathrm{d}y}{\mathrm{d}t} \end{cases} \tag{14-18}$$

式(14-18)表明，动点的速度在直角坐标轴上的投影，等于其相应坐标对时间的一阶导数。于是动点速度 $\boldsymbol{v}$ 的大小和方向为

$$\begin{cases} v = \sqrt{v_x^2 + v_y^2} = \sqrt{\left(\dfrac{\mathrm{d}x}{\mathrm{d}t}\right)^2 + \left(\dfrac{\mathrm{d}y}{\mathrm{d}t}\right)^2} \\ \alpha = \arctan\left|\dfrac{v_y}{v_x}\right| \end{cases} \tag{14-19}$$

式中 α 为速度 $\boldsymbol{v}$ 与 x 轴所夹的锐角。$\boldsymbol{v}$ 沿轨迹的切线方向，其指向由 v_x、v_y 的正负号确定。

14.2.3 点的加速度

依照求速度的方法，可求得加速度 $\boldsymbol{a}$ 在 x、y 轴上的投影 $\boldsymbol{a}_x$、$\boldsymbol{a}_y$(图 14-10)为

$$\begin{cases} a_x = \dfrac{\mathrm{d}v_x}{\mathrm{d}t} = \dfrac{\mathrm{d}^2 x}{\mathrm{d}t^2} = a\cos\beta \\ a_y = \dfrac{\mathrm{d}v_y}{\mathrm{d}t} = \dfrac{\mathrm{d}^2 y}{\mathrm{d}t^2} = a\sin\beta \end{cases} \tag{14-20}$$

式(14-20)表明，动点的加速度在直角坐标轴上的投影等于其相应的速度投影对时间的一阶导数，或等于其相应的坐标对时间的二阶导数。于是动点加速度 $\boldsymbol{a}$ 的大小和方向为

$$\begin{cases} a = \sqrt{a_x^2 + a_y^2} = \sqrt{\left(\dfrac{\mathrm{d}^2 x}{\mathrm{d}t^2}\right)^2 + \left(\dfrac{\mathrm{d}^2 y}{\mathrm{d}t^2}\right)^2} \\ \beta = \arctan\left|\dfrac{a_y}{a_x}\right| \end{cases} \tag{14-21}$$

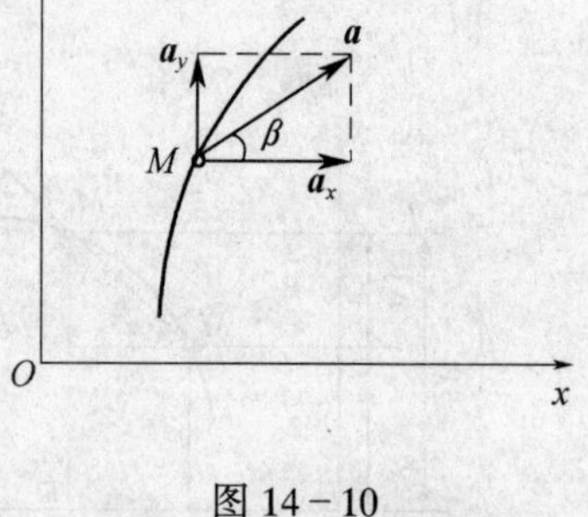

图 14-10

式中 β 为加速度 $\boldsymbol{a}$ 与 x 轴所夹的锐角。$\boldsymbol{a}$ 的指向由 a_x、a_y 的正负号确定。

例 14-3 摆动导杆机构如图 14-11 所示，已知 $\varphi = \omega t$(ω 为常量)，O 点到滑杆 CD 间的距离为 l。求滑杆上销钉 A 的运动方程和速度方程以及加速度方程。

解 (1) 建立直角坐标系如图 14-11 所示。

(2) 建立销钉 A 的运动方程。

销钉 A 与滑杆一起沿水平轨道运动，其运动方程为

$$x = l\tan\varphi = l\tan\omega t$$

(3) 建立销钉 A 的速度方程。将运动方程对时间 t 求导,得销钉 A 的速度方程:$v_A = \dfrac{\mathrm{d}x}{\mathrm{d}t} = \dfrac{\omega l}{\cos^2\omega t}$

(4) 建立销钉 A 的加速度方程。

将速度方程对时间 t 求导,得销钉 A 的加速度方程:

$$a_A = \frac{\mathrm{d}v_A}{\mathrm{d}t} = \frac{2\omega^2 l\sin\omega t}{\cos^3\omega t}$$

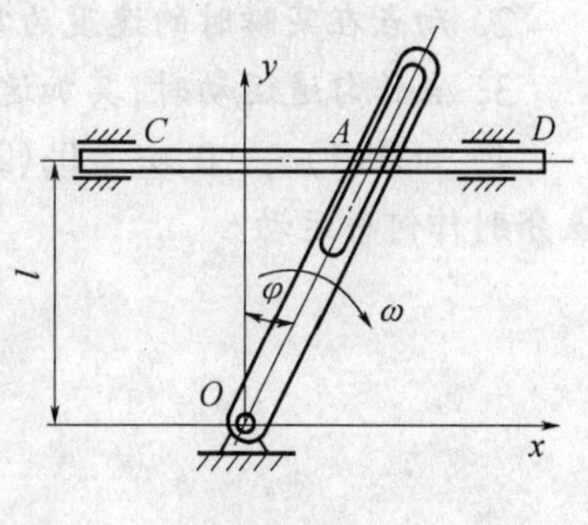

图 14-11

例 14-4 如图 14-12,已知炮弹的运动方程为$\begin{cases} x = 300t \\ y = 400t - 5t^2 \end{cases}$

求:(1) 初始时的速度和加速度;

(2) 炮弹达到的最大射击高度与射程。

解 (1) 将运动方程对 t 求导得

$$v_x = \frac{\mathrm{d}x}{\mathrm{d}t} = 300(\mathrm{m/s})$$

$$v_y = \frac{\mathrm{d}y}{\mathrm{d}t} = 400 - 10t(\mathrm{m/s})$$

$$a_x = 0$$

$$a_y = -10(\mathrm{m/s^2})$$

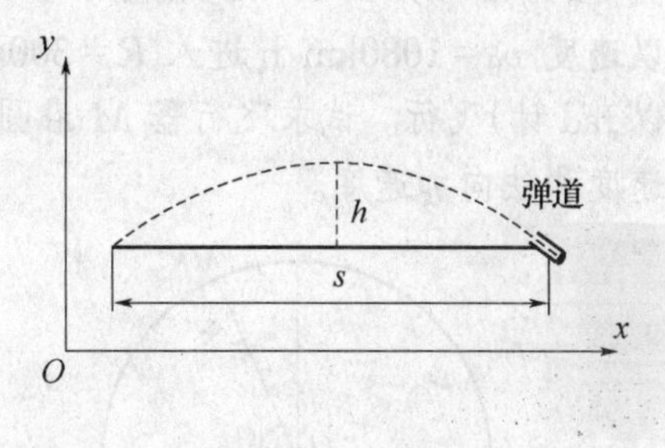

图 14-12

初始时 $t = 0$

$$v_x = 300\mathrm{m/s}, a_x = 0$$

$$v_y = 400\mathrm{m/s}, a_y = -10\mathrm{m/s^2}$$

解得

$$v_0 = \sqrt{v_x^2 + v_y^2} = 500\mathrm{m/s}$$

$$a_0 = a_y = -10\mathrm{m/s^2}$$

(2) 当 $v_y = 0$ 时,炮弹达到最大射击高度,$v_y = 400 - 10t$,求得炮弹达到最高点的时间 $t = 40\mathrm{s}$,将 t 值代入 y 得

$$y = 400 \times 40 - 5 \times 40^2 = 8000\mathrm{m}(\text{最大射击高度})$$

令 $y = 0$,求得 $t = 0, t = 80\mathrm{s}$。

而 $t = 0$ 为初始时,$t = 80\mathrm{s}$ 为炮弹最后落地的时间,即飞行时间。将 $t = 80\mathrm{s}$ 代入 x 得

$$x = 300 \times 80 = 24000\mathrm{m} \quad (\text{最大射程})$$

思考题

1. 点作平面曲线运动时,动点的位移、路程和弧坐标三者有何不同?

2. 动点在某瞬时的速度为零,该瞬时的加速度是否必为零?

3. 点作匀速运动时,其加速度是否必为零?

4. 如果(1)$a_\tau=0,a_n=0$;(2)$a_\tau=0,a_n\neq0$;(3)$a_\tau\neq0,a_n=0$;(4)$a_\tau\neq0,a_n\neq0$。问动点分别作何种运动?

习 题

14-1 如图14-13所示,半径为$R=50$cm的飞轮绕轴O逆时针转动,其半径OM与水平线之间的夹角$\varphi=2t^2$(t以秒计,φ以rad计)。试求点M的运动方程和速度。

14-2 如图14-14所示,飞行器M在平面曲线轨道上由左向右飞行至B处后,即以速度$v_0=1080$km/h进入$R=300$m的圆形轨道,并按转角$\varphi=t-0.01t^2$(t以秒计,φ以rad计)飞行。试求飞行器M沿圆形轨道飞行时的运动方程和$t=6$s时的速度、切向加速度和法向加速度。

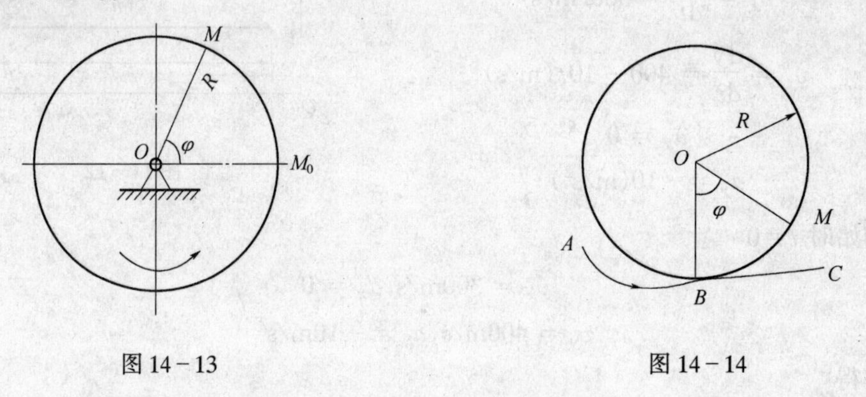

图14-13　　图14-14

14-3 点沿半径$R=1000$m的圆弧运动,其运动方程为$S=40t-t^2$(式中S的单位为m,t的单位为s),求当$S=400$m时,点的速度和加速度。

14-4 点沿半径$R=0.2$m的圆周运动,其运动方程为$S=3t^2+2t-4$(式中S的单位为m,t的单位为s),求(1)$t=0$s、1s、2s时点的位置;(2)点在(0~1)s和(1~2)s内走过的路程。

14-5 点作直线运动,其运动方程为$S=t^3-12t+2$(式中S的单位为m,t的单位为s),求:(1)点在最初3s内的位移;(2)点改变运动方向的时刻和所在的位置;(3)点在最初3s内经过的路程;(4)$t=3$s时点的速度和加速度;(5)点在哪段时间内作加速运动,哪段时间内作减速运动。

14-6 列车以54km/h的初速度,沿半径$R=1$km的弯道匀变速行驶,已知在30s内的行程为6000m。试求列车在30s末的速度和加速度。

14-7 人造地球卫星在距地面500km的高度沿圆形轨道绕地球匀速运行。已知地球的半径为6370km,卫星具有的向心加速度$g=8.43\text{m/s}^2$。试求卫星运行的速度和绕地球一周所需的时间。

14-8　曲柄连杆机构如图 14-15 所示，曲柄 OB 逆时针方向转动，角 $\varphi=\omega t$（角速度 ω 为常量）。已知：$AB=OB=R$，$BC=l$，且 $l>R$。试求连杆 AC 上 C 点的运动方程和轨迹方程。如 $l=R$，C 点的运动方程和轨迹方程将如何？

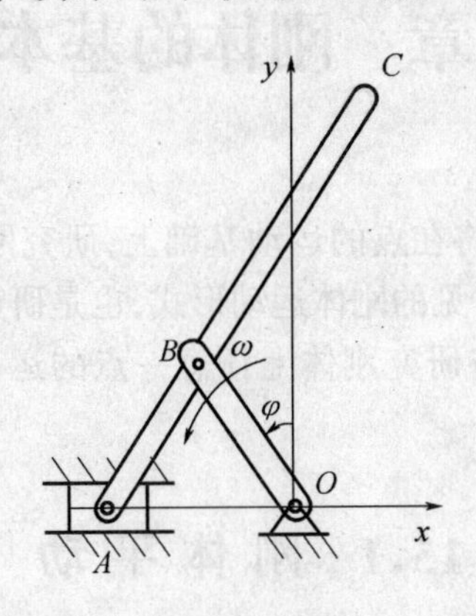

图 14-15

14-9　炮弹在铅垂平面内按运动方程 $x=300t$ 和 $y=400t-5t^2$（x，y 以 m 计，t 以 s 计）飞行。试求(1)炮弹的初始速度和初始加速度；(2)炮弹的射击高度和射程。

第 15 章　刚体的基本运动

刚体由无数点组成。本章将在点的运动基础上,研究刚体的两种基本运动——平动和定轴转动,它们是工程中最常见的刚体运动形式,也是研究刚体其他运动的基础。在研究刚体基本运动的基础上,还将研究刚体上任意一点的运动,给出刚体上任意一点的速度、加速度与刚体的运动关系。

15.1　刚 体 平 动

15.1.1　刚体平动概念

刚体在运动过程中,若刚体上的任意一条直线都始终平行于它的初始位置,则称此种运动为刚体的平行移动,简称刚体的平动。例如,如图 15-1 所示,沿平直轨道行驶的机车车轮连杆 AB 或其上的任意一条直线在运动中始终与它们的初始位置平行,因此是平动;摆式送料机,其送料槽上的直线 AB 在运动过程中,始终能保持与原有方位平行,所以连杆与送料槽均作平动。刚体在平动时,其上的点的运动轨迹可以是直线,也可以是曲线。在以上举例中:送料槽上的点运动轨迹是曲线,故又称为曲线平动。而机床工作台上的点运动轨迹是直线,故又称为直线平动。

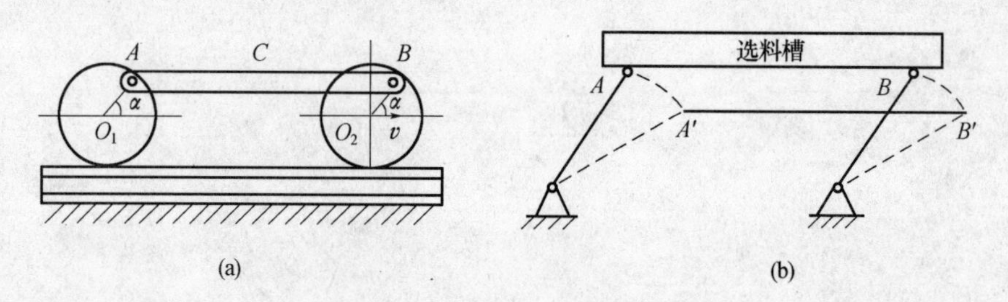

图 15-1

15.1.2　平移刚体上各点的轨迹、速度、加速度特征

在平移刚体上任取两点 A、B,作矢量 $\boldsymbol{BA}$,如图 15-2 所示。根据刚体不变形的性质和刚体平移的特征,矢量 $\boldsymbol{BA}$ 的长度和方向始终不变,故 $\boldsymbol{BA}$ 是常矢量。动点 A、B 位置的变化可用矢径的变化表示 $\boldsymbol{r}_A=\boldsymbol{r}_B+\boldsymbol{BA}$,对时间求导得 $\dfrac{\mathrm{d}\boldsymbol{r}_A}{\mathrm{d}t}=\dfrac{\mathrm{d}\boldsymbol{r}_B}{\mathrm{d}t}+\dfrac{\mathrm{d}\boldsymbol{BA}}{\mathrm{d}t}$,由于 $\boldsymbol{BA}$ 是常矢量,因此 $\dfrac{\mathrm{d}\boldsymbol{BA}}{\mathrm{d}t}=0$,于是 $\boldsymbol{v}_A=\boldsymbol{v}_B$,再对时间求一次导得 $\boldsymbol{a}_A=\boldsymbol{a}_B$,因为 A、B 是刚体上任意两点,因此上述结论对刚体上所有点都成立。即刚体平移时,其上各点的运动轨迹形状相

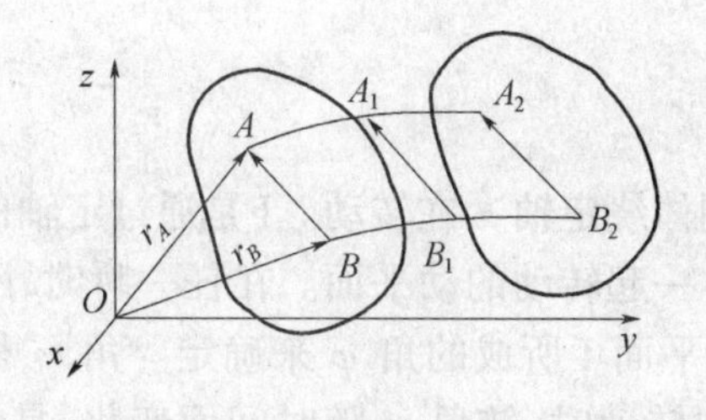

图 15-2

同且彼此平行;每一瞬时,各点具有相同的速度和相同的加速度。上述结论表明,刚体的平移可以用其上任一点的运动来代替,即刚体平移可以归结为点的运动来研究。

例 15-1 曲柄导杆机构如图 15-3 所示,曲柄绕 OA 固定轴 O 转动,通过滑块 A 带动导杆 BC 在水平导槽内作直线往复运动。已知 $OA=r$, $\varphi=\omega t$(ω 为常量),求导杆在任一瞬时的速度和加速度。

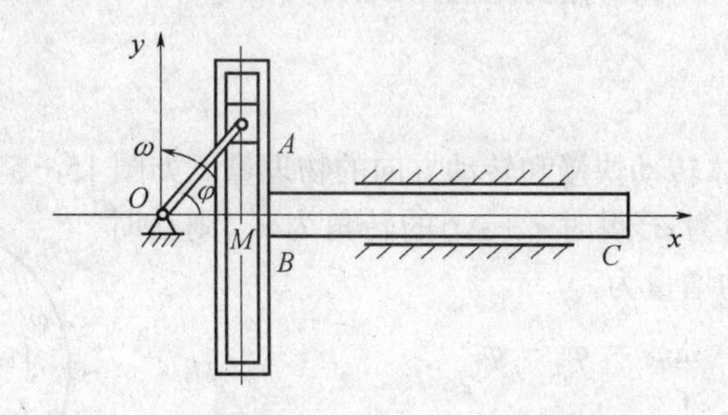

图 15-3

解 (1) 分析。由于导杆在水平直线导槽内运动,其上任一直线始终与它的最初位置相平行,且其上各点的轨迹均为直线,故导杆作直线平动。导杆的运动可以用其上任一点的运动来表示。

(2) 计算。选取导杆上的 M 点研究,M 点沿 x 轴作直线运动,其运动方程为

$$x_M = OA\cos\varphi = r\cos\omega t$$

点的速度、加速度分别为

$$v_M = \frac{\mathrm{d}x_M}{\mathrm{d}t} = -r\omega\sin\omega t$$

$$a_M = \frac{\mathrm{d}v_M}{\mathrm{d}t} = -r\omega^2\cos\omega t$$

15.2 刚体的定轴转动

在工程实际中经常遇到飞轮,机床的主轴、发电机的转子、变速箱中的齿轮等,它们都有一条固定的轴线。物体绕轴转动时,轴线上的各点保持不动,不在轴线上的各点都作圆周运动。因此,在刚体运动时,若其体内有一条直线始终保持不动,则这种运动称为刚体绕定轴的转动。始终保持不动的直线称为刚体的转轴或轴线。

15.2.1 转动方程

如图 15－4 所示,设刚体绕定轴 z 在转动。I 是通过定轴的固定平面,Ⅱ是过定轴并随刚体一起转动的动平面。在任一瞬时,刚体的位置可由动平面Ⅱ与固定平面 I 所成的角 φ 来确定。角 φ 称为转角,又称为角位移。当刚体转动时,转角 φ 随时间而变化,是时间 t 的单值连续函数,即

$$\varphi = f(t) \tag{15-1}$$

上式称为刚体的定轴转动方程,它反映了刚体绕定轴转动的规律。若转动方程 $f(t)$已知,则刚体在任一瞬时的位置即可确定。

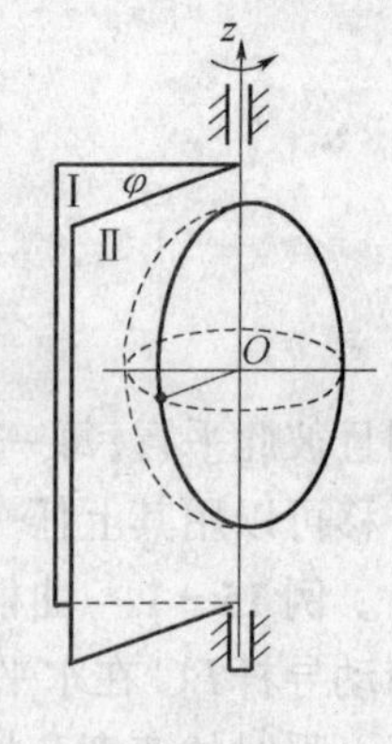

图 15－4

转角 φ 的单位是弧度(rad)。转角 φ 的正负作如下规定:自 z 轴的正向看去,逆时针转动时,φ 角为正值;反之为负值。

15.2.2 角速度

角速度是表征刚体转动快慢和转动方向的物理量。如图 15－5 所示,设刚体绕 O 轴转动,在瞬时 t 的转角为φ,瞬时 $t+\Delta t$ 的转角为φ',则在时间 Δt 内刚体角位移的增量为

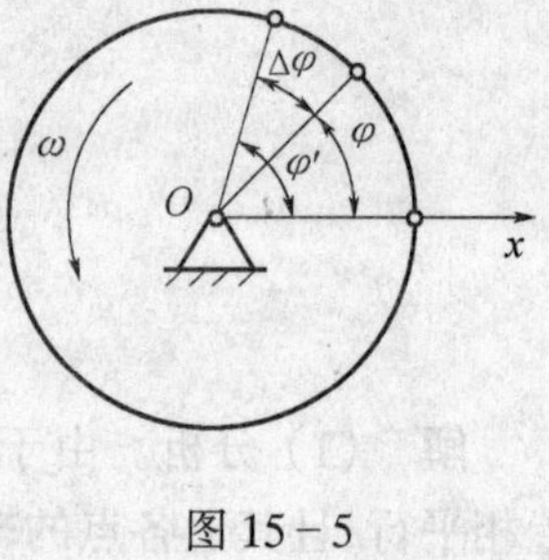

$$\Delta\varphi = \varphi' - \varphi$$

比值$\dfrac{\Delta\varphi}{\Delta t}$的极限称为刚体在 t 瞬时的瞬时角速度,简称角速度,用 ω 表示。即

图 15－5

$$\omega = \lim_{\Delta t\to 0}\frac{\Delta\varphi}{\Delta t} = \frac{\mathrm{d}\varphi}{\mathrm{d}t} = f'(t) \tag{15-2}$$

上式表明:刚体绕定轴转动的角速度等于转角对于时间的一阶导数。

角速度是代数量,其正负号表示刚体的转动方向。若 ω 为正值,则刚体按逆时针方向转动(从转轴正向端看去);如为负值,则按顺时针方向转动。

角速度单位是弧度/秒(rad/s)。

工程上还常用转速 n 转/分(r/min)表示刚体的转动快慢。转速 n 与角速度ω 之间的关系是

$$\omega = \frac{2\pi n}{60} = \frac{\pi n}{30}\text{rad/s} \tag{15-3}$$

15.2.3 角加速度

角加速度是反映角速度变化快慢的物理量。设刚体在瞬时 t 的角速度为ω,瞬时 $t+\Delta t$ 的角速度为ω',则在时间 Δt 内角速度的增量为

$$\Delta\omega = \omega' - \omega$$

比值$\dfrac{\Delta\omega}{\Delta t}$的极限值称为刚体在$t$ 瞬时的瞬时角加速度,简称角加速度,用 α 表示,即

$$\alpha = \lim_{\Delta t \to 0} \frac{\Delta\omega}{\Delta t} = \frac{d\omega}{dt} = \frac{d^2\varphi}{dt^2} = f''(t) \tag{15-4}$$

定轴转动刚体的角加速度等于速度对时间的一阶导数，或等于其转角对时间的二阶导数。

角加速度的单位为弧度/秒^2（rad/s^2）。

现在讨论两种特殊情况：

（1）匀速转动。若刚体绕定轴转动时的角速度不变，即 ω = 常量，则称这种转动为匀速转动。对于匀速转动，有与点的匀速运动相类似的公式，即

$$\varphi = \varphi_0 + \omega t \tag{15-5}$$

式中 φ_0 是转动刚体初瞬时，即 $t=0$ 时转角 φ 的值。

（2）匀变速转动。若刚体绕定轴转动时的角加速度不变，即 α = 常量，则称这种转动为匀变速转动。对于匀变速转动，也有与点的匀变速运动相类似的公式，即

$$\omega = \omega_0 + \alpha t \tag{15-6}$$

$$\varphi = \varphi_0 + \omega_0 t + \frac{1}{2}\alpha t^2 \tag{15-7}$$

$$\omega^2 - \omega_0^2 = 2\alpha(\varphi - \varphi_0) \tag{15-8}$$

式中 φ_0 和 ω_0 分别是初转角和初角速度。

刚体绕定轴转动的基本公式与点的运动的基本公式在性质和形式上都是相似的，在此对照如表 15－1 所列。

表 15－1　刚体定轴转动与点的运动对照表

点的曲线运动	刚体定轴转动
运动方程　$S=S(t)$	转动方程　$\varphi=\varphi(t)$
速度　$v=\frac{dS}{dt}$	角速度　$\omega=\frac{d\varphi}{dt}$
切向加速度　$a_t=\frac{dv}{dt}=\frac{d^2S}{dt^2}$	角加速度　$\alpha=\frac{d\omega}{dt}=\frac{d^2\varphi}{dt^2}$
匀速运动　v＝常数　$S=S_0+vt$	匀速转动　ω＝常数 $\varphi=\varphi_0+\omega t$
匀变速运动　a_τ＝常数 $v=v_0+a_\tau t$ $S=S_0+v_0t+\frac{1}{2}a_\tau t^2$	匀变速转动　α＝常数 $\omega=\omega_0+\alpha t$ $\varphi=\varphi_0+\omega_0 t+\frac{1}{2}\alpha t^2$

例 15－2　一汽油机转轴的转速为 3600r/min，其制动过程可视为匀减速转动，从开始制动至停止，转轴共转过 120 转，问制动过程需要多少时间？

解　汽油机转轴的初角速度为

$$\omega_0 = \frac{\pi n}{30} = \left(\frac{3600\pi}{30}\right) rad/s = 120\pi rad/s$$

末角速度为　　$\omega = 0$

在制动过程中转过的转角为

$$\varphi = 2\pi n = (2\pi \times 120)\text{rad} = 240\pi\text{rad}$$

$$\omega^2 - \omega_0^2 = 2\alpha\varphi$$

可得
$$\alpha = \frac{-\omega_0^2}{2\varphi} = \left(\frac{-(120\pi)^2}{2 \times 240\pi}\right)\text{rad/s}^2 = -30\pi\text{rad/s}^2$$

$$\omega = \omega_0 + \alpha t$$

可得
$$t = \frac{-\omega_0}{\alpha} = \frac{-120\pi}{-30\pi} = 4\text{s}$$

15.3 定轴转动刚体上点的速度和加速度

在工程实际中,往往需要计算转动刚体上某点的速度和加速度。例如车床在切削工件时,为了保证工件表面的精度,就需要知道工件上和刀尖接触点的切削速度;又如在机床设计和生产中,往往需要找出两个啮合齿轮节圆相切处的速度和齿轮角速度、角加速度之间的关系等。

前面已经指出,对于定轴转动刚体,除转轴上的各点外,其余各点都绕转轴作不同半径的圆周运动,而圆周的圆心都在转轴上,其半径等于该点到转轴的距离。由于点的运动轨迹已知,因此可用自然法研究刚体上任意一点的运动。

15.3.1 定轴转动刚体上点的运动方程

如图 15-6 所示,在定轴转动刚体内任取一点 M,它到转轴的垂直距离为 R。取刚体转角为零时,M 点所在的位置 M_0 为弧坐标的原点,当刚体转过 φ 角时,M 点所走过的圆弧长度为 S,以转角 φ 增大的方向为弧坐标的正向,于是点 M 以弧坐标表示的运动方程为

$$S = R\varphi \tag{15-9}$$

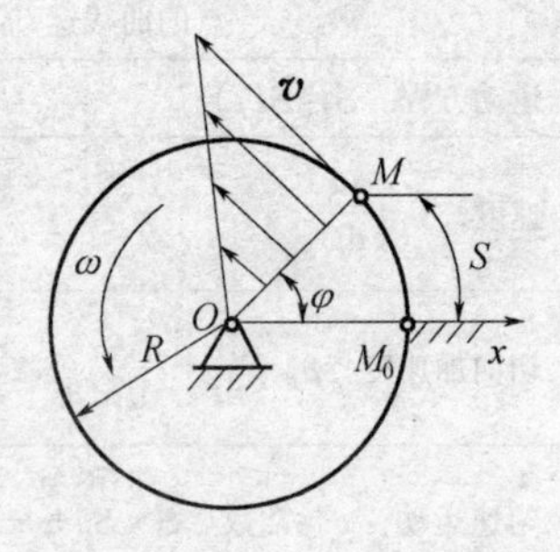

图 15-6

15.3.2 定轴转动刚体上点的速度

将上式的弧坐标 S 对时间 t 取一阶导数,得

$$v = \frac{\mathrm{d}S}{\mathrm{d}t} = R\frac{\mathrm{d}\varphi}{\mathrm{d}t} = R\omega \tag{15-10}$$

上式表明,转动刚体上任一点的速度的大小等于刚体的角速度与该点转动半径的乘积,其方向垂直于转动半径,沿圆周切线,指向与刚体的转动方向(即 ω 的转向)一致,如图 15-6 所示。由式(15-10)还可以知道,定轴转动刚体上各点的速度大小与其转动半径成正比。

15.3.3 定轴转动刚体上点的加速度

同理,可以求得 M 点的切向加速度和法向加速度为

$$
\begin{cases}
a_\tau = \dfrac{\mathrm{d}v}{\mathrm{d}t} = R\,\dfrac{\mathrm{d}\omega}{\mathrm{d}t} = R\alpha \\[2ex]
a_n = \dfrac{v^2}{R} = \dfrac{(R\omega)^2}{R} = R\omega^2
\end{cases}
\tag{15 - 11}
$$

即转动刚体内任一点的切向加速度等于刚体的角加速度与该点转动半径的乘积，其方向垂直于转动半径，指向与角加速度转向一致；法向加速度的大小等于角速度的平方与转动半径的乘积，其方向沿着转动半径指向圆心。

M 点全加速度的大小和方向为

$$
a = \sqrt{a_\tau^2 + a_n^2} = R\sqrt{\alpha^2 + \omega^4} \tag{15 - 12}
$$

$$
\tan\theta = \frac{|a_\tau|}{a_n} = \frac{|\alpha|}{\omega^2} \tag{15 - 13}
$$

式中，θ 为全加速度 $\boldsymbol{a}$ 与半径 OM 之间所夹的锐角，如图 15 - 7 所示。

由以上分析可得如下结论：

(1) 转动刚体上各点的速度、切向加速度、法向加速度、全加速度的大小分别与其转动半径成正比。同一瞬时转动半径上各个点的速度、加速度分布规律如图 15 - 8 所示，呈线性分布。

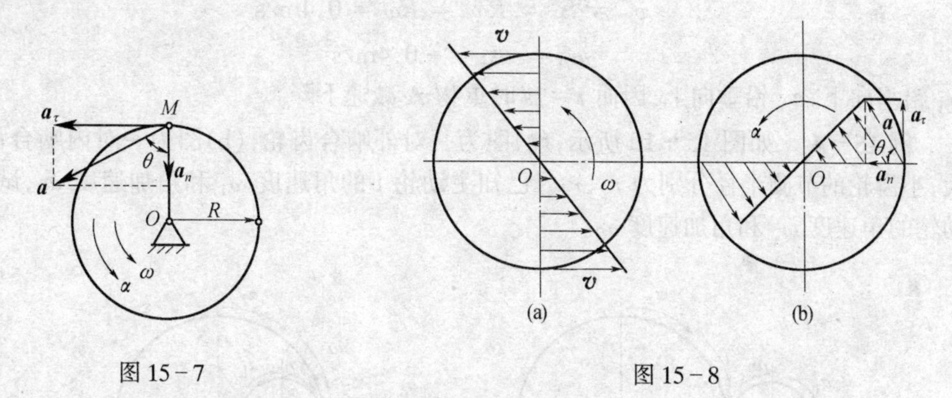

图 15 - 7　　　　图 15 - 8

(2) 转动刚体上各点的速度方向垂直于转动半径，其指向与角速度的转向一致。

(3) 转动刚体上各点的切向加速度垂直于转动半径，其指向与角加速度的转向一致。

(4) 转动刚体上各点的法向加速度方向，沿半径指向转轴。

(5) 任一瞬时各点的全加速度与转动半径的夹角相同。

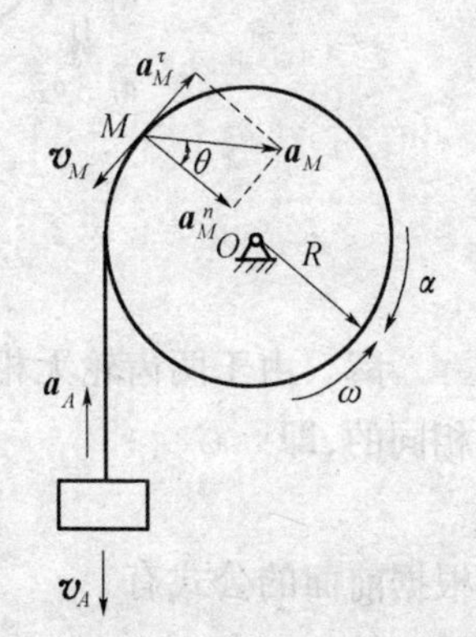

图 15 - 9

例 15 - 3　半径 $R = 0.2\text{m}$ 的圆轮绕定轴 O 逆时针转动，如图 15 - 9 所示。圆轮的转动方程为 $\varphi = 4t - t^2$，轮上绕有不可伸长的柔索，索端挂一重物 A。试求当 $t = 1\text{s}$ 时，圆轮上的任一点 M 和重物 A 的速度与加速度。

解　(1) 研究轮缘上 M 点的速度与加速度。

分析运动：M 点的速度和加速度与圆轮的角速度、角加速度有关。根据题意，圆轮的转动方程为

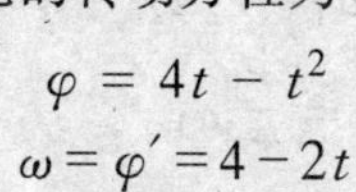

$$
\varphi = 4t - t^2
$$

圆轮的角速度为

$$
\omega = \varphi' = 4 - 2t
$$

圆轮的角加速度为 $\alpha=\varphi''=\omega'=-2\text{rad/s}^2$

当 $t=1\text{s}$ 时，$\omega=2\text{rad/s}$，此时 ω 与 a 异号，圆轮作减速运动。

可得 M 点的速度为

$$v_M = R\omega = (0.2\times 2)\text{m/s} = 0.4\text{m/s}$$

$\boldsymbol{v}_M$ 方向与 ω 的转向一致，如图 15－9 所示。

M 点的切向与法向加速度为

$$a_M^{\tau} = R\alpha = 0.2\times(-2)\text{m/s}^2 = -0.4\text{m/s}^2 \quad (\text{与 } \alpha \text{ 转向一致，如图 15－9 所示})$$

$$a_M^{n} = R\omega^2 = 0.2\times 2^2\text{m/s}^2 = 0.8\text{m/s}^2 \quad (\text{指向 } O \text{ 轴，如图 15－9 所示})$$

全加速度 $\boldsymbol{a}_M$ 的大小和方向为

$$a_M = \sqrt{(a_M^{\tau})^2 + (a_M^{n})^2} = 0.894\text{m/s}^2$$

$$\tan\theta = \frac{|a_M^{\tau}|}{a_M^{n}} = \frac{|\alpha|}{\omega^2} = 0.5 \qquad \theta = 26°34'$$

(2) 研究重物 A 的速度与加速度。

分析运动：因绳索不能伸长，重物 A 下落的距离 S_A 等于轮缘上任一点 M 在同一时间内所走过的弧长 S_M，即 $S_A=S_M=R\varphi$，故

$$v_A = S' = R\varphi' = R\omega = 0.4\text{m/s}$$

$$a_A = a_M^{\tau} = -0.4\text{m/s}^2$$

$\boldsymbol{v}_A$ 铅垂向下，$\boldsymbol{a}_A$ 铅垂向上，因而 $t=1\text{s}$ 时重物 A 减速下降。

例 15－4 如图 15－10 所示，(a)图为一对外啮合齿轮，(b)图为一对内啮合齿轮。大、小齿轮的节圆半径分别为 r_2、r_1。已知主动轮 I 的角速度 ω_1 和角加速度 α_1，试求从动轮的角速度 ω_2 和角加速度 α_2。

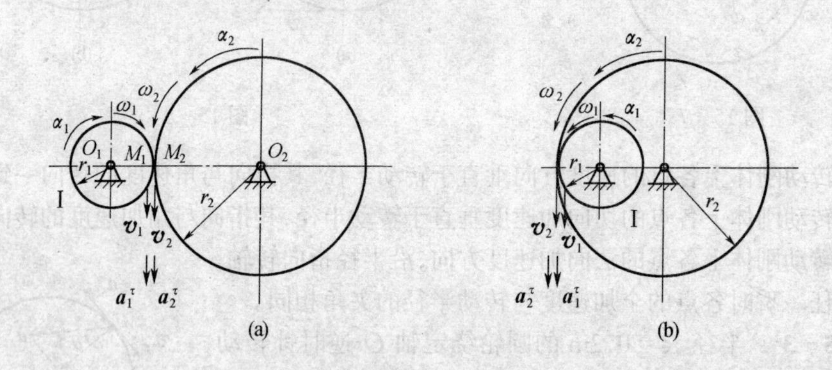

图 15－10

解 由于两齿轮无相对滑动，因此它们的接触点 M_1 和 M_2 的速度和切向加速度是相同的，即

$$v_1 = v_2 \qquad a_1^{\tau} = a_2^{\tau}$$

根据前面的公式有 $r_1\omega_1=r_2\omega_2 \qquad r_1a_1=r_2a_2$

或

$$\omega_2 = \frac{r_1}{r_2}\omega_1 \qquad \alpha_2 = \frac{r_1}{r_2}\alpha_1 \tag{a}$$

对于一对啮合的齿轮来说，其齿数 z 与节圆半径 r 成正比，即

$$\frac{r_1}{r_2}=\frac{z_1}{z_2} \tag{b}$$

将式(b)代入式(a)，则得$\frac{\omega_2}{\omega_1}=\frac{r_1}{r_2}=\frac{z_1}{z_2}=\frac{\alpha_2}{\alpha_1}$。

上式表明，一对啮合齿轮的角速度(或角加速度)与两齿轮的节圆半径及齿数成反比。一对啮合齿轮的转向为:外啮合时两轮转向相反，如图 15-10(a)所示;内啮合时两轮转向相同，如图 15-10(b)所示。

思考题

1. 自行车行驶时，脚蹬板作什么运动？说明理由。
2. 在直线轨道上行驶的火车，其车轮是否作定轴转动？
3. 各点都作圆周运动的刚体一定是定轴转动吗？
4. 刚体绕定轴转动时，各点的轨迹一定是圆，这种说法对吗？

习 题

15-1 如图 15-11 所示，皮带轮缘上一点 A 以 0.5m/s 的速度运动，而和点 A 在同一半径上的一点 B 以 0.1m/s 的速度运动，距离 $AB=0.2$m，求皮带轮的角速度 ω 及其直径 d。

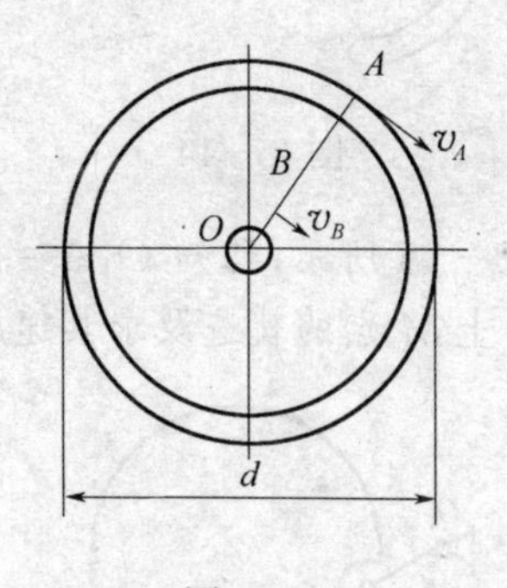

图 15-11

15-2 飞轮的半径 $R=2$m，它由静止开始作匀加速转动。经过 10s 后，轮缘上各点获得 $v=100$m/s。求当 $t=15$s 时，轮缘上一点的速度、切向加速度和法向加速度值。

15-3 如图 15-12 所示，升降机装置由半径 $R=500$mm 的鼓轮带动。被升降物体的运动方程为 $x=5t^2$(t 的单位为 s，x 的单位为 m)，求鼓轮的角速度；并求在任意瞬时，鼓轮轮缘上一点的全加速度的大小。

15-4 如图 15-13 所示的机构中，杆 AB 以匀速 v 上升，带动杆 OC 绕轴 O 转动，

已知轴 O 到杆 AB 的距离为 L，机构运动开始时转角 $\varphi=0°$。试求当 $\varphi=\frac{\pi}{4}$ 时，杆 OC 的角速度和角加速度。

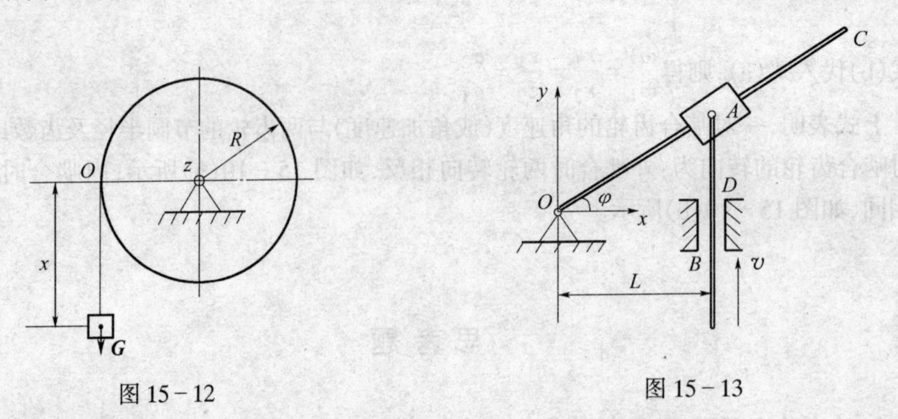

图 15－12　　　　　　图 15－13

15－5　一电机转子由静止开始作匀加速转动，经过 3s 转速达到 900r/min，试求转子的角加速度以及这段时间内所转过的圈数 N。

15－6　已知蒸汽涡轮机在发动时，涡轮的转角 φ 与时间 t 的三次方成正比，当 $t=$ 3s 时，涡轮的转速 $n=810$r/min。试求涡轮转动的转动方程。

15－7　曲柄滑杆机构如图 15－14 所示，滑杆上有半径 $R=10$cm 的圆弧形滑道；曲柄 $OA=R=10$cm，以角速度 $\omega=4t$ rad/s 绕 O 轴转动，通过滑块 A 带动滑杆 BC 水平移动。当 $t=1$s 时，$\varphi=30°$，试求此时滑杆 BC 的速度。

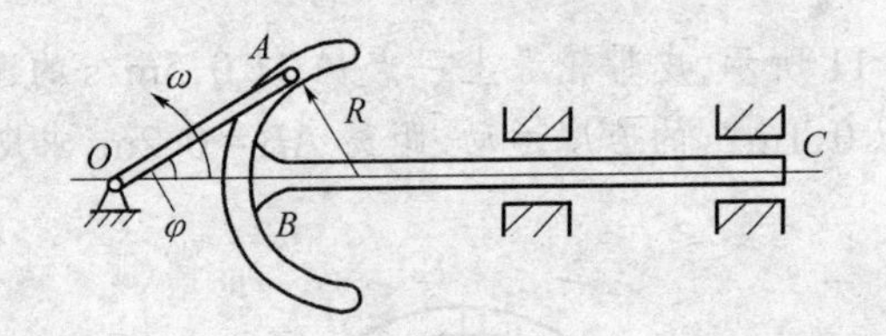

图 15－14

15－8　简易搅拌机如图 15－15 所示，已知 $O_1A=O_2B=R$，$AB=O_1O_2$，杆 O_1A 以匀转速 n 转动。试分析 BAM 上 M 点的轨迹及求其速度和加速度。

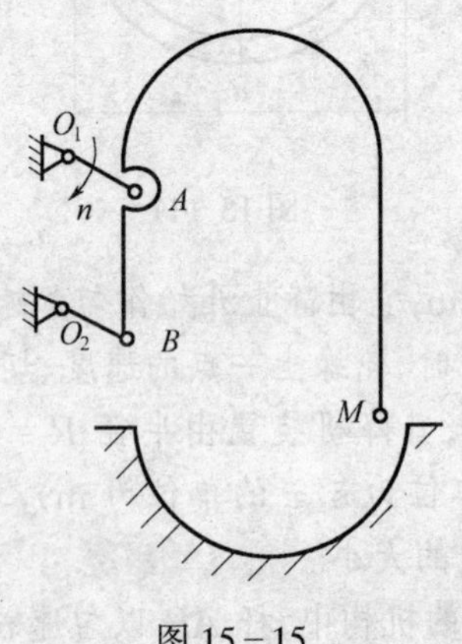

图 15－15

第 16 章　点的合成运动

前面两章研究的是点或刚体相对于一个固定参考系的运动。本章将研究点相对于不同参考系的运动及其相互关系，也就是要研究点的合成运动，并给出点的速度合成定理。

16.1　点的合成运动的概念

在工程上或生活中，经常会遇到同时在两个不同参考系中来研究同一动点的运动问题。例如，在下雨时，对于地面上的观察者来说，雨点是铅直向下的；但是对于正在行驶的车上观察者来说，雨点是倾斜向后的。又如，桥式起重机起吊重物时，如图 16－1 所示，小车沿横梁作直线平动，并同时将重物 M 铅垂向上提升。对于站在地面的观察人员来说，重物将作平面曲线运动；而对站在卷扬小车上的观察人员来说，重物将作向上的直线运动。

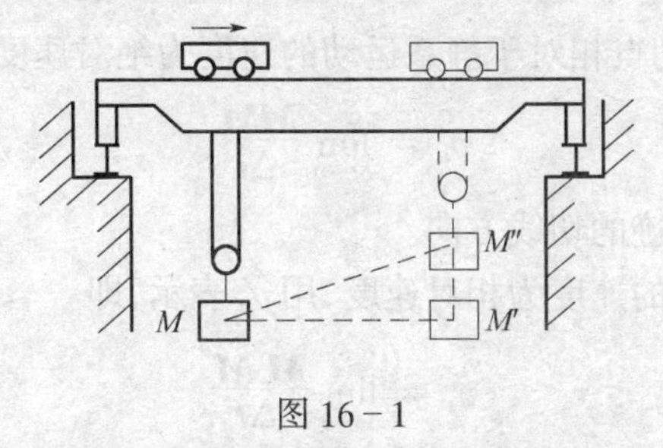

图 16－1

为了便于研究，取所研究的点为动点 M，将与地面所固连的参考系称为静参考系，简称静系，并以 Oxy 表示。将固结于相对静参考系运动着的动点上的参考系称为动参考系，简称动系，并以 $O'x'y'$ 表示。为了区别动点相对于不同参考系的运动，将动点相对于动系的运动称为相对运动；动点相对于静系的运动称为绝对运动；动系相对于静系的运动称为牵连运动。例如，就桥式起重机来说，可取重物 M 为动点，则动点相对于小车（动系）的铅垂直线运动是相对运动；动点相对于地面（静系）的平面运动是绝对运动，而小车（动系）相对于地面（静系）向右的平动则是牵连运动。

须指出，动点的绝对运动和相对运动都是点的运动，它可以是直线运动，也可以是曲线运动；而牵连运动是指参考体的运动，实际上就是刚体的运动，有时可能是平动，有时可能是定轴转动或其他复杂运动。

16.2　点的速度合成定理

由于点的速度是位移对时间的变化率，所以在研究点的速度合成之前，先对点的各种位移关系进行讨论。如图 16－2 所示，设动点 M 按某一规律沿已知曲线 K 运动，曲线 K

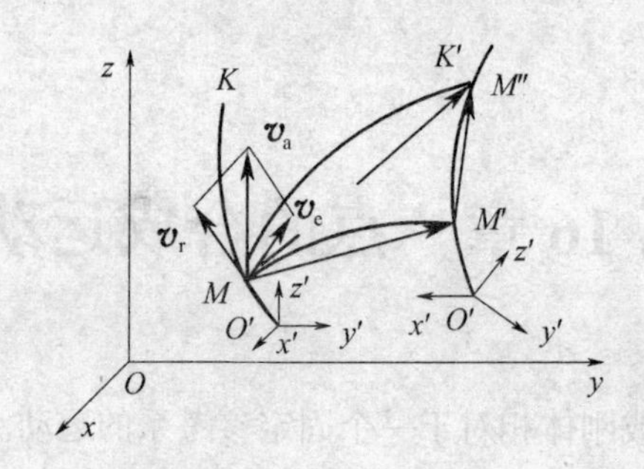

图 16-2

又随动参考系$O'x'y'z'$运动。设在瞬时 t,动点位于 M'点;$t+\Delta t$:动点位于 M''点。在静系上看矢量$\overline{MM''}$是动点的绝对位移;在动系上看动点 M 是从M'运动到了M''点,$\overline{M'M''}$称为动点的相对位移;而在动系上与 M 点重合的点从M 点运动到了M',$\overline{MM'}$称为动点的牵连位移。由图中的位移矢量关系得

$$\boldsymbol{MM''} = \boldsymbol{MM'} + \boldsymbol{M'M''}$$

将上式除以 Δt,并取 Δt 趋近于零时的极限,则得

$$\lim_{\Delta t \to 0} \frac{\boldsymbol{MM''}}{\Delta t} = \lim_{\Delta t \to 0} \frac{\boldsymbol{MM'}}{\Delta t} + \lim_{\Delta t \to 0} \frac{\boldsymbol{M'M''}}{\Delta t}$$

由速度的定义可知,动点相对于静系运动的速度为绝对速度,用$\boldsymbol{v}_a$ 表示即

$$\boldsymbol{v}_a = \lim_{\Delta t \to 0} \frac{\boldsymbol{MM''}}{\Delta t}$$

其方向为绝对运动轨迹的切线方向。

动点相对于动系运动的速度为相对速度,用$\boldsymbol{v}_r$ 表示,即

$$\boldsymbol{v}_r = \lim_{\Delta t \to 0} \frac{\boldsymbol{M'M''}}{\Delta t}$$

其方向为相对运动轨迹的切线方向。

动点某瞬时在动系上与动点相重合的点相对于静系运动的速度为牵连速度,用$\boldsymbol{v}_e$ 表示,即

$$\boldsymbol{v}_e = \lim_{\Delta t \to 0} \frac{\boldsymbol{MM'}}{\Delta t}$$

其方向为牵连轨迹的切线。

综上所述,可得动点相对于不同参考系的三种速度之间的关系为

$$\boldsymbol{v}_a = \boldsymbol{v}_e + \boldsymbol{v}_r \tag{16-1}$$

上式是点的速度合成定理:在任一瞬时,动点的绝对速度等于它的牵连速度和相对速度的矢量和。

在速度合成定理表达式中,包含$\boldsymbol{v}_a$、$\boldsymbol{v}_e$和$\boldsymbol{v}_r$三种速度的大小与方向共有 6 个量,一般只要已知其中任意 4 个量,就可以作出速度平行四边形求出另外 2 个未知量。应用点的速度合成定理求解点的速度或构件的角速度时,重点在于正确选择动点、动系和静系,分析三种运动及其速度(大小和方向)。

例 16-1 半圆形凸轮机构如图 16-3 所示,若已知凸轮半径为 R,凸轮的移动速度

大小为 v。试求图示位置时从动杆 AB 的移动速度。

解 (1) 确定动点、动系和静系。

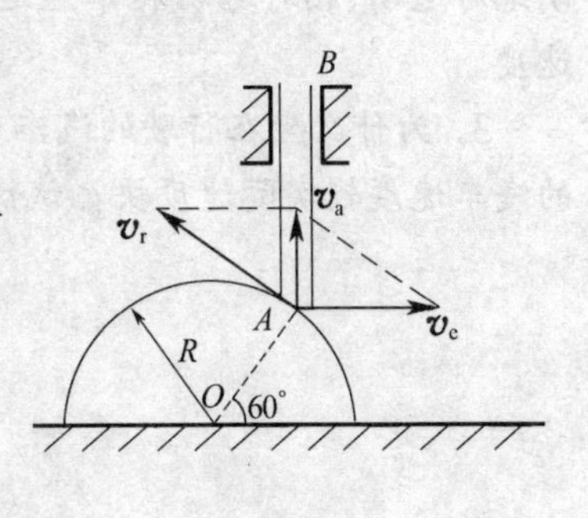

图 16-3

根据题意,凸轮移动时通过接触点 A 带动从动杆 AB 作铅垂移动,A 点处,凸轮与从动杆有相对运动,故选取从动杆上 A 点为动点,动系取在凸轮上随凸轮一起移动,静系取在地面上保持静止。

(2) 运动分析。

分析三种运动和三种速度:

绝对运动——A 点相对于地面作铅垂直线运动。

相对运动——A 点沿着凸轮半圆轮廓作圆周运动。

牵连运动——凸轮向右平动。

三种速度的大小和方向分析如下:

	v_a	v_e	v_r
速度大小	未知	$v_e = v$	未知
速度方向	铅垂向上	水平向右	沿半圆轮廓的切线

(3) 根据速度合成定理:$\boldsymbol{v}_a = \boldsymbol{v}_e + \boldsymbol{v}_r$,求解未知量。

作出速度的平行四边形如图 16-3 所示。由几何关系可求得 A 点(动点)在图示位置的绝对速度为

$$v_a = v_e \tan 30^\circ = \frac{\sqrt{3}}{3} v$$

思考题

1. 试判断下述说法是否正确? 为什么?

(1) 牵连速度是动参考系相对静参考系的速度。

(2) 牵连速度是动参考系上任意一点相对静参考系的速度。

(3) 牵连运动和绝对运动、相对运动一样,都是点的运动。

2. 试用合成运动的概念分析图 16-4 中所指定点 M 的运动,先确定动坐标系,并说

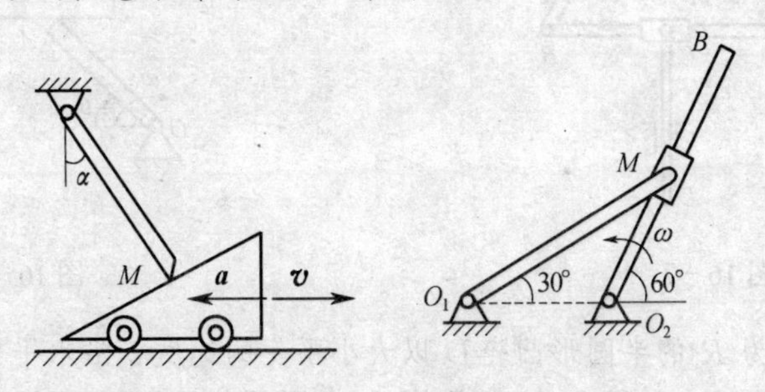

图 16-4

明绝对运动、相对运动和牵连运动，画出动点在图示位置的绝对速度、相对速度和牵连速度。

3. 为什么坐在行驶的汽车中，看到后面超车的汽车较实际速度慢？而看到对面驶来的汽车速度较实际速度快？试说明之。

习　题

16－1　如图 16－5 所示，汽车在水平直线行驶，已知雨点垂直下落的速度为20m/s，雨点滴在汽车侧面上的痕迹与铅垂线成 45°，试求汽车的行驶速度。

16－2　图 16－6 所示悬臂式起重机的起重臂以角速度 $\omega=0.1\pi \mathrm{rad/s}$ 绕铅垂轴线 AB 转动，并以 $v_1=0.3\mathrm{m/s}$ 的速度垂直向上提升重物。试求重物运动的绝对速度 v。

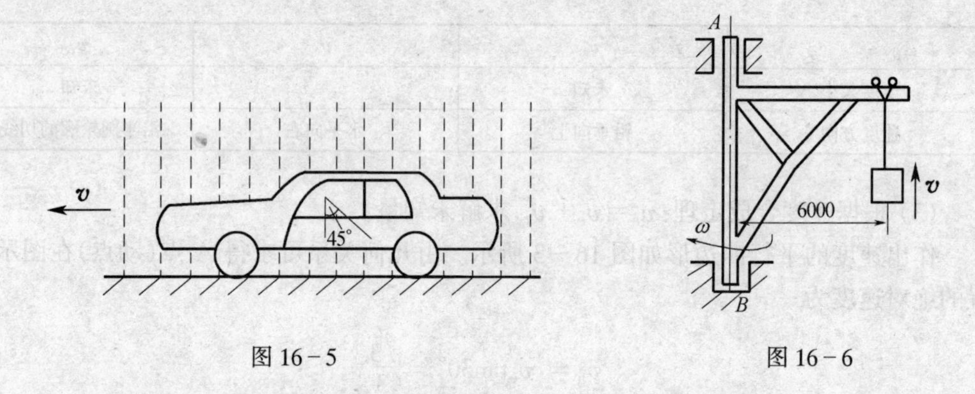

图 16－5　　　　图 16－6

16－3　图 16－7 所示平面铰接四边形机构，$O_1A=O_2B=100\mathrm{mm}$，$O_1O_2=AB$，杆 O_1A 以角速度 $\omega=2\mathrm{rad/s}$ 绕 O_1 轴作匀速转动。AB 杆上有一套筒 C，此筒与 CD 杆相铰接。求当 $\varphi=60°$ 时 CD 杆的速度。

16－4　如图 16－8 所示机构的曲柄 OA 长 400mm，以匀角速度 $\omega=0.5\mathrm{rad/s}$ 绕轴 O 逆时针转动，曲柄 A 端推动滑杆 BC 沿垂直方向运动。当曲柄 OA 与水平线的夹角 $\theta=30°$ 时，试求滑杆 BC 的速度。

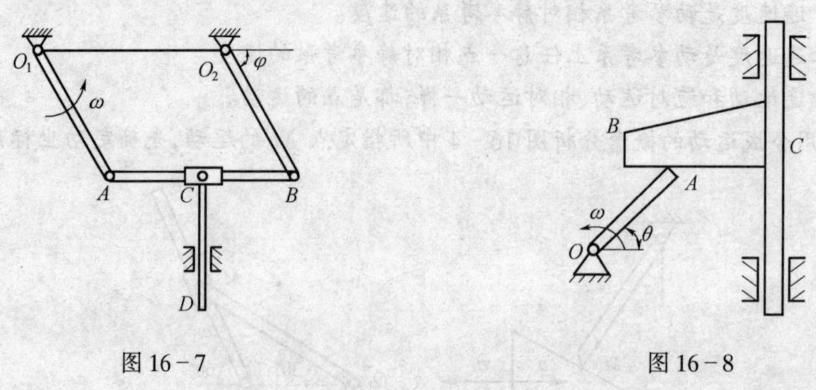

图 16－7　　　　图 16－8

16－5　半径为 R 的半圆形凸轮 D 以大小不变的速度 v 沿水平向右移动时，带动杆 AB 向上运动，如图 16－9 所示，试求凸轮 D 在图示位置即 $\varphi=30°$ 时，顶杆相对凸轮的速度。

16-6 如图16-10所示，干杆 OC 以匀角速度 ω 绕 O 轴转动时，通过套筒 A 带动在铅垂导板中运动的杆 AB，$OK=l$。求套筒 A 对杆 OC 的相对速度以及杆 AB 的速度，试以 ω 和 φ 表示。

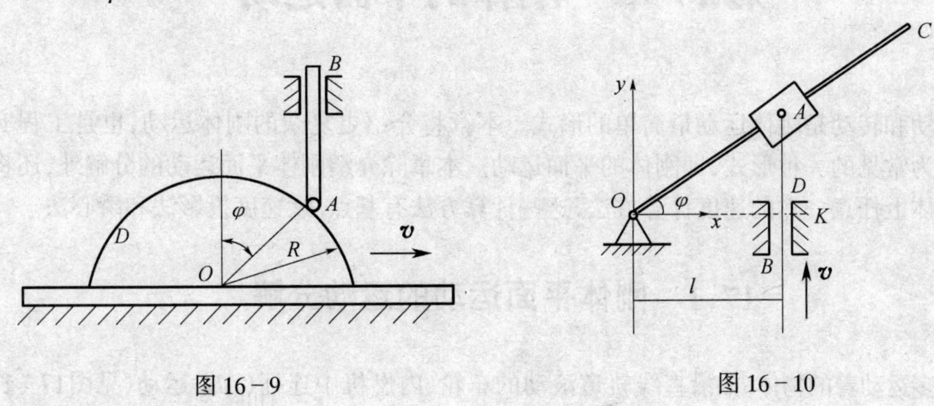

图16-9　　　　　　图16-10

第17章　刚体的平面运动

平动和转动是刚体运动最简单的形式。本章将介绍更复杂的刚体运动，也是工程实际中较为常见的一种形式，即刚体的平面运动。本章除介绍刚体平面运动的分解外，还将介绍刚体上任意一点的速度计算方法，这些计算方法有基点法、速度投影法和瞬心法。

17.1　刚体平面运动的运动分解

许多运动着的物体，如沿直线轨道滚动的车轮、内燃机中连杆（AB）运动（见图17-1）等，这些刚体的运动既不是平动，又不是绕定轴的转动，而是一种比较复杂的运动。但它们有一个共同的特点，即在运动中，刚体上的任意一点与某一固定平面始终保持相等的距离，这种运动称为刚体的平面运动。作平面运动的刚体上各点都在平行于某一固定平面的平面内运动。研究平面运动的基本方法是：先将复杂的平面运动分解为简单的平动和转动，然后应用合成运动的概念，求得平面运动刚体上各点的速度和加速度。

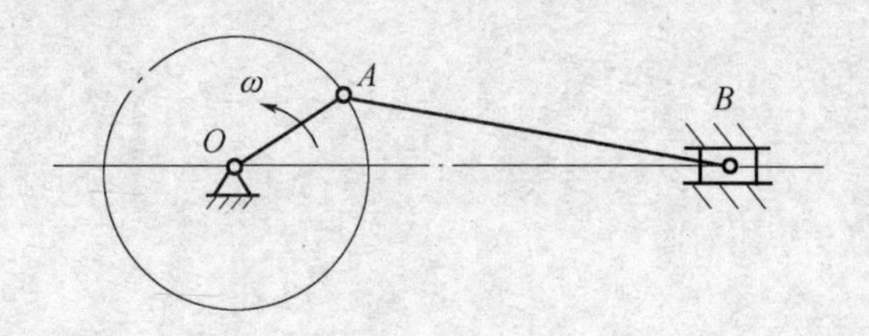

图17-1

根据刚体平面运动的特点，可以作一个平面 P 与固定平面 P_0 平行，通过平面 P 从刚体上截得一个平面图形 S（见图17-2）。刚体作平面运动时，平面图形 S 将始终在平面 P 内运动。于是刚体上任一条垂直于平面图形 S 的线段 A_1A_2 始终保持了自身平行，即 A_1A_2 线段作平动，故线段上各点的运动完全相同。

这样，线段与平面图形交点 A 的运动就可以代替整个线段的运动，而平面图形 S 的运动就可以代替整个刚体的运动。换句话说，刚体的平面运动可以简化为平面图形 S 在其自身平面内的运动。

设平面图形 S 在固定平面 P 内运动，在平面上作静坐标系 Oxy（见图17-3），图形 S 的位置可用其上任一线段 AB 的位置来确定，而线段 AB 的位置则由 A 点的坐标 x_A、y_A 和 AB 对于 x 轴的转角 φ 来确定。图形 S 运动时，x_A、y_A 和 φ 均随时间 t 变化，它们都是时间 t 的单值连续函数，即

$$\begin{cases} x_A = f_1(t) \\ y_A = f_2(t) \\ \varphi = \varphi(t) \end{cases} \tag{17-1}$$

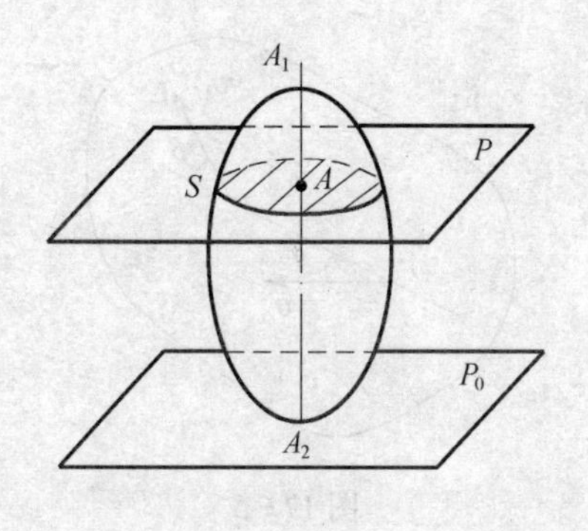

图 17-2

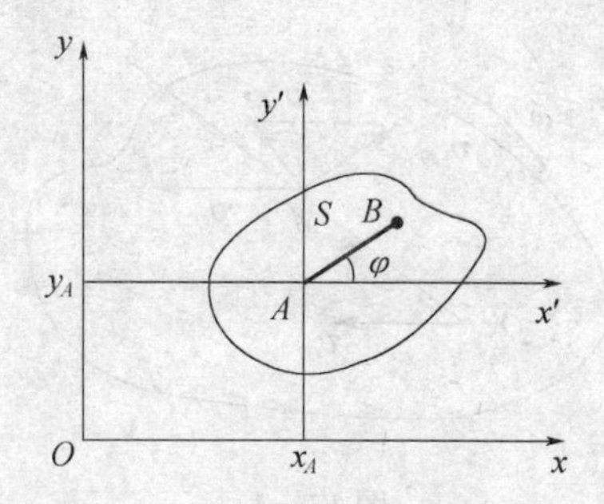

图 17-3

式(17-1)完全确定了每一瞬时平面图形的运动,故称为刚体平面运动的运动方程,而动坐标系 $Ax'y'$运动的A 点称为基点,当平面图形运动时,令动坐标系两轴的方向始终不变,即始终分别平行于静坐标轴 Ox 和Oy,如图 17-3 所示。这样动坐标系 $Ax'y'$随基点 A 作平动,而平面图形 S 本身又相对于动坐标系绕基点A 转动。于是平面图形 S 的绝对运动可看成为随同基点A 的平动和绕基点A 的转动这两部分运动的合成;前者是牵连运动,后者是相对运动。由于平面图形 S 上各点运动情况不同,所以选择不同的基点,动坐标系的运动也不同,根据具体情况,基点的选择是任意的。可以证明,平面图形 S 相对动坐标系绕不同基点转动的角速度ω 和角加速度α 都相同,即平面图形 S 的转动与基点无关。在动坐标系对静坐标系不存在转动的情况下,上述角速度和角加速度实质上也就是对静坐标系的角速度和角加速度。

17.2 平面图形上点的速度

既然任何平面图形 S 的运动可以分解为随基点的平动和绕基点的转动,那么利用速度合成定理即可求出平面图形上任意一点的速度。设已知平面图形 S 上某点O 的速度 v_O 和刚体的角速度ω,求图形上任一点 M 的速度,可采用基点法。取 O 点为基点,并将动坐标系固结在 O 点上,图形上任一点 M 的绝对速度$\boldsymbol{v}_M$ 可以看成是动坐标系(O 点)相对静坐标系的牵连速度$\boldsymbol{v}_e$($\boldsymbol{v}_O$)与图形上 M 点绕基点O 的相对速度(转动速度)$\boldsymbol{v}_{MO}$的矢量和,如图 17-4 所示,即

$$\boldsymbol{v}_M = \boldsymbol{v}_O + \boldsymbol{v}_{MO} \tag{17-2}$$

上式表明,平面图形上任一点的速度等于基点的速度与该点绕基点的相对转动速度的矢量和。这种方法称为基点法,又称为合成法。如果将$\boldsymbol{v}_M = \boldsymbol{v}_O + \boldsymbol{v}_{MO}$向$OM$ 轴投影,由于$\boldsymbol{v}_{MO}$垂直于OM 轴,它在 OM 轴上的投影等于零,故可得

$$|\boldsymbol{v}_M|_{OM} = |\boldsymbol{v}_O|_{OM} \tag{17-3}$$

或如图 17-5 所示,$v_O\cos\alpha = v_M\cos\beta$。

上述关系表明,平面图形上任意两点的速度在这两点的连线上的投影相等。

如果基点 O 的速度为零,即$\boldsymbol{v}_M = \boldsymbol{v}_O + \boldsymbol{v}_{MO}$式中的$v_O = 0$,则又有

$$v_M = v_{MO} = OM \cdot \omega \tag{17-4}$$

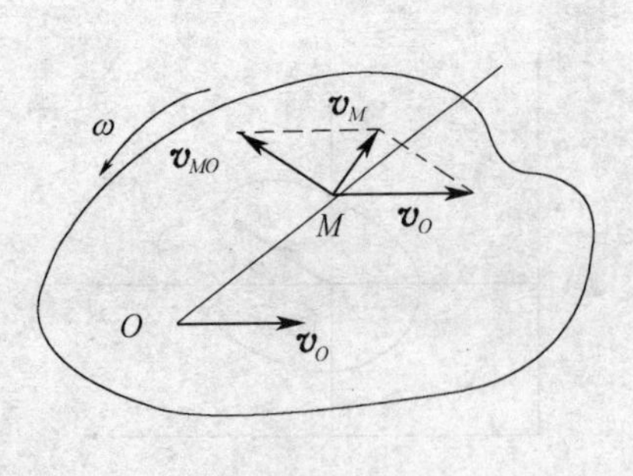

图 17－4

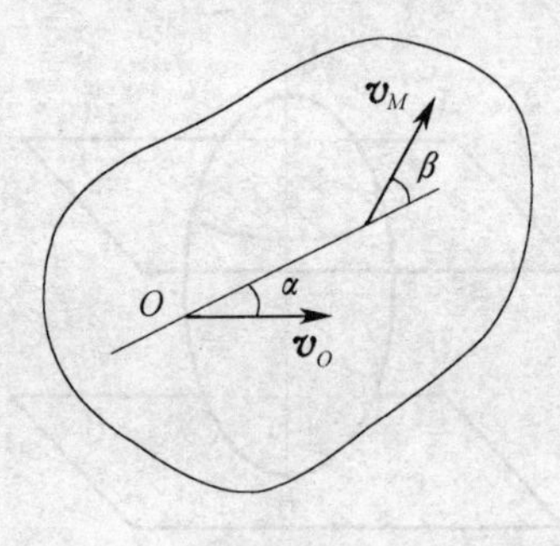

图 17－5

v_{MO}的方向垂直于OM,指向图形转动的一方。基点速度为零的 O 点称为平面图形在此瞬时的速度瞬心。轮子在地面上作纯滚动时,与地面没有相对滑动,轮子与地面的接触点 P 的速度相同于地面的速度,速度为零,此点 P 即为作平面运动的轮子在此瞬时的速度瞬心,如图 17－6 所示。轮子上各点都围绕着 P 点作瞬时定轴转动。

如果知道了作平面运动刚体的速度瞬心,则求解刚体上各点速度就比较简单,只须将刚体看成绕速度瞬心作定轴转动,运用定轴转动刚体上各点速度求法的公式来进行计算即可。

确定速度瞬心的一般方法为:若刚体上两点速度方向为已知,如图 17－7 所示,作两垂线分别垂直于两已知速度,两垂线的交点 C 即为该刚体的速度瞬心。

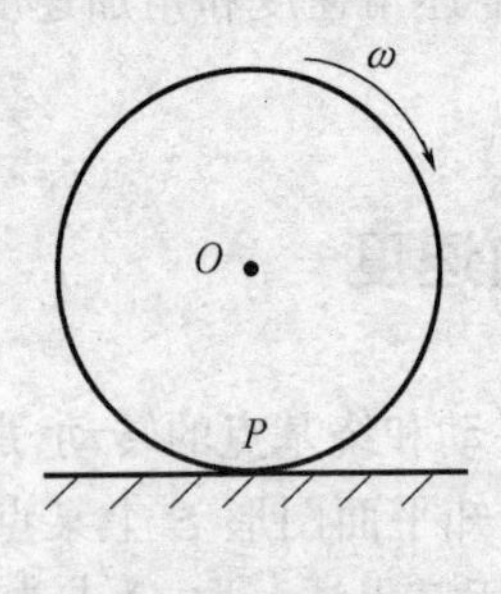

图 17－6

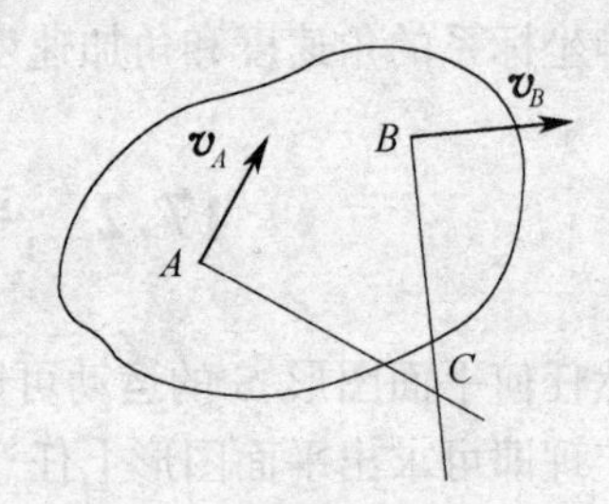

图 17－7

例 17－1　一曲柄滑块机构如图 17－8 所示,曲柄的转速 $n=590\text{r/min}$,活塞 B 的行程 $S=2r=180\text{mm}$,曲柄与连杆长度比 $r/l=1/5$。当曲柄与水平线成 $\varphi=30°$角时,试用基点法求连杆的角速度 ω_{AB}和滑块 B 的速度 v_B。

解　在此机构中,曲柄作定轴转动,滑块作直线平动,连杆 AB 作平面运动。取连杆 AB 为研究对象,由已知条件得:

$v_A=r\omega=0.09\times\left(\dfrac{\pi\times590}{30}\right)=5.56\text{m/s}$,方向垂直于曲柄 OA,指向如图 17－8(a)所示。选速度大小、方向已知的 A 点为基点,按式(17－2)则有

$$\boldsymbol{v}_B=\boldsymbol{v}_A+\boldsymbol{v}_{BA}$$

由于$\boldsymbol{v}_B$、$\boldsymbol{v}_{BA}$的方向已定,按上式作矢量三角形如图 17－8(b)所示,由正弦定理可得

$$v_{BA}/\sin60°=v_A/\sin(90°-\beta)$$

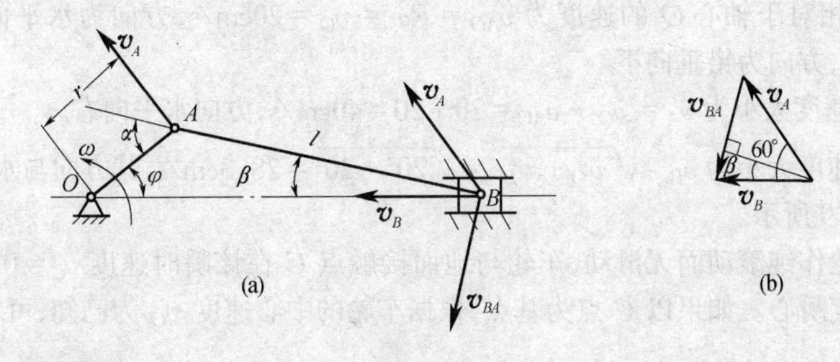

图 17－8

式中 β 角可从图 17－8(a)的$\triangle OAB$ 中由正弦定理求出。

根据 $\sin\beta = \frac{r}{l}\sin30° = 0.1$

得 $\beta = 5°45', \cos\beta = 0.995$

故 $v_{BA} = v_A\sin60°/\cos5°45' = 5.56 \times 0.886 \div 0.995\text{m/s} = 4.95\text{m/s}$

连杆的角速度 $\omega_{BA} = v_{BA}/l = [4.95/(5 \times 0.09)]\text{rad/s} = 11\text{rad/s}$

由矢量三角形(图 17－8(b))中各矢量的投影关系,可得滑块速度 $\boldsymbol{v}_B$ 的大小为

$$v_B = v_A\cos60° + v_{BA}\cos(90° - \beta)$$
$$= (5.56\cos60° + 4.95\cos84°15')\text{m/s} \approx 3.3\text{m/s}$$

若采用式(17－3)可得

$$v_A\cos(90° - \alpha) = v_B\cos\beta$$

故

$$v_B = v_A\cos(90° - \alpha)/\cos\beta = v_A \times \sin(\varphi + \beta)/\cos\beta$$
$$= (5.56 \times \sin35°45' \div \cos5°45')\text{m/s} \approx 3.3\text{m/s}$$

采用式(17－3)求解 v_B 比较简捷,但因为不涉及相对速度,所以不能求出连杆 AB 的角速度 ω_{AB}。

例 17－2 火车以 20cm/s 的速度沿直线轨道行驶,设车轮沿地面纯滚动而无滑动,其半径为 R。求图 17－9 中车轮上 A、B 两点的速度。

解 已知轮的轴心速度 $v_O = 20\text{cm/s}$,取轴心 O 为基点。

由于车轮作纯滚动,故在轮缘与地面接触处 C 点的绝对速度 $v_C = 0$,由此可求出车轮的角速度 ω。

以点 O 为基点,设角速度为 ω,则有

$$v_C = v_O - v_{CO} = v_O - R\omega = 0$$

得 $\omega = v_O/R$

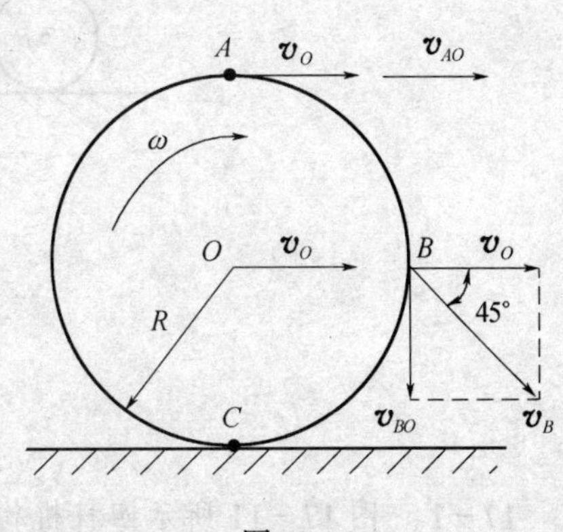

图 17－9

A 点和 B 点相对于轴心 O 的速度为 $v_{AO}=R\omega=v_O=20\text{cm/s}$，方向为水平向右；$v_{BO}=R\omega=20\text{cm/s}$，方向为铅垂向下。

A 点的速度大小为 $v_A=v_O+v_{AO}=20+20=40\text{cm/s}$，方向水平向右。

B 点的速度大小为 $v_B=\sqrt{v_O^2+v_{BO}^2}=\sqrt{20^2+20^2}=28.3\text{cm/s}$，其方向与水平线成 $45°$ 角，如图 17-9 所示。

由于车轮作纯滚动而无滑动，车轮与地面接触点 C 在该瞬时速度 $v_C=0$，所以 C 点为车轮的速度瞬心。如果以 C 点为基点，根据车轮的中心速度 v_O 为已知，可求得车轮的角速度 ω 为

$$\omega = v_O/R = 20/R(\text{rad/s})$$

轮缘上 A、B 两点的速度，可由下式求出：

$v_A=AC\cdot\omega=2R\dfrac{20}{R}=40\text{cm/s}$，方向水平向右；

$v_B=BC\cdot\omega=(\sqrt{2}R)\dfrac{20}{R}=28.3\text{cm/s}$，其方向垂直于 BC。

思考题

1. 为什么平面运动刚体绕基点转动的角速度与基点的选择无关？而它随基点平动的速度却与基点的选择有关？

2. 速度瞬心的速度为零，其加速度是否也为零？

3. 怎样把刚体的平面运动分解为平动和转动？

4. 瞬时平动和平动有什么区别？

5. 如图 17-10 所示，车轮 A 与垫轮 B 的半径均为 r，两轮均沿地面作纯滚动，当拖车以速度 v 前进时，两轮的角速度是否相等？

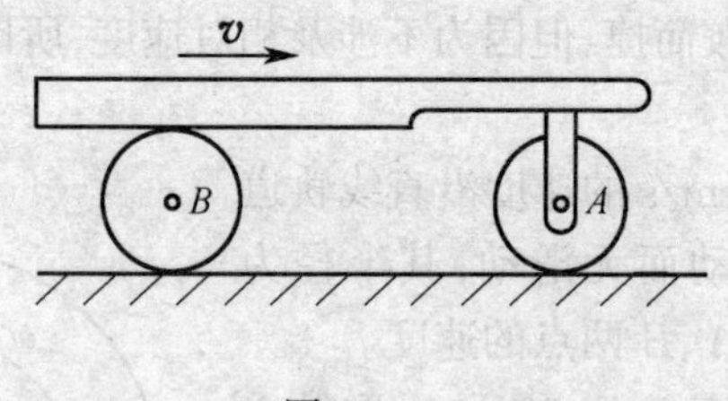

图 17-10

习　题

17-1　图 17-11 所示四杆机构 $OABO_1$ 中，$OA=O_1B=AB/2$；曲柄 OA 的角速度 $\omega=3\text{rad/s}$。求当 $\varphi=90°$ 而曲柄 O_1B 重合于 OO_1 的延长线上时，杆 AB 和曲柄 O_1B 的角速度。

17-2　如图 17-12 所示，两齿条以速度$\boldsymbol{v}_1$和$\boldsymbol{v}_2$作同方向运动，在两齿条间夹一齿轮，其半径为 r，求齿轮的角速度及其中心的速度。

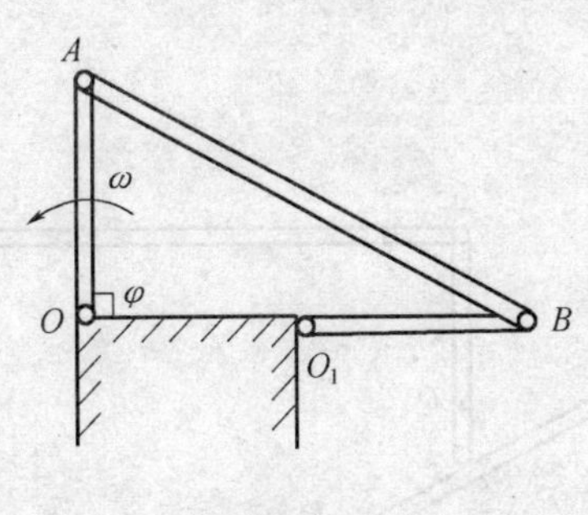

图 17-11

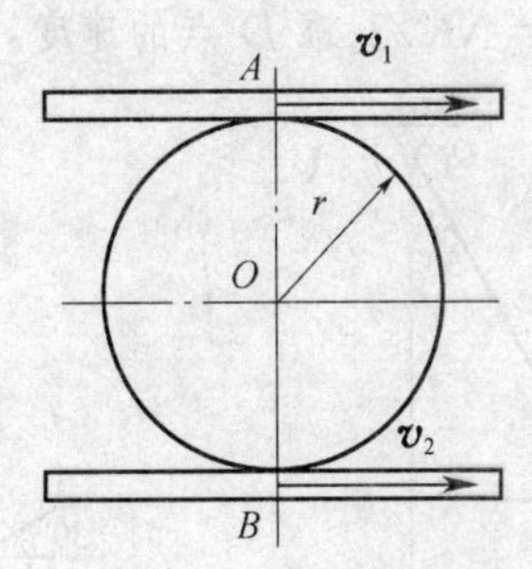

图 17-12

17-3　杆 AB 放置如图 17-13 所示，已知 B 点沿地面有水平向右速度 $v_B=5\text{m/s}$。试求在此瞬时，杆 AB 与台阶棱角相接触的 C 点的速度 v_C 值。

17-4　车轮沿地面作直线纯滚动，已知轮的直径 $d=0.4\text{m}$，角速度 $\omega=7.5\text{rad/s}$。试求图 17-14 所示轮缘上 A、B、C、D 四点的速度。

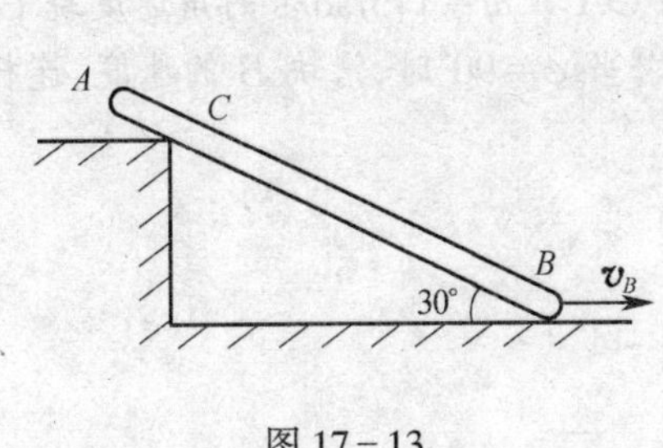

图 17-13

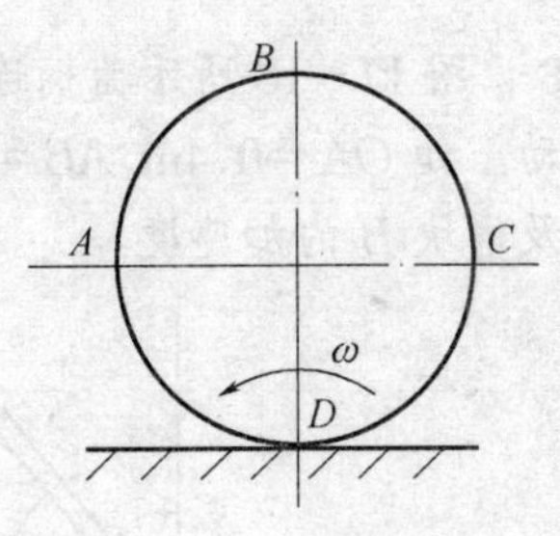

图 17-14

17-5　液压机机构如图 17-15 所示，已知长为 r 的曲柄 OC 以匀角速度 ω_0 作逆时针转动，在某瞬时 $OC\perp AC$，滚轮的半径为 R，沿水平地面作纯滚动，试求图示位置滚轮的角速度。

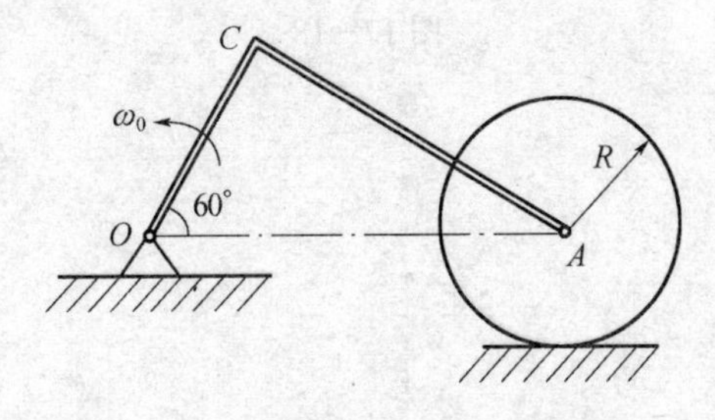

图 17-15

17-6　图 17-16 所示为曲柄肘杆式压床机构。已知曲柄的转速 $n=400\text{r/min}$，$OA=150\text{mm}$，$AB=760\text{mm}$，$O_1B=BD=530\text{mm}$。当曲柄与水平线成 30°角时，连杆 AB 处于水平位置，而肘杆 O_1B 与铅垂线成 30°角。试求图示位置时连杆 AB、BD 的角速度以及冲头 D 的速度。

17-7　图 17-17 所示平面机构中，曲柄 OA 长 r，它以角速度 ω_0 绕 O 轴转动。某瞬时，摇杆 O_1N 在水平位置，而连杆 NK 和曲柄 OA 在铅垂位置。连杆上有一点 D，其位置 $DK = NK/3$，求 D 点的速度。

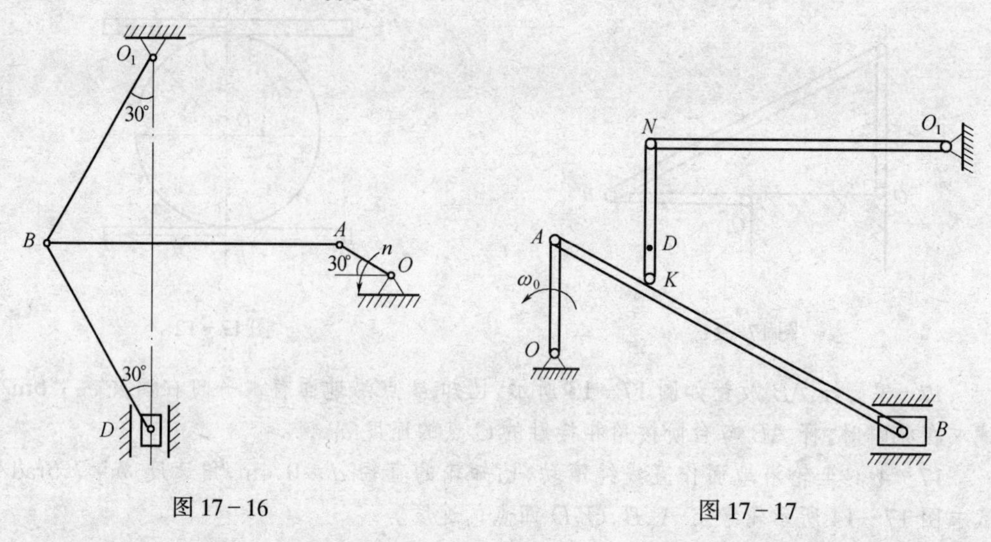

图 17-16　　　　图 17-17

17-8　图 17-18 所示曲柄连杆机构中，曲柄 OA 以 $\omega = 1.5\text{rad/s}$ 的角速度绕 O 轴作匀速转动。如 $OA = 0.4\text{m}$，$AB = 2\text{m}$，$h = 0.2\text{m}$，求当 $\varphi = 90°$ 时，滑块 B 的速度、连杆的角速度以及滑块 B 的加速度。

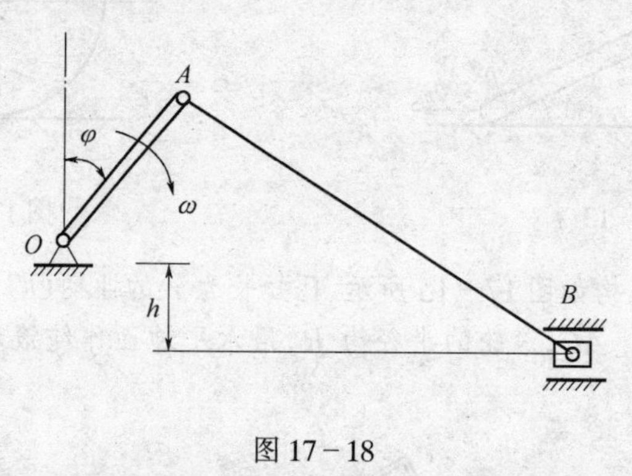

图 17-18

第 18 章　质点和刚体动力学基础

本章将以牛顿第二定律为基础建立质点运动微分方程,以求解质点的动力学问题。另一方面仍以牛顿第二定律为基础,建立刚体平动和绕定轴转动的微分方程,以求解刚体的动力学问题。

18.1　动力学基本定律

在研究作用于物体上的力与物体的运动之间的关系时,通常是以动力学基本定律作为基础的。这些定律是牛顿在总结前人成果的基础上提出来的,称为牛顿三定律。

18.1.1　第一定律(惯性定律)

不受力作用或合外力为零的质点,将保持静止或匀速直线运动状态。

这个定律定性地表明了力和运动之间的关系,即力是改变质点运动状态的根本原因。不受作用力或受平衡力作用的质点,不是处于静止状态,就是保持其原有的匀速直线运动状态,质点保持其原有运动状态不变的属性,这种属性称为惯性。故第一定律又称为惯性定律,而匀速直线运动则称为惯性运动。

惯性是物体的重要力学性质。一切物体不管在什么情况下,总是有惯性的,而且不同质量的物体,其惯性大小也不同。

18.1.2　第二定律(力与加速度关系定律)

质点受力作用时将产生加速度。加速度的方向与力的方向相同,加速度的大小与力的大小成正比,与质点的质量成反比。其数学表达式为

$$\boldsymbol{a} = \frac{\boldsymbol{F}}{m} \quad \text{或} \quad \boldsymbol{F} = m\boldsymbol{a} \tag{18-1}$$

式中 m 表示质点的质量,$\boldsymbol{F}$ 表示质点所受的力,$\boldsymbol{a}$ 表示质点在力 $\boldsymbol{F}$ 作用下产生的加速度。式(18-1)建立了质点的质量、加速度和力之间的关系,称为动力学基本方程。动力学基本方程表明:

(1) 动力学基本方程是矢量方程,质点的加速度 $\boldsymbol{a}$ 与质点所受的力 $\boldsymbol{F}$ 的方向一致,如图 18-1 所示。

(2) 质点的加速度不仅取决于作用力,而且与质点的质量有关。在同样的力作用下,质点的质量越大,质点获得的加速度越小,即改变其原来的运动状态越难,因而惯性越大;质点的质量越小,质点获得的加速度越大,即改变其原来的运动状态越容易,因而惯性越小。因此,质量是质点惯性大小的度量。

(3) 质点受力与其加速度的瞬时性。如果质点在某瞬时受外力 $\boldsymbol{F}$,那么在该瞬时质点必有确定的加速度 $\boldsymbol{a}$;若外力 $\boldsymbol{F}$ 为零,则加速度 $\boldsymbol{a}$ 必为零,质点作惯性运动。

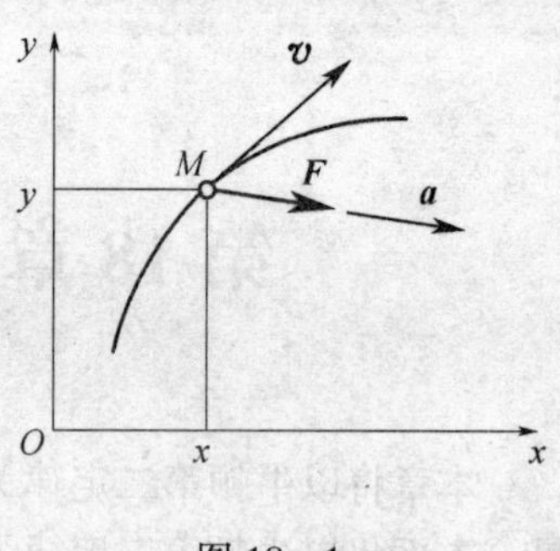

图 18-1

重量和质量是两个完全不同的概念。设质量为 m 的质点,在真空中受重力 $\boldsymbol{W}$ 作用而自由下落时,其加速度为重力加速度 $\boldsymbol{g}$,根据式(18-1)得

$$\boldsymbol{W} = m\boldsymbol{g} \tag{18-2}$$

式(18-2)给出了重量和质量的关系。应当注意,虽然物体的质量和重量存在着上述关系,但是它们的意义却完全不同。质量是物体固有的属性,是物体惯性的度量,在古典力学中是一个不变的常量。而重量是地球对物体的引力大小的度量,它随着物体在地球上所处的位置不同而改变,这是因为地面上各处的重力加速度 $\boldsymbol{g}$ 略有不同,在我国一般取 $g = 9.80\text{m/s}^2$。

18.1.3 第三定律(作用与反作用定律)

两个物体间的作用力与反作用力,总是同时存在、大小相等、方向相反,并沿同一作用线分别作用在这两个物体上。

应当注意,以上所述的牛顿三定律仅适用于惯性参考系。在一般的工程实际问题中,常取与地球表面相固定的坐标系或相对于地球作匀速直线运动的参考系为惯性参考系。

18.2 质点运动微分方程

牛顿第二定律建立了质点的加速度与作用力的关系。当质点受到几个力 $\boldsymbol{F}_1,\boldsymbol{F}_2,\cdots,\boldsymbol{F}_n$ 作用时,式(18-1)应改写成

$$m\boldsymbol{a} = \sum \boldsymbol{F} \tag{18-3}$$

在解决工程实际问题时,常将矢量形式的动力学基本方程(18-3)写成为投影形式的运动微分方程以便应用。质点的运动微分方程有以下两种投影形式。

18.2.1 直角坐标形式的质点运动微分方程

设质量为 m 的质点 M,在合力 $\boldsymbol{F}$ 的作用下,以加速度 $\boldsymbol{a}$ 运动,如图 18-2 所示。根据质点动力学基本方程:$m\boldsymbol{a} = \sum \boldsymbol{F}$,它在直角坐标系上的投影为

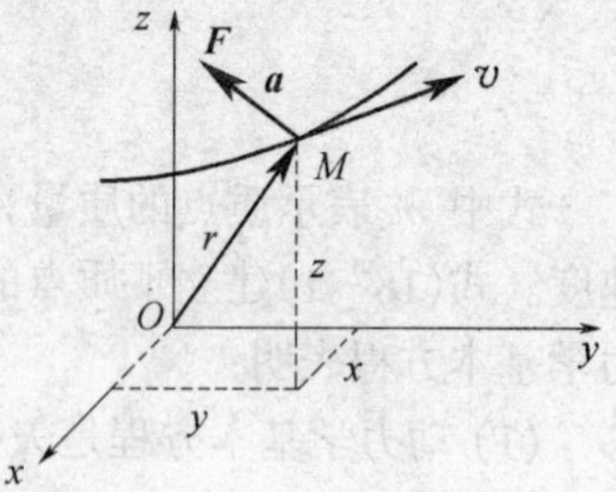

$$m\frac{\mathrm{d}^2x}{\mathrm{d}t^2} = ma_x = F_x, m\frac{\mathrm{d}^2y}{\mathrm{d}t^2} = ma_y = F_y,$$

$$m\frac{\mathrm{d}^2z}{\mathrm{d}t^2} = ma_z = F_z \tag{18-4}$$

图 18-2

式中,F_x、F_y、F_z 是作用在质点的合力在各坐标轴上的投影,a_x、a_y、a_z 是加速度 $\boldsymbol{a}$ 在各坐标轴上的投影。

18.2.2 自然坐标形式的质点运动微分方程

根据牛顿第二定律给出的质点动力学基本方程,设质点 M 的质量为 m, 在合外力 $\sum \boldsymbol{F}$ 的作用下,沿平面曲线运动,其加速度为 $\boldsymbol{a}$,如图 18 - 3 所示,则有

$$m\boldsymbol{a} = \sum \boldsymbol{F}$$

将上式向质点运动轨迹的切向和法向投影得

$$\begin{cases} m\boldsymbol{a}_\tau = \sum \boldsymbol{F}_\tau \\ m\boldsymbol{a}_n = \sum \boldsymbol{F}_n \end{cases}$$

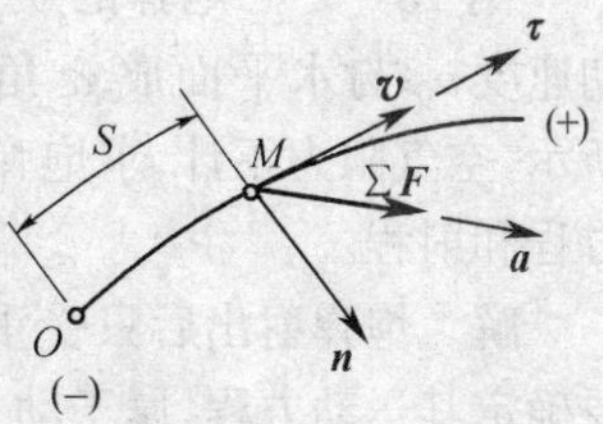

图 18-3

将 $a_\tau = \dfrac{\mathrm{d}v}{\mathrm{d}t} = \dfrac{\mathrm{d}^2 S}{\mathrm{d}t^2}, a_n = \dfrac{v^2}{\rho} = \dfrac{1}{\rho}\left(\dfrac{\mathrm{d}S}{\mathrm{d}t}\right)^2$ 代入上式后得

$$\begin{cases} m\dfrac{\mathrm{d}^2 S}{\mathrm{d}t^2} = \sum F_\tau \\ \dfrac{m}{\rho}\left(\dfrac{\mathrm{d}S}{\mathrm{d}t}\right)^2 = \sum F_n \end{cases} \tag{18 - 5}$$

式(18-5)为自然坐标形式的质点运动微分方程。式中, $\sum F_\tau$、$\sum F_n$ 分别为作用于质点上的所有外力在切线和法线方向的投影的代数和,S 为质点的弧坐标,ρ 为运动轨迹上点 M 处的曲率半径。

由质点动力学基本方程建立的质点运动微分方程,可解决质点动力学的两类基本问题:一是已知质点的运动,求作用于质点的力;二是已知作用于质点的力,求质点的运动。

例 18-1 如图 18-4(a)所示,重 $G = 98\mathrm{N}$ 的圆球放在框架内,框架以 $a = 2g$ 的加速度沿水平方向运动,求球对框架铅垂面的压力,设 $\theta = 15°$,接触面间的摩擦不计。

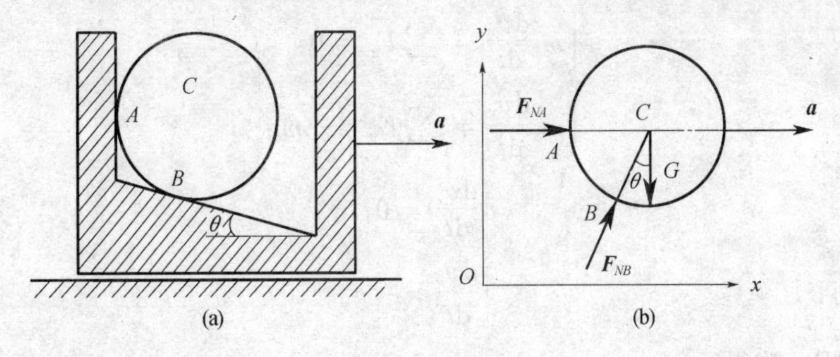

图 18-4

解 这类问题为已知加速度,求受力,为质点动力学第一类问题。

以圆球为研究对象,将其视为质点。其受力分析如图 18-4(b)所示。

选固定坐标系 Oxy,则可建立圆球直角坐标形式的运动微分方程为:

$$\frac{G}{g}\frac{\mathrm{d}^2 x}{\mathrm{d}t^2} = F_{NA} + F_{NB}\sin\theta$$

$$\frac{G}{g}\frac{\mathrm{d}^2 y}{\mathrm{d}t^2} = F_{NB}\cos\theta - G$$

由于$\frac{d^2 x}{dt^2}=a, \frac{d^2 y}{dt^2}=0$

有 $$\frac{G}{g}a = F_{NA} + F_{NB}\sin\theta \qquad 0 = F_{NB}\cos\theta - G$$

解得 $$F_{NB} = \frac{G}{\cos\theta} \qquad F_{NA} = G\left(\frac{a}{g} - \tan\theta\right) = 98\left(\frac{2g}{g} - \tan 15^\circ\right) = 170\text{N}$$

例 18-2 炮弹的质量为 m，从地面以初速度 $\boldsymbol{v}_0$ 与水平面成 α 角射出，如图 18-5 所示，空气阻力不计，求炮弹的运动方程、轨迹方程和射程。

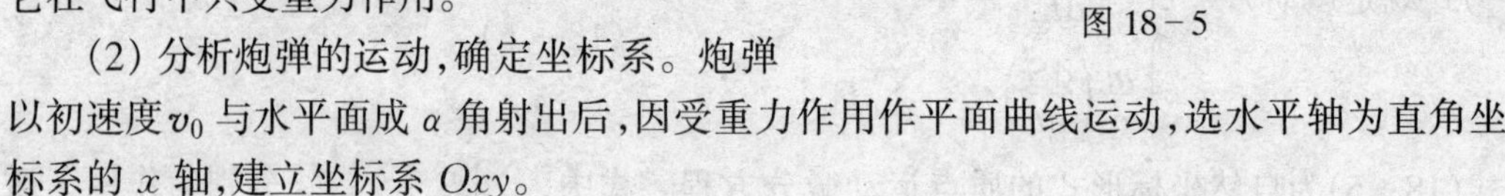

图 18-5

解 炮弹射出后只受重力 $G=mg$ 作用，要确定其运动方程，属于动力学第二类问题。

(1) 确定研究对象：取炮弹为研究对象，它在飞行中只受重力作用。

(2) 分析炮弹的运动，确定坐标系。炮弹以初速度 $\boldsymbol{v}_0$ 与水平面成 α 角射出后，因受重力作用作平面曲线运动，选水平轴为直角坐标系的 x 轴，建立坐标系 Oxy。

(3) 列动力学方程并求解。

① 求各力在坐标轴上的投影。

$$\sum F_x = 0$$
$$\sum F_y = -G = -mg$$

② 列动力学方程并求解。

$$\begin{cases} m\dfrac{dv_x}{dt} = \sum F_x = 0 \\ m\dfrac{dv_y}{dt} = \sum F_y = -mg \end{cases}$$

即 $$\begin{cases} \dfrac{dv_x}{dt} = 0 \\ \dfrac{dv_y}{dt} = -g \end{cases} \tag{a}$$

将(a)式积分一次得

$$\begin{cases} v_x = C_1 \\ v_y = -gt + C_2 \end{cases} \tag{b}$$

将 $v_x = \frac{dx}{dt}, v_y = \frac{dy}{dt}$代入(b)式得

$$\begin{cases} \dfrac{dx}{dt} = C_1 \\ \dfrac{dy}{dt} = -gt + C_2 \end{cases} \tag{c}$$

对(c)式积分,得

$$\begin{cases} x = C_1 t + C_3 \\ y = -\dfrac{1}{2}gt^2 + C_2 t + C_4 \end{cases} \tag{d}$$

式中 C_1、C_2、C_3、C_4 为不同的积分常数,可由运动的初始条件确定。本题中的初始条件如下。

$t=0$ 时:$x=0$,$y=0$,$v_x=v_0\cos\alpha$,$v_y=v_0\sin\alpha$

代入(b)式、(d)式,可得:$C_1=v_0\cos\alpha$,$C_2=v_0\sin\alpha$,$C_3=0$,$C_4=0$

将以上常数值代入(d)式,得炮弹的运动方程为:

$$\begin{cases} x = v_0 t\cos\alpha \\ y = v_0 t\sin\alpha - \dfrac{1}{2}gt^2 \end{cases} \tag{e}$$

(e)式既是运动方程,也是以 t 为参数的轨迹方程,消去其中的 t,即得炮弹的显式轨迹方程:

$$y = x\tan\alpha - \frac{gx^2}{2v_0^2\cos^2\alpha} \tag{f}$$

(f)式表明,炮弹的运动轨迹是二次抛物线。

求炮弹的射程(L):

将 $y=0$ 代入轨迹方程得 $\qquad L = \dfrac{v_0^2}{g}\sin 2\alpha$

18.3 刚体定轴转动微分方程和转动惯量

18.3.1 刚体定轴转动的微分方程

设刚体在外力 $\boldsymbol{F}_1$、$\boldsymbol{F}_2$、…、$\boldsymbol{F}_n$ 作用下绕 z 轴转动,如图 18-6 所示,某瞬时它的角速度为 ω,角加速度为 α。设刚体由 n 个质点组成。任取其中一个质点 M_i 来研究,此质点的质量为 m_i,该点到转轴的距离为 r_i,其切向加速度为 $\boldsymbol{a}_{i\tau}$,法向加速度为 $\boldsymbol{a}_{in}$。若以 $\boldsymbol{F}_i$ 代表作用在质点上的合外力,$\boldsymbol{F}'_i$ 代表作用于该质点内力的合力,由式(18-5)可得该质点的自然坐标形式的质点微分方程为

$$F_{i\tau} + F'_{i\tau} = m_i a_{i\tau} = m_i r_i \alpha \tag{a}$$

$$F_{in} + F'_{in} = m_i a_{in} = m_i r_i \omega^2 \tag{b}$$

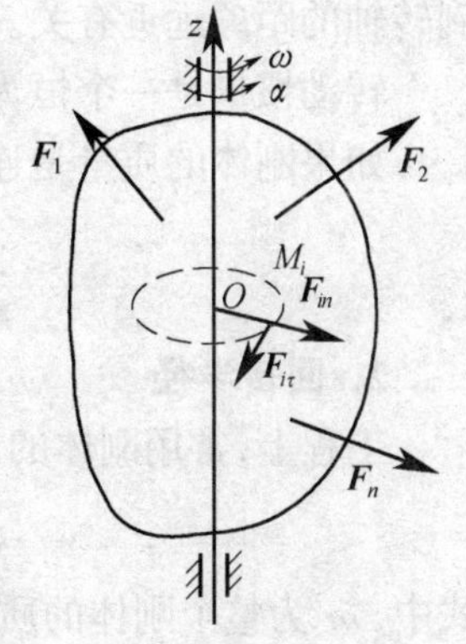

图 18-6

因这里只研究刚体的转动,故只考虑力矩的作用效应,而法向力总是指向转轴,对转轴的力矩恒为零,只有切向产生力矩,所以上述式(b)和我们研究的问题无关,不予考虑。为了分析力矩的作用效应,将式(a)两边均乘以 r_i,得

$$F_{i\tau}r_i + F'_{i\tau}r_i = m_i a_{i\tau} r_i = m_i r_i^2 \alpha \quad 或$$

$$M_z(\boldsymbol{F}_{i\tau}) + M_z(\boldsymbol{F}'_{i\tau}) = m_i r_i^2 \alpha$$

对于由 n 个质点组成的刚体,每个质点都可以列出上式,将上式左右求和得

$$\sum M_z(\boldsymbol{F}_{i\tau}) + \sum M_z(\boldsymbol{F}'_{i\tau}) = \sum m_i r_i^2 \alpha$$

因为刚体的内力,即刚体内各质点之间的相互作用力总是成对出现,所以 $\sum M_z(\boldsymbol{F}'_{i\tau}) = 0$,于是上式即写成

$$\sum M_z(\boldsymbol{F}_{i\tau}) = \sum M_z(\boldsymbol{F}) = \sum m_i r_i^2 \alpha = \alpha \sum m_i r_i^2$$

令 $J_z = \sum m_i r_i^2$,称为刚体的转动惯量,于是有

$$\sum M_z(\boldsymbol{F}) = J_z \alpha = J_z \frac{\mathrm{d}^2 \varphi}{\mathrm{d}t^2} \tag{18-6}$$

式(18-6)即称为刚体定轴转动微分方程。此式表明,作用在刚体上的所有外力对转轴之矩的代数和,等于刚体对于转轴的转动惯量与其角加速度的乘积。转动惯量是度量刚体转动惯性大小的一个物理量。从式(18-6)可以看出,在一定的外力作用下,刚体对 z 轴的转动惯量越大,它所产生的角加速度越小,即刚体越不易改变原来的运动状态。反之,对 z 轴的转动惯量越小,它所产生的角加速度越大,刚体越容易改变原来的运动状态。

将刚体定轴转动微分方程与质点运动微分方程相比较,可以看出它们的形式是相同的,而且两方程中的物理量也非常相似。因此,应用它们来求解动力学问题的方法与步骤也有许多相似之处。

18.3.2 刚体的转动惯量

1. 转动惯量的概念

由前面的讲述可知,刚体对 z 轴的转动惯量,等于刚体内各质点的质量与质点到转轴距离平方的乘积之和,即

$$J_z = \sum m_i r_i^2 \tag{18-7}$$

转动惯量不仅与转动刚体的质量大小有关,还与质量的分布情况有关,即与质量位置到转轴的距离远近有关。

转动惯量是一个恒为正值的标量。在国际单位制中,转动惯量的单位是 $\mathrm{kg \cdot m^2}$。

如果刚体的质量是连续分布的,转动惯量也可用积分形式表示,即

$$J_z = \int_m r^2 \mathrm{d}m \tag{18-8}$$

2. 回转半径

工程上,常用刚体的质量与某个长度平方的乘积来表示刚体的转动惯量,即

$$J_z = m\rho_z^2 \tag{18-9}$$

式中,m 为整个刚体的质量;ρ 为刚体的惯性半径。

式(18-9)表明,设想把刚体的质量集中在离转轴距离为 ρ 的某一质点上,并使该质

点对于 z 轴的转动惯量等于整个刚体对转轴 z 的转动惯量,满足这一条件的 ρ 称为回转半径,亦称为惯性半径。

3. 转动惯量的平行轴定理

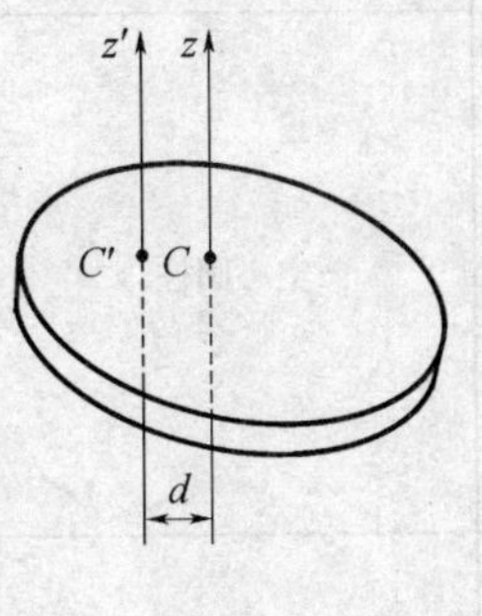

图 18-7

设刚体的质量为 m,对质心轴 z 的转动惯量为 J_{zC},如图18-7所示,而对另一与质心轴相距为 d 且与 z 轴平行的轴 z' 的转动惯量是 J'_z。可以证得如下结论

$$J'_z = J_{zC} + md^2 \tag{18-10}$$

上式表明,刚体对任意轴的转动惯量,等于对质心轴的转动惯量再加上刚体的质量与这两轴间距离平方的乘积。这一关系称为转动惯量的平行轴定理。

在一般工程手册中所列物体的转动惯量,大多数是物体对于质心轴的转动惯量。在工程实际中,应用上述定理可根据需要求得物体对与质心轴平行的任意轴的转动惯量。

常见简单形状的均质物体对通过质心的转轴的转动惯量,可由表 18-1 或工程手册中查得。

表 18-1 均质物体绕给定轴的转动惯量

物体种类	简 图	I_z	回转半径
细直杆		$\frac{1}{12}ml^2$	$\frac{1}{2\sqrt{3}}l$
矩形六面体		$\frac{1}{12}m(a^2+b^2)$	$\frac{\sqrt{a^2+b^2}}{2\sqrt{3}}$
圆柱或圆盘		$\frac{1}{2}mR^2$	$\frac{1}{\sqrt{2}}R$

(续)

物体种类	简 图	I_z	回转半径
空心圆柱		$\frac{1}{2}m(R^2+r^2)$	$\sqrt{\frac{R^2+r^2}{2}}$
球		$\frac{2}{5}mR^2$	$\sqrt{\frac{2}{5}}R$
圆环		mR^2	R

例 18－3 如图 18－8 所示，有一带传动。已知两带轮的半径分别为 R_1 和 R_2，带轮对各自转轴的转动惯量分别为 J_1 和 J_2。如在轮 I 上作用一个主动力矩 M_1，在轮 Ⅱ 上作用一个阻力矩 M_2，轮与带之间无相对滑动，带的质量不计，求轮 I 的角加速度。

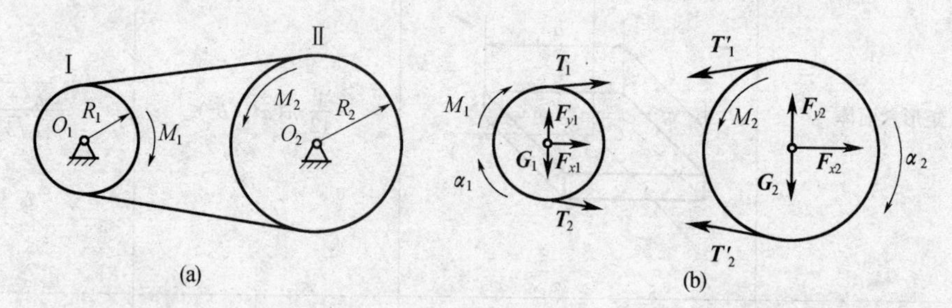

图 18－8

解 该系统包括两个带轮，它们分别绕不同的固定轴转动，故应取两轮为研究对象。两轮的受力情况如图 18－8(b)所示，转动方程为

$$J_1\alpha_1 = M_1 + (T_1 - T_2)R_1 \tag{a}$$

$$J_2\alpha_2 = (T'_2 - T'_1)\,R_2 - M_2 \tag{b}$$

将 $T_1 = T'_1, T_2 = T'_2, R_1\alpha_1 = R_2\alpha_2$ 代入式(a)或式(b)，再将式(a)、(b)联立求解得

$$\alpha_1 = \frac{M_1 - R_1 R_2 M_2}{J_1 + J_2 R_1^2 R_2^2}$$

例 18-4 一个重 G、半径为 r 的均质圆盘，绕铅垂轴 z（垂直于图面）作定轴转动，铅垂轴与水平圆盘的交点为 D，$e = OD = 0.2r$，盘上装有一长 $l = \sqrt{3}r$、重 $0.2G$ 的细杆 AB，AB 垂直于 OD，如图 18-9 所示。试求该构件绕 z 轴（D 点）转动的转动惯量 I_z。

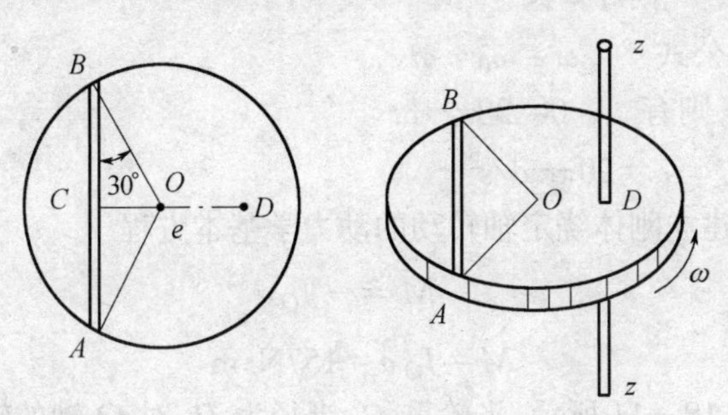

图 18-9

解 构件由圆盘及细杆两个转动刚体所组成。分别计算每个转动刚体对 z 轴的转动惯量，然后进行相加就是构件对 z 轴的转动惯量。

(1) 计算圆盘对 z 轴的转动惯量。

通过查表可知圆盘对其质心轴 O 的转动惯量为 $J_O = \frac{Gr^2}{2g}$，运用转动惯量平行轴定理，可算出圆盘对 z 轴的转动惯量 $J_{z\text{I}}$ 为

$$J_{z\text{I}} = J_O + \frac{Ge^2}{g} = \frac{Gr^2}{2g} + \frac{G}{g}(0.2r)^2 = 0.54\frac{G}{g}r^2 \tag{a}$$

(2) 计算 AB 杆对 z 轴的转动惯量。

通过查表可知 AB 杆对其质心轴 C 的转动惯量为 $J_C = \frac{0.2G}{12g}l^2 = \frac{0.2G}{12g}(\sqrt{3}r)^2 = 0.05\frac{G}{g}r^2$，运用转动惯量平行轴定理，可算出 AB 杆对 z 轴的转动惯量 $I_{z\text{II}}$ 为

$$J_{z\text{II}} = J_C + \frac{0.2G}{g}(\overline{DC})^2 \tag{b}$$

由于 $\triangle ABO$ 为等腰三角形，$AB = \sqrt{3}r$，$OA = OB = r$，故有

$$\overline{DC} = e + r\sin 30^\circ = 0.2r + r\sin 30^\circ = 0.7r \tag{c}$$

将式(c)代入式(b)得

$$J_{z\text{II}} = 0.05\frac{G}{g}r^2 + \frac{0.2G}{g}(0.7r)^2 = 0.148\frac{G}{g}r^2 \tag{d}$$

将式(a)、(d)相加则得构件对 z 轴的转动惯量为

$$J_z = J_{z\text{I}} + J_{z\text{II}} = 0.688\frac{G}{g}r^2$$

例 18-5 已知飞轮以 $n = 600\text{r/min}$ 的转速转动，转动惯量 $J_O = 2.5\text{kg}\cdot\text{m}^2$，制动时要使它在一秒钟内停止转动，设制动力矩为常数，求此力矩 M 的大小。

解　取飞轮为研究对象,画飞轮的受力图,如图 18-10 所示,轮上作用有制动力矩 M,轴承反力 $\boldsymbol{F}_N$ 及飞轮自重 $\boldsymbol{G}$。

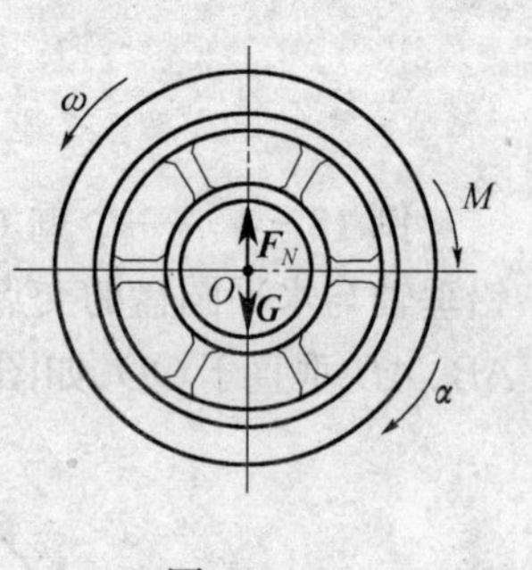

图 18-10

飞轮的初角速度为　$\omega_0 = \frac{2\pi n}{60} = 20\pi \text{rad/s}$

飞轮的末角速度为　$\omega = 0$

制动时间为　$t = 1\text{s}$

根据匀变速定轴转动公式　$\omega = \omega_0 + \alpha t$

将 ω_0、ω、t 代入上式,则有　$0 = 20\pi - \alpha t$

解得　$\alpha = 20\pi \text{rad/s}^2$

以 ω 方向为正方向,建立刚体绕定轴转动的动力学基本方程

$$-M = -J_O \alpha$$

解之得　$M = J_O \alpha = 157\text{N}\cdot\text{m}$

例 18-6　如图 18-11 所示,飞轮重 $\boldsymbol{G}$、半径为 R,对 O 轴的转动惯量为 J,并以角速度 ω_0 转动。制动时,闸块受到不变压力 $\boldsymbol{Q}$ 的作用,闸块与轮缘的摩擦因数为 f。试求制动所需的时间 t 及停止前转过的圈数 n。

解　飞轮受到的制动力矩为

$$M_f = -QfR \tag{a}$$

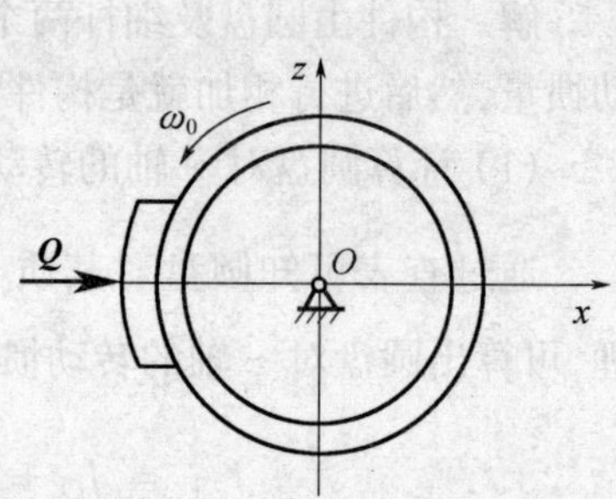

图 18-11

由 $M = J\alpha$,可列出

$$-QfR = J\alpha$$

解得角加速度为　$\alpha = -\frac{QfR}{J}$　(b)

因是制动,飞轮的末角速度　$\omega = 0$　(c)

将式(b)、式(c)代入匀变速定轴转动公式　$\omega = \omega_0 + \alpha t$

得　$\omega_0 - \frac{QfR}{J} t = 0$　(d)

解式(d)得制动时间为　$t = \frac{\omega_0 J}{QfR}$

将 ω_0 与式(b)代入匀变速定轴转动公式　$\omega_0^2 = 2\alpha\varphi$　(e)

解式(e)得　$\varphi = \frac{\omega_0^2}{2\alpha} = \frac{J\omega_0^2}{2QfR}$

停止前转过的圈数为　$n = \frac{\varphi}{2\pi} = \frac{\omega_0^2 J}{4\pi QfR}$

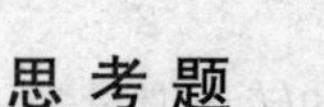

思 考 题

1. 一宇航员体重为 686N,其质量为多少?在太空中航行时,他的体重与在地球上相同吗?

2. 一质点只受重力作用并在空中运动,则该质点一定作铅垂直线运动。这种说法正确吗?

3. 一个绕固定轴转动的物体的动量一定等于零?什么条件下等于零?

4. 质点的运动方向是否一定与质点所受合力的方向相同?某瞬时质点产生的加速度大,是否说明该瞬时的质点所受的作用力也一定大?

5. 在质量相同的条件下,为增大物体的转动惯量,可以采取哪些措施?

6. 不受法向力作用的质点能作曲线运动吗?

习 题

18-1 如图18-12所示,质量 $m=3\text{kg}$ 的小球,在铅垂平面内摆动,绳长 $l=0.8\text{m}$,当 $\theta=60°$ 时,绳中的拉力为25N,求这一瞬时小球的速度和加速度。

18-2 如图18-13所示,均质塔轮的两半径为 r_1 及 r_2,塔轮的质量为 m,重物 A 和 B 的质量分别为 m_1 和 m_2。并已知 A 的加速度为 a_1,求塔轮对轴的压力。

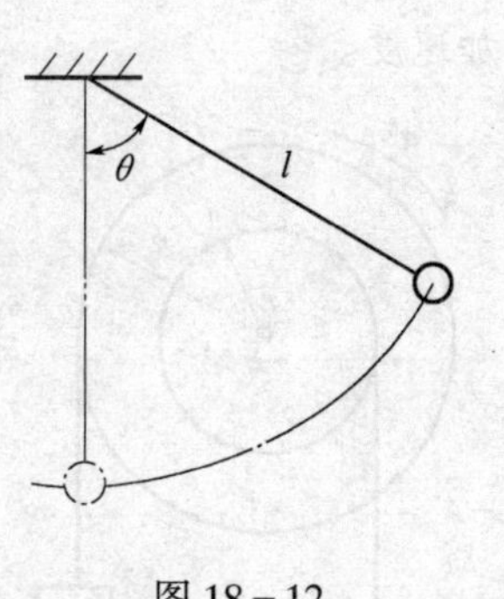

图18-12

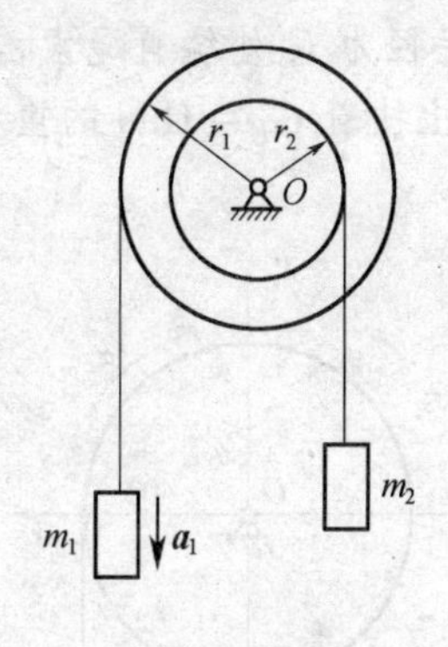

图18-13

18-3 物块 A、B 质量分别为 $m_A=100\text{kg}$,$m_B=200\text{kg}$,用弹簧连接,设物块 A 在弹簧上按规律 $y=2\sin 10t$ 作简谐运动,其中 y 以cm计,t 以s计,试求水平面所受压力的最大值和最小值。

18-4 一电机车重 $G=980\text{kN}$,由静止开始沿水平直线轨道作匀加速运动,经过路程 $S=100\text{m}$ 后,速度达到 $v=36\text{km/h}$。若行车阻力是车重的 $\dfrac{1}{100}$,试求电机车总的牵引力。

18-5 如图18-14所示,矿车的质量为700kg,以速度1.6m/s沿倾角为15°的斜坡下滑,摩擦因数 $\mu=0.015$,现使矿车在4s内制动,矿车制动时作匀减速运动,求制动时的绳子拉力 T。

18-6 如图18-15所示,A、B 两物体用绳连在一起,并放在光滑的水平面上,A 物体重 $G_A=200\text{N}$,B 物体重 $G_B=100\text{N}$,当 A 受到水平力 $F_P=80\text{N}$ 作用时,求 A、B 的加速度 a 和绳子的拉力 T。

18-7 质量为 m 的质点受已知力作用沿直线运动,该力按规律 $F=F_0\cos\omega t$ 而变化,其中 F_0、ω 为常数,当开始运动时,质点具有初速度 v_0,求此质点的运动方程。

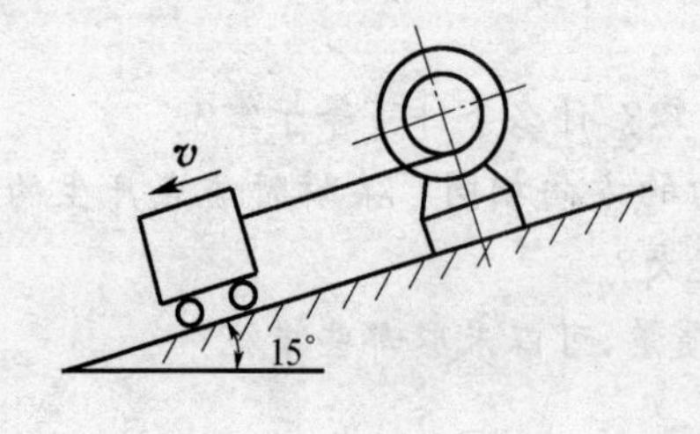

图 18-14

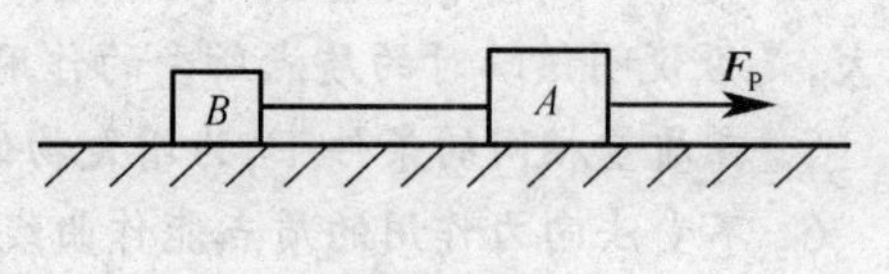

图 18-15

18-8 质量为 10kg 的物体在变力 $F=98(1-t)$N 的作用下沿水平直线运动。设物体的初速度为 $v_0=20$cm/s，且力的方向与速度的方向相同，问经过多少秒后物体停止运动？物体停止前走了多少路程？

18-9 一个重 $G_0=1000$N，半径 $r=0.4$m 的匀质轮绕 O 点作定轴转动，其转动惯量 $I=8$kg·m^2，轮上绕有绳索，下端挂有 $G=10^3$N 的物块 A，如图 18-16 所示。试求圆轮的角加速度。

18-10 如图 18-17 所示，圆盘重 0.6kN，半径 $R=0.8$m，转动惯量 $I_O=100$ kg·m^2，在半径为 R 处绕有绳索，其上挂着 $G_A=2$kN 的重物 A，在离转轴 $r=0.5R$ 处绕有绳索，其上挂着 $G_B=1$kN 的重物 B。试求圆盘的角加速度。

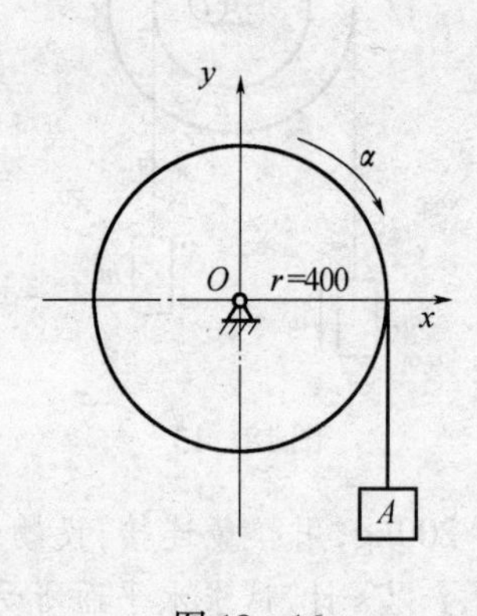

图 18-16

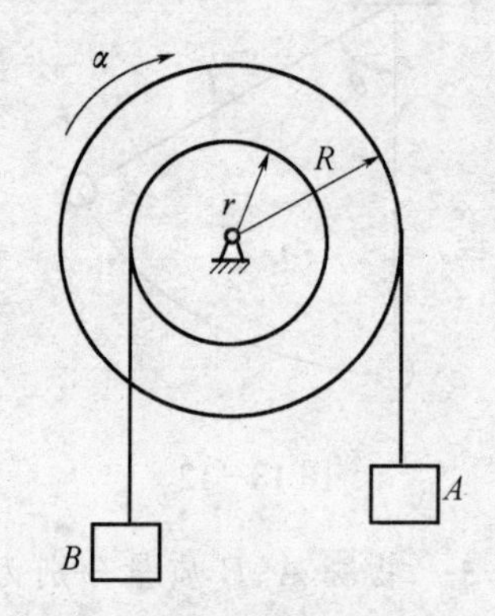

图 18-17

第19章　动能定理

能量转换与功的关系反映的是自然界中物体机械运动的普遍规律。本章将介绍力的功,质点和刚体的动能,以及通过能量转换解决动力学问题的动能定理。

19.1　力的功、功率和机械效率

19.1.1　力的功

功是度量力的作用的一个物理量。它反映的是力在一段路程上对物体作用的累积效果,其结果是引起物体能量的改变和转化。力的功是力对物体的作用在一段路程中积累效应的度量。例如,从高处落下的重物速度越来越大,就是重力对物体在下落的高度中作用的累积效果。可见力的功包含力和路程两个因素。由于在工程实际中遇到的力有常力、变力或力偶,而力的作用点的运动轨迹有直线,也有曲线,因此,下面将分别说明在各种情况下力所做功的计算方法。

1. 常力的功

如图19-1所示,设有大小和方向都不变的力 $\boldsymbol{F}$ 作用在物体上,力的作用点向右作直线运动。则此常力 $\boldsymbol{F}$ 在位移方向的投影 $F\cos\alpha$ 与位移的大小 S 的乘积即为力 $\boldsymbol{F}$ 在位移 S 上所做的功,用 W 表示,即

$$W = FS\cos\alpha \tag{19-1}$$

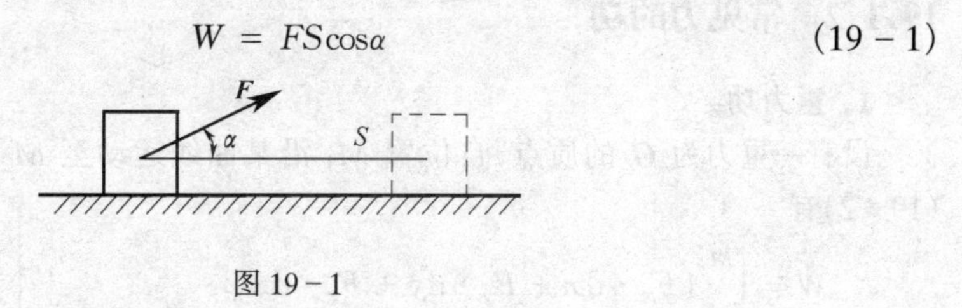

图19-1

由上式可知:当 $\alpha<90°$ 时,功 W 为正值,即力 $\boldsymbol{F}$ 做正功;当 $\alpha>90°$ 时,功 W 为负值,即力 $\boldsymbol{F}$ 做负功;当 $\alpha=90°$ 时,功为零,即力与物体的运动方向垂直,力不做功。

由于功只有正负值,不具有方向意义,所以功是一个代数量。

在国际单位制中,功的单位是牛顿·米(N·m),称为焦耳(J),即1J=1N·m。

2. 变力的功

设质点在变力 $\boldsymbol{F}$ 作用下作曲线运动,如图19-2所示。当质点从 M_1 沿曲线运动到 M_2 时,力 $\boldsymbol{F}$ 所做的功的计算可处理为:(1)整个路程细分为无数个微段 $\mathrm{d}S$;(2)在微小路程上,力 $\boldsymbol{F}$ 的大小和方向可视为不变;(3) $\mathrm{d}\boldsymbol{r}$ 表示相应于 $\mathrm{d}S$ 的微小位移,当 $\mathrm{d}S$ 足够小时, $|\mathrm{d}\boldsymbol{r}|=\mathrm{d}S$。

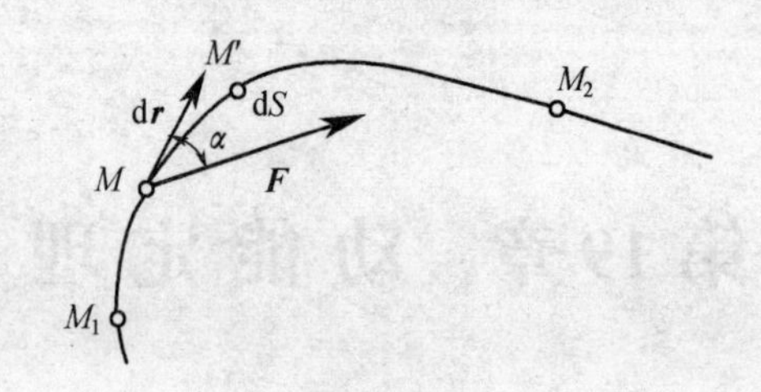

图 19-2

根据功的定义,力 $\boldsymbol{F}$ 在微小位移 $\mathrm{d}r$ 上所做的功(即元功)为

$$\delta_W = F\cos\alpha \cdot \mathrm{d}S$$

式中 α 表示 $\boldsymbol{F}$ 与曲线上点 M 的切线的夹角。

或用它们的直角坐标轴上的投影来表示:

$$\delta_W = F_x\mathrm{d}x + F_y\mathrm{d}y + F_z\mathrm{d}z$$

变力沿曲线所做的功就等于该力在各微段的元功之和,即

$$W = \int_{M_1}^{M_2} \boldsymbol{F} \cdot \mathrm{d}\boldsymbol{r} = \int_{M_1}^{M_2} F\cos\alpha \cdot \mathrm{d}S$$

或
$$W = \int_{M_1}^{M_2} (F_x \cdot \mathrm{d}x + F_y \cdot \mathrm{d}y + F_z \cdot \mathrm{d}z) \tag{19-2}$$

3. 合力的功

合力在任一路程上所做的功等于各分力在同一路程上所作功的代数和。即

$$W = W_1 + W_2 + \cdots + W_n = \sum W_i \tag{19-3}$$

19.1.2 常见力的功

1. 重力功

设有一重力为 $\boldsymbol{G}$ 的质点,自位置 M_1 沿某曲线运动至 M_2,如图 19-3 所示,由式(19-2)有

$$W = \int_{M_1}^{M_2} (F_x \cdot \mathrm{d}x + F_y \cdot \mathrm{d}y + F_z \cdot \mathrm{d}z)$$

$$= -\int_{z_1}^{z_2} G\mathrm{d}z = -G(z_2 - z_1)$$

或
$$W = G(z_1 - z_2) = \pm Gh$$

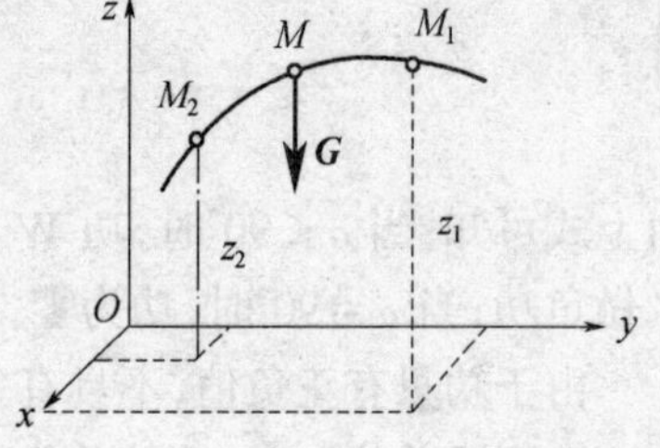

图 19-3

式中 h 为质点在运动过程中重心位置的高度差。

此式表明:重力的功等于物体的重量与其起始位置和终了位置高度差的乘积,与物体运动的轨迹无关。当物体下降时,重力做正功;升高时,重力做负功。

2. 弹性力的功

如图 19-4 所示,将弹簧的一端固定,另一端与物体 M 相连。当物体 M 由位置 M_1

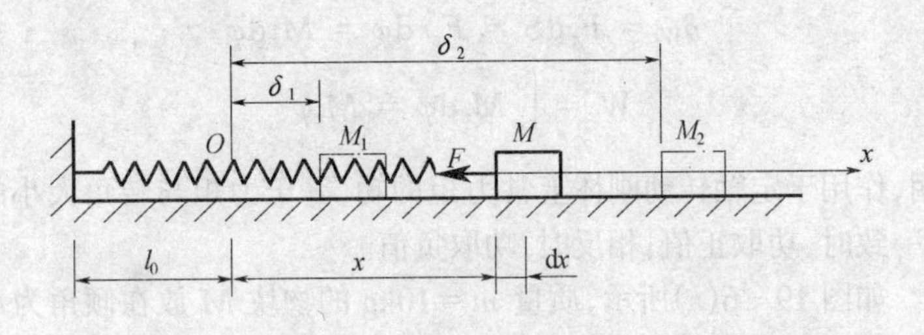

图 19-4

运动到位置 M_2 时，求弹性力所做的功。

设弹簧的原长为 l_0，弹簧为原长时物体 M 所在的位置 O 称为自然位置。假设物体 M 沿弹簧中心线作直线运动，选取自然位置 O 为坐标原点并建立坐标系 Ox，令 x 轴与弹簧中心线重合，以弹簧伸长方向为正向。当物体运动到任一位置 M 处时，弹簧被拉长 x（伸长变形量），根据胡克定律，在弹性范围内，弹性力的大小与弹簧的变形成正比，即 $F=kx$。式中，k 为弹簧的刚度系数，单位是 N/m（或 N/cm），它表示弹簧每伸长或缩短单位长度所需作用力的大小。当弹簧被拉伸时，x 为正值，弹性力 $\boldsymbol{F}$ 的方向与 x 轴正向相反；当弹簧被压缩时，x 为负值，弹性力 $\boldsymbol{F}$ 的方向与 x 轴正向相同。由此可见，无论弹簧伸长还是缩短，弹性力 $\boldsymbol{F}$ 在 x 轴上的投影的符号与坐标 x 的正负号总是相反，故弹性力在物体运动方向即 x 方向的投影可表示为

$$F_x=-kx$$

在物体运动到任意位置 M 时取一微段 $\mathrm{d}x$，则弹性力在该微段 $\mathrm{d}x$ 上的元功为

$$\delta_W=F_x\cdot\mathrm{d}x=-kx\mathrm{d}x$$

当物体从初始位置 M_1 运动到终了位置 M_2 的过程中，弹性力所做的功为

$$W=\int_{\delta_1}^{\delta_2}-kx\mathrm{d}x=\frac{1}{2}k(\delta_1^2-\delta_2^2) \tag{19-4}$$

式中，δ_1，δ_2 分别为弹簧在初始位置 M_1 与终了位置 M_2 的变形量。可以证明，当物体 M 作曲线运动时，弹性力的功仍按式(19-4)计算，即弹性力的功也只决定于弹簧初始位置与终了位置的变形量，而与物体的运动轨迹无关。

由以上讨论可知，弹性力的功等于弹簧初变形 δ_1 和末变形 δ_2 的平方差与弹簧刚度系数乘积的一半，与物体运动的轨迹无关。若弹簧变形减小(即 $\delta_1>\delta_2$)，弹性力做正功；若变形增加(即 $\delta_1<\delta_2$)，弹性力的功为负，与弹簧实际受拉伸或压缩无关。

3．定轴转动刚体上作用力的功

设刚体可绕固定轴 z 转动，力 $\boldsymbol{F}$ 作用于其上的 M 点，如图 19-5所示，转动的角速度为 ω。

(1) 当刚体转过一个无限小角度时：

$$MM'=\mathrm{d}S=r\mathrm{d}\varphi$$

(2) 对于力 $\boldsymbol{F}$ 可分解为：轴向力、径向力、切向力，显然轴向力、径向力都不做功。力 $\boldsymbol{F}$ 所做的元功等于切向力所做的元功，即

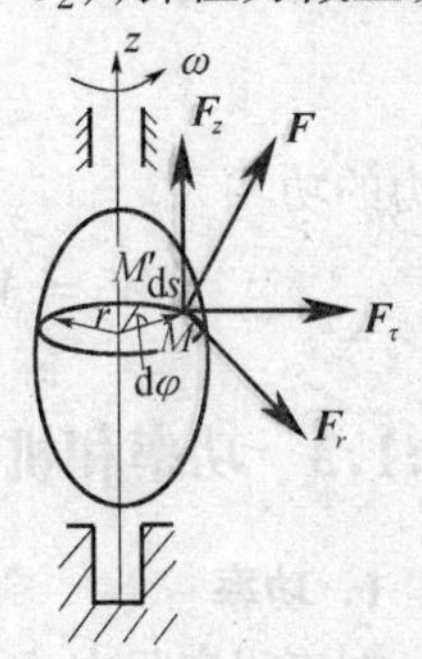

图 19-5

$$\delta_W = F_\tau \mathrm{d}S = F_\tau r \mathrm{d}\varphi = M_z \mathrm{d}\varphi$$

$$W = \int_0^\varphi M_z \mathrm{d}\varphi = M_z \varphi \tag{19-5}$$

式(19－5)表明,作用于定轴转动刚体上常力矩的功,等于力矩与转角大小的乘积。当力矩与转角转向一致时,功取正值;相反时,功取负值。

例 19－1 如图 19－6(a)所示,质量 $m=10\text{kg}$ 的物块 M 放在倾角为 $\alpha=35°$ 的斜面上,并用刚度系数 $k=120\text{N/m}$ 的弹簧拉住。斜面的动摩擦因数 $\mu=0.2$,物块由弹簧原长位置 M_0 运动到 M_1 时,所走过的路程 $S=0.5\text{m}$,试求在此过程中作用在物块上的各力所做的功及合力的功。

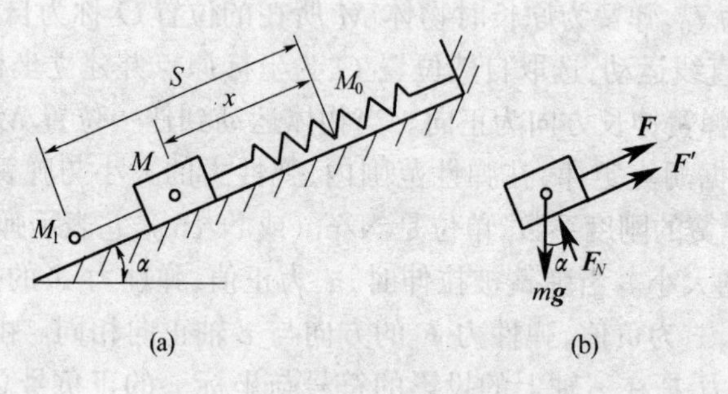

图 19－6

解 取物块为研究对象,画受力图,如图 19－6(b)所示。作用在物块上的力有重力 $\boldsymbol{mg}$,弹性力 $\boldsymbol{F}$,动摩擦力 $\boldsymbol{F}'$ 及斜面法向反力 $\boldsymbol{F}_N$。分别计算各力的功。

重力的功

$$W_{mg} = mg.S\sin\alpha = (10 \times 9.8 \times 0.5\sin 35°)\text{J} = 28\text{J}$$

弹性力的功

$$W_F = \frac{1}{2}k(\delta_1^2 - \delta_2^2) = \frac{1}{2} \cdot k(0^2 - S^2) = \frac{1}{2} \times 120 \times (-0.5^2)\text{J} = -15\text{J}$$

动摩擦力的功

$$\begin{aligned} W_{F'} &= F'\cos 180° \cdot S = -F' \cdot S = -\mu mg\cos 35° \cdot S \\ &= (-0.2 \times 10 \times 9.8 \times \cos 35° \times 0.5)\text{J} = -8\text{J} \end{aligned}$$

法向反力的功

$$W_{F_N} = F_N \cos 90° \cdot S = 0$$

合力的功

$$W = W_{mg} + W_F + W_{F'} + W_{F_N} = (28 - 15 - 8 + 0)\text{J} = 5\text{J}$$

19.1.3 功率和机械效率

1. 功率

在工程实际中,不仅需要知道力做了多少功,而且还要知道力做功的快慢程度。力在单位时间内所作的功称为功率。功率是衡量机器工作性能的一项重要指标。功率愈大,说明在给定的时间内它所做的功愈多。

设作用力在某一时间间隔 Δt 内所做的功为 ΔW，则 ΔW 与 Δt 的比值称为该力在这段时间间隔内的平均功率，以 P^* 表示，即

$$P^* = \Delta W/\Delta t$$

当 $\Delta t \to 0$ 时，比值 $\Delta W/\Delta t$ 的极限值称为瞬时功率，简称功率，以 P 表示，即

$$P = \lim_{\Delta t \to 0} \Delta W/\Delta t = \delta_W/\mathrm{d}t \tag{19-6}$$

由于元功 $\delta_W = F\cos\alpha \cdot \mathrm{d}S = F_\tau \cdot \mathrm{d}S$，所以

$$P = F\cos\alpha \cdot \mathrm{d}S/\mathrm{d}t = F_\tau \cdot v \tag{19-7}$$

式(19-7)中 F_τ 为力 $\boldsymbol{F}$ 在作用点运动方向的投影，v 是力 $\boldsymbol{F}$ 的作用点运动的速度大小。式(19-7)表明，力在某瞬时的功率，等于该瞬时力在作用点运动方向的投影与速度大小的乘积。

功率是代数量，其正负号取决于力 $\boldsymbol{F}$ 和速度 v 之间的夹角 α。在国际单位制中，功率的单位是焦耳/秒(J/s)，称为瓦特，简称瓦(W)，即 1W = 1J/s = 1N·m/s。在工程实际中，常用千瓦(kW)作为功率的单位。1kW = 1000W。

由式(19-7)可见，当功率一定时，力 $\boldsymbol{F}$ 在运动方向的投影 F_τ 与 v 成反比。这一关系在工程中得到广泛应用。例如汽车上坡时，驾驶员使用低速挡，使汽车的速度减小，以便在功率一定的情况下，汽车获得较大的牵引力。如果当物体作定轴转动且作用在其上的力矩(或力偶矩)为 M 时，则力矩的元功可表示为

$$\delta_W = M \cdot \mathrm{d}\varphi$$

将上式代入功率的定义式(19-6)得

$$P = \frac{\delta_W}{\mathrm{d}t} = M\frac{\mathrm{d}\varphi}{\mathrm{d}t} = M\omega \tag{19-8(a)}$$

即力矩的功率等于力矩与刚体转动角速度的乘积。若力矩单位用牛顿·米(N·m)，功率单位用千瓦(kW)，并将 $\omega = \pi n/30$ 代入式(19-8(a))，则

$$P = M\omega/1000 = M/1000 \cdot (\pi n/30) = Mn/9550\mathrm{kW} \tag{19-8(b)}$$

或写成转矩的表达式

$$M = 9550P/n\,\mathrm{N \cdot m} \tag{19-8(c)}$$

2. 机械效率

任何机器工作时，必须输入一定的功率，称为输入功率，用 $P_{输入}$ 表示。机器运转时克服生产阻力或有用阻力所消耗的功率称为有用功率，用 $P_{有用}$ 表示，同时还要克服摩擦等阻力而消耗一部分功率，称为无用功率，用 $P_{无用}$ 表示。在机器稳定运转时有

$$P_{输入} = P_{有用} + P_{无用}$$

即机器的输入功率和输出功率是平衡的。此时，机器输出的有用功率与输入功率之比称为机械效率，用 η 表示，即

$$\eta = P_{有用}/P_{输入} \tag{19-9}$$

由于摩擦是不可避免的，故机械效率 η 总是小于 1。机械效率越接近于 1，有用功率就越

接近于输入功率，消耗的无用功率也就越小，说明机器对输入功率的有效利用程度越高，机器的性能越好。因此，机械效率的大小是评价机器质量优劣的重要标志之一。机械效率与机器的传动方式、制造精度和工作条件等因素有关。各种常用机械的机械效率一般可在机械设计手册或有关说明书中查得。

例 19－2 一起重机，其悬挂部分的零件重 $W=5\text{kN}$，所用电动机的功率 $P_{电}=36.5\text{kW}$，起重机齿轮的传动效率 $\eta=0.92$，当提升速度 $v=0.2\text{m/s}$ 时，求最大起重量 $\boldsymbol{G}$。

解 电动机的功率 $P_{电}$ 就是起重机的输入功率 $P_{输入}$，由式(19－9)可求得起重机输出的有用功率

$$P_{有用}=P_{输入}\cdot\eta=P_{电}\cdot\eta=36.5\times0.92\text{kW}=33.58\text{kW}$$

又有 $P_{有用}=(W+G)\cdot v$

由此求得

$$G=P_{有用}/v-W=(\frac{33.58\times10^{3}}{0.2}-5\times10^{3})\text{N}$$

$$=162900\text{N}=162.9\text{kN}$$

例 19－3 用车刀切削一直径 $d=0.2\text{m}$ 的零件外圆，如图 19－7 所示。已知切削力 $F=2.5\text{kN}$，切削时车床主轴转速 $n=180\text{r/min}$，车床齿轮传动的机械效率 $\eta=0.8$，试求切削所消耗的功率及电动机的输出功率。

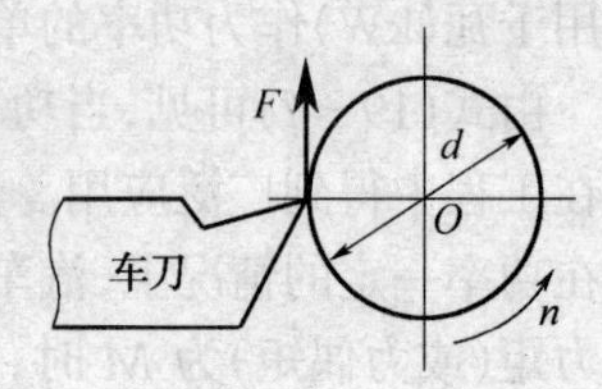

图 19－7

解 切削力对主轴的转矩为

$$M=F\cdot d/2=2.5\times10^{3}\times0.2/2\text{N}\cdot\text{m}=250\text{N}\cdot\text{m}$$

切削所消耗的功率即车床的有用功率，由式(19－8(b))得

$$P_{有用}=Mn/9550=250\times180/9550\text{kW}=4.71\text{kW}$$

电动机的输出功率就是车床的输入功率。由式(19－9)得

$$P_{电}=P_{输入}=P_{有用}/\eta=4.71/0.8\text{kW}=5.89\text{kW}$$

19.2 动能和动能定理

19.2.1 动能

一切运动的物体都具有一定的能量，如飞行的子弹能穿透钢板，运动的锻锤可以改变锻件的形状。物体由于机械运动所具有的能量称为动能。

1. 质点的动能

若质点的质量为 m，速度为 v，则质点的动能定义为

$$T=\frac{1}{2}mv^{2}\tag{19－10}$$

上式表示：质点在某瞬时的动能等于质点质量与其速度平方乘积的一半。动能是一个标量，恒为正值，单位与功的单位相同。

2. 质点系的动能

设质点系中任一质点的质量为 m_i，在某瞬时的速度值为 v_i，则在该瞬时质点系内各质点动能的总和称为质点系的动能，即

$$T = \sum \frac{1}{2} m_i v_i^2 \tag{19-11}$$

例：如图 19-8 所示的质点系有 3 个质点，它们的质量分别为 $m_1 = 2m_2 = 4m_3$。忽略绳子的质量，并假设绳不可伸长，则 3 个质点的速度都等于 v，则质点系的动能为 $T = \frac{1}{2}m_1 v_1^2 + \frac{1}{2}m_2 v_2^2 + \frac{1}{2}m_3 v_3^2 = \frac{7}{2}m_3 v^2$

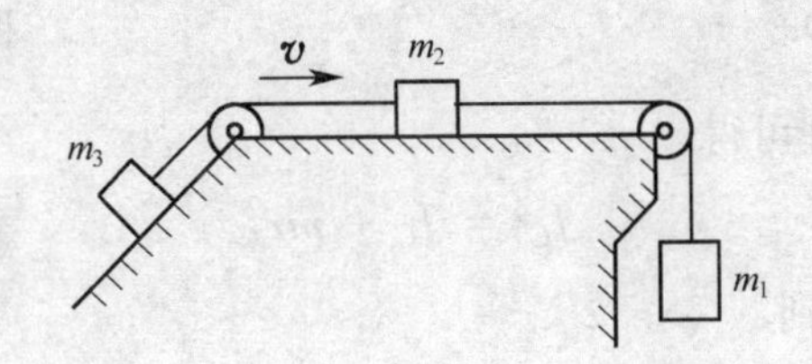

图 19-8

3. 刚体的动能

对于刚体而言，由于各质点间的相对距离保持不变，故当它运动时，各处质点的速度之间必定存在着一定的联系，因而可以推导出刚体作各种运动时的动能计算公式。

(1) 平动刚体的动能

刚体平动时，在同一瞬时，刚体内各质点的速度都相同，如用刚体质心 C 的速度 v_C 代表各质点的速度，于是刚体平动时的动能为

$$T = \sum \frac{1}{2} m_i v_i^2 = \sum \frac{1}{2} m_i v_C^2 = \frac{1}{2}\left(\sum m_i\right) v_C^2 = \frac{1}{2} M v_C^2 \tag{19-12}$$

式中，$M = \sum m_i$ 为刚体的质量。上式表明，刚体平动时的动能等于刚体的质量与其质心速度平方乘积的一半。

(2) 刚体定轴转动时的动能

如图 19-9 所示，设刚体绕定轴 z 转动时的瞬时角速度为 ω，其上任一质点 M_i 的质量为 m_i，该质点到转轴 z 的距离为 r_i，速度为 $v_i = r_i\omega$，于是刚体定轴转动时的动能为

$$T = \sum \frac{1}{2} m_i v_i^2 = \sum \frac{1}{2} m_i (r_i\omega)^2 = \frac{1}{2}\left(\sum m_i r_i^2\right)\omega^2 = \frac{1}{2} J_z \omega^2 \tag{19-13}$$

式中，$J_z = \sum m_i r_i^2$ 是刚体对转轴 z 的转动惯量。因此，刚体定轴转动时的动能等于刚体对转轴的转动惯量与其角速度平方乘积的一半。

(3) 刚体平面运动时的动能

刚体的平面运动可看成绕速度瞬心 C' 作瞬时转动，如图 19-10 所示。由式 (19-13)得

$$T = \frac{1}{2} J_{C'} \omega^2 \tag{a}$$

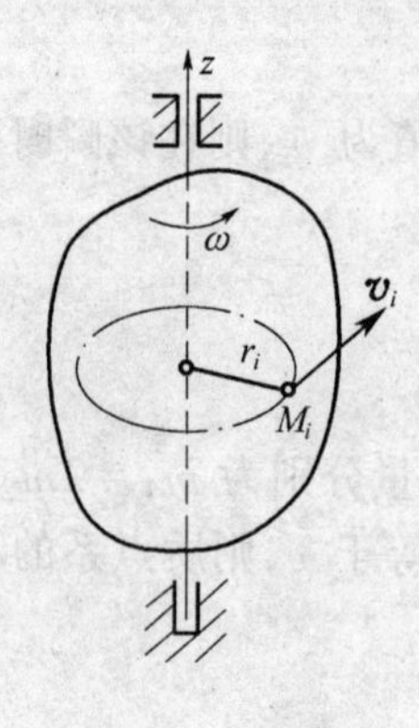

图 19-9

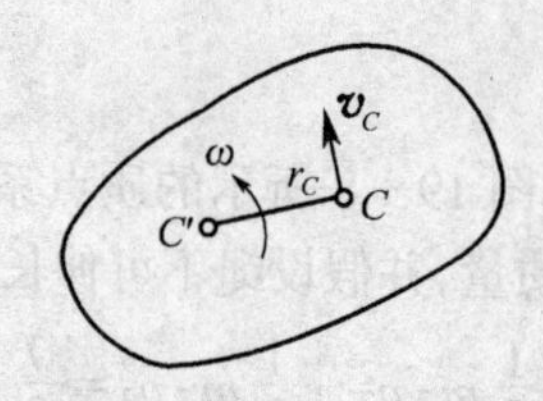

图 19-10

由转动惯量的平行轴定理可得

$$J_{C'} = J_C + mr_C^2 \tag{b}$$

把式(b)代入式(a),可得到

$$T = \frac{1}{2}J_C\omega^2 + \frac{1}{2}mv_C^2 \tag{19-14}$$

刚体作平面运动时的动能等于刚体随质心平移的动能与绕质心转动的动能之和。若一个系统包括几个刚体时,那么系统的动能等于组成该系统的各刚体的动能之和。例如,一车轮在地面上滚动而不滑动,如图 19-11 所示。若轮心作直线运动,速度为 v_C,车轮质量为 m,质量分布在轮缘,轮辐的质量不计,则车轮的动能为

图 19-11

$$T = \frac{1}{2}mv_C^2 + \frac{1}{2}mR^2\left(\frac{v_C}{R}\right)^2 = mv_C^2$$

其他运动形式的刚体,应按其速度分布计算该刚体的动能。

例 19-4 均质细长杆长为 l,质量为 m,与水平面夹角 $\alpha = 30°$,已知端点 B 的瞬时速度为 v_B,如图 19-12 所示。求杆 AB 的动能。

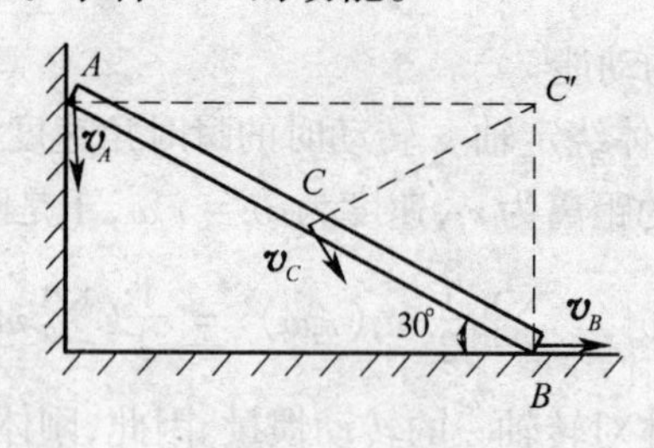

图 19-12

解 杆作平面运动,速度瞬心为 C',杆的角速度为

$$\omega = \frac{v_B}{C'B} = \frac{2v_B}{l}$$

质心 C 的速度为

$$v_C = \frac{\omega l}{2} = v_B$$

则 $$T = \frac{1}{2}mv_C^2 + \frac{1}{2}J_C\omega^2 = \frac{1}{2}mv_B^2 + \frac{1}{2}\left(\frac{1}{12}ml^2\right)\left(\frac{2v_B}{l}\right)^2 = \frac{2}{3}mv_B^2$$

19.2.2 动能定理

1. 质点的动能定理

设质量为 m 的质点在力 $\boldsymbol{F}$ 作用下作曲线运动，由 M_1 运动到 M_2，速度由 $\boldsymbol{v}_1$ 变为 $\boldsymbol{v}_2$，如图 19－13 所示，质点的动力学基本方程：

$$m\frac{\mathrm{d}\boldsymbol{v}}{\mathrm{d}t} = \boldsymbol{F}$$

等式两边分别乘以微段位移 $\mathrm{d}\boldsymbol{r}$，得

$$m\frac{\mathrm{d}\boldsymbol{v}}{\mathrm{d}t}\cdot\mathrm{d}\boldsymbol{r} = \boldsymbol{F}\cdot\mathrm{d}\boldsymbol{r}$$

可写为($\mathrm{d}r \approx \mathrm{d}S$)

$$m\boldsymbol{v}\cdot\mathrm{d}\boldsymbol{v} = \boldsymbol{F}\cdot\mathrm{d}r$$

而 $m\boldsymbol{v}\cdot\mathrm{d}\boldsymbol{v} = \mathrm{d}\left(\frac{m}{2}v^2\right)$代入上式，有

$$\mathrm{d}\left(\frac{m}{2}v^2\right) = \delta_W$$

将上式沿曲线 M_1M_2 积分，得

$$\int_{v_1}^{v_2}\mathrm{d}\left(\frac{1}{2}mv^2\right) = \int_{M_1}^{M_2}F\cdot\mathrm{d}r \qquad \frac{1}{2}mv_2^2 - \frac{1}{2}mv_1^2 = W$$

即 $$T_2 - T_1 = W \tag{19-15}$$

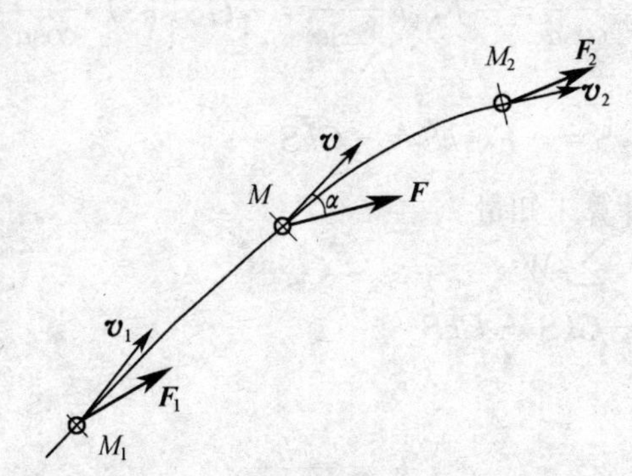

图 19－13

式(19－15)表明：在任一机械运动过程中质点动能的变化，等于作用在质点上的力在此过程中所做的功。这就是质点的动能定理。

动能的改变量是由功来度量的。力的功大，动能的改变量就大；反之，动能的改变量就小。若力对质点做正功，质点的动能增加；反之则减少。

动能和功都是标量，动能定理是一个标量方程，利用它运算时是作代数运算，因而比较方便。动能定理提供了速度、力与路程之间的数量关系式，可用来求解这三个量中的任一个未知量。

例 19-5 图 19-14 所示为测定车辆运动阻力系数 k（k 为运动阻力 F 与正压力之比）的示意图。将车辆从斜面上 A 处无初速度地任其滑下，车辆滑到水平面后继续运行到 C 处停止。如已知斜面长度 l，高度 h，斜面的投影长度 S'，水平面上车辆的运行距离 S，如图所示。求车辆运行时的阻力系数 k 值。

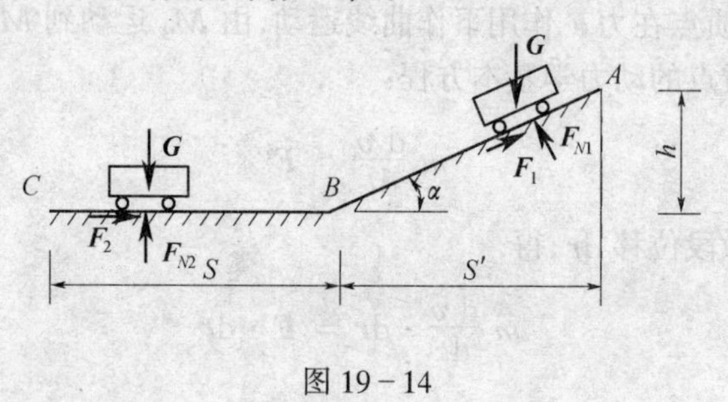

图 19-14

分析：(1) 将车辆视为质点；

(2) 由于动能定理提供了速度、力与路程之间的数量关系式，可用来求解这三个量中的任一个未知量。

解 (1) 取车辆进行研究，分析车轮在两阶段的受力。

(2) 计算始末位置时的动能。

始位置 A 处，车辆静止，$T_1=0$；末位置 C 处，车辆停止，$T_2=0$。

(3) 计算由 A 到 C 这一过程中各力所作的功。

AB 段 $W_G=Gh$

$$W_{F_1}=-F_1\frac{S'}{\cos\alpha}=-F_{N1}k\frac{S'}{\cos\alpha}=-G\cos\alpha\cdot k\cdot\frac{S'}{\cos\alpha}=-GkS'$$

BC 段

$$W_{F_2}=-F_2S=-F_{N2}kS=-GkS$$

(4) 利用动能定理计算未知量。

$$T_2-T_1=\sum W$$

即
$$0-0=Gh-GkS'-GkS$$

解得

$$k=\frac{h}{S+S'}$$

2. 质点系的动能定理

刚体可视为各质点间的距离始终保持不变的质点系。设刚体内某质点的质量为 m_i，在某一段路程的末了和起始位置的速度分别为 v_{i2}、v_{i1}，作用在质点上的外力的合力做的功为 $W_i^{(e)}$，内力的合力做的功为 $W_i^{(i)}$，根据质点的动能定理有

$$\frac{1}{2}m_iv_{i2}^2-\frac{1}{2}m_iv_{i1}^2=W_i^{(e)}+W_i^{(i)}$$

将刚体内所有质点的方程相加得

$$\sum \frac{1}{2}m_i v_{i2}^2 - \sum \frac{1}{2}m_i v_{i1}^2 = \sum W_i^{(e)} + \sum W_i^{(i)}$$

对刚体来讲，各质点间的相对位置固定不变，因此内力功的代数和等于零。故有

$$T_2 - T_1 = \sum W^{(e)} \tag{19-16}$$

上式表明，刚体动能在任一过程中的变化，等于作用在刚体上所有外力在同一过程中所做功的代数和。这就是刚体的动能定理。

理解动能定理时注意以下两点。

(1) 研究对象若是质点系，应分析内力是否做功；对刚体来说，只需考虑外力的功。

(2) 在计算外力功时，应清楚主动力的功和约束力的功；主动力的功前面已学过，而约束属于理想约束（如光滑接触面、光滑铰链、不可伸长的柔索等）时，它们的约束反力或者不做功，或者做功之和为零，则方程中只包括主动力所做的功。如遇摩擦力作功，可将摩擦力当作特殊的主动力看待。

应用动能定理求解动力学问题的方法步骤：

(1) 选取研究对象（质点、质点系或某一部分）；

(2) 确定力学过程（从某一位置运动到另一位置）；

(3) 计算系统动能（分析质点或质点系运动，计算在确定的力学过程中起始和终了位置的动能）；

(4) 计算所有力所做的功（主动力、摩擦力等的功，分析内力、约束反力是否做功）；

(5) 应用动能定理建立方程，求解欲求的未知量。

例 19-6 均质圆柱质量为 m，半径为 R，放在倾角为 α 的斜面上，如图 19-15 所示，由静止开始纯滚动，求轮心 O 下滑 S 距离时圆柱的角速度 ω。

解 (1) 取均质圆柱为研究对象，在滚动过程的任一瞬时分析受力。

(2) 计算动能。

圆柱作平面运动（纯滚动），C 为速度瞬心，则始末位置的动能分别为：

$$T_1 = 0, T_2 = \frac{1}{2}mv_o^2 + \frac{1}{2}J_o\omega^2$$

式中 $v_o = R\omega, J_o = \frac{1}{2}mR^2$

(3) 计算力的功。

$$W_G = mgS\sin\alpha$$

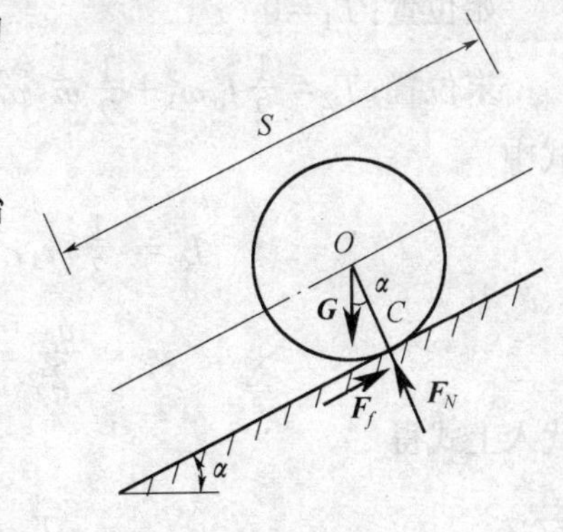

图 19-15

摩擦力 F_f，法向约束力 F_N 在滚动过程中均不做功。

(4) 列方程。

$$\frac{1}{2}mv_o^2 + \frac{1}{2}J_o\omega^2 - 0 = mgS\sin\alpha$$

解得

$$\omega = \frac{2}{R}\sqrt{\frac{gS\sin\alpha}{3}}$$

例 19-7　曲柄连杆机构如图 19-16 所示。已知曲柄 $OA=r$，连杆 $AB=4r$，C 为连杆之质心，在曲柄上作用一不变转矩 $\boldsymbol{M}$。曲柄和连杆皆为均质杆，质量分别为 m_1 和 m_2。曲柄开始时静止且在 O 轴右边的水平位置。不计滑块的质量和各处的摩擦，求曲柄转过一周时的角速度。

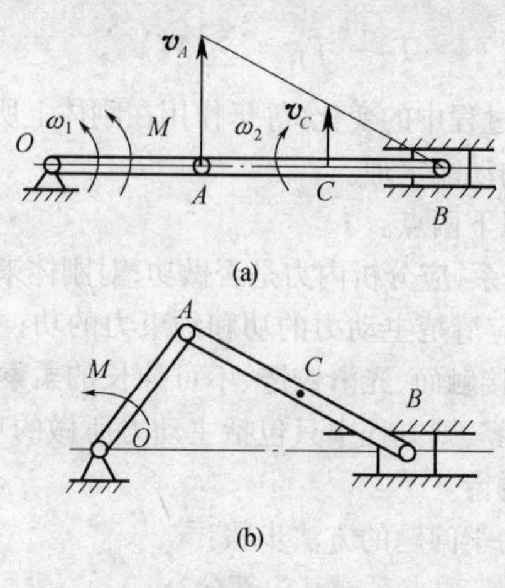

图 19-16

分析：(1) 此题是一个力学过程问题，即求曲柄在不变转矩 $\boldsymbol{M}$ 的作用下，转过一周时的角速度，可应用动能定理求解。

(2) 此题是刚体的动力学问题，应注意分析刚体的运动，这样才能正确计算刚体的动能。

解　(1) 取刚体系统曲柄连杆机构为研究对象，分析受力。

(2) 计算动能。

始位置：$T_1=0$

末位置：$T_2=\dfrac{1}{2}J_o\omega_1^2+\dfrac{1}{2}m_2v_C^2+\dfrac{1}{2}J_C\omega_2^2$

式中

$$J_o=\frac{1}{3}m_1r^2, J_C=\frac{1}{12}m_2(4r)^2=\frac{4}{3}m_2r^2$$

$$v_c=\frac{v_A}{2}=\frac{r\omega_1}{2}, \omega_2=\frac{v_A}{4r}=\frac{r\omega_1}{4r}=\frac{\omega_1}{4}$$

代入上式得

$$T_2=\frac{1}{6}(m_1+m_2)r^2\omega_1^2$$

(3) 计算各力的功。

曲柄转过一周，在此过程中各力的功分别为

力偶 $\boldsymbol{M}$ 所做的功　　　　$W_M=2\pi M$

重力的功为零；理想约束，约束力不做功。

(4) 列方程。

$$\frac{1}{6}(m_1+m_2)r^2\omega_1^2-0=2\pi M$$

解得

$$\omega_1 = \frac{2}{r}\sqrt{\frac{3\pi M}{m_1 + m_2}}$$

思考题

1. “质量大的物体一定比质量小的物体动能大”和“速度大的物体一定比速度小的物体动能大”这两种说法是否正确？为什么？

2. 机器运转时，凡摩擦力的功是否一定是无用功？

3. 汽车上坡时，为什么常挂低挡？在减速器中，为什么高速轴的直径一般比低速轴的直径小？

4. 应用动能定理求速度时，能否确定速度的方向？

5. 3个质点质量相同，同时自点 A 以大小相同的初速度 v_0 抛出，但 v_0 的方向不同，如图19－17所示。问这3个质点落到水平面 HH 时，3个速度是否相同？为什么？

6. 图19－18中所示两轮的质量相同，轮 A 的质量均匀分布，轮 B 的质心 C 偏离几何中心。设两轮以相同的角速度绕中心 O 转动，它们的动能是否相同？

7. 重物质量为 m，悬挂在刚性系数为 k 的弹簧上，如图19－19所示。弹簧与被缠绕在滑轮上的绳子连接。问重物匀速下降时，重力势能和弹性力势能有无变化？变化了多少？

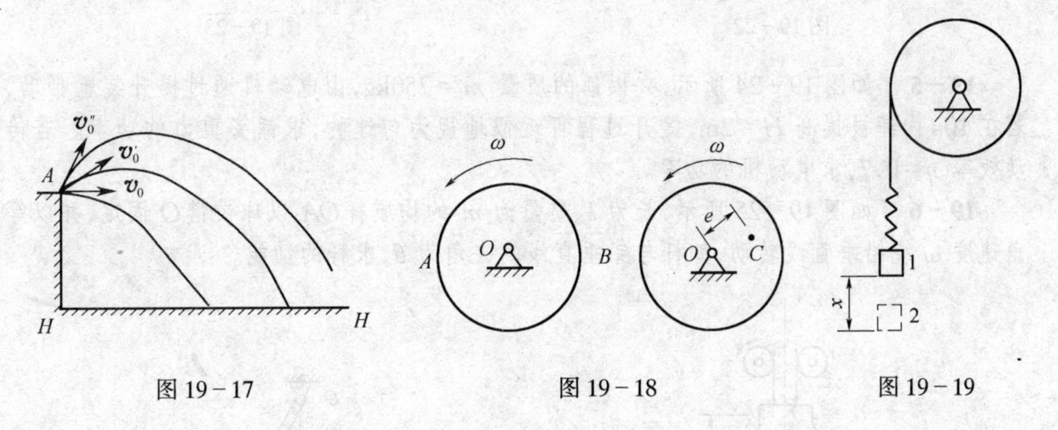

图19－17　　图19－18　　图19－19

习题

19－1　如图19－20所示，摆锤的质量为 m，$OA=r$，求摆锤由 A 至最低位置 B，以及由 A 经过 B 到 C 的过程中摆锤重力所做的功。图中 φ、θ 角为已知。

19－2　如图19－21所示，一对称的矩形木箱质量为2000kg，宽1.5m，高2m。如要使它绕棱边 E（转轴 E 垂直于图面）转动后翻倒，人最少要对它做多少功？

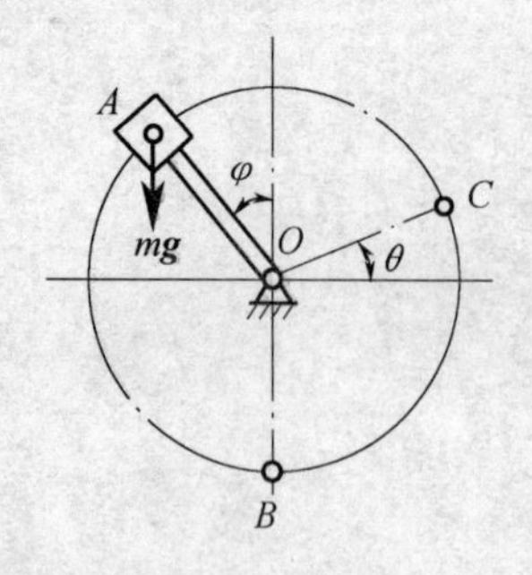

图 19-20

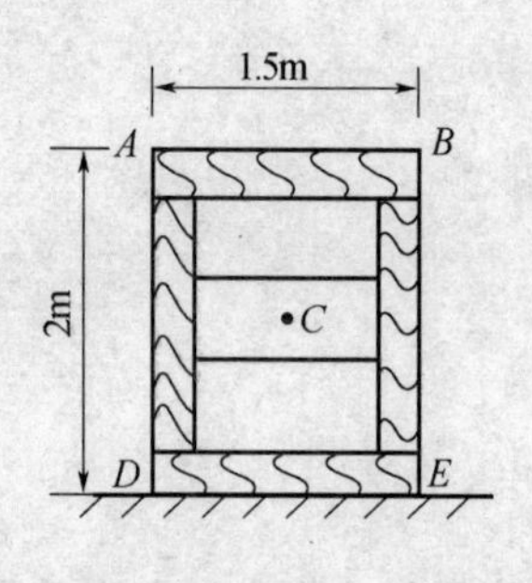

图 19-21

19-3 如图 19-22 所示，弹簧原长为 l_0，刚度系数 $k=1960\text{N/m}$，一端固定，另一端与质点 M 相连。试分别计算下列各种情况时弹性力的功：(1)质点由 M_1 至 M_2；(2)质点由 M_2 至 M_3；(3)质点由 M_3 至 M_1。

19-4 如图 19-23 所示，带轮半径 $R=500\text{mm}$，胶带拉力分别为 $T_1=1800\text{N}$ 和 $T_2=600\text{N}$，若带轮转速 $n=120\text{r/min}$，试求 1min 内胶带拉力所做的总功。

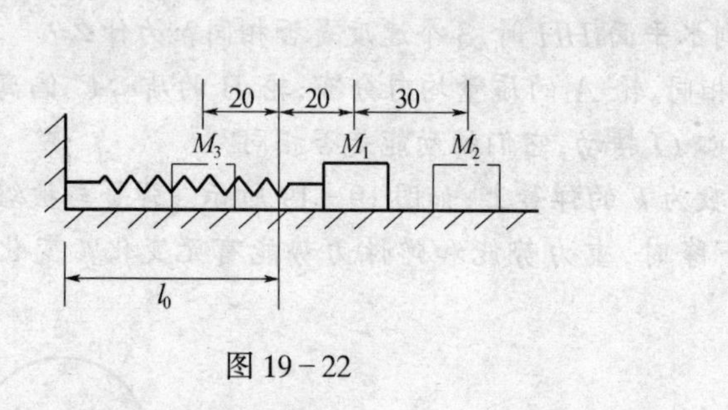

图 19-22

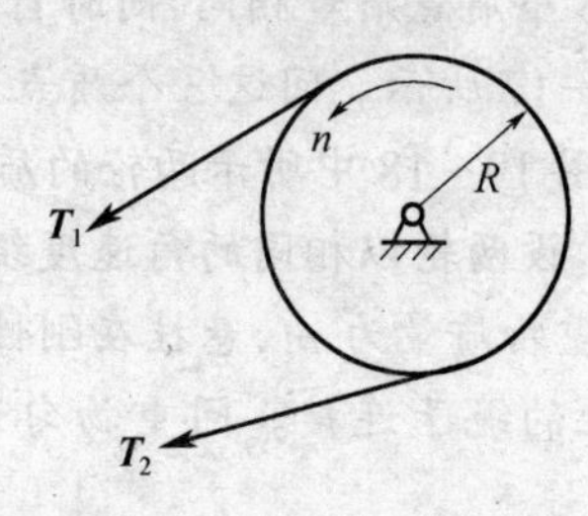

图 19-23

19-5 如图 19-24 所示，夹板锤的质量 $m=250\text{kg}$，由电动机通过提升装置带动，若在 10s 内锤被提高 $H=2\text{m}$，提升过程可近似地视为匀速的，求锤头重力的功率。若传动效率 $\eta=0.7$，求电动机的功率。

19-6 如图 19-25 所示，长为 l、质量为 m 的均质杆 OA 以球铰链 O 固定，并以等角速度 ω 绕铅垂直线转动，如杆与铅垂直线的夹角为 θ，求杆的动能。

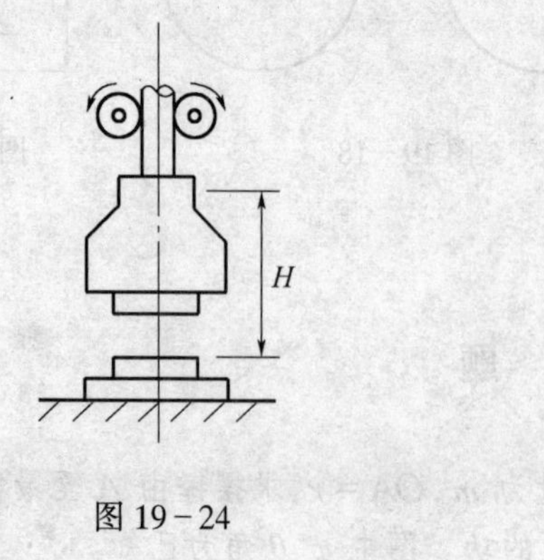

图 19-24

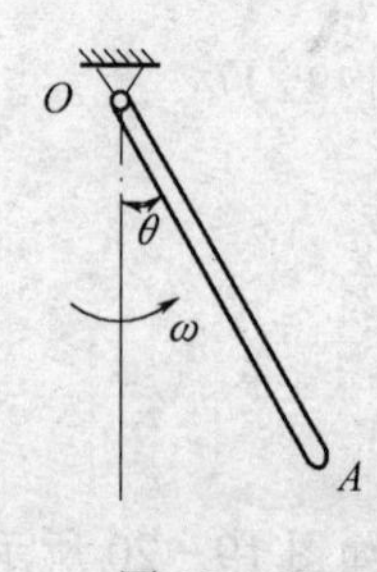

图 19-25

19-7 行星轮系的平面图形如图 19-26 所示。已知行星齿轮的半径为 r，质量为 m_1；曲柄的质量为 m_2，二者均可当作均质物体；固定齿轮半径为 R。今在曲柄上施加一

不变力矩 $\boldsymbol{M}$,使系统从静止开始运动,求曲柄的角速度与其转过的角度 φ 之间的关系。

19-8 如图 19-27 所示,手摇起重装置的手柄长度为 360mm,人工在手柄端施加作用力 $F=15\text{kN}$,而使起重机作匀速转动,其转速 $n=4\text{r/min}$,试求工人在 10min 内做的功。

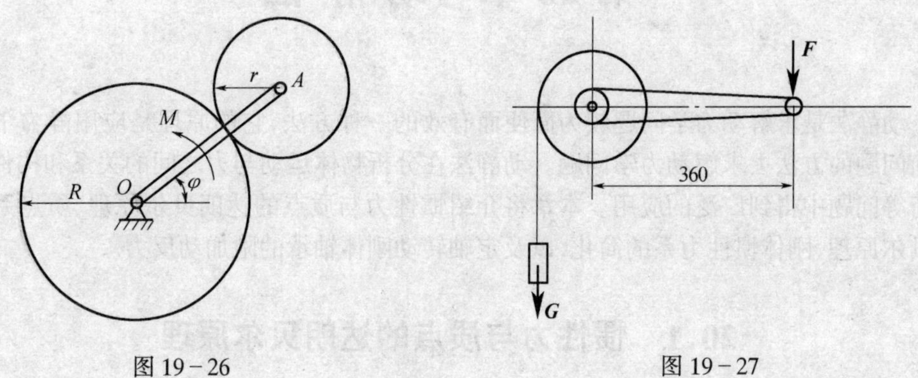

图 19-26　　　　图 19-27

19-9 如图 19-28 所示,半径为 R,重量为 G_1 的齿轮Ⅰ自由安装在固定的水平轴 O_1 上,在另一与其平行的轴 O_2 上安装着固连在一起的齿轮Ⅱ和鼓轮Ⅲ,齿轮Ⅱ与齿轮Ⅰ具有相同的半径和重量,鼓轮Ⅲ半径为 r,重量为 G_2,绳子绕在鼓轮上,它的另一端连接重量为 G 的重物。视齿轮为均质圆盘,视鼓轮为均质圆柱,不计摩擦。试求重物无初速度地下落距离 h 时的速度和加速度。

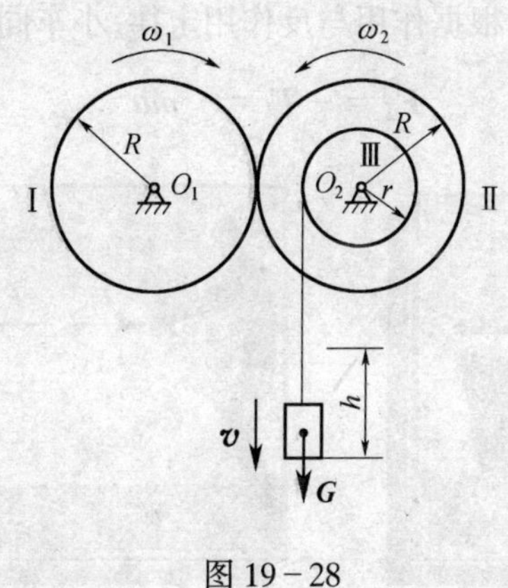

图 19-28

第 20 章　动 静 法

动静法是求解动力学问题较为简便而有效的一种方法，它的原理是应用静力学研究平衡问题的方法去求解动力学问题。动静法在分析物体运动与力之间的关系和构件的动载荷等问题中得到广泛的应用。本章将介绍惯性力与质点的达朗贝尔原理、质点系的达朗贝尔原理、刚体惯性力系的简化，以及定轴转动刚体轴承的附加动反力。

20.1　惯性力与质点的达朗贝尔原理

20.1.1　惯性力的概念

在水平的直线轨道上，人用水平推力 $\boldsymbol{F}$ 推动质量为 m 的小车，使小车获得加速度 $\boldsymbol{a}$（图 20－1），由于小车具有保持其原有运动状态不变的惯性，因此给人一反作用力 $\boldsymbol{F}_I$，可以认为是由于小车具有惯性，力图保持它原有的运动状态，而对施力物体（推车人）的反作用力，$\boldsymbol{F}_I$ 称为小车的惯性力。根据作用与反作用定律，小车同时对人的反作用力为：

$$\boldsymbol{F}_I = -\boldsymbol{F} = -m\boldsymbol{a}$$

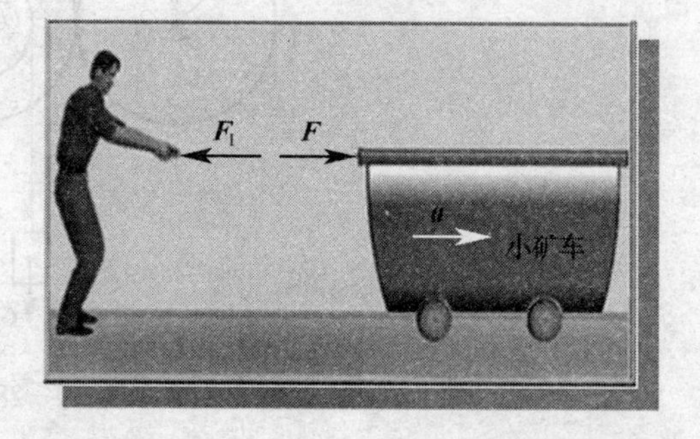

图 20－1

由上述例子可知，小车可看作质点，当质点受力作用而改变其原来的运动状态时（即产生加速度），由于质点的惯性产生的对施力物体的反作用力称为质点的惯性力。设质点的质量为 m，加速度为 $\boldsymbol{a}$，则质点的惯性力为：

$$\boldsymbol{F}_I = -m\boldsymbol{a} \tag{20-1}$$

质点惯性力的大小等于质点质量与其加速度的乘积，方向与加速度的方向相反，作用在迫使质点改变运动状态的施力物体上。质点的惯性力并非质点本身所受到的力，而是质点作用于施力物体上的力。

20.1.2 质点的达朗贝尔原理

如图 20-2 所示,设有一质量为 m 的非自由质点 M,在主动力 $\boldsymbol{F}$ 和约束力 $\boldsymbol{F}_N$ 作用下作曲线运动,加速度为 $\boldsymbol{a}$,根据动力学第二定律,则有

$$\boldsymbol{F}_R = \boldsymbol{F} + \boldsymbol{F}_N = m\boldsymbol{a}$$

上式移项后,得 $\boldsymbol{F} + \boldsymbol{F}_N + (-m\boldsymbol{a}) = 0$

令 $\boldsymbol{F}_{\mathrm{I}} = -m\boldsymbol{a}$,我们称之为惯性力,则有

$$\boldsymbol{F} + \boldsymbol{F}_N + \boldsymbol{F}_{\mathrm{I}} = 0 \qquad (20-2)$$

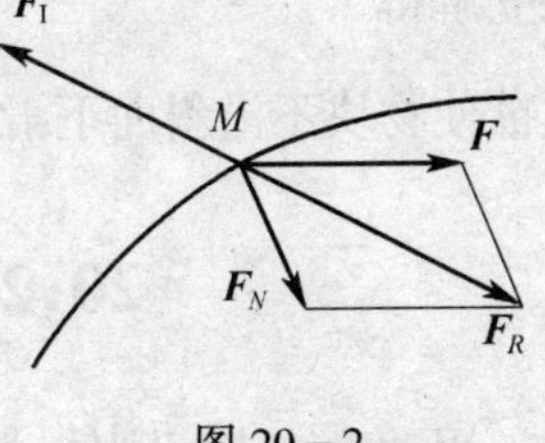

图 20-2

上式表明:在质点运动的任一瞬时,作用于质点上的主动力、约束力和虚加的惯性力在形式上组成平衡力系,这就是质点达朗贝尔原理。

应当强调指出,这里的惯性力并不是作用在质点上的真实力,而质点也并非处于平衡状态,式(20-2)表示的只不过是作用于不同物体上的三个力之间的矢量关系,因质点仍处于变速运动状态,故这里的平衡没有实际意义,它只是借助静力学的平衡方程来求解动力学问题,而使之便于掌握和应用而已。这种在变速运动质点上加惯性力,而把动力学问题转化为静力学问题来求解的方法,通称为动静法。

将质点的动静法应用于质点系中的每个质点,便可推得质点系的动静法。

设质点系由 n 个质点组成,第 i 个质点的质量为 m_i,受主动力 $\boldsymbol{F}_i$ 和约束反力 $\boldsymbol{F}_{Ni}$ 作用,加速度为 $\boldsymbol{a}_i$。对每个质点应用式(20-2)有

$$\boldsymbol{F}_i + \boldsymbol{F}_{Ni} + \boldsymbol{F}_{\mathrm{I}i} = 0 \quad (i = 1,2,\cdots,n) \qquad (20-3)$$

即质点系运动的每一瞬时,除真实作用于每个质点的主动力和约束反力以外,再加上该质点的惯性力,这些力形式上组成平衡力系,这就是质点系的动静法,亦称为质点系的达朗贝尔原理。

例 20-1 小物块 A 放在车的斜面上,斜面倾角为 30°,如图 20-3 所示。物块 A 与斜面的静摩擦因数 $f_s = 0.2$,若车向左加速运动,试问物块不致沿斜面下滑的加速度 a。

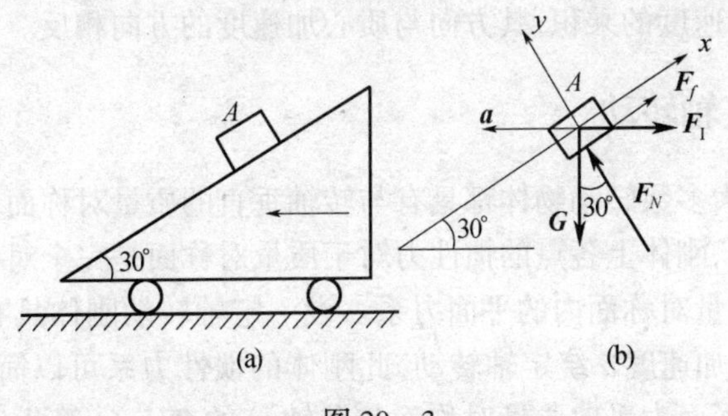

图 20-3

解 (1) 以小物块 A 为研究对象,视其为质点,作物块的受力图,其上作用有重力 $\boldsymbol{G}$,法向反力 $\boldsymbol{F}_N$ 和摩擦力 $\boldsymbol{F}_f$。

(2) 分析:物块随车以加速度 $\boldsymbol{a}$ 运动,其惯性力的大小为 $F_{\mathrm{I}} = \dfrac{G}{g}a$。将此惯性力以

与 $\boldsymbol{a}$ 相反的方向加到物块上。

(3) 建立直角坐标系，并求解。由动静法，建立平衡方程：

$$\sum F_x = 0, F_f + F_{\mathrm{I}}\cos 30^{\circ} - G\sin 30^{\circ} = 0$$

即

$$f_s F_N + \frac{G}{g} a\cos 30^{\circ} - G\sin 30^{\circ} = 0$$

$$\sum F_y = 0, F_N - F_{\mathrm{I}}\sin 30^{\circ} - G\cos 30^{\circ} = 0$$

即

$$F_N - \frac{G}{g} a\sin 30^{\circ} - G\cos 30^{\circ} = 0$$

联立解得

$$a = \frac{\sin 30^{\circ} - f_s\cos 30^{\circ}}{f_s\sin 30^{\circ} + \cos 30^{\circ}} g = 3.32\mathrm{m/s^2}$$

故欲使物块不沿斜面下滑，必须满足：$a \geqslant 3.32\mathrm{m/s^2}$。

20.2 刚体的惯性力简化及轴承反力

用动静法求解刚体动力学问题时，需要对刚体内每个质点加上它的惯性力，因组成刚体的质点数目有无限多个，故在每个质点上加惯性力，显然不方便。若采用静力学中简化力系的方法将刚体的惯性力系加以简化，则应用于解题就方便多了。下面对刚体作平动和定轴转动时的惯性力系进行简化。

20.2.1 刚体平动

刚体作平动时，体内各质点的加速度相等并都等于质心的加速度，即 $\boldsymbol{a}_i = \boldsymbol{a}_C$。现给平动刚体内各质点都加上惯性力，而任意一质点的惯性力 $\boldsymbol{F}_{\mathrm{I}i} = -m_i\boldsymbol{a}_i = -m_i\boldsymbol{a}_C$，于是各质点的惯性力组成一同向的平行力系，这个同向的平行力系可简化为一个通过质心 C 的合力 $\boldsymbol{F}_{\mathrm{I}R}$，并且有

$$\boldsymbol{F}_{\mathrm{I}R} = \sum \boldsymbol{F}_{\mathrm{I}i} = \sum(-m_i\boldsymbol{a}_C) = -\boldsymbol{a}_C\sum m_i = -m\boldsymbol{a}_C \qquad (20-4)$$

由此得出结论：刚体作平动时，惯性力系简化为一个通过质心的合力，此合力的大小等于刚体的质量与加速度的乘积，其方向与质心加速度的方向相反。

20.2.2 刚体绕定轴转动

在工程实际中，大多数转动物体都具有与转轴垂直的质量对称面，例如圆轴、齿轮、圆盘等。在这种情况下，刚体上各点的惯性力对于质量对称面是完全对称的，相应地惯性力系就可以简化为在质量对称面内的平面力系。设一定轴转动刚体具有质量对称面，且绕 z 轴以角速度 ω 和角加速度 α 绕定轴转动，此刚体的惯性力系可以简化为在质量对称面内的平面力系，将此平面力系向质量对称面与转轴 z 的交点 O 简化，可以得到一力和一力偶。惯性力向 O 点简化所得到的力为

$$\boldsymbol{F}_{\mathrm{I}R} = \sum \boldsymbol{F}_{\mathrm{I}i} = -\sum m_i\boldsymbol{a}_i = -m\boldsymbol{a}_C \qquad (20-5)$$

式中，m 为刚体的质量，$\boldsymbol{a}_C$ 为刚体质心的加速度。而惯性力系向 O 点简化所得到的力偶

的力偶矩为

$$M_{IO}=\sum M_o(\boldsymbol{F}_{Ii})=\sum M_o(\boldsymbol{F}_{Ii}^{\tau})$$
$$=\sum(-m_ir_i\alpha\cdot r_i)=-\alpha\sum m_ir_i^2=-J_z\alpha \tag{20-6}$$

这里在求惯性力对 O 点的矩时,其中的法向惯性力对 O 点的矩为零,而只有切向惯性力对 O 点的矩。J_z 表示刚体对 z 轴的转动惯量,负号表示惯性力偶的方向与角加速度的方向相反。由此得出结论:刚体绕垂直于质量对称面的轴转动时,其惯性力可简化为在对称面内的一个力和一个力偶,这个力的作用线通过转轴,其大小等于刚体质量与质心加速度的乘积,方向与质心的加速度方向相反;这个力偶的力偶矩等于刚体对转轴的转动惯量与角加速度的乘积,其方向与角加速度方向相反。

下面讨论几种特殊情况。

1) 质心通过转轴,刚体作匀速转动

质心通过转轴,质心的加速度为零,惯性主矢为零;刚体作匀速转动,角加速度 $\alpha=0$,惯性主矩为零。刚体表现为转动平衡状态。

2) 质心通过转轴,刚体作变速转动

质心通过转轴,质心的加速度为零,惯性主矢为零;刚体作变速转动,角加速度 $\alpha\neq0$,有惯性主矩 $M_{IO}=-J_z\alpha$。

3) 质心不通过转轴,刚体作匀速转动

质心不通过转轴,刚体作匀速转动,质心相对转轴有法向加速度,惯性主矢的法向分量 $\boldsymbol{F}_{RO}^n=-m\boldsymbol{a}_C^n$ 不为零,法向分量 $\boldsymbol{F}_{RO}^n=-m\boldsymbol{a}_C^n$ 就是日常生活中所说的离心力;刚体作匀速转动,角加速度 $\alpha=0$,惯性主矩为零。

4) 质心不通过转轴,刚体作变速转动

质心不通过转轴,刚体作变速转动,质心有全加速度,惯性主矢 $\boldsymbol{F}_{RO}=-m\boldsymbol{a}_C$ 不为零,惯性主矢 $\boldsymbol{F}_{RO}$ 又可分解为切向分量 $\boldsymbol{F}_{RO}^{\tau}=-m\boldsymbol{a}_C^{\tau}$ 和法向分量 $\boldsymbol{F}_{RO}^n=-m\boldsymbol{a}_C^n$;刚体作变速转动,角加速度 $\alpha\neq0$,有惯性主矩 $M_{IO}=-J_z\alpha$。

20.2.3 轴承的动反力

刚体在给定的主动力作用下绕定轴转动时,一般来说刚体的惯性力不能自成平衡力系,这主要是因为刚体的质量对于转轴的分布在实际中不可能很对称。在工程上,特别是转子绕定轴高速转动时,由于惯性力的不平衡而使轴承产生巨大的附加作用力,即轴承反力,因而研究轴承反力产生的原因和避免出现轴承反力的条件,具有很现实的意义。

例 20-2 设转子的偏心距 $e=0.1$mm,重为 200N,转轴垂直于转子的对称面。转子安装在 AB 轴中间,转子等速转动的转速为 12000r/min,求图示位置时轴承的动反力(图 20-4)。

解 (1) 分析运动并虚加惯性力。

转子作等速转动,转子的质量中心与转动轴线间有偏心。在转子的质量中心虚加法向惯性力 $F_I=F_{In}=-ma_C^n$,其大小为 $F_I=ma_C^n=\dfrac{G}{g}e\omega^2$,方向与质心的法向加速度的方向相反。

(2) 画转子的受力图。

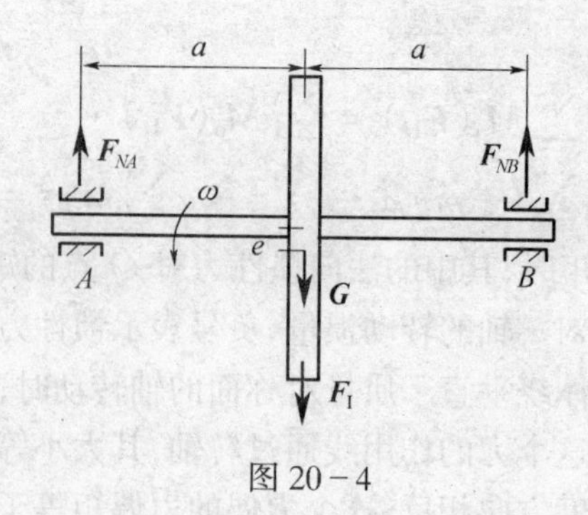

图 20-4

转子受到轴承反力 $\boldsymbol{F}_{NA}$、$\boldsymbol{F}_{NB}$、重力 $\boldsymbol{G}$、虚加的法向惯性力 $F_{\mathrm{I}}=m\boldsymbol{\alpha}_C^n=\dfrac{G}{g}e\omega^2$ 的作用。

(3) 列平衡方程求解未知数。

$$\sum M_A(\boldsymbol{F})=0,\quad 2aF_{NB}-aF_{\mathrm{I}}-aG=0 \tag{a}$$

$$\sum F_y=0 \qquad F_{NA}+F_{NB}-G-F_{\mathrm{I}}=0 \tag{b}$$

转子在轴中间,根据受力对称,故 $F_{NA}=F_{NB}$。 (c)

将式(b)、式(c)代入式(a)得

$$F_{NB}=\frac{F_{\mathrm{I}}+G}{2}=\frac{G}{2}\left(1+\frac{e\omega^2}{g}\right) \tag{d}$$

将其他数据及 $\omega=\dfrac{2n\pi}{60}=400\pi\text{rad/s}$ 代入式(d)

解得 $$F_{NA}=F_{NB}=1700\text{N}$$

若转子不动,轴仅受重力作用,此时,静反力只有 $F'_{NA}=F'_{NB}=100\text{N}$。可见,0.1mm 的微小偏心矩,在转子高速旋转时所引起的轴承反力增大至原来的 17 倍。轴承的动反力为 1700N-100N=1600N。静反力在刚体静止或转动时都存在,而动反力只有在刚体转动时才会出现。对于高速转子,即使偏心距很小,其附加的动反力都要比静反力大很多。这样大的力作用于转轴,必然使轴承磨损加剧或使机器发生振动。

思考题

1. 当一列火车在平直的轨道上加速前进时,哪两节车厢的挂钩受力最小? 为什么?

2. 汽车在水平公路上匀速直线行驶,突然刹车减速。问:减速前后,前轮和后轮的正压力如何变化? 为什么?

3. 均质杆绕其悬挂的上端在铅垂平面内自由摆动。将杆的惯性力系向此端点简化,或向杆的中心简化,其结果有什么不同? 两者有什么联系?

习题

20-1 如图 20-5 所示,放置在水平面上的三棱柱,其斜面与水平面夹角为 θ。当三棱柱以一定的加速度 a 向右运动时，可以使放置在斜面上的物体保持相对静止。若物体与斜面间的摩擦忽略不计，求加速度的值。

20－2 如图 20－6 所示，质量为 m、半径为 r 的均质球体放在粗糙的水平面上。若在球的铅垂中心面上的某一点 A 处，施加一水平力 $\boldsymbol{F}$，使球无滚动地向右滑动。已知球的加速度 $a=0.2g$，摩擦因数 $f_s=0.3$，求力的大小和点 A 的高度 h。

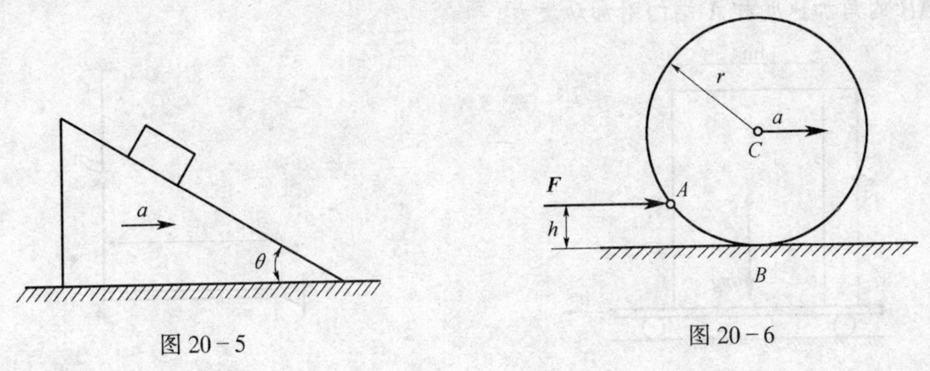

图 20－5　　　　图 20－6

20－3 图 20－7 所示皮带轮系统中，二皮带轮均为均质圆盘，二者半径分别为 r_1 和 r_2，质量分别为 m_1 和 m_2。若在左侧轮上施加一逆时针不变力偶 M_1 使其绕轴心转动，则右轮上将产生阻力偶 M_2。皮带的质量和轴承的摩擦都忽略不计，求左侧皮带轮的加速度。

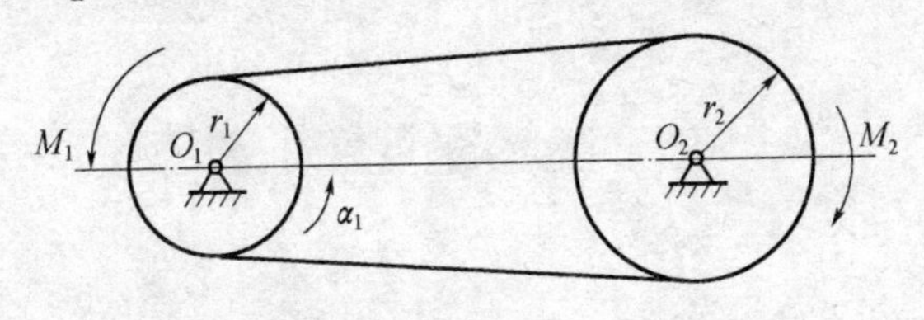

图 20－7

20－4 如图 20－8 所示，长为 l 的悬臂梁 AB 的 B 端用铰链连接一半径为 R 的滑轮，其上绕以不可伸长并不计自重的绳，绳端悬挂有自重为 G_1 的物体 C。当物体 C 下落时，带动重量为 G_2 的滑轮转动，已知滑轮为均质圆盘，不计轴上的摩擦及梁和绳的自重，试求固定端 A 的约束力。

20－5 水平梁上有一绞车以 $a=1\text{m/s}^2$ 的加速度向上提起质量为 200kg 的重物。若绞车鼓轮半径 $r=100\text{mm}$，转动惯量 $J=3\text{kg}\cdot\text{m}^2$，其他尺寸如图 20－9 所示。试求支座 A 与 B 的附加动反力。

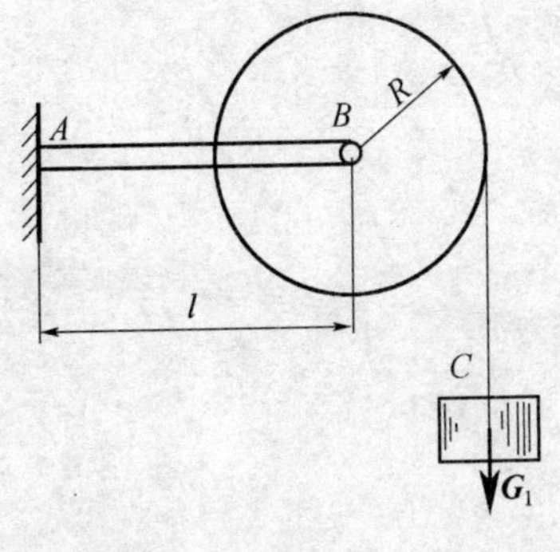

图 20－8

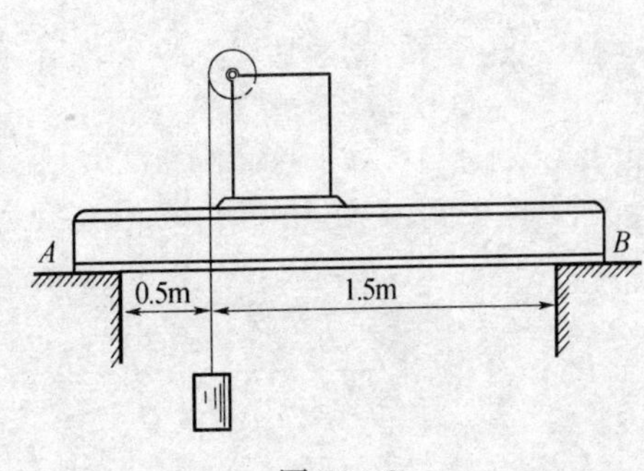

图 20－9

20－6　运送货物的平板车载着质量为 m 的货物，如图 20－10 所示。货箱可视为均质长方体，货箱与平板之间的摩擦因数 $\mu_s=0.35$，试求平板车安全运行（货物不滑动也不翻倒）时所允许的平板车的最大加速度。

20－7　如图 20－11 所示，一均质细杆 AB 长度 $l=1\text{m}$，其质量 $m=12\text{kg}$，杆 A 端用铰链支承，B 端用铅垂绳吊住，并使杆保持水平。现在把绳子突然割断，试求绳子割断时杆 AB 的角加速度和 A 端的附加动反力。

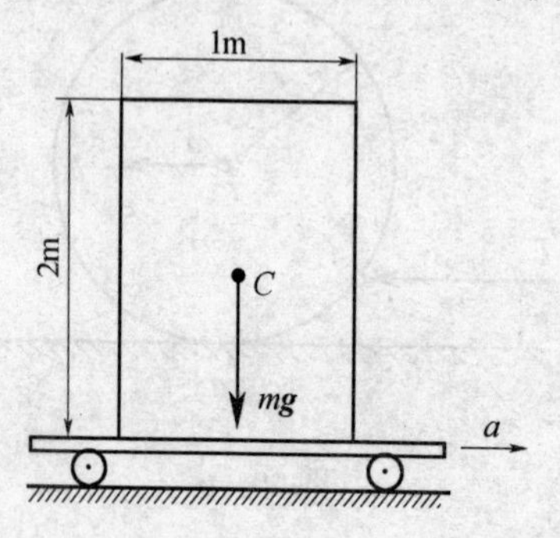

图 20－10

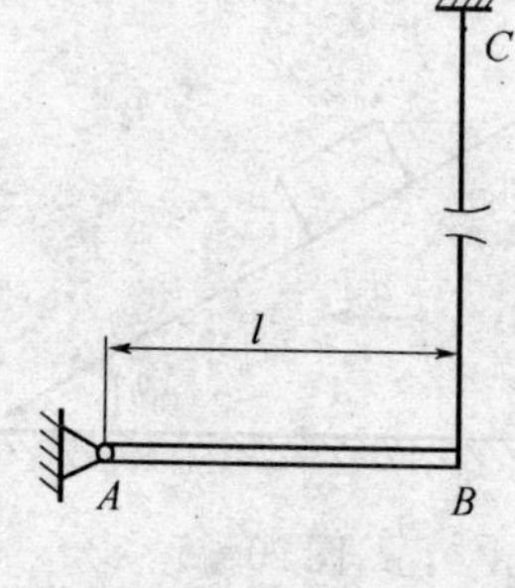

图 20－11

附录Ⅰ 常用图形的几何性质

图　形	形心位置 e	惯性矩 I_z	抗弯截面模量 W_z	惯性半径 i_z
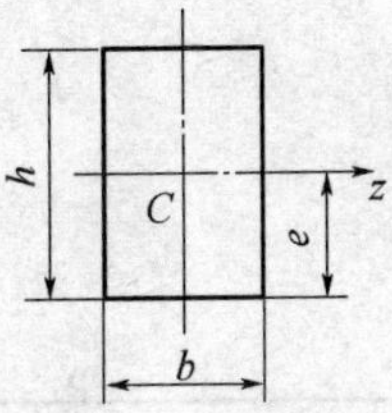	$\frac{h}{2}$	$\frac{bh^3}{12}$	$\frac{bh^2}{6}$	$\frac{h}{2\sqrt{3}}=0.289h$
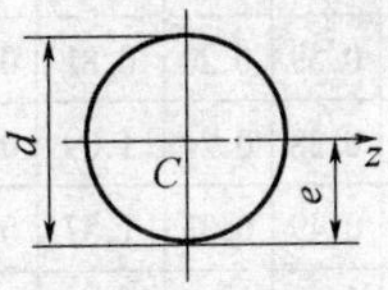	$\frac{d}{2}$	$\frac{\pi d^4}{64}$	$\frac{\pi d^3}{32}$	$\frac{d}{4}$
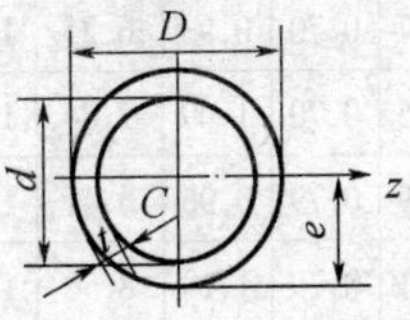	$\frac{D}{2}$	$\frac{\pi}{64}(D^4-d^4)$	$\frac{\pi}{32D}(D^4-d^4)$	$\frac{1}{4}\sqrt{D^2+d^2}$
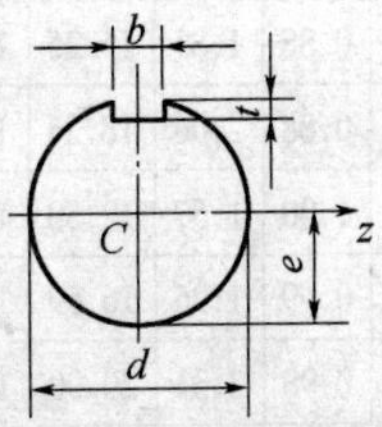	$\approx\frac{d}{2}$	$\approx\frac{\pi d^4}{64}-\frac{bt}{4}(d-t)^2$	$\approx\frac{\pi d^2}{32}-\frac{bt}{2d}(d-t)^2$	$\sqrt{I_z/A}$

附录Ⅱ 型钢表

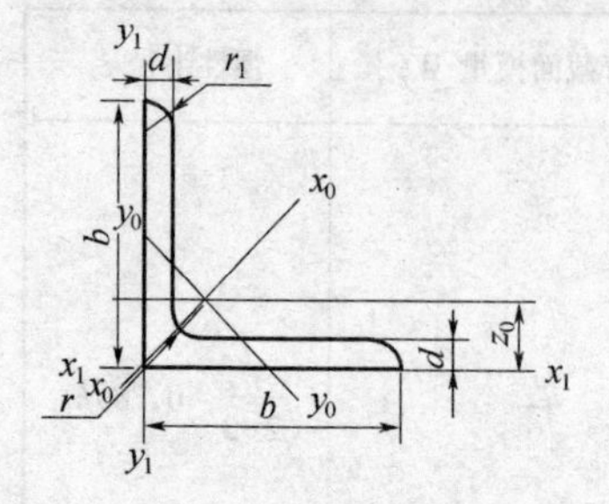

1. 热轧等边角钢(YB166－65)

符号意义：

b—边宽；	r_0—顶端圆弧半径；
d—边厚；	I—惯性矩；
r—内圆弧半径；	i—惯性半径；
r_1—边端内弧半径；	W—截面系数；
r_2—边端外弧半径；	z_0—重心距离。

角钢号数	尺寸/mm			截面面积/cm²	理论质量/(kg·m⁻¹)	外表面积/(m²·m⁻¹)	参考数值										
							$x-x$			x_0-x_0			y_0-y_0			x_1-x_1	z_0/cm
	b	d	r				I_x/cm⁴	i_x/cm	W_x/cm³	I_{x_0}/cm⁴	i_{x_0}/cm	W_{x_0}/cm³	I_{y_0}/cm⁴	i_{y_0}/cm	W_{y_0}/cm³	I_{x_1}/cm⁴	
2	20	3	3.5	1.132	0.889	0.078	0.40	0.59	0.29	0.63	0.75	0.45	0.17	0.39	0.20	0.81	0.60
		4		1.459	1.145	0.077	0.50	0.58	0.36	0.78	0.73	0.55	0.22	0.38	0.24	1.09	0.64
2.5	25	3		1.432	1.124	0.098	0.82	0.76	0.46	1.29	0.95	0.73	0.34	0.49	0.33	1.57	0.73
		4		1.859	1.459	0.097	1.03	0.74	0.59	1.62	0.93	0.92	0.43	0.48	0.40	2.11	0.76
3.0	30	3	4.5	1.749	1.373	0.117	1.46	0.91	0.68	2.31	1.15	1.09	0.61	0.59	0.51	2.71	0.85
		4		2.276	1.786	0.117	1.84	0.90	0.87	2.92	1.13	1.37	0.77	0.58	0.62	3.63	0.89
3.6	36	3		2.109	1.656	0.141	2.58	1.11	0.99	4.09	1.39	1.61	1.07	0.71	0.76	4.68	1.00
		4		2.756	2.163	0.141	3.29	1.09	1.28	5.22	1.38	2.05	1.37	0.70	0.93	6.25	1.04
		5		3.382	2.654	0.141	3.95	1.08	1.56	6.24	1.36	2.45	1.65	0.70	1.09	7.84	1.07
4.0	40	3	5	2.359	1.852	0.157	3.59	1.23	1.23	5.69	1.55	2.01	1.49	0.79	0.96	6.41	1.09
		4		3.086	2.422	0.157	4.60	1.22	1.60	7.29	1.54	2.58	1.91	0.79	1.19	8.56	1.13
		5		3.791	2.976	0.156	5.53	1.21	1.96	8.76	1.52	3.10	2.30	0.78	1.39	10.74	1.17
4.5	45	3		2.659	2.088	0.177	5.17	1.40	1.58	8.20	1.76	2.58	2.14	0.90	1.24	9.12	1.22
		4		3.486	2.736	0.177	6.65	1.38	2.05	10.56	1.74	3.32	2.75	0.89	1.54	12.18	1.26
		5		4.292	3.369	0.176	8.04	1.37	2.51	12.74	1.72	4.00	3.33	0.88	1.81	15.25	1.30
		6		5.076	3.985	0.176	9.33	1.36	2.95	14.76	1.70	4.64	3.89	0.88	2.06	18.36	1.33
5	50	3	5.5	2.971	2.332	0.197	7.18	1.55	1.96	11.37	1.96	3.22	2.98	1.00	1.57	12.50	1.34
		4		3.897	3.059	0.197	9.26	1.54	2.56	14.70	1.94	4.16	3.82	0.99	1.96	16.69	1.38
		5		4.803	3.770	0.196	11.21	1.53	3.13	17.79	1.92	5.03	4.64	0.98	2.31	20.90	1.42
		6		5.688	4.465	0.196	13.05	1.52	3.68	20.68	1.91	5.85	5.42	0.98	2.63	25.14	1.46
5.6	56	3	6	3.343	2.624	0.221	10.19	1.75	2.48	16.14	2.20	4.08	4.24	1.13	2.02	17.56	1.48
		4		4.390	3.446	0.220	13.18	1.73	3.24	20.92	2.18	5.28	5.46	1.11	2.52	23.43	1.53
		5		5.415	4.251	0.220	16.02	1.72	3.97	25.42	2.17	6.42	6.61	1.10	2.98	29.33	1.57
		8		8.367	6.568	0.219	23.63	1.68	6.03	37.37	2.11	9.44	9.89	1.09	4.16	47.24	1.68

(续)

角钢号数	尺寸/mm b	尺寸/mm d	尺寸/mm r	截面面积 /cm^2	理论质量 /($kg \cdot m^{-1}$)	外表面积 /($m^2 \cdot m^{-1}$)	参考数值 $x-x$ I_x /cm^4	i_x /cm	W_x /cm^3	x_0-x_0 I_{x_0} /cm^4	i_{x_0} /cm	W_{x_0} /cm^3	y_0-y_0 I_{y_0} /cm^4	i_{y_0} /cm	W_{y_0} /cm^3	x_1-x_1 I_{x_1} /cm^4	z_0 /cm
6.3	63	4	7	4.978	3.907	0.248	19.03	1.96	4.13	30.17	2.46	6.78	7.89	1.26	3.29	33.35	1.70
		5		6.143	4.822	0.248	23.17	1.94	5.08	36.77	2.45	8.25	9.57	1.25	3.90	41.73	1.74
		6		7.288	5.721	0.247	27.12	1.93	6.00	43.03	2.43	9.66	11.20	1.24	4.46	50.14	1.78
		8		9.515	7.469	0.247	34.46	1.90	7.75	54.56	2.40	12.25	14.33	1.23	5.47	67.11	1.85
		10		11.657	9.151	0.246	41.09	1.88	9.39	64.85	2.36	14.56	17.33	1.22	6.36	84.31	1.93
7	70	4	8	5.570	4.372	0.275	26.39	2.18	5.14	41.80	2.74	8.44	10.99	1.40	4.17	45.74	1.86
		5		6.875	5.397	0.275	32.21	2.16	6.32	51.08	2.73	10.32	13.34	1.39	4.95	57.21	1.91
		6		8.160	6.406	0.275	37.77	2.15	7.48	59.93	2.71	12.11	15.61	1.38	5.67	68.73	1.95
		7		9.424	7.398	0.275	43.09	2.14	8.59	68.35	2.69	13.81	17.82	1.38	6.34	80.29	1.99
		8		10.667	8.373	0.274	48.17	2.12	9.68	76.37	2.68	15.43	19.98	1.37	6.98	91.92	2.03
(7.5)	75	5	9	7.367	5.818	0.295	39.97	2.33	7.32	63.30	2.92	11.94	16.63	1.50	5.77	70.56	2.04
		6		8.797	6.905	0.294	46.95	2.31	8.64	74.38	2.90	14.02	19.51	1.49	6.67	84.55	2.07
		7		10.160	7.976	0.294	53.57	2.30	9.93	84.96	2.89	16.02	22.18	1.48	7.44	98.71	2.11
		8		11.503	9.030	0.294	59.96	2.28	11.20	95.07	2.88	17.93	24.86	1.47	8.19	112.97	2.15
		10		14.126	11.089	0.293	71.98	2.26	13.64	113.92	2.84	21.48	30.05	1.46	9.56	141.71	2.22
8	80	5		7.912	6.211	0.315	48.79	2.48	8.34	77.33	3.13	13.67	20.25	1.60	6.66	85.36	2.15
		6		9.397	7.376	0.314	57.35	2.47	9.87	90.98	3.11	16.08	23.72	1.59	7.65	102.50	2.19
		7		10.860	8.525	0.314	65.58	2.46	11.37	104.07	3.10	18.40	27.09	1.58	8.58	119.70	2.23
		8		12.303	9.658	0.314	73.49	2.44	12.83	116.60	3.08	20.61	30.39	1.57	9.46	136.97	2.27
		10		15.126	11.874	0.313	88.43	2.42	15.64	140.09	3.04	24.76	36.77	1.56	11.08	171.74	2.35
9	90	6	10	10.637	8.350	0.354	82.77	2.79	12.61	131.26	3.51	20.63	34.28	1.80	9.95	145.87	2.44
		7		12.301	9.656	0.354	94.83	2.78	14.54	150.47	3.50	23.64	39.18	1.78	11.19	170.30	2.48
		8		13.944	10.946	0.353	106.47	2.76	16.42	168.97	3.48	26.55	43.97	1.78	12.35	194.80	2.52
		10		17.167	13.476	0.353	128.58	2.74	20.07	203.90	3.45	32.04	53.26	1.76	14.52	244.07	2.59
		12		20.306	15.940	0.352	149.22	2.71	23.57	236.21	3.41	37.12	62.22	1.75	16.49	293.76	2.67
10	100	6	12	11.932	9.366	0.393	114.95	3.10	15.68	181.98	3.90	25.74	47.92	2.00	12.69	200.07	2.67
		7		13.796	10.830	0.393	131.86	3.09	18.10	208.97	3.89	29.55	54.74	1.99	14.26	233.54	2.71
		8		15.638	12.276	0.393	148.24	3.08	20.47	235.07	3.88	33.24	61.41	1.98	15.75	267.09	2.76
		10		19.261	15.120	0.392	179.51	3.05	25.06	284.68	3.84	40.26	74.35	1.96	18.54	334.48	2.84
		12		22.800	17.898	0.391	208.90	3.03	29.48	330.95	3.81	46.80	86.84	1.95	21.08	402.34	2.91
		14		26.256	20.611	0.391	236.53	3.00	33.73	374.06	3.77	52.90	99.00	1.94	23.44	470.75	2.99

注：$r_1=\frac{1}{3}d$，$r_2=0$，$r_0=0$。

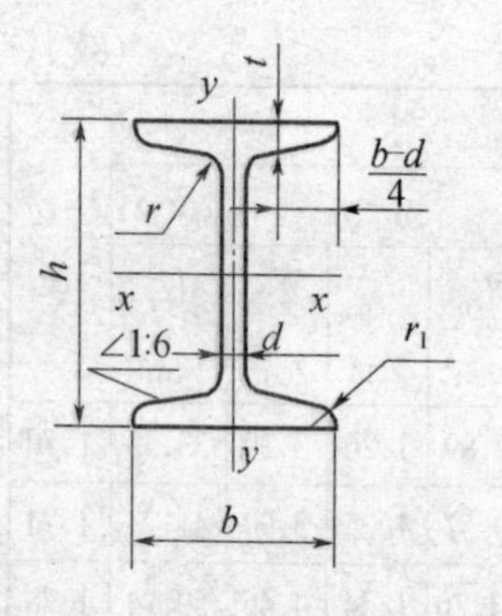

2. 热轧普通工字钢(GB706－65)

符号意义：

h—高度； r_1—腿端圆弧半径；

b—腿宽； I—惯性矩；

d—腰厚； i—惯性半径；

t—平均腿厚； W—截面系数；

r—内圆弧半径； s—半截面的面矩。

型号	尺寸(mm)						截面面积	理论重量	参考数值						
									$x-x$				$y-y$		
	h	b	d	t	r	r_1	/cm²	/(kg·m⁻¹)	I_x/cm⁴	W_x/cm³	i_x/cm	$I_x:S_x$	I_y/cm⁴	W_y/cm³	i_y/cm
10	100	68	4.5	7.6	6.5	3.3	14.3	11.2	245	49	4.14	8.59	33	9.72	1.52
12.6	126	74	5	8.4	7	3.5	18.1	14.2	488.43	77.529	5.195	10.85	46.906	12.677	1.609
14	140	80	5.5	9.1	7.5	3.8	21.5	16.9	712	102	5.76	12	64.4	16.1	1.73
16	160	88	6	9.9	8	4	26.1	20.5	1130	141	6.58	13.8	93.1	21.2	1.89
18.	180	94	6.5	10.7	8.5	4.3	30.6	24.1	1660	185	7.36	15.4	122	26	2
20a	200	100	7	11.4	9	4.5	35.5	27.9	2370	237	8.15	17.2	158	31.5	2.12
20b	200	102	9	14.4	9	4.5	39.5	31.1	2500	250	7.96	16.9	169	33.1	2.06
22a	220	110	7.5	12.3	9.5	4.8	42	33	3400	309	8.99	18.9	225	40.9	2.31
22b	220	112	9.5	12.3	9.5	4.8	46.4	36.4	3570	325	8.78	18.7	239	42.7	2.27
25a	250	116	8	13	10	5	48.5	38.1	5023.54	401.88	10.18	21.58	280.046	48.283	2.403
25b	250	118	10	13	10	5	53.5	42	5283.96	422.72	9.938	21.27	309.297	52.423	2.404
28a	280	122	8.5	13.7	10.5	5.3	55.45	43.4	7114.14	508.15	11.32	24.62	345.051	56.565	2.495
28b	280	124	10.5	13.7	10.5	5.3	61.05	47.9	7480	534.29	11.08	24.24	379.496	61.209	2.493
32a	320	130	9.5	15	11.5	5.8	67.05	52.7	11075.5	692.2	12.84	27.46	459.93	70.758	2.619
32b	320	132	11.5	15	11.5	5.8	73.45	57.7	11621.4	726.33	12.58	27.09	501.53	75.989	2.614
32c	320	134	13.5	15	11.5	5.8	79.95	62.8	12167.5	760.47	12.34	26.77	543.81	81.166	2.608
36a	360	136	10	15.8	12	6	76.3	59.9	15760	875	14.4	30.7	552	81.2	2.69
36b	360	138	12	15.8	12	6	83.5	65.6	16530	919	14.1	30.3	582	84.3	2.64
36c	360	140	14	15.8	12	6	90.7	71.2	17310	962	13.8	29.9	612	87.4	2.6
40a	400	142	10.5	16.5	12.5	6.3	86.1	67.6	21720	1090	15.9	34.1	660	93.2	2.77
40b	400	144	12.5	16.5	12.5	6.3	94.1	73.8	22780	1140	15.6	33.6	692	96.2	2.71
40c	400	146	14.5	16.5	12.5	6.3	102	80.1	23850	1190	15.2	33.2	727	99.6	2.65
45a	450	150	11.5	18	13.5	6.8	102	80.4	32240	1430	17.7	38.6	855	114	2.89
45b	450	152	13.5	18	13.5	6.8	111	87.4	33760	1500	17.4	38	894	118	2.84
45c	450	154	15.5	18	13.5	6.8	120	94.5	35280	1570	17.1	37.6	938	122	2.79
50a	500	158	12	20	14	7	119	93.6	46470	1860	19.7	42.8	1120	142	3.07
50b	500	160	14	20	14	7	129	101	48560	1940	19.4	42.4	1170	146	3.04
50c	500	162	16	20	14	7	139	109	50640	2080	19	41.8	1220	151	2.96
56a	560	166	12.5	21	14.5	7.3	135.25	106.2	65585.6	2342.31	22.02	47.73	1370.16	165.08	3.182
56b	560	168	14.5	21	14.5	7.3	146.45	115	68512.5	2446.69	21.63	47.17	1486.75	174.25	3.162
56c	560	170	16.5	21	14.5	7.3	157.85	123.9	71439.4	2551.41	21.27	46.66	1558.39	183.34	3.158
63a	630	176	13	22	15	7.5	154.9	121.6	93916.2	2981.47	24.62	54.17	1700.55	193.24	3.314
63b	630	178	15	22	15	7.5	167.5	131.5	98083.6	3163.98	24.2	53.51	1812.07	203.6	3.289
63c	630	180	17	22	15	7.5	180.1	141	102251.1	3298.42	23.82	52.92	1924.91	213.88	3.268

注：1. 工字钢长度：10～18号，长5～19m；20～63号，长6～19m。

2. 一般采用材料：Q215、Q235、Q275、Q235－F。

3. 热轧普通槽钢(GB707－65)

符号意义:

h—高度;　　r_1—腿端圆弧半径;

b—腿宽;　　I—惯性矩;

d—腰厚;　　W—截面系数;

t—平均腿厚;　　i—惯性半径;

r—内圆弧半径;　　z_0—$y-y$ 与 y_0-y_0 轴线间距离。

型号	尺寸(mm)						截面面积 /cm²	理论重量 /(kg·m⁻¹)	参考数值								
									$x-x$			$y-y$			y_0-y_0	z_0 /cm
	h	b	d	t	r	r_1			W_x cm³	I_x /cm⁴	i_x /cm	W_y /cm³	I_y /cm⁴	i_y /cm	I_{y_0} /cm⁴	
5	50	37	4.5	7	7	3.5	6.93	5.44	10.4	26	1.94	3.55	8.3	1.1	20.9	1.35
6.3	63	40	4.8	7.5	7.5	3.75	8.444	6.63	16.123	50.786	2.453		11.872	1.185	28.38	1.36
8	80	43	5	8	8	4	10.24	8.04	25.3	101.3	3.15	5.79	16.6	1.27	37.4	1.43
10	100	48	5.3	8.5	8.5	4.25	12.74	10	39.7	198.3	3.95	7.8	25.6	1.41	54.9	1.52
12.6	126	53	5.5	9	9	4.5	15.69	12.37	62.137	391.466	4.953	10.242	37.99	1.567	77.09	1.59
14a	140	58	6	9.5	9.5	4.75	18.51	14.53	80.5	563.7	5.52	13.01	53.2	1.7	107.1	1.71
14b	140	60	8	9.5	9.5	4.75	21.31	16.73	87.1	609.4	5.35	14.12	61.1	1.69	120.6	1.67
16a	160	63	6.5	10	10	5	21.95	17.23	108.3	866.2	6.28	16.3	73.3	1.83	144.1	1.8
16	160	65	8.5	10	10	5	25.15	19.74	116.8	934.5	6.1	17.55	83.1	1.82	160.8	1.75
18a	180	68	7	10.5	10.5	5.25	25.69	20.17	141.4	1272.7	7.04	20.03	98.6	1.96	189.7	1.88
18	180	70	9	10.5	10.5	5.25	29.29	22.99	152.2	1369.9	6.84	21.52	111	1.95	210.1	1.84
20a	200	73	7	11	11	5.5	28.83	22.63	178	1780.4	7.86	24.2	128	2.11	244	2.01
20	200	75	9	11	11	5.5	32.83	25.77	191.4	1913.7	7.64	25.88	143.6	2.09	268.4	1.95
22a	220	77	7	11.5	11.5	5.75	81.84	24.99	217.6	2393.9	8.67	28.17	157.8	2.23	298.2	2.1
22	220	79	9	11.5	11.5	5.75	36.24	28.45	233.8	2571.4	8.42	80.05	176.4	2.21	326.3	2.03
25a	250	78	7	12	12	6	84.91	27.47	269.597	3369.62	9.823	30.607	175.529	2.243	322.256	2.065
25b	250	80	9	12	12	6	89.91	31.39	282.402	3530.04	9.405	32.657	196.421	2.218	353.187	1.982
25c	250	82	11	12	12	6	44.91	35.32	295.236	3690.45	9.065	35.926	218.415	2.206	384.133	1.921
28a	280	82	7.5	12.5	12.5	6.25	10.02	31.42	340.328	4764.59	10.91	35.718	217.989	2.333	387.566	2.097
28b	280	84	9.5	12.5	12.5	6.25	45.62	35.81	366.46	5130.45	10.6	37.929	242.144	2.304	427.589	2.016
28c	280	86	11.5	12.5	12.5	6.25	51.22	40.21	392.594	5496.32	10.35	40.301	267.602	2.286	462.597	1.951
32a	320	88	8	14	14	7	48.7	38.22	474.879	7598.06	12.49	46.473	304.787	2.502	552.31	2.242
32b	320	90	10	14	14	7	55.1	43.25	509.012	8144.2	12.15	49.157	336.332	2.471	592.933	2.158
32c	320	92	12	14	14	7	61.5	48.28	543.145	8690.33	11.88	52.642	374.175	2.467	643.299	2.092
36a	360	96	9	16	16	8	60.89	47.8	659.7	11874.2	13.97	63.54	455	2.73	818.4	2.44
36b	360	98	11	16	16	8	68.09	53.45	702.9	12651.8	13.63	66.85	496.7	2.7	880.4	2.37
36c	360	100	13	16	16	8	75.29	50.1	746.1	13429.4	13.36	70.02	536.4	2.67	947.9	2.34
40a	400	100	10.5	18	18	9	75.05	58.91	878.9	17577.9	15.30	78.83	592	2.81	1067.7	2.49
40b	400	102	12.5	18	18	9	83.05	65.19	932.2	18644.5	14.98	82.52	640	2.78	1135.6	2.44
40c	400	104	14.5	18	18	9	91.05	71.47	985.6	19711.2	14.71	86.19	687.8	2.75	1220.7	2.42

注:1. 槽钢长度:5~8 号,长 5~12m;10~18 号,长 5~19m;20~40 号,长 6~19m。

2. 一般采用材料:Q215、Q235、Q275、Q235－F。

附录Ⅲ 习题答案

2-1 $R=669\text{N}, \angle(R,x)=34°48'$

2-2 $Q=58.8\text{kN}$

2-3 $R=\dfrac{Pl}{2h}$

2-4 $F_{AC}=207\text{N}, F_{BC}=164\text{N}$

2-5 $Q:R=0.61$

2-6 $G_M=\dfrac{160y}{(y^2+0.01)^{\frac{1}{2}}}\text{N}$

2-7 (a)$m_O(P)=0$;(b)$m_O(P)=Pl$;(c)$m_O(P)=-Pb$;(d)$m_O(P)=Pl\sin\alpha$;

(e)$m_O(P)=P\sqrt{b^2+l^2}\sin\beta$ (f)$m_O(P)=P(l+r)$

2-8 $F_A=F_B=750\text{N}$

2-9 $F_A=F_C=0.354M/a$

2-10 $m_2=3\text{N·m}$,逆时针转向 $S=5\text{N}$

2-11 $N_A=N_C=2694\text{N}$

2-12 (a)$M_2=M_1=100\text{N·m}$;(b)$M_2=2M_1=200\text{N·m}$

2-13 $F_A=\dfrac{F'_C}{\cos45°}=\sqrt{2}\dfrac{M}{l}$

3-1 $R=467\text{N}; d=4.59\text{cm}$

3-2 $F_A=35\text{kN}$ $F_B=80\text{kN}$ $F_C=25\text{kN}$ $F_D=5\text{kN}$

3-3 (a)$X_A=10\sqrt{2}\text{kN}, Y_A=5\sqrt{2}\text{kN}; N_B=7.07\text{kN}$

(b)$X_A=15\sqrt{2}\text{kN}, Y_A=5\sqrt{2}\text{kN}; N_B=10\text{kN}$

3-4 (a)$F_{Ay}=0.33\text{kN}$ $F_{Ax}=2.12\text{kN}$ (b)$F_{Ay}=15\text{kN}$ $F_B=21\text{kN}$

3-5 $F_{Ax}=G\sin\alpha$ $F_{Ay}=G(1+\cos\alpha)$ $M_A=G(1+\cos\alpha)b$

3-6 (a)$F_{Ax}=100\text{kN}$ $F_{Ay}=80\text{kN}$ $F_B=120\text{kN}$ $F_C=F_D=0$

(b)$F_{Ax}=50\text{kN}$ $F_{Ay}=25\text{kN}$ $F_B=10\text{kN}$ $F_D=15\text{kN}$

3-7 $F_{Ax}=12\text{kN}$ $F_B=10.5\text{kN}$ $F_{Ay}=1.5\text{kN}$ $F_{CB}=15\text{kN}$

3-8 $X_A=0, Y_A=-\dfrac{1}{2}\left(F+\dfrac{M}{a}\right); N_B=\dfrac{1}{2}\left(3F+\dfrac{M}{a}-\dfrac{qa}{2}\right)$

3-9 $N_A=2.5\text{kN}$(向下),$N_B=15\text{kN}$(向上);$N_R=2.5\text{kN}$(向上)

3-10 $T=20.9\text{kN}, X_B=18\text{kN}, Y_B=32.25\text{kN}$

3-11 $P=300\text{N}$

3-12 $\alpha=74.18°$

4-1 $F_{1x}=0, F_{1y}=0, F_{1z}=3\text{kN}; F_{2x}=-1.2\text{kN}, F_{2y}=1.6\text{kN}, F_{2z}=0$

$F_{3x}=0.42\text{kN}, F_{3y}=0.566\text{kN}, F_{3z}=0.707\text{kN}$

4-2 $P_x=353.6\text{N}, P_y=-353.6\text{N}, P_z=-866\text{N}; m_x(P)=258.8\text{N·m}, m_y(P)=965.76\text{N·m}$,

$m_z(P)=-866\text{N·m}$

4-3 $S_{OA}=1414\text{N}, S_{OB}=S_{BC}=707\text{N}$

4-4 $F_{Ax}=400\text{N}, F_{Ay}=800\text{N}, F_{Az}=500\text{N}, F_{By}=500\text{N}, F_{Bz}=0\text{N}, F_{EC}=707\text{N}$

4-5 $F=70.9N, F_{Ax}=46.7N, F_{Ay}=68.8N, F_{Bx}=19N, F_{By}=207N$

4-6 $F=12.67kN, F_{Ax}=4.02kN, F_{Az}=1.46kN, F_{Bx}=7.89kN, F_{Bz}=2.87N$

4-7 (a) $X_C=0, Y_C=153.6mm$;(b) $X_C=19.74mm, Y_C=39.74mm$

4-8 (a) $X_C=-19.05mm, Y_C=0$;(b) $X_C=0, Y_C=64.55mm$

5-1 (a) $N_1=50kN, N_2=10kN, N_3=20kN$

(b) $N_1=P, N_2=0, N_3=P$

(c) $N_1=0, N_2=4P, M_3=3P$

5-2 (a) $F_{N\max}=F$,(b) $F_{N\max}=F$,(c) $F_{N\max}=3kN$,(d) $F_{N\max}=1kN$

5-3 $\sigma_1=40\times10^6N/m^2, \sigma_2=0, \sigma_3=-20\times10^6MPa$,总变形 $\Delta l=0$

5-4 $\sigma_{左}=-12.5\times10^6N/m^2, \sigma_{中}=0, \sigma_{右}=10\times10^6N/m^2$,总变形 $\Delta l=-0.125mm$

5-5 $F_2=62.5kN$

5-6 $d_2=49.0mm$

5-7 $\sigma_{AB}=\dfrac{F_{AB}}{A_1}=82.9MPa<[\sigma]$

$\sigma_{AC}=\dfrac{F_{AC}}{A_2}=131.8MPa<[\sigma]$

桁架的强度足够

5-8 $d\geqslant20mm, b\geqslant84.1mm$

5-9 $[F]=97.1kN$

5-10 $\Delta L=-0.2mm$

5-11 $F=21.2kN \quad \theta=10.9°$

5-12 水平位移 0.938mm 铅直位移 3.58mm

5-13 $\sigma_{l\max}=2F/3A, \quad \sigma_{y\max}=-F/3A$

5-14 $A_1=A_2=2A_3\geqslant2450mm^2$

5-15 杆 1 应力 $\sigma=113.5\times10^6N/m^2$,杆 2 应力 $\sigma=82\times10^6N/m^2$,杆 3 应力 $\sigma=50.4\times10^6N/m^2$

6-1 $h=13.3mm$

6-2 $\tau=5MPa, \sigma_{jy}=12.5MPa$

6-3 $d=15mm$,如用 $d=12mm$ 的铆钉,则 $n=5$

6-4 $\tau=28.5MN/m^2<[\tau]$安全,$\sigma_{jy}=95MN/m^2<[\sigma_{jy}]$安全

6-5 $d\geqslant15mm$

6-6 $\tau=99.5MPa<[\tau], \sigma_{jy}=125MPa<[\sigma_{jy}], \sigma=125MPa<[\sigma]$接头的强度足够

7-1 (a) $M_{T\max}=M$,(b) $T_{\max}=M$,(c) $T_{\max}=2kN\cdot m$,(d) $|T|_{\max}=3kN\cdot m$

7-3 $T_{\max}=1.273kN\cdot m, T'_{\max}=0.955kN\cdot m$

7-4 $\tau_A=63.7MPa, \tau_{\max}=84.9MPa, \tau_{\min}=42.4MPa$

7-5 (1) $\tau_{\max}=71.3MN/m^2, \varphi=1.02°$;(2) $\tau_A=\tau_B=\tau_{\max}, \tau_C=\dfrac{\tau_{\max}}{2}$

7-6 1.64kW

7-7 $\tau_{\max}=31.6MN/m^2$,强度足够

7-8 $\tau_{\max}=21.4MN/m^2$,安全

7-9 $\tau_{\max}=49.4MN/m^2, \theta_{\max}=1.77°/m<[\theta]$,安全

7-10 $d\geqslant63mm$

7-11 (2) AB 段内 $\tau_{\max}=12.1MN/m^2$,BC 段内 $\tau_{\max}=4.84MN/m^2$,CD 段内 $\tau_{\max}=2.42MN/m^2$;

(3) $\varphi_{AD}=0.647°$;(4) AB 段内 $\tau_{max}=7.24MN/m^2$，BC 及 CD 段内不变

7-12 $\varphi_{AB}=\dfrac{32M_A a}{G\pi d^4}=\varphi_B \quad M=\dfrac{3G\pi d^4\varphi_B}{64a}$

8-1 (a) $F_{AQ}=F, M_A=0, F_{SB}=F, M_B=Fl, F_{SC}=F, M_C=\dfrac{Fl}{2}$

(b) $F_{QA}=-\dfrac{M_e}{l}, M_A=M_e, F_{QB}=-\dfrac{M_e}{l}, M_B=0, F_{QC}=-\dfrac{M_e}{l}, M_C=M_e/2$

8-2 (a) $|Q|_{max}=2P, |M|_{max}=Pa$　(b) $|Q|_{max}=qa, |M|_{max}=\dfrac{3}{2}qa^2$

(c) $|Q|_{max}=2qa, |M|_{max}=qa^2$　(d) $|Q|_{max}=P, |M|_{max}=Pa$

(e) $|Q|_{max}=\dfrac{5}{3}P, |M|_{max}=\dfrac{5}{3}Pa$　(f) $|Q|_{max}=\dfrac{3m}{2a}, |M|_{max}=\dfrac{3}{2}m$

(g) $|Q|_{max}=\dfrac{3}{8}qa, |M|_{max}=\dfrac{9}{128}qa^2$　(h) $|Q|_{max}=\dfrac{7}{2}P, |M|_{max}=\dfrac{5}{2}Pa$

(i) $|Q|_{max}=\dfrac{5}{8}qa, |M|_{max}=\dfrac{1}{8}qa^2$

9-1 (1) $\sigma_a=-58.6MN/m^2, \sigma_b=37.3MN/m^2$

(2) $\sigma_{lmax}=79.9MN/m^2, \sigma_{ymax}=-79.9MN/m^2$

(3) 全梁，$\sigma_{lmax}=106.7MN/m^2$（下边缘），$\sigma_{ymax}=-106.7MN/m^2$（上边缘）

9-2 $\sigma_{lmax}=41.67MN/m^2, \sigma_{ymax}=123.3MN/m^2$

9-3 $91MN/m^2<[\sigma]$，安全

9-4 $b=70mm, h=210mm$

9-5 $W_z=187.5cm^3$，选 18 号

9-6 $P=56.8kN$

9-7 $\sigma_{max}=67.5MPa$

9-8 $b\geqslant 32.7mm$

9-9 选取 No16 工字钢

9-10 $a=1.385m$

10-1 (a) $\theta_B=\dfrac{Ml}{EI}, y_B=\dfrac{Ml^2}{2EI}$　(b) $\theta_B=\dfrac{m_0 l}{3EI}, y_C=-\dfrac{M_0 l^2}{16EI}, \theta_A=\dfrac{-M_0 l}{6EI}$

(c) $\theta_A=\dfrac{11qa^3}{6EI}, y_A=-\dfrac{41qa^4}{24EI}$

10-2 (a) $\theta_{max}=\dfrac{M_0 a}{EI}$（逆时针），$y_{max}=\dfrac{M_0 a^2}{2EI}$（上）

(b) $\theta_{max}=\dfrac{qa^3}{24EI}$（逆时针），$y_{max}=\dfrac{5qa^4}{384EI}$（下）

10-4 (a) $\theta_B=-\dfrac{9pl^2}{8EI}, y_A=\dfrac{-pl^3}{6EI}$

(b) $\theta_B=\dfrac{pa(2b+a)}{2EI}, y_A=-\dfrac{pa}{6EI}(3b^2+6ab+2a^2)$

(c) $\theta_B=\dfrac{ql^3}{12EI}, y_A=\dfrac{ql^4}{16EI}$

10-5 (a) $\theta_B=\dfrac{Fl^2}{16EI}+\dfrac{M_e l}{3EI}, \omega_C=\dfrac{Fl^3}{48EI}+\dfrac{M_e l^2}{16EI}$（下）

(b) $\theta_B=\dfrac{Fl^2}{4EI}, \omega_C=\dfrac{11Fl^3}{48EI}$（上）

10-6 (a)$x=0.152l$,(b)$x=\frac{l}{6}$

10-7 (a)$y=\frac{3Fa^3}{2EI_1}(\downarrow)$,(b)$y=\frac{3Fa^3}{4EI_1}(\uparrow)$

10-8 $F_{Ay}=\frac{qa}{16}(\downarrow)$,$F_{By}=\frac{5qa}{8}(\uparrow)$,$F_{Cy}=\frac{7qa}{16}(\uparrow)$

11-1 (a)$\sigma_1=52.4\text{MPa},\sigma_2=7.64\text{MPa},\sigma_3=0,\alpha_0=-31.75°$

(b)$\sigma_1=11.23\text{MPa},\sigma_2=0\text{MPa},\sigma_3=-71.2\text{MPa},\alpha_0=50.2°$

(c)$\sigma_1=37\text{MPa},\sigma_2=0\text{MPa},\sigma_3=-27\text{MPa},\alpha_0=70.5°$

11-2 (a)$\sigma_a=40\text{MPa},\tau_a=10.0\text{MPa}$

(b)$\sigma_a=-38.2\text{MPa},\tau_a=0\text{MPa}$

(c)$\sigma_a=0.49\text{MPa},\tau_a=-20.5\text{MPa}$

(d)$\sigma_a=35\text{MPa},\tau_a=-8.66\text{MPa}$

11-3 (a)$\sigma_1=60\text{MPa},\sigma_2=30\text{MPa},\sigma_3=-70\text{MPa},\sigma_{\max}=60\text{MPa},\tau_{\max}=65\text{MPa}$

(b)$\sigma_1=50\text{MPa},\sigma_2=30\text{MPa},\sigma_3=-50\text{MPa},\sigma_{\max}=50\text{MPa},\tau_{\max}=50\text{MPa}$

11-4 $\sigma_{\max}=\frac{pD}{2t},\tau_{\max}=\frac{pD}{4t}$

12-1 (a)AB:弯曲,BC:弯拉,CD:弯曲;(b)AB:弯曲,BC:弯扭,CD:拉弯

12-2 $F=18.38\text{kN}$ $e=1.785\text{mm}$

12-3 $\sigma_{y\max}=151.8\text{MPa}$

12-4 $x=5.2\text{mm}$

12-5 $\sigma_{\max}=58\text{MPa}<[\sigma]$

12-6 $d=70\text{mm}$

13-1 $p_{cr}=3290\text{N}$

13-2 $p_{cr}=258\text{N}$

13-3 $p_{cr}=459\text{kN}$

13-4 $F=\frac{4\sqrt{10}\pi^2EI}{3a^2}$

13-5 $p_{cr(a)}=5.53\text{kN},p_{cr(b)}=22.1\text{kN},p_{cr(c)}=69.0\text{kN},\therefore P_{cr(a)}<P_{cr(b)}<P_{cr(c)}$

13-6 $p_{cr(a)}=14.6\text{N},p_{cr(b)}=26.2\text{N},p_{cr(c)}=25\text{N},p_{cr(d)}=73.1\text{N}$ $\therefore P_{cr(a)}<P_{cr(c)}<P_{cr(b)}<P_{cr(d)}$

14-1 $S=100t^2,v=200t$

14-2 $S=300t-3t^2,v=264\text{m/s},a_\tau=-6\text{m/s}^2,a_n=232\text{m/s}^2$

14-3 $v=0,a=2\text{m/s}^2,\beta=90°$

14-5 (1)$S=-7\text{m}$;(2)$t=2\text{s},S=-14\text{m}$;(3)$S=23\text{m}$;(4)$v=15\text{m/s},a=18\text{m/s}^2$;

(5)第2s前减速运动,第2s后加速运动

14-6 $v=25\text{m/s},a=0.708\text{m/s}^2$

14-7 $v=7610\text{m/s},t=1.58\text{h}$

14-8 $x=(l-R)\sin\omega t,y=(l+R)\cos\omega t$,轨迹为椭圆$\frac{x^2}{(l-R)^2}+\frac{y^2}{(l+R)^2}=1$

14-9 $v_0=500\text{m/s},\alpha=53°08',a=a_y=-10\text{m/s}^2$;(2)$h=8000\text{m},L=24000\text{m}$

15-1 $\omega=2\text{rad/s},d=500\text{mm}$

15-2 $v=150\text{m/s},a_\tau=10\text{m/s}^2,a_n=11250\text{m/s}^2$

15-3　$\omega=(20t)\text{rad/s}, a=10\sqrt{1+400t^4}\text{m/s}^2$

15-4　$\omega=\dfrac{v}{2l}\text{rad/s}, a=\dfrac{v^2}{2l^2}\text{rad/s}^2$

15-5　$a=10\pi\text{rad/s}, N=22.5\text{r}$

15-6　$\varphi=\pi t^3$

15-7　$v=6.36\text{m/s}$

15-8　$v_M=\dfrac{R\pi n}{30}, a_M=\dfrac{R\pi^2 n^2}{900}$

16-1　$v=20\text{m/s}$

16-2　$v=1.9\text{m/s}$

16-3　$v=10\text{mm/s}$

16-4　$v_{BC}=173\text{mm/s}$

16-5　$v_r=\dfrac{2\sqrt{3}}{3}v$

16-6　$v_r=\dfrac{l\omega\sin\varphi}{\cos^2\varphi}, v_{AB}=\dfrac{l\omega}{\cos^2\varphi}$

17-1　$\omega_{AB}=3\text{rad/s}, \omega_{O_1B}=5.2\text{rad/s}$

17-2　$\omega=\dfrac{v_1-v_2}{2r}, v_0=\dfrac{v_1+v_2}{2}$

17-3　$v_C=4.33\text{m/s}$

17-4　$v_A=v_C=2.21\text{m/s}, v_B=3\text{m/s}, v_D=0$

17-5　$\omega=\dfrac{2\sqrt{3}r\omega_0}{3R}$

17-6　$\omega_{AB}=9.55\text{rad/s}, \omega_{BD}=6.84\text{rad/s}, \omega=0.194\text{rad/s}$

17-7　$v_D=\dfrac{2r\omega_0}{3}$

17-8　$\omega_{AB}=0.302\text{rad/s}, v_B=60.3\text{mm/s}, a_B=-1083\text{mm/s}^2$

18-1　$v=1.656\text{m/s}, a=9.16\text{m/s}^2, \beta=68°$

18-2　$F=(m+m_1+m_2)g-\dfrac{m_1r_1-m_2r_2}{r_1}a_1$

18-3　$N_{\max}=3.14\text{kN}, N_{\min}=2.74\text{kN}$

18-4　$F_{牵}=59.8\text{kN}$

18-5　$T=1956\text{N}$

18-6　$a=2.6\text{m/s}^2, T=26.7\text{N}$

18-7　$x=v_0t+\dfrac{F_0}{m\omega^2}(1-\cos\omega t)$

18-8　$t=2.02\text{s}, s=6.94\text{m}$

18-9　$\alpha=16.45\text{rad/s}^2$

18-10　$\alpha=4.86\text{rad/s}^2$

19-1　$W_{AB}=mgr(1+\cos\varphi), W_{AC}=mgr(\cos\varphi-\sin\theta)$

19-2　$W=4\text{J}$

19-3　$W_{12}=-2.06\text{J}, W_{23}=2.06\text{J}, W_{31}=0$

19-4　$W=452\text{kJ}$

19-5　$P_{锤}=490\text{W}, P_{电}=700\text{W}$

19-6 $E_K = \frac{ml^2\omega^2\sin^2\theta}{6}$

19-7 $\omega = \frac{2}{R+r}\sqrt{\frac{3M\varphi}{9m_1+2m_2}}$

19-8 $W = 1360\text{J}$

19-9 $v = \sqrt{\frac{4Ghg}{2G+G_1+G_2}}$ $a = \frac{2Gr^2g}{2G_1R^2+(G_2+2G)r^2}$

20-1 $a = g\tan\theta$

20-2 $F = 0.5mg, h = 0.4r$

20-3 $a_1 = \frac{2(M_1r_2M_2r_1)}{(m_1+m_2)r_1^2r_2}$

20-4 $F_{Ax} = 0, F_{Ay} = \frac{3G_1+G_2}{2G_1+G_2}G_2, M_A = \frac{3G_1+G_2}{2G_1+G_2}G_2l$

20-5 $F_{NA} = 165\text{N}, F_{NB} = 35\text{N}$

20-6 $a_{max} = 3.43\text{m/s}^2$

20-7 $\alpha = 14.7\text{rad/s}^2, F_{Ax} = 0, F_{Ay} = 29.4\text{N}$

参 考 文 献

[1] 哈尔滨工业大学理论力学教研室. 理论力学. 北京:高等教育出版社,1965.
[2] 西北工业大学. 理论力学. 北京:人民教育出版社,1980.
[3] 刘鸿文. 材料力学. 北京:高等教育出版社,1991.
[4] 于绶章. 材料力学. 北京:高等教育出版社,1983.
[5] 朱熙然. 工程力学. 上海:上海交通大学出版社,2003.
[6] 范钦珊. 工程力学. 北京:中央广播电视大学出版社,1995.
[7] 王影. 工程力学. 北京:国防工业出版社,2007.
[8] 机械职业教育基础课教学指导委员会工程力学学科组. 工程力学. 北京:机械工业出版社,2002.
[9] 陈位攻. 工程力学. 北京:高等教育出版社,2007.
[10] 刘鸿文. 简明材料力学. 北京:高等教育出版社,1997.
[11] 张定华. 工程力学. 北京:高等教育出版社,2001.
[12] 谢传锋. 理论力学. 北京:高等教育出版社,1988.
[13] 张三慧. 力学. 北京:清华大学出版社,1999.
[14] 单辉祖,谢传锋. 工程力学. 北京:高等教育出版社,2004.